国家自然科学基金面上项目"人际情境对操作者协作能力与作业绩效的影响及作用机理研究"（32071065）、国家自然科学基金重大项目"复杂人机紧耦合系统中人员异常操作行为研究"（T2192931）研究成果。

人机系统设计中
相容性原理及其应用

宋晓蕾 著

中国社会科学出版社

图书在版编目（CIP）数据

人机系统设计中相容性原理及其应用／宋晓蕾著 . —北京 :中国社会
科学出版社 ,2023. 11
ISBN 978-7-5227-2781-3

Ⅰ. ①人… Ⅱ. ①宋… Ⅲ. ①人—机系统—相容性—系统设计—研究
Ⅳ. ①TB18

中国国家版本馆 CIP 数据核字（2023）第 234330 号

出 版 人	赵剑英	
策划编辑	朱华彬	
责任编辑	王　斌	
责任校对	谢　静	
责任印制	张雪娇	

出　　版	中国社会科学出版社
社　　址	北京鼓楼西大街甲 158 号
邮　　编	100720
网　　址	http://www.csspw.cn
发 行 部	010-84083685
门 市 部	010-84029450
经　　销	新华书店及其他书店

印刷装订	北京市十月印刷有限公司
版　　次	2023 年 11 月第 1 版
印　　次	2023 年 11 月第 1 次印刷

开　　本	710×1000　1/16
印　　张	30
插　　页	2
字　　数	457 千字
定　　价	178.00 元

凡购买中国社会科学出版社图书,如有质量问题请与本社营销中心联系调换
电话:010-84083683

前　言

　　相容性（compatibility）最早起源于第二次世界大战美国空军对显示屏的研究，是由美国工程心理学家 Fitts 在 20 世纪 50 年代提出的反映人类对空间信息的认知加工规律的基本概念。它最初特指刺激—反应相容性（stimulus-response compatibility，SRC），即个体进行信息加工时刺激输入与反应输出之间或人机系统中显示与控制在空间维度上的相似性和一致性，这种一致性特征会简化个体的信息加工过程并提高认知加工的绩效。因此，相容性问题是认知心理学和工程心理学共同关注的热点问题，是贯穿人类整个信息加工过程的基本特征之一，也为人机系统工效学设计提供了重要的科学依据和理论基础，在人机系统设计中一直被广泛应用。

　　本书作者自 2001 年起一直在认知心理学、工程心理学领域从事空间相容性研究的基础和应用研究。前期研究主要关注了不同类型空间相容性的影响因素及作用机制、客体的空间位置编码和功能可见性（affordance）、人的情绪效价和身体表征以及物理和社会环境等因素在空间相容性效应中的不同作用等。基于上述一系列研究成果，作者分别在 2016 年和 2020 年主持了两项国家自然科学基金面上项目"人机系统设计中情绪对空间相容性的影响机制与功效启示（31671147）"和"人际情境对操作者协作能力与作业绩效的影响及作用机理研究（32071065）"，进一步从人机环视角对空间相容性原理和应用进行了一系列系统化的研究，并从空间表征视角提出了人际协同的多重表征模型，此模型从空间相容性视角出发揭示了团队协同作业中空间、具身和社会性三个维度的表征和匹配相容对人—人以及人—机协同的重要作用。本书正是对上述两个国家自然科学基金面上项目的研究成果以及相关应用研究成果的进一步扩展和延续，以从人机环视角深入探索人机系统设计中相容性原理及其应用。

同时，笔者一直不懈地在深入探索将基础研究的结果逐渐向应用领域进行转化，面向国家重大战略需求，面向世界科技前沿，面向经济主战场和人民生命健康，基于此开展了一系列新型智能人机交互领域空间相容性的应用研究，如近五年来在工程心理学领域围绕此主题承担了载人航天、173等国防军工项目。这些应用落地项目的开展均有效推进了笔者及其团队在新型智能人机交互领域空间相容性的应用研究。基于上述一系列工程实践项目的研究成果，本书提出了人—机—环系统中基于空间相容性视角的人—智能体组队协同的相容性理论模型，有助于理解人机协同作业或者人机组队操作中，操作者及其所处情境以及系统的相容对协同组队操作绩效的影响，相关研究成果为智能人机组队和协同优化计提供了思路，也为建立自然高效人机协同和组队的交互模式并最终实现自然人机交互模式提供科学基础。

此外，本书还引用了大量国内外有关空间相容性问题的重要实验证据，形成阐述问题的证据链以澄清空间相容性的机理问题。本书力图将理论、实验和工程设计实践结合起来，比较全面地反映认知和工程心理学领域关于空间相容性的机理和应用问题。国际前沿的基于空间相容性视角人际以及人机如何协同的基础科学问题研究与当前我国工程心理学领域众多复杂的人机系统（如，商用飞机驾驶舱、核电站中央控制室）协同作业设计的需求在本书中得以有效结合，本书所做的系列研究为建立自然高效协同作业的交互模式提供科学的依据。因此，本书是一本介于工程心理学、认知心理学、神经人因学、社会心理学和用户体验之间的多学科领域交叉的共性导向、交叉融通的著作。

本书包括四篇14章内容。第一篇主要是相容性概述，首先从相容性的概念、分类、发展和研究意义四个角度进行阐述，使读者对其全貌有一个总览；其次梳理分析了相容性的理论解释、开展相容性研究的研究方法和手段等。第二篇主要阐述在人机界面中相容性的理论研究，基于笔者的前期研究成果，并借鉴相关领域其他专家学者的研究成果，对物理层面、语义层面、运动层面和社会层面的相容性所开展的研究进行系统分析和深化，通过概念阐述、理论探索、研究内容、实践应用等四个方面深入系统地阐述了不同类型相容性的本质特征以及理论研究和应用价值。第三篇主要关注人环界面中的相容性研究，旨在关注物理环境、社会环境以及情绪、注意等因素对空间相容性的影响所进行的系列探讨，更加深化了人机环系统中相容性的影响研究。第四篇主要阐述了相容性的应用研究，从人机界面显示和控制的相容性、人环界面中环境空间的相容性等角度对实践应用进行了分类探索，并就人机系统中因不相容设计而导致的人因失误进行了深入剖析，提出抑制控制在其中的原因以及基于相容性的本能设计对人机系统工效提升和避免安全事故发生的优势作用。最后，本书也总结展望了人机系统设计中相容性的研究方向，从人机环相容的视角提出如何提升人—智能体组队的绩效等相容性研究的未来研究展望。希望该书的出版能够为提高我国复杂人机系统设计的工效、提升人机协同系统综合性能并避免一些安全事故的发生尽绵薄之力。

　　总体而言，本书不仅是一部关于相容性的高度系统化的理论研究，总结和阐述了本研究团队 20 余年来围绕此主题的系列研究成果以及国内外最新的研究动态，为学术界进一步推进相容性研究提供理论借鉴；这也是关于相容性原理的系统性应用研究，相关研究成果可以直接应用于复杂人机系统以及协同作业系统的设计和优化，助益于我国从事复杂人机系统设计、产品以及服务设计的各类专业人员。

目　录 ✦

第一篇　导论

第二篇　相容性与人机界面

第三篇　相容性与人环界面

第一篇
导论

第一章 概论

在复杂人机系统中，如何使人与智能体从空间、界面和环境等方面相容以优化人机交互过程，并让用户操作舒适且能有效提高系统安全工效？这需要掌握人类信息加工的过程、人和机以及环境匹配和相容的规律及其应用。什么是相容性原理？相容性原理对产品设计的作用是什么？相关研究是如何体现的？本章主要对相容性的概念、分类、研究历史现状和研究意义等相关方面进行概述，为读者后续详细了解相容性原理在不同情况下的应用做好铺垫。

第一节 相容性的界定

相容性（compatibility）也叫一致性或者兼容性，是反映人类空间信息加工规律的一个非常重要的概念。相容性研究起源于第二次世界大战美国空军对显示屏的研究，是由美国工程心理学家 Fitts 在 20 世纪 50 年代最先提出的概念，最初特指刺激—反应相容性（stimulus-response compatibility，SRC），即个体进行信息加工时刺激输入与反应输出之间或人机系统中显示与控制在空间维度上的相似性和一致性，这种一致性特征会简化个体的信息加工过程并提高认知加工的绩效。比如人们在加工界面信息时，会根据界面呈现的各种刺激，做出快速而准确的反应，也会根据自己反应的结果，在下次同样情况下优化自己的反应，这就是相容性原理。相容性原理是贯穿人类整个信息加工过程的基本特征之一，并在人机系统的设计中一直被广泛应用。

人类每天都要接收大量的信息，但是很多信息并不会直接进入我们的大脑进行加工，这些信息需要不断被筛选，只有少量的信息会被我们识别并进行反应。就像我们走在大街上，左右两边的店铺都会映入我们的眼帘，只有那些距离我们更近的、特点突出的信息会被我们注意到。在日常生活中，我们对于很多事物的加工，也和我们的文化习惯关系密切，比如，应该是"左好右坏"还是"左坏右好"？我们如何将左右位置和好坏评价联系起来呢？这就是空间效价相容性。我们也会将左边和过去联系起来，把右边和未来联系起来，这受到时间相容性的影响，并在绘画心理治疗中得到一定程度的应用。同时，小数字在左边、大数字在右边时我们反应比较快，正确率比较高，如果反过来则加工效率会明显减弱，这受到心理数字线的影响，也和我们在空间中对数字信息的加工特点有关。除此之外，有时在加工一些动态的信息时，我们的反应也会受到影响。比如，在滑动手机屏幕时，文字的运动方向（向上或者向下）和文字旁边的滑动条运动方向也有关，这种加工过程是运动相容性的研究范围。随着社会环境的变化，许多工作需要人与人之间进行紧密配合，两个或者两个以上的个体在空间和时间上相互协调导致环境变化的社会互动被称为联合行动。在社会交往或者团队体育项目中经常会涉及联合行动，如手挽手走路、跑步接力等。联合行动是非常普遍的人际协同形式，对人类的生活有着重大影响。个体独自完成任务时空间信息会影响加工效率，那么个体间进行一系列的联合行动时，个体如何加工信息并与他人进行协作？个体行为是否会受他人行为的影响？个体如何才能在快速反应的任务中与搭档合作得天衣无缝？这就与联合行动中的相容性有关。

在过去的几十年中，认知心理学和工程心理学对相容性的本质、类型和特点进行了深入研究，其中一系列原则在指导系统设计中具有重要意义。首先，工效学原则在系统设计中的应用，便体现了相容性原理对于指导系统设计的重要作用。例如，在刺激信号和反应动作之间使用易用性原则可以促进人们更快速、高效地使用产品。其次，使用者能够快速识别、正确理解界面信息的可理解性原则，确保了信息传达的准确性和有效性，就使用了语义相容性的原理。此外，一些警示信息设计的过程，比如红绿灯的设计、警示灯的设计也需要考虑相容性的相关内容，使人们能够在人机系统中快速反应，更高效、安全、舒适地完成任务。

随着工程心理学的研究领域越来越丰富，相容性原理的研究领域也越来越广泛。不同类型的相容性效应及相应工效学原则在进行深入分析之后，可以将许多研究结果应用于实践。比如，当我们看到操作界面的左侧呈现出一个刺激时，按左侧的按钮速度就会较快。相反，如果刺激呈现在左侧，操作按钮在右侧，就会降低我们按键的速度和正确率。刺激和反应按钮位在同侧就叫刺激—反应相容性，在不同侧则属于刺激—反应不相容。比如，飞行员不仅需要快速准确地知觉姿态仪上的显示信息，还需要快速而准确地做出相应的行为反应，这就需要设计师在设计操作界面时，充分考虑飞行员的行为习惯和空间认知特点。相容性存在于刺激与反应、刺激与刺激和反应与反应之间，甚至存在于线索与刺激或线索与反应之间。具体空间层面的相容性研究及应用我们会在后续章节详细介绍。

总之，相容性的相关研究，不仅具有非常强的理论价值，而且有非常鲜明的实际应用价值。读者想了解更多关于相容性领域的相关内容，请继续阅读后续内容。

第二节 相容性的分类及特点

相容性在生产生活中有较多应用，按照相容性在研究对象和实际应用途径的差异，可以将其分为四类：物理层面的相容性、语义层面的相容性、运动层面的相容性和社会层面的相容性。这一分类使人们对相容性的理解更加清楚、明了，从而能够更有效地在工程心理学的设计中取得良好效果。

一 物理层面的相容性

物理层面的相容性主要是指空间信息加工时相容性原理在其中的作用。在日常生活中，人类接收到大量的空间属性信息，其中包括物体的位置信息和物体的属性信息。在对空间信息进行加工的过程中，我们必须对上述两种信息进行有效的识别，选择有用的信息，从而快速做出判断。这里面包括了很多人类特有的加工机制问题，其中一个重要的理论就是相容性理论，包括刺激—刺激相容性、刺激—反应相容性、反应—反应相容性三类。理解这三种相容性的理论将有效地把握人们进行空间刺激信息加工的机制。

（一）刺激—刺激相容性

人们对刺激—刺激相容性（stimulus-stimulus compatibility）的探究最早开始于信号灯研究，随后逐渐延伸到认知心理学领域。刺激—刺激相容性指当一个刺激出现时，如果它的几个维度所传达的信息是一致的，那么它就产生相容性反应，表现为反应时更短，正确率会更高；相反，如果刺激的几个维度所表达的信息是不一致的，则反应时会更长，错误率会更高。典型的刺激—刺激相容性研究范式就是 Stroop 任务范式，Stroop 任务是一种经典的色字干扰实验范式，该任务要求被试忽略字义对该字颜色进行命名反应。字作为一个刺激，有颜色和字义两个维度，如果字的颜色和字义一致，则被试反应效率会更高，不一致则相反，主要原因是当与反应无关的字义与字的颜色不一致时，干扰了对字颜色的命名。例如，对红色墨水书写的"绿"字反应时较长，产生刺激—刺激不相容性效应，而对绿色墨水书写的"绿"字反应时较短则产生于刺激—刺激相容性效应。实际生活中，我们在街上会看到大量的交通信号灯，如果你仔细观察，就会发现交通信号灯的编码就同时使用了颜色和空间位置两个维度。人们在看交通信号灯颜色的同时，还需要关注其指向，这就增加了加工信息的复杂程度。研究证明，信息加工的效果主要取决于相结合的编码维度间的相容性程度，因此在设计产品的时候要考虑人的信息加工过程中的刺激—刺激相容性。

（二）刺激—反应相容性

对刺激—反应相容性（SRC）的探讨源于第二次世界大战美国空军对显示屏的研究，随后在认知心理学中逐步开展，我国刘艳芳、张侃等人对此也进行了深入研究。SRC 是影响人类动作控制和反应选择的重要因素之一，由 Fitts 和 Seeger 于 1953 年首次提出，他们将 SRC 的概念定义为：当刺激与动作反应的模式一致时，就会产生相容性的结果，即反应时更快，错误率更低。具体而言，在一个任务中，对呈现在左侧的刺激，按左键反应比按右键反应更快，正确率会更高。因为刺激与反应的相容即刺激编码与反应编码的类似或重合，相较于两者间的冲突，反应时间更快，错误率更低。许多学者对 SRC 的概念、分类、度量理论假设及应用等进行了深入研究（刘艳芳，1996；刘艳芳、张侃，1997），刘艳芳（1998）还对此现象进行了相关分析，使用逻辑再编码理论、双加工模型、典型特征编码、维度重合理论等多种理论模型进行解释，为人们厘清这一现象提供了理论支撑。除了上述所论述的一般情况，1967 年 Simon 和 Rudell 发现一种特殊的 SRC 现象，叫 Simon 效应。它是人类空间认知信息加工的一个重要现象，指当对非空间特征刺激做空间反应（如按右键或左键）时，刺激呈现位置会影响到空间反应，即刺激位置和反应位置在同侧相比较于对侧表现得更好，大部分研究者都认可 Simon 效应是基于空间位置和反应编码在同一反应选择水平上的交互作用。该假说被称为反应辨别模型。一般认为不相关的空间刺激特征是由对应的反应编码自动激活的（Eimer，Hommel & Prinz，1995）。研究者认为在不同实验情境下获得的 Simon 效应有共同的机制（王力等，2012）。这在后文中有详细介绍。

　　SRC 在仪表盘的设计中十分常见，如何更好地设置仪表盘来提高操作者的工效是设计者的不断追求。张侃、刘艳芳（1999）最早进行的相关研究，是为了度量 SRC 的程度、预测汉字标准键盘编码输入法的易学性，通过实验室实验和实际测量对上述结果进行了验证。人机工程领域研究也不断地使用 SRC 进行相关设计，例如从飞机姿态仪的人机工效便可以看出，不同格式姿态仪在设计时需分析仪表所呈现的信息与所需的反应操作是否匹配。

　　（三）反应—反应相容性

　　反应—反应相容性（reaction-reaction compatibility）是指对两种刺激的反应一致时会加快反应的现象。比如，在对标示为"左""右"的反应键进行按键反应任务中，反应键的标识含义与它的空间位置一致时，反应时更短，错误率更低，反应键与标识不一致情况下结果则相反。反应—反应相容性的研究并没有像前两种研究那么广泛，当个体同时对两种刺激产生两种反应，每只手都产生一种反应时，我们就可以观察到这种效应（Heuer，1995）。例如，Lien 和 Proctor（2000）进行了一个双任务实验，被试需要执行两个按键任务，两个任务的刺激被一个短暂的、变化的间隔分开。当两个任务按键的相对空间位置匹配时，可以看到反应效率更高。由于这两个任务的刺激是不相关的，这种效应归因于与两种反应相关的空间编码之间的对应效应。

白学军等人（2006）使用任务转换范式探究反应—反应相容性效应。在实验一中，他们以阿拉伯数字奇偶判断和汉字词结构一致性判断为任务，在转换前后观察到显著的效应。在实验二中，实验材料改为汉字词，发现转换后显著。结果表明反应—反应相容性条件更能促进对目标刺激的反应。这有助于理解定势形成和调控的机制。综合实验一与实验二的结果可以发现，在只要求对两种刺激中的一种进行反应的条件下，阿拉伯数字判断任务在转换前后都存在显著的反应—反应相容性效应，而汉字词判断任务在转换前的反应—反应相容性效应不显著，转换后的反应—反应相容性效应显著。本实验只需要对两种刺激中的一种进行反应，不存在反应竞争，反应—反应相容性效应的存在支持了知觉水平学说，即两种刺激知觉上的相容促进了对目标刺激的反应，这与阿拉伯数字是以视觉图形为基础的观点相符（刘超、买晓琴、傅小兰，2005）。Stefanie、Schuch 和 Iring 等人（2004）在多个实验中使用心理不应期范式，研究了在双任务设置中重复反应和相似反应的加工机制，当特定反应的认知表征（类别反应映射）发生变化时，他们获得了重复反应的成本，但当特定反应的认知表征没有变化时，他们获得了重复响应的收益价值，这是由于竞争反应之间的干扰造成的。在概念上相容性反应中，也发现了类似的结果。当反应—反应相容性认知表征不同时，反应相容性成本出现，但当反应—反应相容性认知表征相同时，相容性收益价值出现。因此，被试根据行动选择的一般机制来解释反应—反应相容性的成本，该机制涉及反应—反应相容性的理论。

二 语义层面的相容性

语义层面的相容性主要是指语义信息加工时相容性原理在其中的作

用。在日常生活中，人类接收到大量的语义属性的信息，比如好坏评价（效价）、数字、时间、隐喻等。这类语义属性的信息与空间信息的结合，也会影响反应效率的变化。这里面就包括了很多人类特有的语义信息加工机制问题，包括空间—效价相容性、空间—数字相容性、空间—时间相容性、空间—概念隐喻相容性。

（一）空间—效价相容性

空间—效价相容性（spatial-valence compatibility）是指将空间和好坏进行联系，这和我们的习惯和文化有关。一方面，左右空间和好坏有一定的联系。比如中国文化中与左右空间相关联的抽象概念反映的内容为权势地位，比如当我们提到"左迁"，就是指贬官的意思。宋代戴埴在《鼠璞》中提到：汉以右为尊，谓贬秩为左迁，仕诸侯为左官，居高位为右职。在英语中"right"既代表右，也表示正确的意思，比如"the right answer"表示正确答案。而在俄罗斯文化中与左右空间相关联的抽象概念反映的内容则是运势祸福，这也反映文化习惯带来对空间信息加工的差异。另一方面，右边和我们行动的便利性也有关系。在消费心理学领域，所遇到超市、店铺路口时总是偏向于向右拐，这是因为人数中右利手的人数占90%以上（Keysar, Shen, Glucksberg & Horton, 2000）。Wilson和Nisbett（1978）研究发现，人们对摆放在架子上不同位置的长裤的评价存在明显差异。长裤的香味对评价没有影响，但长裤的位置与评价之间存在强烈的相关性。研究发现，长裤越靠近架子右侧，被试对其评价越高。类似地，Natale等人（1983）在研究情感的脑机制时，发现被试对屏幕左侧呈现的面孔评价更加消极，而对屏幕右侧呈现的面孔评价更加积极。这些研究结果表明，人们存在对右侧空间的刺激物偏爱的认知和行为倾向。商家可以利用这个认知倾向来更好地引导人们的消费行为。相关研究进一步深化和拓展左右空间情感效价的研究意义。

（二）空间—数字相容性

空间—数字相容性（space-digital compatibility）是指数字的大小和空间位置的一种对应关系。这种相容性最开始在Dehaene等人（1993）的数字奇偶性判断任务中被发现：当被试完成任务时，即使任务与数字大小无关，数字大小的自动激活也会发生。并且被试的右手按键对较大数字的反应始终更快，而左手按键对较小数字的反应则更快。这种相容性可以用心理数字线理论来解释：研究发现，数字在大脑中的表征方式是一条心理数字线，其中小数字在线段的左侧，大数字在线段的右侧。研究者们也将这种效应称为空间—数字相容性反应编码联合效应，即 SNARC 效应（spatial-numerical association of response codes，SNARC）。SNARC 效应指的是数字在心理数字线上的位置与空间位置相对应的结果，即小数字在左侧，大数字在右侧（Dehaen et al.，1993）。同时，也有研究发现此效应的认知神经机制：SNARC 效应中与数字大小和空间映射相关的顶叶皮层与身体中心的空间表征有关（Hubbard et al.，2005）。这一研究为 SNARC 效应以身体中心为空间参照框架提供了神经生理学证据。

（三）空间—时间相容性

空间—时间相容性（space-time compatibility）是空间相容性中非常具有特点的一种。当人们对世界的认识从三维发展到四维时，人们就在空间的基础上增加了时间的概念。在日常生活中人们如何将空间和时间放在一起进行加工，就在空间—时间相容性中有所体现。空间—时间相容性是指对于过去时间的词语，出现在左边反应会更快，错误率会更低；对于描述未来的词语，出现在右边反应会更快，错误率会更低。Santiago 等人（2007）在研究中发现了此效应，左手和过去的词语进行连接，右手和现在的词语进行连接。对于这种相容性效应，温素霞（2018）是用心理时间线来解释的，因为我们的阅读和书写习惯是从左到右的，在我们的大脑中是这样表征的：过去表征在左边，而将来表征在右边。但是如果具有从右到左书写系统文化的个体，这种效应则刚好相反。这种现象在绘画心理分析中也有所体现。在来访者的绘画过程中，人们也发现，画面左边出现的事物与来访者的过去相联系，右边出现的事物和来访者的未来相联系，因此画面的分布与来访者的潜意识联系密切。

（四）空间—概念隐喻相容性

我们要了解空间—概念隐喻相容性（Spatial-Conceptual Metaphor Compatibility）相关内容，首先要了解概念隐喻。人们在不断探知世界，当遇到抽象的概念时，往往需借助于熟悉的、具体的经验概念来对新事物进行描述即隐喻。空间—概念隐喻相容性，是将空间位置和概念之间的隐喻联系起来，影响人们信息加工的一种机制。《我们赖以生存的隐喻》一书有这样的描述：空间是人们认知世界的核心图式之一，在人类抽象概念系统形成过程中，空间隐喻的作用在所有隐喻中处于中心地位。在一些汉语中用高低来形容人的道德，比如用高和上形容道德高尚，相关词语有"高尚、高贵、高雅、高风亮节、崇高、上等、上德若谷"等，用低和下形容品质低劣，词语有"低俗、低贱、低下、低三下四"等；《圣经》里也有"上天堂，下地狱"的说法，这都是将上下空间位置和道德评价联系起来。道德概念空间隐喻的心理现实性主要体现为道德概念与空间信息加工的相容性上，即"上"启动道德概念，"下"启动不道德概念。Meier 等人（2007）以英语道德词和不道德词为实验材料，采用内隐联想测验范式，首先证实了道德概念垂直空间隐喻的匹配易化，即道德词和上联系，不道德词和下联系。国内学者王锃和鲁忠义（2013）采用汉语道德概念词语也证实了道德概念垂直空间隐喻的相容性效应。

三 运动层面的相容性

除了前面介绍的静态相容性效应外，我们在认知加工信息并做出反应的过程中，还存在着一些动态的相容性效应，这就是运动层面的相容性。它将我们的操作和操作后的结果动态联系起来，比如对于显示器和控制器的操作，人们就用到了反应—效应相容性原理，从而形成一种运动层面的相容性模式，在界面设计及工具使用方面应用广泛。

反应—效应相容性（reaction-effect compatibility，REC）指反应与其随后的效应之间的一致性或者相容性（Kunde，Koch & Hoffmann，2004）。在日常生活中，人们的行为通常不仅是被动地应对刺激，更多的是为了实现某种目的或意图而主动采取某种行为，这展现了人的主观能动性。然而，这种主观能动性也受到行为结果或效应的影响。行为的结果如果符合个体的预期，会促进个体的反应和行为的延续。反之，行为的结果如果不符合个体预期，会抑制或减少该行为的发生。个体对于行为结果的预期会影响他们对行为的动机和决策。当行为结果对个体来说有积极的效果或奖励时，个体倾向于继续或增加这种行为，因为他们期待获得更多的好处。相反，如果行为结果带来负面效果或惩罚，个体可能会减少或避免这种行为，以降低不良后果的发生。因此，个体的行为动力在很大程度上受到行为结果的影响。当结果符合期望时，他们会更积极地采取相应的行动，而当结果不符合预期时，他们可能会减少或停止行动。这种目标导向的行为可以帮助个体更好地适应环境和实现他们的个人目标。先前的大量实证研究支持了反应—效应相容性的存在（Elsner，Hommel，2001），本书作者也在手指数字相关研究中，考察了反应—效应相容性在其中的应用（宋晓蕾等，2017），相关内容会在第六章做详细介绍。这种相容性是指反应和效应之间的共同表征，有助于被试对刺激和反应的编码，从而提高反应速度，减少错误。其次，在刺激集和反应集之间存在相似的特征时，被试对反应结果的认知操作就会减少，进而节约认知资源，并有利于反应的进行。运动层面相容性的实验范式与物理层面、语义层面的相容性任务相似，下面以屏幕页面中上下运动的反应—效应相容性为例说明这一相似性。在相容任务组块中，作为刺激的文本如果上半部分被隐藏，被试要让屏幕中文本显示向下滚动，就需要按向下键；下半部分被隐藏时，要让屏幕中的文本向上滚动，则需要按上行键。在不相容组块中，被试的反应与之前相反，即当文本的上半部分被隐藏时，被试想让屏幕中的文本向下滚动，则需要按上行键；文本的下半部分被隐藏时，让文本向上滚动时，则需要按下行键。被试正是通过按上下键，来使文本内容全部呈现在电脑屏幕上，最后的反应时和正确率就是衡量相容性的效率指标。这是和我们联系极为紧密的反应—效应相容性的例子，在现实生活中还有很多类似的情况，比如音量调节、屏幕升降、方向盘控制等，合理的设计能够提高我们操作的便利性和正确性。

反应—效应相容性不仅在认知心理学领域得到了广泛研究，而且在人因学领域也受到了关注。例如 Müsseler 和 Skottke（2011）在检测工具 U 形腹腔镜的使用时，发现手的动作与工具效应不一致时存在一定的危害。因此对反应—效应相容性的研究不仅可以揭示人类认知控制的机制，而且在应用中也将得到推广。反应—效应相容性的研究既能显示人类认知控制下的潜在机制，也可用于实际情况中，如人机界面设计等。对于滚动方式的反应—效应相容性来说，反应是滚动方式，效应结果是文本的运动方向。在触摸屏中则表现为，手指拖动的方向与文本显示的运动方向一致。在非触摸屏的时候，按动键盘上的向上键，文本就能向上移动，反之亦然。总之，反应—效应相容性在人机界面设计中非常广泛，例如：电风扇开关与风速的对应关系、汽车车窗开关按钮（或手柄）与窗户玻璃的升降关系，以及游戏机遥控器与游戏场景的运动关系等。在以上反应中，控制器的操作结果如何在显示器中得以体现，它是否符合用户的心理预期则是非常重要的研究要点。然而，日常生活中也会有很多"反人类"的设计，它们会造成反应时间长、错误增多，严重时还可能造成重大事故，因此提高运动界面相容性就显得尤为重要。

四　社会层面的相容性

社会层面的相容性是指两人或者多人在加工信息时，相互协作的过程中效率提升的表现。社会层面的相容性主要体现在联合 Simon 范式中，也有部分体现在团队认同的心理相容性相关研究中。在现实生活中，我们如果要和朋友、同事、陌生人等共同完成一个既定目标，就需要人际协作，比如乒乓球或羽毛球双打、高难度的杂技、优美的音乐会等团体项目，均需要人与人的配合和交流。在这个过程中，人们不仅需要身体动作保持一致或者配合，也需要在认知上保持相容性。联合行动是人际合作的表现形式之一，研究者将联合行动定义为在目标的驱动下，两个及两个以上的个体在时间和空间维度上的协作并且引发了环境的改变（Knoblich，Sebanz & Bekkering，2011）。联合行动一般采用联合 Simon 任务，它可以作为衡量个体完成联合行动绩效的标准。联合 Simon 任务的实验范式是在标准 Simon 任务基础上改编的，是为了研究被试和表征搭档的动作及其配合程度。该任务要求两名被试根据刺激颜色通过左右按键进行反馈，左边的被试对红色刺激反应，右边的被试对绿色刺激反应，并忽视刺激出现的空间位置。在该范式中，两个被试共同在电脑上操作，协同完成一项联合 Go/No-Go

任务，轮流执行该任务，忽视与任务无关的刺激特征，最后出现刺激与反应空间位置一致时反应更快、正确率更高的现象，即联合 Simon 效应。该效应是反映操作者与他人协作能力程度的一个良好指标。

在联合 Simon 效应中，人际情境、人际关系与人际情绪均会对其结果产生影响，从而使联合行动的效率有所提高。首先，我们来看人际情境对联合 Simon 效应的影响。个体的存在与发展是建立在社会基础上的，人无法独立于社会而存在。社会是个体作为社会人成长与发展的基石。在实现特定目标的过程中，个体需要兼顾合作与竞争，因此合作与竞争是社会生活中不可避免的现实问题。研究发现，被试更倾向于在合作情境下关注共同行动者的动作或任务，而在竞争情境下更关注自身的任务（Dolk，2014）；在另一个研究中显示，合作情境会提高操作者的协作能力，但竞争情境下两名操作者的脑间同步却比独立和合作情境要强（宋晓蕾等，2017）。其次，探究人际关系对联合 Simon 效应的影响研究表明，对联合 Simon 效应产生影响的并不是能否注意到同伴意图，而是个体感知到的人际关系（Iani，2011）。最后，在人际情绪对联合 Simon 效应的影响中，无论效价高、低，高唤醒条件下联合 Simon 效应都显著提高（宋晓蕾等，2020），高唤醒对联合 Simon 效应的增强并不取决于效价；Cunningham（1988）也提出，积极的情绪会促进社会趋向行为，而消极的情绪则会促生回避的、自我中心的行为，积极情绪使两个共同行动者之间产生了积极的人际氛围，从而更倾向于个体表征他人的动作。

在团队认同相关研究中，社会层面的相容性主要指心理相容性。心理相容性是指团队成员在心理上接纳、包容对方的程度（邓丽芳，傅星雅，2016），这是衡量团队关系的一个重要人际关系指标，对于团队的凝聚力起着非常重要的作用。心理相容性主要从认知和情感两个维度进行解释，分为认知包容性和情感融合性。如果一个团队需要增强内聚力，那么它可以对其成员进行肯定性的描述（Jung，1953），比如在相处中多用"肯定、满意、赞同"等认知评价，从而增强成员之间的认可度，团体成员就会相互尊重、相互信任、相互理解、相互帮助，从而增强其心理相容性；如果团队成员之间相互猜疑、相互排斥、相互诋毁等，那么团队就会造成心理不相容（祝亚森，2017）。在线上品牌社群成员心理相容性与社群绩效的研究中发现，成员的心理相容性正向影响成员持续参与意向、知识分享意向和品牌重购意向，人际公平和社群认同的心理相容性对持续参与意向、知识分享意向和品牌重购意向的影响中起中介作用（贺爱忠、向爽，2019）；在创业团队心理相容性对绩效的影响机制研究中，我们可以看出创业团队的心理相容性会正向显著影响团队公平感知、团队内聚力与绩效（邓丽芳、傅星雅，2016）。因此，在组织行为学中经常用心理相容性来提高团队的信任感，解决团队的冲突问题，特别是改善团队的公平感知，从而提升团队任务绩效。研究表明，由于不同的公平感知影响着团队成员的行为和绩效，团队公平感知应当在心理相容性与团队绩效的关系中起中介作用。当团队成员得到足够的尊重和信任时，他们必然会形成一种互相尊重、公平公正的氛围，从而使得团队成员感知到更多的信任感，从而提高团队成员的合作与内聚力，提升团队绩效。

因此，社会层面的相容性主要关注协同作业任务中操作者之间协作能力的提高，从而增强组织团队中的凝聚力，提升企业的工作绩效。因此，了解社会层面相容性相关研究，可以从组织行为学的角度去分析问题，将相容性的理论直接应用于协同作业系统，提高协同作业的设计和优化，为众多复杂的人机系统协同作业设计提出新的方向，为建立自然高效协同作业的交互模式提供科学依据，也为企业的快速发展提供助力。

第三节　相容性的研究历史与现状

相容性作为信息加工的基本特征，与人类的认知系统加工过程密切相关，其研究领域不断地扩展延伸，从空间到语义，从静止到运动，从理论到应用，对人类的生产生活产生了巨大的影响。人类认知系统可以指导和控制行动（Allport，1987），理解认知功能的一个关键问题涉及行动选择的原则，哪些行动被选择取决于当前的内部和外部约束，也就是说，行动者心中要有目标以及可利用的资源。尽管有些行动的范围要小得多，但它受到效应系统的限制（Noumann，1990）。认知系统可以被描述为将内部和外部情况空间映射到即时行动空间上。理解行动选择机制的一个重要问题是认知系统如何从一个行为的特定情境表征转变为另一个情境表征，Meiran（2000）将这个过程称为一个动作的重新编码。因此，要想真正理解相容性原理，必须对相容性的研究进程有一定的认识。

一 相容性研究的早期兴起阶段

人类的空间感知能力是一种最基本的能力，也是个体成长过程中较早获得的基本经验（Akhundov，1986；Clark，1973；张敏，1998；蓝纯，1999）。身体和空间在人类的感知和体验过程中非常重要，它们是我们形成若干其他概念包括抽象概念的主要基础，在形成认知的过程中起着关键作用（吴云，2003）。人类的认识经过漫长的演化过程，基于对自身和空间的逻辑，由近及远、由具体到抽象、由身体和空间到其他沿着语义的方式发展起来，因此相容性的研究也是按照逻辑进行发展的。相容性相关研究从 20 世纪 50 年代初开始，是由美国工程心理学家 Fitts 最先开展相关探索，通过对刺激—反应相容性的研究，了解个体进行信息加工时接收的输入信息与输出的加工结果之间的一致性、相似性之间的规律，从而简化个体的信息加工过程，并提高加工的绩效。

人们开始对认知信息的加工从物理层面开始，逐渐向语义层面、社会层面和人机应用层面延伸。学者们从刺激—反应相容性开始，拉开了相容性研究的序幕，主要是通过行为实验来探究其原理。在这一阶段，Simon 和 Rudell（1967）发现一种特殊的刺激—反应相容性现象。当个体对刺激的非空间特征做空间反应时，刺激呈现的空间位置对其操作成绩有明显影响，这种任务后来被命名为 Simon 任务（Hedge & Marsh，1975）。相容性研究从刺激与反应之间开始，逐渐向刺激与刺激、反应与反应，甚至向线索与刺激或线索与反应之间进行延伸。随后又有许多变式，比如刺激—刺激相容性和反应—反应相容性，它们用两个以上的维度对同一个刺激信息或控制器进行编码，实际上在刺激层面和反应层面的不同维度之间均存在着相容性现象。

20 世纪中后期，研究者主要集中于物理层面的相容性研究，包括刺激—

刺激相容性、刺激—反应相容性、反应—反应相容性三类，有效地阐释了人们在进行空间刺激信息加工时的机制。但是在这些研究中，研究方法只采用行为实验，仅能对其原理进行描述，有限地揭示其本质内涵。

二　相容性研究的快速发展阶段

20 世纪末 21 世纪初，许多研究者开始探索语义信息对人们认知加工的影响。比如前文提到的"左""右""上""下"在人们心中的评价不同，从而形成了右好左坏、上好下坏的概念。这种现象被 Lakoff 和 Johnson（1980）称为概念隐喻。时间作为一个抽象概念，可以通过以空间为基础的经验概念来表征。其中，时间的"左—右"空间隐喻是一种重要的维度（Alverson，1994）。心理学的实证研究发现了时间的这种空间隐喻效应。Santiago、Lupiáñez、Pérez 和 Funes（2007）的研究要求被试对呈现在左或右视野的时间词进行将来或过去的判断，并进行左右按键反应。结果显示，对于过去时间词，被试的左手反应更快；对于将来时间词，右手反应更快。研究者将这种时间的空间隐喻效应称为时间相容性效应。在数字相容性中的 SNARC 效应也在一定程度上解释数字和空间位置的一致性效应。

语义层面的相容性主要是指人类接收到大量的语义属性的信息，比如好坏评价（效价）、数字、时间、隐喻等，这类语义属性的信息与空间信息的结合，也会影响反应效率的变化，包括空间—效价相容性、空间—数字相容性、空间—时间相容性、空间—概念隐喻相容性。相关的研究从最初的经典实验研究，到行为特征分析，再到后来的神经生理方法、数据模型方法和智能时代的大数据方法等，经历了从表象到机制的全方位研究。当然，随着研究方法的深入，研究的领域也在不断地拓宽。

三　相容性研究的广泛应用阶段

21 世纪以来，相容性研究逐渐关注人的社会化因素对其认知加工效率的影响，也更加注重其实际应用效果。特别是在工程心理学的应用中，相关研究旨在提高协同作业的任务绩效的设计和优化，满足众多复杂的人机系统协同作业设计的需求，从而为建立自然高效协同作业的交互模式提供科学依据。

　　首先是相容性的理论逐渐地贴近人们的社会性。比如在联合 Simon 任务中，人际情绪、人际关系、人际距离、人际情境等都会影响相容性效应。在现实生活中，我们与他人互动完成一项联合行动是普遍且重要的，在这一过程中我们或多或少会受到共同行动者的影响。其中情绪对个体表征共同行动者动作倾向的影响一直是研究的重点。以往的研究发现，个体往往倾向于表征共同行动者的动作。进一步研究发现，积极效价情绪可以增强这种倾向，而消极效价情绪则会减少这种倾向（Kuhbandner，Pekrun & Maier，2010）。随着研究的深入，人们逐渐意识到情绪除了效价维度和唤醒维度外，动机维度也是一个重要的考察维度。特别是需要区分唤醒维度的情况下，动机维度变得尤为重要。因此，研究个体在联合行动中对同伴动作的表征程度时，一个被广泛采用的范式是联合 Simon 任务。该任务利用联合 Simon 效应作为评估个体在联合任务中表征共同行动者动作倾向程度的有效指标。在联合 Simon 任务中，个体需要与一个共同行动者合作完成任务。通过观察个体对任务中非目标刺激的反应，研究人员可以推断出个体对共同行动者动作的表征倾向程度。联合 Simon 效应，即个体在联合任务中误差反应的差异，被看作个体表征共同行动者动作倾向的一种可靠指标。同样，在竞争、合作等人际情境中，或者朋友、陌生人等人际关系中，人们同样可以采用联合 Simon 任务判断个体对表征他人动作倾向性的效率。

　　从最开始的理论研究到现如今的应用研究，不断丰富的相容性相关理论的探索，相容性理论的领域不断拓展，其研究逐渐从实验室走向日常实践。首先，相容性原理可以帮助设计人员应对日益复杂的界面设计挑战。比如，当我们设计一个大型软件系统，系统内部可能包含了许多不同的模块和功能，这些模块之间需要相互配合、相互协调，以实现系统的高效运行。通过应用相容性原理，设计人员可以确保各个模块之间的一致性和兼容性，使得整个系统在使用时更加流畅和稳定。其次，相容性原理可以帮助设计人员开发出更加复杂的操作程序。随着人们对技术的要求越来越高和对交互方式的多样性需求增加，操作程序也变得越来越复杂。相容性原理可以指导开发人员在设计和实现操作程序时，考虑用户的操作习惯和心理特征，使得操作程序的设计与用户的需求相一致，提供更好的用户体验和操作效率。最后，相容性原理还可以应用于任何需要人与机器以及人与人交互的工具。例如，人们越来越多地通过智能手机、智能家居设备等进行交互。通过运用相容性原理，设计人员可以确保这些工具与用户的需求和操作习惯相一致，提供简单、直观的用户界面和操作方式，使得用户可以更加轻松地进行交互和操作。因此，研究者们需要研究个体生理、心理特性和行为习惯，以家用电器、智能移动终端、眼控仪、显控触摸屏等为产品对象，进行系列实验研究，从而提出具体的工效学设计要求和方法。

第四节　相容性的研究意义

工程心理学是以人—机器—环境系统为对象，研究人与机器、环境相互作用中人的心理活动及其规律的学科，其目的是使机器设备和工作环境的设计适合人体的各种要求，从而实现人、机器、环境三者之间的合理配合，使处于不同条件下的人能够高效、安全、健康而舒适地工作和生活。相容性原理与工程心理学密切相关，一是相容性原理为工效学系统设计提供了理论基础，二是工程心理学设计中心问题不断充实着相容性原理的研究领域。

一　相容性原理为工效学系统设计提供了理论基础

相容性原理通过考虑各个系统组成部分之间的相互关系和相互作用，从而保证系统的高效运行和协调一致。相容性原理为工效学系统设计提供了理论基础，它强调了系统的稳定性、可靠性和可持续性。在设计工效学系统时，相容性原理可以帮助设计人员思考如何使系统的各个组成部分相互配合、相互协调，以实现高效的工作流程和良好的用户体验。例如，在设计计算机软件时，要确保软件与硬件之间的兼容性，以提高系统的性能和稳定性。另外，在设计人机界面时，要考虑用户的习惯和心理特征，使界面设计与用户的操作习惯相一致，从而降低用户的学习成本和操作难度。相容性原理还强调了系统的实用性和便捷性。在设计工效学系统时，要考虑到用户的需求和使用习惯，使系统的操作界面和交互设计简洁明了、易于理解和操作。通过合理的信息组织和呈现方式，可以提高系统的效率和产品质量，通过考虑系统组成部分之间的相互关系和相互作用，可以设计出高效、稳定、可扩展和易于使用的工效学系统，从而提高工作效率和用户满意度。在未来的系统设计过程中，我们应该充分运用相容性原理，以实现更好的系统设计和用户体验。

二 工效学设计需求不断充实相容性问题的深入研究

在产品设计时，工程心理学领域考虑了人与环境、机器之间的匹配，从而使得人们更高效地完成操作任务，提高生产效率，更加便捷地使用产品，提高生活的舒适性。在设计机械、汽车、电器和其他机械装置时，工程师们需要更好地操纵控制钮和表阀，使它们更适合自然的人类知觉及运动能力，这个现实问题就需要相容性的理论作为支撑。比如，通过转舵杆操纵汽车转动方向时，舵杆的方向和汽车转动的方向要保持一致，如果要向左转，司机得把舵杆向左拨，反过来也一样。军事系统在研究武器时也需要考虑相容性理论在其中的作用以便使产品更符合人性的知觉及反应。因此，工程心理学中的很多原理，特别是相容性原理，是人类快速且安全操作设备的必要条件，能够避免不自然或者不必要的复杂人类动作，减少错误操作甚至事故。因此，工程心理学设计中心问题不断充实相容性原理的研究领域。

本章小结

1. 相容性（compatibility），也叫一致性或者兼容性，是由美国工程心理学家 Fitts 在 20 世纪 50 年代提出来的，指人进行信息加工时接收的刺激输入与输出的反应之间的一致性、相似性，该特性可简化个体的信息加工过程并获得更好的加工绩效。

2. 相容性可以分为四类：物理层面的相容性、语义层面的相容性、运动层面的相容性和社会层面的相容性。

3. 物理层面的相容性包括刺激—刺激相容性、刺激—反应相容性、反应—反应相容性三种，这三种相容性有效地揭示了人们在进行空间刺激信息加工时的机制。

4. 语义层面的相容性主要是指人类接收到大量的语义属性信息，比如好坏评价（效价）、数字、时间、隐喻等，与空间信息的结合程度，也会引起反应效率的变化。语义层面的相容性包括空间—效价相容性、空间—数字相容性、空间—时间相容性、空间—概念隐喻相容性。

5. 运动层面的相容性将我们的操作和操作后的结果动态联系起来，比如对于显示器和控制器的操作就用到了反应—效应相容性原理，从而形成一种运动层面的相容性模式。运动层面的相容性在界面设计及工具使用方面应用广泛。

6. 社会层面的相容性指两人或者多人在加工信息时，相互协作的过程中效率提升的现象，主要通过联合 Simon 任务和心理相容性来体现。

7. 心理相容性是指团队成员在心理上接纳、包容对方的程度，这是衡量团队关系的一个重要的人际关系指标，对于团队的凝聚力起着非常重要的作用。心理相容性主要从认知和情感两个维度进行解释，分为认知包容性和情感融合性。

8. 相容性研究由美国工程心理学家 Fitts 于 50 年代初开始，经历了 20 世纪中后期的不断兴起、20 世纪末 21 世纪初的快速发展和 21 世纪的广泛应用等三个阶段。在这个发展过程中，研究手段也从最开始的经典实验研究方法、体态分析和眼动分析、各类神经生理方法，扩展到如今的数据模型法和智能时代的大数据方法，研究不断深入，机制更加清晰。

9. 相容性研究具有非常重要的意义，首先是相容性原理为人机工效设计提供了科学的理论依据，其次是工效设计中不断产生的新问题又进一步充实了相容性原理的研究深入。

参考文献

邓丽芳、傅星雅：《创业团队心理相容性对绩效的影响机制》，《管理学报》2016

年第 1 期。

贺爱忠、向爽：《在线品牌社群成员心理相容性与社群绩效》，《西安交通大学学报》（社会科学版）2019 年第 1 期。

刘超、买晓琴、傅小兰：《内源性注意与外源性注意对数字加工的不同影响》，《心理学报》2005 年第 2 期。

刘艳芳：《S-R 相容性：概念、分类、理论假设及应用》，《心理科学》1996 年第 2 期。

刘艳芳：《S-R 相容性的最新理论研究》，《心理科学》1998 年第 6 期。

刘艳芳、张侃：《刺激—反应相容性的度量与运用》，《心理学报》1997 年第 1 期。

蓝纯：《从认知角度看汉语的空间隐喻》，《外语教学与研究》1999 年第 4 期。

蓝纯：《认知语言学与隐喻研究》，外语教学与研究出版社 2005 年版。

王锃、鲁忠义：《道德概念的垂直空间隐喻及其对认知的影响》，《心理学报》2013 年第 5 期。

宋晓蕾、李洋洋、张诗熠、张俊婷：《人际情境对幼儿联合 Simon 效应的影响机制》，《心理发展与教育》2017 年第 3 期。

宋晓蕾、贾筱倩、赵媛、郭晶晶：《情绪对联合行动中共同表征能力的影响机制》，《心理学报》2020 年第 3 期。

宋晓蕾、傅旭娜、张俊婷、游旭群：《反应—效应相容性范式下不同数字表征方式和身体经验对数字认知加工的影响》，《心理学报》2017 年第 5 期。

齐冰、白学军、沈德立：《任务转换中的反应—反应相容性效应》，《心理与行为研究》2006 年第 1 期。

王力、张栎文、张明亮、陈安涛：《视觉运动 Simon 效应和认知 Simon 效应的影响因素及机制》，《理科学进展》2012 年第 5 期。

李雅君、刘阳、闻素霞：《书写习惯对数字空间表征 SNARC 效应的影响》，《心理与行为研究》2018 年第 5 期。

吴云：《认知框架下的空间隐喻研究》，《修辞学习》2003 年第 4 期。

张侃、刘艳芳：《线索—反应相容性效应和线索有效概率的影响》，《心理学报》1999 年第 4 期。

张敏：《认知语言学与汉语名词短语》，中国社会科学出版社 1998 年版。

祝亚森：《创业团队心理相容性、团队互动质量与创业绩效关系的影响研究》，《安徽财经大学》2017 年。

Akhundov，M.，*Conceptions of Space and Time*，Cambridge，Mass：The MIT Press，

1986.

Alverson, H. , *Semantics and Experience*: *Universal Metaphors of Time in English*, Mandarin, Hindi, and Sesotho, London: The John Hopkins University Press, 1994.

Colton, J. , Bach, P. , Whalley, B. , & Mitchell, C. , "Intention insertion: activating an action's perceptual consequences is sufficient to induce non-willed motor behavior", *Journal of Experimental Psychology General*, vol. 147, No. 8, 2018.

Cracco, E. , Keysers, C. , Clauwaert, A. , & Brass, M. , "Representing multiple observed actions in the motor system", *Cerbral Cortex*, Vol. 29, No. 8, 2019, pp. 3631–6341.

Cracco, E. , Bardi, L. , Desmet, C. , Genschow, O. , Rigoni, D. , De Coster, L. , Brass, M. , "Automatic imitation: A meta-analysis", *Psychological Bulletin*, Vol. 144, No. 5, 2018, pp. 453–500.

Cunningham, M. R. , "What do you do when you're happy or blue? Mood, expectancies, and behavioral interest", *Motivation and Emotion*, Vol. 12, No. 4, 1988, pp. 309–331.

Dehaene, S. , Bossini, S. , & Giraux, P. , "The mental representation of parity and number magnitude", *Journal of Experimental Psychology General*, Vol. 122, No. 3, 1993, pp. 371–396.

Dolk, T. , Hommel, B. , Prinz, W. , & Liepelt, R. , "The joint flanker effect: Less social than previously thought", *Psychonomic Bulletin & Review*, Vol. 21, No. 5, 2014, pp. 1224–1230.

Elsner, B. , & Hommel, B. , "Effect anticipation and action control", *Journal of Experimental Psychology*: *Human Perception and Performance*, Vol. 27, No. 1, 2001, p. 229.

Elsner, B. , & Hommel, B. , "Contiguity and contingency in action-effect learning", *Psychological Research*, Vol. 68, No. 2, 2004, pp. 138–154.

Eimer, M. , Hommel, B. , & Prinz, W. , "SR compatibility and response selection", *Acta psychologica*, Vol. 90, No. 1–3, 1995, pp. 301–313.

Fitts, P. M. , & Seeger, C. M. , "SR compatibility: spatial characteristics stimulus and response codes", *Journal of Experimental Psychology*, Vol. 46, No. 1, 1953, pp. 193–210.

Greenwald, A. G. , "Sensory feedback mechanisms in performance control: with special reference to the ideo-motor mechanism", *Psychological Review*, Vol. 77, No. 2, 1970, p. 73.

Hazeltine, E., "Response-response compatibility during bimanual movements: evidence for the conceptual coding of action", *Psychonomic Bulletin & Review*, Vol. 12, No. 4, 2005, pp. 682–688.

Hedge, A., & Marsh, N. W. A., "The effect of irrelevant spatial correspondences on two-choice response-time", *Acta psychologica*, Vol. 39, No. 6, 1975, pp. 427–439.

Hommel, B., "Action control according to TEC (theory of event coding)", *Psychological Research PRPF*, Vol. 73, No. 4, 2009, pp. 512–526.

Hubbard, E. M., Piazza, M., Pinel, P., & Dehaene, S., "Interactions between number and space in parietal cortex", *Nature Reviews Neuroscience*, Vol. 6, No. 6, 2005, pp. 435–448.

Janczyk, M., Pfister, R., Crognale, M. A., & Kunde, W., "Effective rotations: action effects determine the interplay of mental and manual rotations", *Journal of Experimental Psychology: General*, Vol. 141, No. 3, 2012, p. 489.

Jung, C. G.; Hull, R. F. C.; Read, Herbert; Fordham, M. & Adler, G., "Psychology and Alchemy", *Tijdschrift Voor Filosofie*, Vol. 16, No. 1, 1953, pp. 156–156.

Knoblich, G., Butterfill, S., & Sebanz, N., "Psychological research on joint action: theory and data", *Psychology of Learning and Motivation*, Vol. 54, No. 1, 2011, pp. 59–101.

Kunde, W., Koch, I., & Hoffmann, J., "Anticipated action effects affect the selection, initiation, and execution of actions", *The Quarterly Journal of Experimental Psychology Section A*, Vol. 57, No. 1, 2004, pp. 87–106.

Kunde, & Wilfried, "Response-effect compatibility in manual choice reaction tasks", *J Exp Psychol Hum Percept Perform*, Vol. 27, No. 2, 2001, pp. 387–394.

Lakoff, G., & Johnson, M., *Metaphors We Live by*, Chicago: University of Chicago Press, 1980, pp. 1–265.

Lutz, M. C., & Chapanis, A., "Expected locations of digits and letters on ten-button keysets", *Journal of Applied Psychology*, Vol. 39, No. 5, 1955, pp. 314–317.

Iani, C., Anelli, F., Nicoletti, R., Arcuri, L., & Rubichi, S., "The role of group membership on the modulation of joint action", *Experimental Brain Research*, Vol. 211, No. 3, 2011, pp. 439–445.

Morin, R. E. , & Grant, D. A. , "Learning and performance on a key-pressing task as function of the degree of spatial stimulus-response correspondence", *Journal of Experimental Psychology*, Vol. 49, No. 1, 1955, p. 39.

Müsseler, J. , & Skottke, E. M. , "Compatibility relationships with simple lever tools", *Human Factors: The Journal of Human Factors and Ergonomics Society*, Vol. 53, No. 4, 2011, pp. 383-390.

Meier, B. P. , Sellbom, M. , & Wygant, D. B. , "Failing to take the moral high ground: Psychopathy and the vertical representation of morality", *Personality and Individual Differences*, Vol. 43, No. 4, 2007, pp. 757-767.

Santiago, J. , Juan Lupáez, Elvira Pérez, & María Jesús Funes, "Time (also) flies from left to right", Vol. 14, No. 3, 2007, pp. 512-516.

Shin, Y. K. , Proctor, R. W. , & Capaldi, E. J. , "a review of contemporary ideomotor theory: correction to shin et al", *Psychological Bulletin*, Vol. 136, No. 6, 2010, pp. 974-974.

Shin, Y. K. , & Proctor, R. W. , "Testing boundary conditions of the ideomotor hypothesis using a delayed response task", *Acta Psychologica*, Vol. 141, No. 3, 2012, pp. 360-372.

Sutter, C. , S. Sülzenbrück, Rieger, M. , & J Müsseler, "Limitations of distal effect anticipation when using tools", *New Ideas in Psychology*, Vol. 31, No. 3, 2013, pp. 247-257.

第二章 相容性的理论研究

在飞行和驾驶系统中，驾驶员的操作杆方向与驾驶方向常被设计为相容关系，从而使操作员拉动操作杆进行方向控制时更加容易并减少错误的发生。当两种方向关系不相容时，方向误差率始终相对较高，这种错误的运动方向可能导致重大生命及财产事故。在生活中，鼠标的按键功能与用户左右利手之间相容时，用户操作更流畅。

日常生活和工业设计中随处可见相容性原理的应用。为了认识相容性如何发生以及人们为何会不自觉地使用相容性原理，本章我们将阐述主要的相容性理论，以解释相容性效应产生的深层原因，并为相容性的应用研究提供理论基础。我们将依次阐述维度重叠理论、空间编码理论、功能可见性编码理论和参照编码理论的基本内容，以及各个理论在相容性研究中的应用和研究意义，最后指出多重表征模型和上述相容性理论的未来研究方向。

第一节 维度重叠理论

早期对相容性的理论研究，主要集中在相容性的概念含义、产生机制的理论假设和相容性的分类方面（刘艳芳，1996）。本节首先陈述早期的重要相容性理论——维度重叠理论的基本内容，特别是维度重叠模型对刺激—反应相容性的分类。之后本节将着重说明维度重叠理论在相容性研究中的应用及其在人机系统设计中的意义。

一 维度重叠理论的提出

科恩布卢姆（Kornblum）提出，刺激—反应相容性效应发生所需的刺激和反应特性之间的关系可以用维度重叠的概念来表征。当反应集和刺激集共享感知、概念或结构属性时，它们之间存在维度重叠（Dimensional Overlap，DO）。如果刺激和反应都可以通过空间维度（如左右位置）进行表征，则可以通过分配刺激位置到反应位置的一致或不一致映射来产生相容性效应。当不相关的刺激维度和反应之间存在重叠时，反应速度较快；当两者冲突时，反应速度较慢（Kornblum et al.，1990）。值得注意的是维度重叠的影响不限于与反应相关的刺激属性，尽管当重叠发生在反应相关的维度上时，产生的影响通常更大（Kornblum & Lee，1995）。根据维度重叠模型的观点，Simon 效应是由于刺激—反应维度的重叠而产生的，假设刺激的空间特征直接激活了空间对应的反应（例如，红色刺激出现在左侧时激活左键），或者当刺激和反应维度相似的情况下，刺激和反应维度的特征重叠（例如，当刺激与反应键都安排在左右维度上时，刺激与反应维度的空间特征重叠）。此外，当出现具有空间特征的刺激（例如，指向左侧的刺激）时，空间刺激与反应特征的维度重叠会导致在不相容情况下自动激活干扰所需反应的相应空间反应（例如，按下左键）。

二　维度重叠理论在相容性研究中的应用

（一）八类刺激—反应相容性集合

根据维度重叠理论，科恩布卢姆提出了一个刺激—刺激（S-S）和刺激—反应（S-R）相容性模型（Komblum et al.，1990；Komblum，1992；Kornblum，1995）。根据该模型，相容性效应部分归因于任务中刺激与反应集和/或刺激集的维度重叠。科恩布卢姆通过构建相容任务的分类法，从简单任务到复杂任务，提出了八种不同类型的刺激—反应集合（见表 2-1）。前四个集合在一个维度上重叠，后四个在两个或更多维度上重叠。

类型 1 集合的特点是在相关或不相关的维度上不存在维度重叠。类型 1 集合的例子在因变量为选择反应时间的文献中普遍存在。如果像维度重叠模型所断言的那样，相容性需要维度重叠，则可以得出类型 1 集合不会产生相容性效应。但类型 1 集合在构建中立的、基线的、控制的研究条件的影响时相当有用。类型 2 集合的特征是刺激—反应集合的反应和相关刺

表 2-1　根据维度重叠模型的刺激—反应（S-R）集合的分类单元

A Taxomony of Stimulus-Response（S-R）Ensembles According to the Dimensional Overlap Model（Kornblum，1992；Kornblum et al.，1990）

| Ensemble type | Overlapping ensemble dimensions | | | IIIustrative stimulus and response sets | | | Representaive studies |
| | S-R dimensions | | S-S Dimensions | IIIustrative stimulus sets | | IIIustrative response sets | |
	Relevant (S_r)	Irrelevant (S_i)	(S_r-S_i)	Relevant (S_r)	Irrelevant (S_i)		
1	no	no	no	colors	geometric shapes	digit names	Many choice RT tasks that have on dimensional overlap
2	yes	no	no	digits	colors	digit names	Fitts & Deininger，1954；Fitts & Seeger，1953
3	no	yes	no	colors	digits	digit names	Simon，1969；Wallace，1971
4	no	no	yes	colors	color words	digit names	Ericksen & Ericksen，1974；Kahneman & Henick，1981；Keele，1972
5	yes	yes	no	colors	position (left or right)	keypresses (left or right on colored keys)	Hedge & Marsh，1975
6	yes	no	yes	position (left or right)	colors and color words	keypress (left or right)	none
7	no	yes	yes	colors	color words/ position (left or right)	keypress (left or right)	Kornblum，1994
8	yes	yes	yes	colors	color words	color names	Simon & Rudell，1967；Stroop，1935

Note.　RT = reaction time.

激维度的重叠。类型 2 集合通常用于研究刺激—反应相容性的经典集合。类型 3 集合的特征是仅在反应集和无关刺激维度之间发生重叠。这是产生所谓"Simon 效应"的集合类型。类型 4 集合只在相关刺激维度和无关刺激维度之间有重叠。这种类型的集合包括所有类似 Stroop 任务，在这些任务中，研究人员试图保留类似 Stroop 的刺激特征，以便将其效果与反应的效果分离（Kornblum，1995）。

　　类型 5 集合并不常见。它需要一个二维的反应集，其中一个维度与相关刺激维度重叠，另一个维度则与不相关刺激维度重叠，但这两个维度并不重叠。类型 6 集合需要三维刺激（相关刺激、不相关的刺激和第三个刺激）和一维反应，具有以下重叠模式：相关刺激维度是与反应重叠的唯一维度；反应和任何无关维度之间没有重叠；但是两个刺激维度之间存在重叠。类型 7 集合也需要三维刺激（相关刺激、不相关刺激和第三个刺激）和一维反应。其中相关刺激维度与反应不重叠但与不相关刺激维度重叠；第三个刺激维度与前两个刺激维度中的任何一个都不重叠，但与反应重叠。类型 8 集合的特征在于，反应集与相关和不相关的刺激维度重叠，而这些维度本身也存在重叠。这个维度在任何地方都必须是一个相同的维度。这种类型的集合包括标准 Stroop 任务和其他类似的任务（Kornblum，1994）。

科恩布卢姆发现，当刺激维度与刺激—反应集合中的反应集重叠时，刺激与反应匹配比不匹配时个体平均反应时更快。无论重叠标注是否相关都是如此。当重叠维度是相关关系时，此时相容性效果比不相关时更大。无论是相关的还是无关的维度，较快的反应时是促进过程的结果，较慢的反应时是干扰过程的结果（Kornblum，1995）。随后有学者提出，维度重叠模型用于解释反应时延长的原因仍是反应的竞争，维度重叠模型以自动化激活来解释相容性，仍是一个全或无的过程，不能从理论上对相容性的程度做出适当的解释（刘艳芳，1998）。之后的大量实证研究探讨了维度重叠理论在相容性研究中的可解释性。下文将对这些研究进行分类阐述。

（二）经典相容性范式以及认知控制过程

在相容性范式中，最著名的是斯特鲁普（Stroop）效应、Simon（Simon）效应和波斯纳（Posner）线索效应。经典的 Simon 任务中 S_I（S_I 指与反应维度无关的刺激）和 R 之间仅存在维度重叠，而 S_R（S_R 指与反应维度相关的刺激）和 S_I 之间或 S_R 和 R 之间不存在重叠。这被归类为相容性模型的类型 3 的刺激—反应集合。典型的 Stroop 任务通常涉及所有三个维度的维度重叠，这是相容性模型的类型 8 中刺激—反应集合的一个例子。例如，当要求参与者为单词的墨水颜色命名，且单词与颜色相关（例如，红色墨水中的"蓝色"一词）时，S_R（墨水颜色）和 S_I（颜色单词）的维度重叠，它们都与 R（颜色命名）重叠。维度重叠理论还可以通过引入线索和目标位置之间的维度重叠来解释波斯纳线索有效性任务的定向效应。该理论认为这种定向效应可能是另一种刺激—刺激相容性，因为参与者通常需要反映目标的属性，而忽略线索或目标的位置。

维度重叠理论可以解释刺激—刺激和刺激—反应不相容性产生的各种注意控制效应。Liu 等人（2010）根据维度重叠理论的相容性集合，结合 Simon 效应、Stroop 效应和 Posner 线索有效性效应，设计了两个包含这些效应的行为任务来考察同一组参与者的不同注意力效应。实验一使用 Simon-颜色 Stroop（Simon-color Stroop）任务，要求参与者对白色菱形内绘制的三角形的颜色做出反应，同时忽略形状中打印的单词和彩色三角形的指向方向。实验二使用了 Simon-空间 Stroop（Simon-spatial Stroop）任务，要求参与者在有效或无效的空间线索后，使用左键或右键对指向上或下的箭头做出反应。Liu 等人发现参与者的行为表现独立地受到 Simon-颜色 Stroop 任务中各种维度重叠的影响，而 Simon-空间 Stroop 任务中不同维度重叠的来源相互影响。具体表现为，菱形中包含的单词和彩色三角形的指向角方向都是 S_I 维度，当它们与 S_R 维度不相容时，会产生干扰。不一致的颜色词是 S_R-S_I 不相容的来源，而指向正确反应相反方向的彩色三角形构成了 S_I-R 不相容。在另一种情况下，当组合线索有效性操纵和空间 Stroop 干扰时，维度重叠理论发生在箭头方向（S_R）和线索位置（S_I）之间、箭头方向（S_R）和目标位置（S_I）之间，以及线索和目标位置之间（均为 S_I）。因此，研究者认为维度重叠理论可以解释不同的注意效应及其相互作用，并有助于阐明服从注意控制的神经网络（Liu et al.，2010）。

（三）空间—时间相容性效应

在空间—时间关联中存在空间时间联合编码（spatial-time association of response codes，STARC）效应和空间—时间相容性（一致性）效应。STARC 效应表现为左侧空间对过去反应较快，右侧空间对未来反应较快。根据维度重叠理论，刺激—刺激型集合的维度重叠效应（例如，手动 Stroop）发生在语义表示阶段，而刺激—反应型集合的维度重叠效应（如 Simon）发生在反应选择阶段。维度重叠模型认为，STARC 效应属于刺激—反应型的维度重叠，发生于反应选择阶段（高梦莹，2018）。Yan 等人（2021）进一步探究了 SNARC 效应是否属于刺激—反应型维度重叠效应。根据加性因子逻辑，如果两种效应相互作用，则在同一加工阶段会出现两种效应。他们采用了一种改进的数字奇偶判断任务，该任务可以同时诱导手动 Stroop、Simon 和 SNARC 效应，能够探究三种效应之间的相互作用，以确定 SNARC 效应的位点。实验结果发现，在两个不同目标数的实验中，都观察到了手动 Stroop、Simon 和 SNARC 效应，不相容条件下比相容条件下反应时更长、错误率更高。而在两个实验中仅观察到 SNARC 和 Simon 效应之间的相互作用。这表明 SNARC 效应与 Simon 效应一样，是一种刺激—反应型效应，发生在反应选择阶段。此外，实验结果中手动 Stroop 和 Simon 效应以及手动 Stroop 和 SNARC 效应的互不影响反复验证了刺激—刺激效应和刺激—反应效应的独立性，进一步支持维度重叠理论的分类（Yan et al.，2021）。

三　维度重叠理论对相容性研究的意义

维度重叠理论可以解释相容性效应中的认知控制过程。反应—效应相容性（REC）范式可以被用来研究预期动作效应对动作控制的影响。这类预期过程的趋同证据主要来自需要简单、离散动作的任务和需要更复杂、连续动作的任务（如车轮旋转反应）产生了不同的相容性结果。有学者研究了（1）维度重叠的程度（而不仅仅是其存在）和（2）将注意力引导到行为效果上在基于效果的人类行为控制理论中的作用。实验结果表明，这两个因素对于确定连续车轮旋转反应的 REC 效应的大小至关重要：获得了可靠的 REC 效果，高维重叠比低维重叠更大，关注效应时比不关注效应时更大。因此，该研究指出了决定效应预期是否以及如何影响复杂运动行为的重要前提条件（Janczyk et al.，2015）。

第二节　空间编码理论

本节首先阐释空间编码理论的基本内容，其次陈述空间中的客体一致性效应，接着指明联合 Simon 效应的空间编码方式以及影响空间相容性的社会因素，最后强调空间编码的相容性效应在人机交互界面和人与机器人交互系统中的作用。

一　空间编码理论的提出

在典型的 Simon 任务中，参与者被要求通过按下两个空间对齐的反应键（例如，反应绿色的左键和反应红色的右键）中的任意一个对随机出现在屏幕左侧或右侧的不属于空间特性的刺激特征（例如，红色和绿色刺激）做出反应，即使刺激的空间位置与任务完全无关，但相比于刺激位置和反应侧在空间上对应（相容试次），当两者在空间上不对应时（不相容试次），反应执行会受损，这种现象被称为空间相容效应或 Simon 效应（Hommel，2011）。双人一起执行 Simon 任务被称为联合 Simon 任务，其中一名参与者通过按下左侧反应键对红色刺激做出反应，另一名参与者则通过按下右侧反应键对绿色刺激做出反应，此时的空间相容效应被称为联合 Simon 效应（joint simon effect，JSE）（Sebanz et al.，2003）。

联合 Simon 任务是刺激—反应相容性效应的经典范式。Guagnano 等（2010）修改了标准联合 Simon 任务，使其成为对于被试而言更独立而非互补的任务。在他们的实验中，80% 的试次会同时呈现红色和蓝色刺激，这些刺激会随机出现在屏幕的左侧或右侧，参与者通过按键对刺激做出反应，每个参与者分别只对其中一个颜色刺激反应（徐胜、宋晓蕾，2016）。当两个被试并排而坐且双方在彼此手臂触及范围之内时，即在个人空间之内独立执行探测任务时，会观察到联合 Simon 效应的出现；而一旦另一个被试处在对方的个人空间之外，该效应消失（徐胜、宋晓蕾，2016）。为了解释该现象，研究者们提出了空间反应编码理论（spatial response coding theory），根据该理论，个体可能使用自我为中心的坐标系来编码共有的表征空间的结构。这意味着个体会根据自身与物体的相对位置来编码物体的空间位置，在联合 Simon 任务中，共同行动者为参与者提供了一种空间参照框架。这种参照框架诱发了参与者以左或右来编码自身的动作（徐胜、宋晓蕾，2016）。

空间编码理论将联合相容效应归因于联合进行/不进行任务中固有的空间成分，这些成分允许参与者在空间上对其反应进行编码，从而能够区分与自己和他人生成动作相关的认知表征，以便确保适当的任务执行（Dittrich et al.，2013）。当参与者必须对随机出现在左右两侧的非空间刺激特征（如红色或绿色）做出空间定义的反应时，通常会观察到空间相容效应（SCEs）。刺激和反应特征的空间对应有助于反应的执行，而非对应则会损害任务的执行。有趣的是，当一个参与者通过操作一个反应键（个人的 Go/No Go 任务）对一个刺激特征做出反应时，空间相容效应显著降低，而当任务分配给两个参与者时（联合的 Go/No Go 任务），则可以观察到一个全面的空间相容效应。通过改变反应因子和反应键的空间方向，使得空间方向独立于刺激方向后，研究者也发现只有当座位和反应键排列匹配刺激排列时，联合空间相容效应才会出现。这些结果揭示了空间反应编码不仅与反应键的排列有关，还与常常被忽视的反应因子的空间取向有关（Dittrich et al.，2013）。根据逻辑再编码理论的观点，任务要求决定对刺激有关维度和无关维度的编码，空间的相容性受到任务要求制约的对刺激空间位置的无意识加工的重要影响，即对刺激无关维度和有关维度的编码逻辑是一致的（刘艳芳，1988）。

二 空间编码理论在相容性研究中的应用

（一）客体一致性效应中的空间编码

空间编码理论能够解释基于客体的一致性（相容性）产生的原因。空间一致性（spatial correspondence，SC）指刺激与反应在空间上的一致性关系对个体信息加工影响的概念（宋晓蕾等，2020）。当刺激的空间位置与动作反应的空间位置信息一致时，不论这些空间位置信息是与刺激相关还是无关的维度，它们都会自动激活与其同侧的反应，这种一致性可以简化个体的信息加工过程（Song et al.，2014）。

视觉特征的空间属性是客体空间一致性效应产生的关键因素（Cho & Proctor，2013）。宋晓蕾（2015）采用空间 Simon 任务，考察基于客体的空间一致性效应到底是手柄的功能可见性引起的，还是其空间位置编码引起的。该任务采用带手柄的手电筒作为刺激材料，要求参与者完成与抓握功能相关的形状判断任务，参与者的任务是根据手电筒刺激判断手电筒处于正立或倒立状态，根据任务要求，使用左手或右手食指按下"A"或"L"键来选择正立或倒立的图像。在此过程中，参与者需要忽略手电筒是否处于开启或关闭的状态（见图 2-1）。参与者被要求在确保准确判断的条件下尽快做出反应，计算机会记录他们的反应时长和错误率。一旦实验正式完成，参与者被要求回答他们做出任务判断的依据，并用笔圈出判断所依据的具体部位。结果表明，只有当手电筒处于打开状态时，参与者会产生基于客体的空间一致性效应，而在去除手电筒可抓握的手柄后，发现无论手电筒开或关，均出现了更大的基于客体空间一致性效应。上述结果与空间编码假说一致，表明由于空间位置编码产生了基于客体空间一致性效应。但这也可能源于参与者注意到了手电筒上的条纹，并根据这一观察来判断手电筒是处于正立还是倒立的状态，之后他们将手电筒上的条纹编码为左右位置信息，并相应地做出左右按键的反应（Cho & Proctor，2013）。

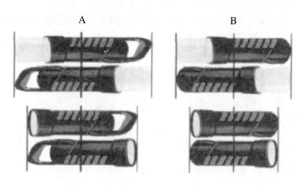

图 2-1　实验刺激：带手柄的手电筒

　　图中中垂线用以显示条纹的非对称性特征而并非原刺激特征，上图 A 和图 B 中，共有四对手电筒刺激，每对上面的手电筒为倒立状态（条纹在上），下面的手电筒为正立状态（条纹在下）。

　　宋晓蕾等（2020）进一步结合不同空间位置剪影与图片刺激的呈现方式和分离反应手与反应位置的交叉手范式来探究基于客体的一致性效应的产生机制。实验一将煎锅刺激（平底煎锅的剪影和图片）整体位置呈现在屏幕中央，探究剪影和图片刺激在没有左右位置信息的情况下是否会出现基于客体的一致性效应。实验二的煎锅底部位于屏幕中央，这使得手柄的空间位置更加显著，探究剪影和图片刺激存在左右空间位置信息时产生的效应大小有无显著区别，以及结果与实验一效应大小的不同。在实验二效应的基础上，实验三采用了与实验二相同的材料，但双手的位置交叉放置从而使反应位置和反应手分离，旨在考察功能可见性和空间位置编码假说对基于客体一致性效应的影响。结果显示，当剪影和图片刺激缺乏明显的左右位置信息时，只有剪影刺激呈现了一致性效应。然而，当刺激的空间位置信息具有显著性时，无论是剪影刺激还是图片刺激都呈现了一致性效应，这一效应在反应位置和反应手编码分离后仍然存在。可见，空间位置编码假说能够解释基于客体的一致性效应的发生。

（二）空间相容性效应与联合空间相容性效应

空间相容性效应（SCE）通常在强制两选择任务中观察到，其中必须对空间特征（例如，刺激点向左或向右）额外隐含的刺激的非空间特征执行空间定义的反应（例如，按下左键或右键）。当反应侧和空间刺激特征相容时，反应比不相容时更快、更准确，参与者要么执行单独的"Go/No Go"任务，要么执行两种选择的迫选任务；要么通过反应键（位于参与者前面左右两侧的两个计算机鼠标的内部键；参与者用食指按下鼠标键），要么通过操纵杆的左右移动进行反应。使用左右操纵杆移动来进行刺激，能够赋予这些反应以突出的空间特征；即通过空间运动诱导参与者在空间上编码他们的反应。结果表明，当空间维度特征变得更加显著时（只有当参与者以左或右操纵杆动作做出反应时），SCE 出现在单独的 Go/No Go 任务中，而当空间维度不太显著时（当参与者用左键或右键回应时），联合Go/No Go 任务中的 SCE 被消除。在联合 Go/No Go 任务中，仅在水平排列的刺激中出现 SCE，而在垂直排列的刺激条件下没有 SCE。这些发现与空间反应编码理论对社会 Simon 效应的解释一致（Dittrich et al.，2012）。

非社会性的物体也会引起个体的空间编码。有研究调查了非社会物体作为空间参照源在联合 Simon 任务中的作用（Dittrich et al.，2012），其中一只日本招财猫同时提供视觉和听觉线索，为了弄清猫的多重注意力吸引线索的作用，研究者系统地改变了视觉和听觉线索，实验仅在呈现听觉线索的条件下发现了联合空间相容性效应；除了听觉线索外，提供视觉线索并不会显著增加联合空间相容性效应的大小。此外，仅呈现视觉线索或不呈现线索不会引起显著的联合空间相容性效应（Puffe et al.，2017）。因此，我们得出结论，听觉线索和任务的听觉刺激材料的对应关系导致了可靠的联合空间相容性效应。

三 空间编码理论对相容性研究的意义

空间一致性一直是工程心理学，特别是人机界面设计所必须遵循的一个原则（宋晓蕾，2015）。人类和移动机器人之间非直观的交互方式仍然是移动机器人技术更广泛应用和接受的主要障碍。例如，机器人和用户之间更"自然"的交互风格的自然语言界面是人机界面交互的重要影响因素。只有找到契合机器人维护的空间知识形式与人类用于交流此类知识的语言形式之间差距的方法，才能实现更自然的互动。Moratz 等人提出了一个计算模型，用于表征适合于人类和移动机器人之间交互的空间知识。对于参考表征，物体的位置通常是唯一定义的；显示位置信息的使用成为在人—机器人通信情况下实现唯一参考的良好策略。然而，在人类—机器人环境中指定位置信息也面临上述不匹配感知系统和对象识别的问题，因此需要特别关注在人机交互中使用位置信息作为对象的参考，并通过经验推导支持自然交互的空间表征，尝试适当解决伴随的问题。有研究者要求人类用户指示机器人移动到布置在机器人空间附近的几个类似对象中的一个，在某些情况下，还布置在另一个不同对象的附近，机器人配备有一个典型的物体识别系统。人类交流中的空间参照工作建立了一系列参照对象时采用的参照系统；研究者们展示了这些策略在多大程度上转移到人类—机器人的情况，并触及了不同感知系统的问题。结果发现只有三种语言空间参考可能用于通信。首先，说话者可以使用一个固有的参照系统，使用机器人的位置作为关系和原点，在这种情况下，它们指定对象相对于机器人前部的位置。其次，如果可以，用户可以将突出物体作为相对参考系统中的相对物，在这种情况下，他们可以从机器人的角度指定物体相对于突出物体的位置。最后，他们可以在相对参照系统中将其他组作为空间参照，在这种情况下，它们从机器人的角度指定对象相对于组中其他部分的位置（Moratz et al.，2003）。可见，空间参照编码在人机交互过程中发挥了重要作用。

空间编码能促进人与智能体的成功交互。在军事领域，侦察是军事行动的重要第一步，无论是建立防御阵地还是进攻计划，如海军陆战队成对行动并始终在对方视线范围内，以确保相互支持。侦察任务的核心能力包括空间推理、透视和隐蔽通信。现代化军事队伍中智能人机交互技术越来越普遍，为了对侦察队提供有效的支持，未来的战术移动机器人必须在所有这些领域具有可靠的核心能力，而如何实现这些核心能力仍然是具有争论的话题。例如，空间表征用于执行空间推理机器人需要与人类有效协作时，应该如何表征和推理空间信息？对于机器人导航有用的空间表征形式在更高层次的推理或作为团队成员与人类合作时可能没用。为了探索这个问题，研究者开展了一项侦察任务，该项目中的主要目标是展示科学原则上的计算认知模型集成如何促进人机交互，特别是不同的空间表征如何需要集成以实现一致的人机交互（human computer interaction，HCI）。该任务要求机器人和人一起工作，以隐蔽地跟踪和接近移动目标（人或机器人）。目标会不断地移动到随机位置或人类—机器人团队未知的预定义路径。但是，目标位置始终可供人—机器人团队使用，目标具有有限的视野，该视野决定了它何时可以看到人类—机器人团队的成员。人—机器人团队的目标是利用目标位置、目标视野和环境中障碍物的知识来跟踪目标，并尽可能靠近目标，同时尽可能隐藏。目标的隐蔽性会使团队成员最小化他们对目标的可见性。接近目标的要求使团队无法找到一个隐蔽的藏身之处并留在那里。在团队秘密接近移动目标的过程中，机器人通过声音、手势和动作与团队成员互动。结果发现，隐身机器人能够在实验室条件下独立工作或与团队成员一起秘密接近和跟踪实验室侦察场景中的另一个机器人或人员。他们集成了计算认知架构（ACT-R），作为认知合理（至少部分）空间推理的基础，并作为使用本报告中讨论的空间表征和推理层与其他团队成员交互的基础。研究者认为该任务取得的成功离不开整合多个空间表征，每个空间表征在各自的推理水平上都是有用的（Kennedy et al. , 2007）。这种人—机器人协作的成功与机器人成功对空间信息进行编码关系密切。

第三节　功能可见性编码理论

本节首先阐述功能可见性编码理论的基本内容，接着介绍功能可见性分别与视觉相容性、空间相容性、客体相容性效应的关系及相关研究，以及这些研究在产品设计中的作用，最后指出功能可见性对于产品和界面设计领域、人与智能机器人的交互过程中的重要意义。

一　功能可见性编码理论的提出

生态心理学家吉布森（Gibson）在 1979 年出版的《生态学的视知觉取

向》中首次提出功能可见性（Affordance）的概念，来描述生物体与其环境之间存在的关系。吉布森认为感知研究存在一个根本问题：在实验室中考虑感知最终可能会偏离在自然界中移动时获得的视觉线索，他认为环境能提供直接且有效的知觉信息，让身处其中的个体察觉环境中具备的功能与潜在的互动关系。吉布森提出的视觉感知生态方法集中于直接感知和可见性，考虑了生物可能会发现自己所处的不同环境以及它们检测信息的方式。可见性理论有三个部分。第一，动物的环境包括可见性；可见性存在于环境中，并不作为感知的产物而存在。第二，感知系统可用的信息指定了这些可见性。第三，动物检测到这些信息，从而感知可见性。吉布森强调环境对于人类行为的直接知觉作用并能够触发人类潜在行为。因此其理论也被称为直接知觉理论。吉布森的功能可见性理论可以用于解释情境意义，认为意义是动物生存环境中的物体和事件给予动物的行为指令（孟令仁，2017）。

唐纳德·诺曼对吉布森的可见性概念进行了重新表述，他强调了在设计过程中考虑人类认知和感知的重要性，例如，如果不包括可见性等使用线索，用户最终可能难以使用设备。为了讨论产品的设计，吉布森使用可见性的概念来指对象的可感知和可操作属性，而诺曼主要关注可以传达物体规范用途的可见属性。另外，吉布森的观点强调不管任何特定设计师的意图如何，大量的物品都可以放置。然而，诺曼对"可见性"一词的使用是专门针对普通物体设计的，他将最初引入的概念重新表述为"感知可见性"，这与吉布森最初的表述（诺曼称之为"物理可见性"）不同（Chong & Proctor，2020）。之后的研究者们也对可见性进行了重新表述。其中一种是"功能可见性"，也就是当我们拿起一件东西时，我们可以通过其实体形态来了解它的功能，即一个物体的外观可以传达关于它所具备功能的信息（楚东晓，2015）。"功能可见性"重点从如界面、产品和空间等客观因素的角度，阐述其属性，以及人与环境之间具有的某种潜在的互动关系，并强调人的无意识行为受到环境属性的"拉扯"或"诱导"（楚东晓，2015）。功能可见性是指产品通过其物理特性或表面特征向使用者展示其功能的一种能力。它通过产品自身的特点向使用者传达自己的功能特性，让使用者看到该产品时迅速理解它的功能用途（陈茜月，2020）。

二　功能可见性编码理论在相容性研究中的应用

（一）功能可见性与视觉刺激—反应相容性

功能可见性理论可以应用于视觉刺激与反应的相容性研究。视觉感知和行动紧密相连，个体的行动决定不是由任何视觉场景中固有的可能性决定的，视觉对于提供哪些操作是可能的信息以及对其执行的在线控制非常重要。此外，对行动可能性的认识在很大程度上取决于视觉世界和感知的物理设备之间的关系——这一点在感知和行动的生态学方法中被长期强调。视觉和动作的神经生理学视觉系统与运动系统高度整合，对视觉引导行为的描述通常假设人们的计划始于行动的意图（Tucker & Ellis，1998）。Tucker 和 Ellis 使用刺激—反应相容性范式研究视觉对象可见性及其随后自动激活的运动反应。他们通过三个实验探讨了即使在没有明确的动作意图的条件下视觉对象也增强动作的可能性。他们在研究中将普通可抓取物体的照片作为刺激，要求参与者必须尽快决定每个物体是直立还是倒置。实验一和实验二考察了物体左右定向的无关维度对双手和双手按键反应的影响。实验三考察了个体对抓握时需要顺时针或逆时针手腕旋转物体的手腕旋转反应。结果发现相容性效应是一种与反应测定无关的刺激性质，是在多种自然刺激下获得的。前两个实验表明，居中放置物体的不相关方向对左右手执行的左右反应产生相容效应，但对同一只手的相邻手指执行的反应不产生相容效应，只有当不同的反应和通过改变物体的方向产生的不同可见性之间存在关系时，才会出现相容性效应。这种相容性关系发生在对象定向等属性上，这一点很重要。该结果支持了与所见物体自动增强其提供的动作分量的观点，表明可以在各种自然发生的刺激中获得无关刺激维度的相容性效应，动作意图可以对视觉场景中可能动作的现有运动表示进行操作（Tucker & Ellis，1998）。

Tucker 和 Ellis 的这些研究结论得到了后续研究者的认可，他们最初采用的刺激—反应相容性范式成为现在该研究领域最常用的方法。在使用不同方法进行的"可见性"研究中，刺激通常是可操作物体（如煎锅、茶壶）的图像，最典型的是把手朝左或朝右的物体，通过指定的按键可以做出离散反应，参与者必须执行与对象一致（或相容）或不一致（或不相容）的动作。使用这些范式的实验通常显示，当左或右反应手和对象把手相对应即相容时比它们不相容时更具有优势（Chong & Proctor，2020）。

（二）功能可见性与空间刺激—反应相容性

在选择反应时方面，某些组合中的刺激和反应（例如，基于空间排列）比其他组合中更快。为了测试朝向某一位置的运动是否会在该位置产生更快的反应，一项研究通过两个实验让参与者对计算机屏幕上方块的实际位置或潜在运动的目的地做出尽可能快的反应。实验一的每个试次中会出现两个方块，方块位于每只手的正前方；两个中的一个看起来要么朝着同侧手移动，要么朝着对侧手移动。在相容的方块上，受试者在左方块移动时推动左操纵杆（可能模拟到达某个位置），在右方块移动时按下右操纵杆；在不相容的方块上，他们用左手响应右方块的移动，用右手响应左方块的移动。正确的反应取决于左手前面或右手前面的哪个方块开始移动。结果发现，即使与传统的位置相容性相反，相容反应（例如，向左手移动/向左反应）也比不相容反应更快。在实验二中，受试者对相同的刺激做出反应，但双手放在左侧、右侧或身体中线上。结果显示双手放在中间时反应最快，表明目的地而不仅仅是相对位置是一个关键变量。有人提出，空间相容性效应不是位置所特有的，而是适用于各种任务情境，这可以用吉布森的可见性理论来描述，即一个人所感知的是在情境中允许的动作（如捕捉）。反应时中相容性效应的可见性解释是，情境的可见性为空间刺激—反应相容性和 Simon 效应奠定了基础，位置相容性效应会影响到一些方法反应（伸手、指向、触摸）（Michaels，1988）。

（三）功能可见性与手柄（客体）方向与反应相容性效应

功能可见性可以解释手柄方向与反应相容性效应（Saccone et al.，2016）。在物体感知研究中，当物体的手柄与反应手一致时，反应优势就会出现。这种手柄效应被认为反映了最适合抓握物体的手的运动激活增加，与物体表征的可见性理论一致。然而手柄效应与简单的空间相容性效应有关。我们确定了手柄效应是否会在手柄和反应之间缺乏明确的空间相容性的情况下出现。刺激的位置（中心上方和下方）和水平方向（手柄面向左右）各不相同，参与者在中心垂直平面（上、下）上进行双手反应。因此，在这种新范式中，手柄和反应之间的横向空间相容性在很大程度上是不存在的，因为反应位置是水平正交的，刺激—反应配置强调垂直而非水平空间关联。此外，该设计允许我们调查仅与反应手有关但与反应位置无关的处理效应，这与可见性理论一致。结果发现，尽管物体手柄和反应位置之间的空间相容性降低，但仍然出现手柄效应。刺激和反应位置垂直变化，参与者对物体的厨房/车库类别、颜色（如传统的 Simon 效应）或直立/倒置方向做出水平正交的双手反应。分类和倒置任务依赖于对象知识，在刺激和反应位置方面产生了手柄效应和垂直 Simon 效应。当参与者根据标准 Simon 效应范式判断物体颜色时，手柄效应消失，但 Simon 效应增强。这些数据证明了可见性和空间相容性效应之间的分离，也证明可见性在手柄效应中起着重要作用，讨论了同时包含可见性和空间相容性机制的模型。尽管目前的研究已经证明，在手柄和反应之间缺乏明确的空间相容性的情况下，手柄效应可能会出现，但在使用左右定位反应的典型范例中，反应和对象手柄所在侧之间存在强烈的空间关联。由此可见，可见性机制和空间相容性机制相互作用于手柄效应。

（四）功能可见性与产品设计

功能可见性理论可以应用于产品设计。随着用户对消费体验感越来越重视，用户和设计者都在寻求产品和人之间更自然的行为互动，这与基于生态心理学的功能可见性理论观点是一致的，即环境中的信息影响个体之后的行为。有学者研究了音箱中功能可见性的应用，以功能可见性产品设计模型和流程为扬声器的出发点，解决了现有音箱功能的堆积和同质化问题，使该产品的设计重新关注用户、产品和环境之间的相容性关系（陈茜月，2020）。研究者还将功能可见性概念引入家具设计中，探讨影响座椅舒适度的功能可见性要素。通过眼动实验方法考察了座椅舒适度设计的功能形态、色彩搭配、材质运用以及结构形态等表面特性传递给参与者的视觉感知到的舒适功能可见性程度。结果发现，高校学习座椅的学生视觉关注模式是自上而下的，且靠背是学生主要的关注部位；固定式和非固定式学习座椅具有不同的使用感知特点，最影响舒适的功能部位和设计要素中固定式座椅是靠背和其倾斜角度，而非固定式为座面和其材料的运用。此外，在学习座椅的视觉形态上，功能形态中长梯形加柱条瓦形的靠背形态、色彩搭配中黑色且为电镀黑（亮光）的主体色加米黄色的辅助色、材质运用中织物材质和结构形态中"hn"型结构具有最高的视觉感知舒适功能可见性（尚凯，2019）。

三　功能可见性理论对相容性研究的意义

功能可见性在产品和界面设计领域具有重要意义。功能可见性理论从人与环境的互动行为特性出发，以环境的可操作性为视角分析人与外界的关系。该理论提出了良好设计或服务的标准应具备良好的功能可见性，并强调实现环境引导的功能可见性，以真正满足用户潜在的无意识需求。市面上的产品已经表明，具备良好功能可见性特征的产品通过产品与用户之间的相容性可以诱导用户无意识地正确操作和使用产品。例如，滑动解锁与传统门闩的开门操作的设计存在对应关系，在语义上都是从封闭走向开放，在动作上都是从左向右滑动因而具有方向性一致性，行为结果都是解锁和开锁因而也有同样的效能。楚东晓提出，"触摸解锁条的设计让人有种想要滑动它以期望产生与抽开门闩达到'开'的结果相同的心理映射预期，将物理世界的常见日常行为迁移到数字产品的界面设计当中，能够让用户无意识地成功操作，体现了数字产品具备良好的功能可见性。"可见，在设计产品时，设计师不但要考虑让产品具有良好的功能可见性以满足用户自身潜在需求（产品应该和产品用户身份以及用户对产品功能的心理预期产生相容性），还要兼顾该"产品"所处的使用环境／文化环境对产品的无意识认知预期（产品也应该和环境具有相容性）（楚东晓，2015）。

图形用户界面（GUI）是人机对话的桥梁。人机界面交互过程中，用户需要获取界面中的各种信息并了解信息功能，将图形用户界面的功能可视化后，用户的使用习惯与界面信息的相容性增加，用户能够通过视觉感官获取的信息轻松地掌握界面中的信息功能，从而促进人机交互过程。功能可见性可以减轻用户的认知负荷，统一系统模型和用户心理模型，满足图形用户界面发展的客观要求（赵玉航、李世国，2010）。首先，具有功能可见性的界面能够直观地向用户展示符合用户认知习惯的信息，减少了用户认知加工过程中的无效思考，提高了用户认知效率并减轻了认知负荷。其次，人机对话中存在着用户心理模型、现实模型与系统模型。用户心理模型是用户自身形成的对人机界面的交互行为的认识，而现实模型是机器本身实际的运行方式，系统模型的作用是将现实模型转换为用户可以理解的模型，即形成图形界面。系统模型与用户心理模型越是接近，用户就会获得越好的人机交流过程，界面的可用性也越得到提高。为了让用户更加了解在他们面前的用户界面具有怎样的功能以及能帮助他们完成怎样的行为，视觉信息应该合理准确地显现在用户的面前，让用户知道每个视觉符号所承担的功能特性，借助界面的功能可视化，将系统模型与用户心理模型统一起来。最后，多点触摸技术得到了越来越多的应用，多点触摸界面使用户与界面可以跳过键盘和鼠标进行无缝接触，用户直接对视觉符号进行操作，这样就更加要求在图形用户界面中，视觉符号应该将自身承担的功能通过合理的外在形式表现出来。功能明晰可见的图形用户界面是界面发展的必然趋势。

　　功能可见性也对人与智能机器人的交互过程产生影响。人—机器人交互以人类期望机器人在特定物体上执行所需动作的事件为中心。如何让机器人从功能激励的环境中获取粗糙的、未指定的知识是这类人机交互成功的关键。在这类目标场景中，人类完全可以根据自己的直觉，灵活地与机器人建立联合对象引用。为了实现这一目标，机器人需要具备与用户直观的概念和语言偏好在认知上足够匹配的知识。这就需要考虑到物体可见性和功能特征的人类空间物体参考知识。可见性是识别模块的设计者和未来机器人用户或讲师共享的视觉可感知的功能对象方面（Moratz & Tenbrink，2006）。在人—机器人协作中找到可以采用对象可见性来识别操作员的活动和意图，使双方交互过程更自然、更有效（Martijn et al.，2018）。

第四节　参照编码理论

　　本节首先陈述参照编码理论的基本内容，接着介绍参照编码与空间相容性、视觉相容性、听觉相容性和正交相容性效应的关系及相关研究，最后指明参照编码理论在人机系统和产品设计中的重要意义。

一 参照编码理论的提出

注意定向的观点认为，空间注意力在不相关的空间刺激—反应相容性的效果中起着决定性的作用，特别是注意焦点转移到刺激上的方式是横向移动而不是缩放时（Stoffer & Yakin，1994）。这种注意运动假说与参照编码假说（the Referential Coding Account）形成对比，根据参照编码假说，空间刺激编码取决于参照框架或参照对象的可用性，而不是特定的注意运动。Hommel（2011）通过六个实验来检验究竟是注意运动假设还是参考编码假设可以解释空间刺激—反应相容性，结果支持了参照编码假说。在他们的研究中，空间编码要么与刺激同时出现，要么连续可见，结果发现参考物体可用于辅助空间编码。与注意力运动假说的预测相反，即使刺激被围绕在两个可能的刺激位置周围的大框架预先触发，即使参考对象的显著性明显降低，或者预先触发的框架信息量更大，Simon 效应仍会发生。此外，Hommel 发现 Simon 效应不会因非信息性的空间前置线索与刺激之间的空间对应关系而减弱，也不取决于两个可能刺激位置的左侧或右侧出现的空间前置线索的位置。总之，Simon 效应的发生并不局限于将目标刺激带入注意焦点的特定注意运动，而是取决于反应和刺激之间的空间对应关系，前提是这些反应和刺激相对于某个参考对象可编码为左或右。

Dolk 等（2014）进一步证实了参照编码理论，提出在联合 Simon 任务中，行动者所面临的挑战是如何从同时激活的多个表征中选择与任务相关的动作表征。执行（联合或单独）Simon 任务需要准备和选择有意行为。参照编码理论是建立在事件编码理论（theory of event coding，TEC）的理论框架基础上，而事件编码理论又来源于观念运动理论（ideomotor theory）（Dolk，Hommel et al.，2013）。根据观念运动理论的观点，动作可以通过其感官后果的代码表示。特别是，事件编码理论假设认知动作表征由表示所有可感知效果特征的代码网络组成，动作控制对这些感知表示进行操作，动作选择包括激活要生成的动作效果（动作的感知结果）的代码，这种表述意味着一个人的行为和另一个人的行为基本上是以相同的方式表述的（见图2-2）。如果我们假设反应冲突反映了一个以上动作表征的同时激活（比如由于内源性准备、刺激诱导激活和/或串扰），这意味着积极表征另一个人的动作可以产生与积极表征自己的一个以上可能动作有着相同的反应冲突（杨倩，2019）。由于事件编码理论不区分单纯的感知事件和自生事件（感知和行为），也不区分社会和非社会事件（生物和物体），参照编码假说可以很容易地适应非社会事件可以诱发联合Simon效应的观察结果（Dolk，Hommel et al.，2013）。事实上，任何表征都可能与当前（最）相关反应的表征产生冲突，如果它足够活跃的话。参考编码理论不仅考虑了非生物物体和其他非社会事件引发联合Simon效应的能力，它还解释了为什么随着感知和待执行动作事件之间的相似性降低，表征效果降低（杨倩，2019）。参考编码理论提供了对联合Simon效应（又名社会Simon效应）的社会解释的另一种选择，并能够整合关于联合行动的看似相反的发现。

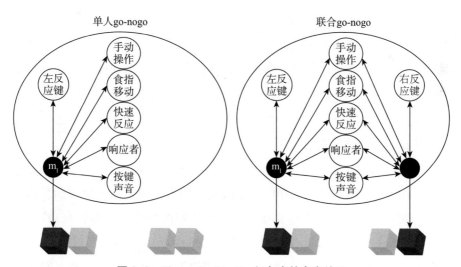

图2-2 Simon Go/No Go 任务中的参考编码

（来源：Dolk et al.，2014）

二 参照编码理论在相容性研究中的应用

(一) 参照编码与空间刺激—反应相容性

联合的 Go/No Go Simon 效应（又称社会 Simon 效应）已被视为自动行动/任务共同表征的指标。Guagnano 等人（2010）发现，只有当两个共同行动者并排坐在可以接触到的距离范围内时，社会 Simon 效应才会出现，但如果距离进一步增加，则不会发生社会 Simon 效应，他们通过假设共同行动者在当且仅当位于参与者的外围空间内时提供一种自动诱导的空间参照框架来解释这一观察结果。Dolk 等（2014）认为，根据这一逻辑，正是这个（外围）参照框架将参与者自己的动作呈现为"左"或"右"，如果没有这种参照框架，就无法对动作进行空间上的编码。Simon 效应取决于空间刺激和反应代码之间的匹配度，可以假设存在空间反应代码，因此，在"Go/No Go"任务中，只有当参与者将自己的行为编码为左或右时，才会出现这种效应，而这是由于附近有辅助者存在。

(二) 参照编码与视觉刺激—反应相容性

视觉刺激—反应相容性也可以用参照编码框架来解释。虽然先前的研究结果表明视觉决定了参照框架的默认使用，但对于视觉体验在联合动作期间编码动作空间中的作用知之甚少。在这里，我们测试了视觉体验是否以及如何影响联合动作控制中参照框架的使用。社会 Simon 任务的参与者是参照其他反应代理的位置（基于代理的编码）还是参照反应键的位置（反应的编码），对他们的反应进行编码，仍然存在争议。在社会 Simon 任务中，代理身体的空间原点和反应键的空间原点提供了两个外部的、基于环境的参考框架：基于代理的框架和基于反应的框架（杨倩，2019）。如果参与者执行社会 Simon 任务时，他们各自的反应（右）手彼此不交叉（在与其身体相同的左右组织中，相对于彼此），则两个外部参照框架（基于代理和基于反应的坐标）对齐（空间相容）。相反，当参与者将各自的反应（右）手交给对方时，即坐在左边的人操作右反应键，坐在右边的人操作左反应键，则基于代理和基于反应的坐标不对齐（空间不相容）（杨倩，2019）。为了研究视觉体验是否以及如何影响外部参照框架（基于代理和基于反应）的使用，以组织联合动作中的运动控制，有学者使先天失明、蒙眼和有正常视力的个体组成的二人组参与了听觉版的社会 Simon 任务，该任务要求每个参与者对另两个参与者左侧或右侧的两个声音中的一个做出反应（Dolk，Liepelt et al.，2013）。参与者执行任务时，他们各自的反应手（右手）未交叉或交叉。参与者在非交叉和交叉手条件下使用右手执行社会 Simon 任务。为此，参与者在非交叉手状态下在自己身体前面操作反应键，在交叉手状态中在合作者身体前面操作应答键。尽管听觉刺激的位置与任务完全无关，但当刺激位置在空间上对应于所需的反应侧时，参与者的总体反应速度要快于在空间上不对应时：这种现象称为社会 Simon 效应。在有视力的参与者中，无论双手交叉还是未交叉，社会 Simon 效应都会发生，这表明这些参与者使用了外部的、基于反应的参照框架。而先天性失明的参与者也表现出社会 Simon 效应，但仅限于未交叉的手。研究者们认为，先天性盲人使用了基于代理和基于反应的参照框架，当双手交叉时会导致空间信息冲突，从而抵消社会 Simon 效应。这些结果表明，联合行动控制功能基于外部参照框架，与视觉的存在或（暂时/永久）缺失无关。然而，用于组织联合动作中的运动控制的外部参照框架的类型似乎是由视觉经验决定的。当个体发育过程中视觉输入可用时，基于反应的编码似乎是首选的编码策略，而当出生后视觉完全缺乏时，基于反应的编码便与基于代理的编码相结合（Dolk，Liepelt et al.，2013）。

（三）参照编码与听觉刺激—反应相容性

Dolk 等（2014）通过操纵听觉 Simon 任务中参考事件的显著性质，证明了空间参考事件不一定需要社会特征或运动特征来诱导动作编码。只要事件以自下而上的方式吸引注意力（例如，听觉节奏特征），听觉 Simon 任务中的事件似乎是共同表征的，而与产生这些事件的主体或对象无关。这表明联合 Simon 效应不一定意味着任务的共同表征。事件编码理论提供了关于联合 Simon 效应的可用证据的综合说明：另一个显著事件的存在需要区分自己行为的认知表征与其他事件的表征，这可以通过参照编码来实现，参照编码是一个人的行为相对于其他事件的空间编码。研究结果证明任何事件，无论其（非）社会性或（非）生物性，都可以诱发联合 Simon

效应。因此，只要事件吸引注意力，从而提供一个空间参照框架，允许将参与者自己的行为编码为左或右，至少听觉刺激—反应相容性效应是可以观察到的。

（四）参照编码与正交刺激—反应相容性

正交刺激—反应相容性指的是发现垂直刺激位置和水平反应位置之间存在相容关系，因此空间刺激和反应沿正交方向对齐，而不是平行方向对齐。对于正交刺激和反应集，上—右/下—左映射优于上—左/下—右映射。为了解释正交刺激—反应相容性，显著特征/参照编码假设，"向上"和"向右"是各自空间维度的显著极性参照物，当刺激集的显著性结构对应于反应集的显著结构时，刺激—反应转换更快（Weeks & Proctor，1990）。研究发现，刺激—反应相容性与情境的刺激特征紧密相关（Koch & Joli-coeur，2007）。例如，当所需动作分别分配给来自左侧或右侧的刺激时，左键或右键按下速度更快，从而产生刺激—反应相容性现象。有证据表明，相对抽象的认知编码过程有助于刺激—反应相容性（Lien & Proctor，2002）。实际上，认知编码的抽象性也许可以通过正交刺激—反应相容性现象得到最好的证明（Cho & Proctor，2003）。空间正交的刺激和反应集可以产生相容效应。为了探索这种效应是否跨越了逻辑独立任务的边界，研究者们将非速度视觉任务与速度听觉任务相结合，要求参与者将口头报告刺激运动（向上或向下）的非速度视觉任务与向左或向右进行单手运动的听觉反应时间任务结合起来。在视觉任务中，受试者为延迟口头报告编码了一个向上或向下移动的点。该点被简要呈现，然后被迅速强制地隐蔽编码到短期记忆中。在一些刺激开始异步（stimulus onset asynchrony，SOA）之后，移动的点后面跟着音调，在听觉任务中让受试者必须进行快速的双向音调辨别反应（向左或向右移动手指）。研究者们测试了向上的视觉刺激运动（在视觉任务中）是否促进了向右的手动反应（在音调任务中），向下的运动是否促进了向左的反应，而在向下的视觉刺激运动和向左的手动反应任务中，向上刺激促进右反应，向下刺激促进左反应，从而产生正交的跨任务相容效应。这种效应可能来自对一个空间维度的显著指示物（上和右）的抽象编码，因此，结构相似的编码的共激活会导致相互启动

（即使这些编码指向不同的任务）。这些研究结果也表明抽象空间编码将先前提出的编码原则从单任务设置扩展到双任务设置（Koch & Jolicoeur，2007）。

三 参照编码理论对相容性研究的意义

丰富的视觉信息是可见性的重要组成部分。在人机系统设计或相容性研究中，为了产生可见性效果，刺激图像应该提供与自然环境中所遇到的尽可能多的相同真实视觉信息。如果仅提供对象的外部形状可能不足以产生可见性效应，只会产生 Simon 效应即刺激—反应性效应。当提供对象和环境信息的全部范围（外部形状、内部细节和环境深度线索）时，才会产生可见性效应。因此，视觉阵列必须完整且准确地呈现这一点，这样当遇到一个对象时，其视觉可视性将增强动作（Pappas，2014）。

基于客体的一致性效应一直是工程心理学尤其是产品设计中的一项基本遵循。宋晓蕾等（2020）认为，参照编码理论能够为产品设计提供思路。例如，在人机界面设计以及商品标志设计中，要注意把重要的图标放在明显的位置，并增加图标之间的差异性，从而提高人们的识别。在人机界面设计以及商品标志设计中，图标要尽可能地生动形象，这样更有助于提高个体的反应速度。

第五节　未来研究方向

本章前四节依次阐释了维度重叠理论、空间编码理论、功能可见性编码理论和参照（显著性特征）编码理论的基本内容以及在相容性研究中的应用。上述理论并不是对立的关系，而是相互承接关系并存在相似之处。维度重叠理论认为当反应集和刺激集共享感知、概念或结构属性时，它们之间存在维度重叠。学者们按照重叠维度将刺激和反应的组合分成了八类。为后来研究者开展不同类型刺激—反应相容性研究提供了参考。空间编码理论提出空间相关成分影响刺激—反应相容性。功能可见性理论认为反应和刺激物在功能上的相似性能够促进相容性反应产生。参照编码理论则强调环境中可参考的信息或者事物的行为表征的影响，空间编码可以被看作参照编码的一种。实际上，当刺激与反应在功能上相似时二者也处于维度重叠的状态。

虽然现有的相容性研究可以从上述理论中找到产生的原因，但特定相容性效应并不能符合上述各个理论的观点，可见，以往理论对相容性效应的解释力度并不完全。未来研究应该考虑整合以往理论基础，并通过实证研究和实践案例提出一个更全面而系统的理论模型。更进一步，新的理论模型除了解释人机之间的相容性效应，也要为人机系统中的相容性研究提供支持。例如，宋晓蕾和董梅梅（2023）提出人际协同的多重表征模型（见图2-3），认为联合行动中的操作者的刺激—反应关系可以从空间、具身和社会性三个维度加以解释。首先，空间维度的编码会影响刺激—反应相容性，特别是空间相容性效应的作用（Sun & Thomas，2013；Welsh et al.，2013）。不论是否要求操作者将旁边他人的动作/任务纳入自己的动作计划当中，刺激位置与反应位置在同侧比在对侧时参与者反应更快（宋晓蕾等，2017）。其次，具身（Embodied）因素也影响操作者的相容性效应。例如，在联合 Simon 任务中将个体双手缚于身前/身后来改变其反应手的状态后，个体的动作模拟受限抑制了表征，产生了不相容性，因而不会产生观察学习（宋晓蕾等，2018）。最后，参与者所处社会环境中的各种因素以独特的方式改变人们的相容性效应（Meagher & Marsh，2014），研究发现良好的同伴关系能促进相容性的产生（Iani et al.，2011）。相较人际协同情境，人际竞争情境抑制联合 Simon 效应的出现（宋晓蕾等，2017）。

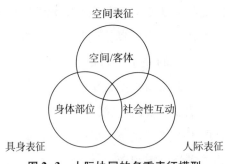

图 2-3　人际协同的多重表征模型

实际上，空间、具身和社会性三个维度交互作用于个体在联合行动中的联合 Simon 效应。首先，从个体内部来说，具身维度表征（对他人动作的具身模拟）促进了个体对空间维度（空间位置、物理环境等）信息的表征；其次，从个体之间来说，具身维度表征（对他人动作的观察）有助于个体对社会性维度（社会因素以及对他人行为预测等）的信息加以表征；最后，在人际协同的表征过程中个体内部的空间表征也与个体之间社会性表征相互产生影响。一方面，空间维度表征要考虑社会性维度表征的影响；另一方面，空间维度信息的明确性又影响社会性维度的表征效果（宋晓蕾、董梅梅，2023）。

个体在表征自己的手部空间和接近他人手部的空间时加工方式不同，当同伴坐在操作者的手部周围空间之外时，个体不会表征同伴的动作（Sun & Thomas，2013）。而完成一项联合动作任务后，参与者能更快地表征同伴手部附近的目标，这表明共享的身体表征在将注意力偏向他人手附近的空间方面起着重要作用（Sun & Thomas，2013）。在该任务中个体的表征能力同时受到反应键的空间位置（空间因素）、手部空间（具身因素）和同伴熟悉度（社会因素）的影响，表明空间、具身和社会性三个维度同时作用于操作者的表征方式，即个体对联合行动任务的表征基于一种多重表征方式。

多重表征模型为智能人机交互产品的设计提供思路。有助于我们理解人机协同作业或者人机组队操作中，操作者所处情境及其相容性效应对协同、组队操作的影响，研究成果可以直接应用于协同作业系统的设计和优化，并为建立自然高效人机协同和组队的交互模式提供科学的依据（宋晓蕾、董梅梅，2023）。

值得注意，该模型也需进一步完善。一方面，对于空间、具身特征和社会性因素如何交互影响相容性效应，目前的实证研究证据较少。另一方面，该模型仅考虑了物理空间因素对表征的影响，其他一些环境因素如特因环境对相容性效应的影响也有待进一步的探究。综上所述，了解相容性理论对于相容性研究意义重大，并且各个理论并非割裂而是联结的关系。未来研究应该考虑整合上述理论的观点以构建一个更系统全面的理论框架，从而为相容性研究的开展提供更扎实的理论基础。

本章小结

1. 当反应集和刺激集共享感知、概念或结构属性时，它们之间存在维度重叠。

2. 维度重叠模型指出，Simon 效应是刺激—反应维度的重叠，假设刺激的空间特征直接激活了空间对应的反应，或者当刺激和反应维度相似时，刺激和反应维度的特征重叠。当出现具有空间特征的刺激时，空间刺激—反应特征的维度重叠导致在不相容试验的情况下自动激活干扰所需反应的相应空间反应。

3. 根据维度重叠理论，通过构建相容任务的分类法，从简单任务到复杂任务可以形成八种不同类型的刺激—反应集合。前四个集合在一个维度上重叠，后四个在两个或更多维度上重叠。

4. 类型 1 集合的特点是在相关或不相关的维度上不存在维度重叠。类型 2 集合的特征是刺激—反应集合的反应和相关刺激维度的重叠。类型 3 集合的特征是仅在反应集和无关刺激维度之间发生重叠。类型 4 集合只在相关刺激维度和无关刺激维度之间有重叠。

5. 类型 6 集合需要三维刺激（相关刺激、不相关刺激和第三个刺激）和一维反应，具有以下重叠模式：相关刺激维度是与反应重叠的唯一维度；反应和任何无关维度之间没有重叠；但是两个刺激维度之间存在重叠。

6. 类型 7 集合也需要三维刺激（相关刺激、不相关刺激和第三个刺激）和一维反应。其中相关刺激维度与反应不重叠但与不相关的刺激维度重叠；第三个刺激维度与前两个刺激维度中的任何一个都不重叠，但与反应重叠。

7. 类型 8 集合的特征在于，反应集与相关和不相关的刺激维度重叠，而这些刺激维度本身也重叠。这个维度在任何地方都必须是一个相同的维度。

8. 维度重叠理论可以解释刺激—刺激和刺激—反应不相容性产生的各种注意控制效应。

9. 空间反应编码理论假设，个体可能使用自我为中心的坐标系来编码共有的表征空间的结构，这意味着个体会根据自身与物体的相对位置来编码物体的空间位置。

10. 空间编码理论能够解释基于客体的一致性产生的原因。空间一致性指刺激与反应在空间上的一致性关系对个体信息加工的影响。

11. 视觉特征的空间属性是客体空间一致性效应产生的关键因素。视觉注意在空间相容性研究中发挥了重要的功能作用。视觉注意力焦点的位置作为空间参考点（水平面和垂直面上的中性位置），影响空间刺激—反应相容性。

12. 空间一致性一直是工程心理学，特别是人机界面设计所必须遵循的一个原则。空间编码能促进人与智能体的成功交互。

13. 吉布森提出功能可见性的概念来描述生物体与其环境之间存在的关系。他认为环境可以提供直接且有效的知觉信息，让生活在其中的行为者察觉环境中具备的功能与潜在的互动关系。诺曼将其重新表述称为"感知可见性"，强调了在设计过程中考虑人类认知和感知的重要性。

14. 可见性理论有三个部分。第一，动物的环境包括可见性；可见性存在于环境中，并不作为感知的产物而存在。第二，感知系统可用的信息指定了这些可见性。第三，动物检测到这些信息，从而感知可见性。

15. 功能可见性理论可以应用于视觉刺激与反应的相容性研究。功能可见性可以解释手柄方向与反应相容性效应。

16. 功能可见性在产品和界面设计领域具有重要意义。功能可见性理论从人与环境的互动行为特性出发，以环境的可操作性为视角分析人与外界的关系。该理论提出了良好设计或服务的标准应具备良好的功能可见性，并强调实现环境引导的功能可见性，以真正满足用户潜在的无意识需求。

17. 根据参照编码假说，空间刺激编码取决于参照框架或参照对象的可用性，而不是特定的注意运动。

18. 视觉和听觉刺激—反应相容性可以用参照编码框架来解释。

19. 正交刺激—反应相容性指的是发现垂直刺激位置和水平反应位置之间存在相容关系，因此空间刺激和反应沿正交方向对齐，而不是平行方向对齐。对于正交刺激和反应集，上—右/下—左映射优于上—左/下—右映射。参照编码理论假设，"向上"和"向右"是各自空间维度的显著极性参照物，当刺激集的显著性结构对应于反应集的显著结构时，刺激—反应转换更快。

20. 参照编码理论能够为产品设计提供思路。在人机界面设计以及商品标志设计中，图标要尽可能地生动形象以提高个体的反应速度。

参考文献

陈茜月：《基于 Affordance 设计理论的交互体验式音箱设计研究》，硕士学位论文，湖北工业大学，2020 年。

楚东晓：《基于 Affordance 理论的设计诱导力研究》，《包装工程》2015 年第 4 期。

高梦莹：《空间—时间关联的联合相容性效应》，硕士学位论文，河北师范大学，2018 年。

刘艳芳：《S-R 相容性：概念、分类、理论假设及应用》，《心理科学》1996 年第 2 期。

刘艳芳：《S-R 相容性的最新理论研究》，《心理科学》1998 年第 6 期。

孟令仁、肖狄虎、廖勤樱：《基于 Affordance 概念的移动天气界面意境营造》，《包装工程》2017 年第 6 期。

尚凯：《基于可供性的高校学习座椅舒适度研究》，博士学位论文，北京林业大学，2019 年。

宋晓蕾：《基于客体的空间一致性效应：功能可见性或空间位置编码?》，《心理科学》2015 年第 5 期。

宋晓蕾、董梅梅：《人际协同的多重表征模型——基于认知表征的视角》，《心理科学进展》2023 年第 7 期。

宋晓蕾、李洋洋、张诗熠、张俊婷：《人际情境对幼儿联合 Simon 效应的影响机制》，《心理发展与教育》2017 年第 3 期。

宋晓蕾、李洋洋、杨倩、游旭群：《反应手的不同状态对联合任务中观察学习的影响》，《心理学报》2018 年第 9 期。

宋晓蕾、王丹、张欣欣、贾筱倩：《基于客体的一致性效应的产生机制》，《心理学报》2020 年第 6 期。

徐胜、宋晓蕾：《联合 Simon 效应：现状、影响因素与理论解释》，《心理科学进展》2016 年第 3 期。

杨倩：《人际情境对联合任务表征的影响机制》，硕士学位论文，陕西师范大学，2019 年。

赵玉航、李世国：《图形用户界面设计中的功能可见性》，《包装工程》2010 年第 20 期。

Cho, D. T. , & Proctor, R. W. , "Object-based correspondence effects for action-relevant and surface-property judgments with keypress responses: Evidence for a basis in spatial coding", *Psychological Research*, Vol. 77, No. 5, 2013, pp. 618–636.

Cho, Y. S. , & Proctor, R. W. , "Stimulus and response representations underlying orthogonal stimulus-response compatibility effects", *Psychonomic Bulletin & Review*, Vol. 10, 2003, pp. 45–73.

Chong, I. , & Proctor, R. W. , "On the evolution of a radical concept: Affordances according to Gibson and their subsequent use and development", *Perspectives on Psychological Science*, Vol. 15, No. 1, 2019, pp. 117–132.

Chong, I. , & Proctor, R. W. , "On the evolution of a radical concept: Affordances according to Gibson and their subsequent use and development", *Perspectives on Psychological Science*, Vol. 15, No. 1, 2020, pp. 117–132.

Dittrich, K. , Dolk, T. , Rothe-Wulf, A. , Klauer, K. C. , & Prinz, W. , "Keys and seats: Spatial response coding underlying the joint spatial compatibility effect", *Attention, Perception, & Psychophysics*, Vol. 75, No. 8, 2013, pp. 1725–1736.

Dittrich, K. , Rothe, A. , & Klauer, K. C. , "Increased spatial salience in the social Simon task: A response-coding account of spatial compatibility effects", *Attention, Perception, & Psychophysics*, Vol. 74, No. 5, 2012, pp. 911–929.

Dolk, T. , Hommel, B. , Colzato, L. S. , Schütz-Bosbach, S. , Prinz, W. , & Liepelt, R. , "The joint Simon effect: A review and theoretical integration", *Frontiers in Psychology*, Vol. 5, 2014, p. 974.

Dolk, T. , Hommel, B. , Prinz, W. , & Liepelt, R. , "The (not so) social Simon effect: a referential coding account", *Journal of Experimental Psychology: Human Perception and Performance*, Vol. 39, No. 5, 2013, p. 1248.

Dolk, T., Liepelt, R., Prinz, W., & Fiehler, K., "Visual experience determines the use of external reference frames in joint action control", *PLoS One*, Vol. 8, No. 3, 2013, p. 59008.

Guagnano, D., Rusconi, E., & Umiltà, C. A., "Sharing a task or sharing space? On the effect of the confederate in action coding in a detection task", *Cognition*, Vol. 114, No. 3, 2010, pp. 348−355.

Hommel, B., "The Simon effect as tool and heuristic", *Acta Psychologica*, Vol. 136, 2011, pp. 189−202.

Iani, C., Anelli, F., Nicoletti, R., Arcuri, L., & Rubichi, S., "The role of group membership on the modulation of joint action", *Experimental Brain Research*, Vol. 211, No. 3-4, 2011, pp. 439−445.

Janczyk, M., Yamaguchi, M., Proctor, R. W., & Pfister, R., "Response-effect compatibility with complex actions: The case of wheel rotations", *Attention, Perception, & Psychophysics*, Vol. 77, No. 3, 2015, pp. 930−940.

Kennedy, W. G., Bugajska, M. D., Marge, M., Adams, W., Fransen, B. R., Perzanowski, D., Schultz, A. C., & Trafton, J. G., "Spatial Representation and Reasoning for Human-Robot Collaboration", In *Proceedings of the 22nd National Conference on Artificial Intelligence*-Volume 2, AAAI Press, 2007, pp. 1554 − 1559.

Koch, I., & Jolicoeur, P., "Orthogonal cross-task compatibility: Abstract spatial coding in dual tasks", *Psychonomic Bulletin & Review*, Vol. 14, No. 1, 2007, pp. 45−50.

Kornblum, S., "The way irrelevant dimensions are processed depends on what they overlap with: The case of Stroop-and Simon-like stimuli", *Psychological Research*, Vol. 56, No. 3, 1994, pp. 130−135.

Kornblum, S., & Lee, J. W., "Stimulus-response compatibility with relevant and irrelevant stimulus dimensions that do and do not overlap with the response", *Journal of Experimental Psychology: Human Perception and Performance*, Vol. 21, No. 4, 1995, p. 855.

Kornblum, S., Hasbroucq, T., & Osman, A., "Dimensional overlap: cognitive basis for stimulus-response compatibility—a model and taxonomy", *Psychological Review*, Vol. 97, No. 2, 1990, p. 253.

Lien, M. C. , & Proctor, R. W. , "Stimulus-response compatibility and psychological refractory period effects: Implications for response selection", *Psychonomic Bulletin & Review*, Vol. 9, 2002, pp. 212–238.

Liu, X. , Park, Y. , Gu, X. , & Fan, J. , "Dimensional overlap accounts for independence and integration of stimulus-response compatibility effects", *Attention, Perception, & Psychophysics*, Vol. 72, No. 6, 2010, pp. 1710–1720.

Martijn, C. , Jeroen, C. , Karel, K. , Eric D. , "Towards robust intention estimation based on object affordance enabling natural human-robot collaboration in assembly tasks", *Procedia CIRP*, 2018, pp. 78: 255–260.

Meagher, B. R. , & Marsh, K. L. , "The costs of cooperation: Action-specific perception in the context of joint action", *Journal of Experimental Psychology: Human Perception and Performance*, Vol. 40, No. 1, 2014, pp. 429–444.

Michaels, C. F. , "SR compatibility between response position and destination of apparent motion: evidence of the detection of affordances", *Journal of Experimental Psychology: Human Perception and Performance*, Vol. 14, No. 2, 1988, p. 231.

Moratz, R. , & Tenbrink, T. , *Affordance-based human-robot interaction*, Berlin, Heidelberg: Springer Berlin Heidelberg, 2008, pp. 63–76.

Moratz, R. , Tenbrink, T. , Bateman, J. A. , & Fischer, K. , "Spatial knowledge representation for human-robot interaction", *Lecture Notes in Computer Science*, Vol. 2685, 2003, pp. 263–286.

Pappas, Z. , "Dissociating simon and affordance compatibility effects: silhouettes and photographs", *Cognition*, Vol. 133, No. 3, 2014, pp. 716–728.

Proctor, R. W. , & Miles, J. D. , "Does the concept of affordance add anything to explanations of stimulus-response compatibility effects?" *Psychology of Learning and Motivation*, Vol. 60, 2014, pp. 227–266.

Puffe, L. , Dittrich, K. , & Klauer, K. C. , "The influence of the Japanese waving cat on the joint spatial compatibility effect: A replication and extension of Dolk, Hommel, Prinz, and Liepelt (2013)", *PLoS ONE*, Vol. 12, No. 9, 2017, p. 0184 844.

Saccone, E. J. , Churches, O. , & Nicholls, M. E. , "Explicit spatial compatibility is not critical to the object handle effect", *Journal of Experimental Psychology: Human Perception and Performance*, Vol. 42, No. 10, 2016, p. 1643.

Sebanz, N. , Knoblich, G. , & Prinz, W. , "Representing others' actions: Just like one's own?" *Cognition*, Vol. 88, 2003, pp. B11-B21.

Song, X. , Chen, J. , & Proctor, R. W. , "Correspondence effects with torches: Grasping affordance or visual feature asymmetry?" Quarterly Journal of *Experimental Psychology*, Vol. 67, No. 4, 2014, pp. 665-675.

Stoffer, T. H. , & Yakin, A. R. , "The functional role of attention for spatial coding in the Simon effect", *Psychological Research*, Vol. 56, No. 3, 1994, pp. 151-162.

Sun, H. M. , & Thomas, L. E. , "Biased attention near another's hand following joint action", *Frontiers in Psychology*, Vol. 4, 2013, p. 443.

Tucker, M. , & Ellis, R. , "On the relations between seen objects and components of potential actions", *Journal of Experimental Psychology: Human Perception and Performance*, Vol. 24, No. 3, 1998, p. 830.

Weeks, D. J. , & Proctor, R. W. , "Salient-features coding in the translation between orthogonal stimulus and response dimensions", *Journal of Experimental Psychology: General*, Vol. 119, 1990, pp. 355-366.

Welsh, T. N. , Kiernan, D. , Neyedli, H. F. , Ray, M. , Pratt, J. , Potruff, A. , & Weeks, D. J. , "Joint Simon effects in extrapersonal space", *Journal of Motor Behavior*, Vol. 45, No. 1, 2013, pp. 1-5.

Yan, L. , Yang, G. , Nan, W. , Liu, X. , & Fu, S. , "The SNARC effect occurs in the response-selection stage", *Acta Psychologica*, Vol. 215, 2021, p. 103292.

第三章 研究方法[①]

怎样的视觉界面会让人赏心悦目？在人机交互过程中，界面显示与人的操作有何种联系？又会对操作者绩效产生什么影响？在研究相容性问题时我们需要了解前述章节中的理论，实施具体研究时根据理论提出假设，进一步开展实证研究。同时，我们还需要了解与掌握开展相容性系列研究的方法，以将实际问题背后的科学问题，采用实证研究方法以探讨人机系统相容性设计的原理机制并应用于实际。因此，空间相容性研究方法对于提高人机系统相容性设计有重要意义。本章从经典研究方法、行为特征研究方法、心理生理测量方法、经典数据处理方法和数据模型方法五大模块入手，系统地阐述人机系统设计中相容性的研究方法。

第一节 经典研究方法

空间相容性的经典研究方法主要有问卷法、访谈法、观察法、实验法等四种。问卷法和访谈法是关于操作者的心理特性、主观体验和态度动机等测量的研究方法。实验法和观察法是关于操作者或者用户的操作行为特点和规律研究的方法。

在空间相容性研究中必须讲究研究的科学性，贯彻客观性原则。具体实施中，可以用信度和效度评价测量，用可重复性和研究效度来评价实验。信度（reliability）指的是测量的可靠性或稳定性。在相同的条件下，同一种测量方法，先后测量的结果一致性程度越高，这种测量方法信度也

---

① 本章部分参照了葛列众、许为、宋晓蕾主编的《工程心理学》（中国人民大学出版社，2022）第三章的相关内容。

越高，也越可靠。效度（validity）指的是测量的准确性。一种测量越能准确地反映出它所测量的内容，这种测量的效度就越高。信度和效度是评价心理测量不可或缺的指标。信度是效度的必要但非充分条件，即信度高效度未必高，但是高效度必须要有高信度作保证。

实验的可重复性指的是实验结果可以通过相同的实验方法进行验证。研究效度主要有内部效度（internal validity）和外部效度（external validity）。内部效度涉及实验中自变量和因变量之间的关系。实验中，自变量决定因变量变化的程度越高，该实验的内部效度就越高；反之，则越低。外部效度指的是实验结果应用于实验以外情况的有效性程度。一个实验结果应用于实验以外情况的有效性越高，这个实验的外部效度就越高；反之，则越低。

一 问卷法、访谈法和观察法

（一）问卷法

问卷法是通过问卷收集数据的研究方法。问卷法的特点是可以在有限的时间内，投入少量的资金和人力，获得大量的数据信息，测量结果可以作为评价、改进各种机器、系统或者产品设计的重要依据。进行问卷法研究时，首先要确立研究目标，其次是设计相应的问卷，确立研究样本，并实施问卷调查，最后是对数据进行分析，并撰写研究报告。问卷法的优势在于其高效性和便捷性，能够快速收集大量的数据，为研究者提供了广泛而全面的信息。然而，问卷法也存在一些限制，如受访者的回答可能存在主观性和记忆偏差，以及问卷设计可能存在问题导致数据的不准确性。因此，在进行问卷调查时，需要注意问卷设计的科学性和合理性，以及样本的代表性，以确保研究结果的可靠性和有效性。

（二）访谈法

访谈法是通过访谈者与被访者之间的交流来获取研究数据的研究方法。访谈法最重要的特点是它的互动性，可以通过访谈者与被访者之间的交流和沟通，深入了解具有灵活性和丰富的描述性数据。它能够提供详细、深入的信息，揭示被访者的内心想法和观点，同时在访谈过程中可以根据被访者的回答进行灵活调整和深入追问。然而，访谈法也存在一些限制和缺点，包括主观性、偏见、代表性问题以及时间和资源消耗，获得的信息难以统计，信息量也较少。按照提问方式的不同，访谈可以分为标准化、非标准化访谈和半标准化访谈三类。按照交流方式的不同，访谈（是否借助一定的中介，如电话）还可以分为直接访谈、间接访谈。按照被访者人数的不同，访谈还可以分为个体访谈和集体访谈。访谈法经常作为问卷法的补充，用来了解操作人员的操作动机和产品用户对产品的主观评价或者体验。

（三）观察法

观察法是指研究者直接或者借助一定的辅助工具（如照相机）观察被研究对象来获得研究数据的方法。观察法经常用来获得操作者操作机器或者在特定工作环境中的行为特征，也可以用来了解产品用户使用产品的行为特点。观察法的最大优点在于，研究者可以得到特定情境下被观察者的自然行为表现。观察法在研究空间相容性方面可以通过观察和记录参与者在特定空间环境中的行为和互动来获取数据。研究者可以观察参与者在不同空间布局或设计条件下的操作行为、姿势、反应时间等，并记录下相关的信息，但得到的行为数据大多只能够说明"什么"或者"怎么样"的问题，但却不能解释"为什么"。

二　实验法

实验法是指有目的地控制实验条件或者实验变量，研究变量之间的关系和变化规律的方法。实验法是相容性研究方法中最重要的一种方法，可以用来研究不同环境、不同界面设计、不同操作方法的空间相容性；研究不同类型操作人员及其组队的空间相容性对操作的影响作用；也可以研究用户使用不同产品时的相容性操作特点。

（一）实验变量

自变量、因变量和无关变量等三种变量是实验法研究中最基本的变量。

实验研究中研究者主动操纵的、能引起因变量发生变化的因素或条件通常被称为自变量（independent variable），又称刺激变量。自变量的选择和操作需要与研究问题的要求相匹配，并且要确保实验的内部有效性。研究者可以选择多种形式的自变量，例如不同的刺激条件、不同的处理或介入方式、不同的实验条件等。自变量可以是离散的或连续的，可以有两个或多个水平，也可以有多个组合或条件。自变量的操作应当遵循科学原则和伦理规范。

实验研究中，由自变量变化而引起的实验被试反应被称为因变量（dependent variable），又称反应变量。因变量可以分为客观指标和主观指标。客观指标是指在实验中可以通过仪器设备记录下来的反应，这些反应是由于自变量的影响而导致的。例如，反应时间等绩效指标以及心率等生理指标都属于客观指标，可以通过客观测量得到。主观指标则是指实验被试的主观反应，通常是通过实验被试的主述或自我报告来获取。例如，实验被试对于某个刺激的主观感受或意见就是主观指标。这些反应无法直接通过客观测量获得，而需要被试主观地表达出来。

实验中对实验结果有干扰作用的变量被称为无关变量，又称干扰变量，或者叫控制变量。无关变量对因变量的变化会导致实验结果失真。无关变量的常用控制方法主要有消除法、限定法、纳入法、配对法、随机法、测试法、恒定法和训练法。实验实施中，可以根据不同的实验目的和要求，结合实际情况使用这些控制方法。

（二）实验设计

实验设计就是根据研究的目的，确定实验样本，设置自变量和因变量和实验任务，控制无关变量的过程。

常用的实验设计有三种基本的分类。一种是基于随机化原则的完全随机设计和随机区组设计；第二种是根据被试接受实验处理的不同的被试内设计、被试间设计和混合设计；第三种是考虑到自变量的多少的单因素设计和多因素设计。

完全随机设计的基本要求是指要从明确界定的人群总体中随机地抽选参加实验的被试，并把这个被试随机地分配给各个实验处理。随机两等组设计中，一个是随机配对组，自变量只有一个，实验处理有一个，另一个是实验控制组，不接受实验处理。随机多等组设计中，自变量有多个。根据因变量测试的时间不同，随机两等组设计又可以分为随机后测设计、随机前后测设计等不同的形式。

随机区组设计（randomized block design）是在完全随机实验设计的基础上发展出来的一种消除实验误差的实验设计。完全随机实验设计中，虽然从研究总体中随机选取被试，但被试年龄、性别、职业等因素存在着差异。通过将参与者分成小组，可以更好地控制一些可能影响实验结果的混杂变量。同一个区组的被试应该是同质的，随机区组设计可以减少误差来源，提高实验的效能。通过将参与者分组，可以减小组内个体差异对实验结果的影响，从而增加了实验的敏感性和准确性。每一个区组接受次数相同的各种实验处理。这样可以分离出由于被试差异导致的区组效应①，以确保实验处理的组间效应②的准确性。

被试内设计是每个或每组被试接受每种实验处理的实验设计，又称重复测量设计。被试内设计的主要特点是：设计方便，被试数量相对较少，但是实验时间较长，容易产生被试疲劳，影响实验结果。另外，如果各实验处理之间彼此影响，也会产生被试的练习或者干扰效应，导致实验误差。实际操作中，可采用随机区组设计和拉丁方设计等方法来克服被试内设计中的实验误差。通常被试内设计适用于被试较少而且不同实验处理对被试不会产生相互作用的实验。

被试间设计是每个或者每组被试只接受一种实验处理的实验设计。被试间设计的特点是能减少被试实验疲劳，避免被试的练习或者干扰效应，但被试间设计所需的被试数量较多，难免会有被试的个体差异。实际操作中，可采用匹配和随机化技术减少被试个体差异的影响。通常被试间设计适用于被试较多而且不同实验处理对被试会产生相互作用的实验。

混合设计中，既有不同组参与者被分配到不同处理条件中，也有同一参与者在不同条件下的多次测量。通过对不同组和同一参与者的比较，可

---

①　在随机区组设计的方差分析中，区组效应是用区组平方和与误差平方和比值的 F 值的显著性表示的。这个 F 值大于临界值，则区组效应显著；反之，不显著。

②　在随机区组设计的方差分析中，组间效应是用组间平方和与误差平方和比值的 F 值的显著性表示的。这个 F 值大于临界值，则组间效应显著；反之，不显著。

以同时研究组间差异和个体内变化的效应。这种设计适用于同时考察组间差异和个体内变化的研究问题。混合设计在一定程度上保留了被试内设计和被试间设计的特点，并且在一定程度上减少了单独采用被试内设计或者被试间设计的实验误差。在实施中，需要实验者根据实验目的和以往实验的经验确定哪些自变量采用被试内设计，哪些自变量采用被试间设计。

单因素设计是只有一个自变量的实验设计。单因素设计的特点是设计简单、操作方便，但不能考察多种因素的影响。具体实施中，单因素实验自变量可以有一个水平，也可以有多个水平。单因素设计也可以和其他实验设计方法一起使用，例如，如果考虑到被试的误差，可以采用随机区组设计，也可以采用实验组和控制组的设计。

多因素设计则是有两个或者两个以上自变量的实验设计。多因素实验不仅能得出每个自变量的实验效应，而且还能得出不同自变量水平之间是否存在着交互作用，有助于研究者了解自变量之间存在的复杂关系。但多因素设计操作比较复杂，实验控制也较为困难。多因素设计中，每个自变量可以有多个水平。多因素设计具体实施时，也可以和其他实验设计方法一起使用。

三　现场实验和模拟实验

现场实验和模拟实验是相容性研究中经常用到的实验方法。

现场实验是在实际现场进行的实验。现场实验具有真实、自然的特点，外部效度较高，参与实验被试也常为现场实际工作的人员，但现场实验不能选择被试，控制实验变量。实际操作中，现场研究常采用准实验设计（quasi experimental design）方法进行实验设计。

模拟研究是建立在模拟基础上的实验研究。许多空间相容性研究需要解决具体的实际问题，但实际场景又不能进行严格的实验研究，这时就需要通过模拟技术，创造出与实际情况大致相同的场景，并根据研究目的，选择被试，设置自变量和因变量，有效地控制自变量与无关变量，进行实验研究。例如，可以在飞机模拟座舱中，对飞行员的操作行为进行实验研究。通常模拟是对真实事物、环境、过程或者现象的仿真或者虚拟，模拟可以是物理的仿真模型，也可以是计算机虚拟技术构建的临境环境。

模拟实验研究既可以模拟现场真实的环境，又能选择被试，严格控制变量，采用实验室实验类似的方法进行实验研究。模拟实验实施需要明确实验目的，构建实验模型，进行实验设计，鉴定和验证模型，实施实验，分析实验结果和撰写实验报告。模拟实验的关键在于模拟场景和现场实际匹配程度。匹配程度越高，模拟实验的外部效度就越高，研究结果也越能有效地应用于实际。

四　经典的实验范式

刺激—反应相容性的经典实验范式由 Fitts 等人率先建立，他们真正使其成为心理学课题之一，系统地研究了空间刺激（S）和动作反应（R）的相容性，将 S-R 相容性定义为：当特定刺激与反应匹配会产生较好的结果时刺激与反应匹配就具有了相容性，可获得最佳的反应结果，即反应时间最短，错误率最低。S-R 相容性原则不仅适用于空间领域，还适用于概念和语义领域。研究表明，对于肢体动作的相容性，更为关键的是动作的目标位置（工具的指向和位置），而非动作的方向和位置。因此，在设计过程中，设计者应当努力确保工具的使用方向与人的手（或脚）的动作方向保持一致，从而增强刺激—反应相容性。这样做可以使操作更加直观和自然，提高使用者的反应效率和操作准确性。刺激—反应相容性为工业设计提供了一条重要的指导原则（孙向红等，2011）。

当刺激和相应的动作之间具有高度一致性时，通常会导致更快速和更准确的反应。这是因为一致的刺激—动作映射使得大脑处理更加直观和无须多思考，从而加快了反应速度。相反，当刺激—动作映射不一致时，可能会导致较慢的反应和更多的错误，因为此时大脑需要花更多时间来处理不一致的信息。经典的 SRC 任务中，当靶刺激的特征（如位置在左或左朝向的箭头）与所要求的反应（如右手）不匹配时，其反应时一般要长于刺激特征（如位置在左或左朝向的箭头）与反应（如左手）匹配时，反应的错误率也更高。刺激—反应相容性效应就是这种不一致和一致两种条件下反应时或错误率上的差异。Fitts 等人确立刺激—反应相容性原理之后，相容性效用研究逐渐形成 Simon 任务、Stroop 任务、Flanker 任务、反向眼跳任务（anti-saccade task）等几种经典的实验范式。

（一）Simon 任务

随着认知心理学的发展，心理学家开始更注意对 S-R 相容性机制的研究。Simon 任务是一种经典的心理实验任务，用于研究刺激—反应相容性效应。该任务最初由 Simon 和 Rudell 在 1967 年提出，用于探索非空间特征（如颜色、形状等）对空间反应产生的影响。具体来说，当个体对刺激的非空间特征（如，颜色、形状等）做空间反应（如，按左键或右键、口头报告左或右）时，刺激呈现的空间位置对其操作成绩（反应时和正确率）有明显影响，这种任务后来被命名为 Simon 任务（Hedge & Marsh，1975）。在 Simon 任务中，被试被要求对刺激的非空间特征做出反应，例如按键反应或口头报告。被试需要忽略刺激呈现的空间位置，而专注于非空间特征。刺激通常是以两种颜色（如，红色和绿色）表示，并在屏幕的左侧或右侧随机呈现。被试的任务是根据非空间特征（如，红色按左键，绿色按右键）做出相应的反应。Simon 任务的关键是刺激的空间位置与非空间特征所指代的反应之间的一致性或不一致性。在一致条件下，刺激呈现的位置与其指代的反应在同侧；而在不一致条件下，刺激呈现的位置与其指代的反应在对侧。研究发现，当刺激的位置与指代的反应在同侧时，被试的反应时间较短，错误率较低；而当刺激的位置与指代的反应在对侧时，被试的反应时间较长，错误率较高。这种差异即为 Simon 效应，它揭示了刺激的空间位置对反应效果的影响（Proctor et al.，2011）。Simon 任务的研究结果对于理解刺激—反应相容性效应提供了重要的证据。它帮助我们认识到，即使在非空间特征和任务目标不直接相关的情况下，刺激的空间位置仍然会对反应产生影响。这对于认知心理学、人机交互和人类行为研究等领域具有重要的意义。

在日常生活中，我们经常需要与朋友、同事甚至是陌生人共同完成一些联合行动（joint action），Sebanz 等人（2006）将这种联合行动定义为两个或多个个体在协作或合作的情境下共同参与执行任务或实现共同目标的行为。在联合行动中，个体之间需要相互协调和合作，共享信息并相互影响。Sebanz 等人（2003）设计的联合 Simon 任务（joint Simon task）是指由两个被试共同执行 Go/No-Go 任务，其中一个被试只对蓝色圆按左键反应，另一个只对绿色圆按右键反应，而忽视与自己任务无关的刺激特征（刺激的空间位置和共同行动者的动作）。由两人共同完成的联合 Simon 任务出现了与标准 Simon 任务类似的结果，当刺激的位置与指代的反应在同侧时，联合任务中的个体反应时间较短，错误率较低；而当刺激的位置与指代的反应在对侧时，个体的反应时间较长，错误率较高，被称为联合 Simon 效应（joint Simon effect，JSE）。联合 Simon 效应表明刺激—反应相容性效应不仅存在于单个个体的任务中，也可以在协同合作的联合行动中观察到。

（二）Stroop 任务

Stroop 任务是一种经典的心理学实验任务，旨在研究颜色和文字信息之间的干扰效应。该任务由约翰·R. 斯特鲁普（John Ridley Stroop）于 1935 年提出，被广泛应用于注意力、干扰抑制和认知控制等领域的研究。

在 Stroop 任务中，参与者需要根据呈现的颜色，忽略文字的含义，仅根据颜色名称做出反应。通常情况下，文字的颜色和文字本身的含义是一致的，这种情况下任务相对简单。然而，任务中还会出现不一致的情况，即文字的颜色与文字本身的含义不一致，这会引发干扰。参与者需要抑制对文字含义的反应，专注于颜色的判断。

Stroop 任务的典型范式是呈现一系列彩色文字，参与者需要快速准确地报告文字的颜色，而忽略文字的意义。在不一致条件下，颜色和文字的含义不匹配，例如，红色文字中显示的是蓝色，这种情况下参与者可能需要更多的时间和认知资源来完成任务。

通过比较一致条件和不一致条件下的反应时间和错误率，研究者可以测量干扰效应。较长的反应时间和较高的错误率在不一致条件下显示出干扰的存在，这被称为 Stroop 效应。Stroop 任务被广泛用于研究注意力控制、干扰抑制、自动加工和认知柔韧性等认知过程，同时也在临床心理学和神经科学研究中得到了应用。

（三）Flanker 任务

Flanker 任务，又称为侧抑制任务，Eriksen 等人（1974）在探究干扰刺激对目标刺激识别的影响作用时最先采用了这一任务范式。Flanker 任务中属性相近的干扰刺激与靶刺激同时呈现，要求被试在干扰刺激中识别出目标刺激。Flanker 效应，又称冲突效应（conflicting effect），是指在 Flanker 任务中，靶刺激朝向的判断受到两侧分心刺激（Flankers）的影响，靶刺激与分心刺激朝向一致时，反应时快于二者不一致时。为更加全面地探讨 Flanker 任务下的认知冲突效应，研究者采用各种不同类型的刺激进行实验。除 Eriksen 等人（1974）经典 Flanker 任务中采用的字母刺激外，Gartton 等人（1992）采用箭头作为任务刺激，也得到了显著的冲突适应效应；Fenske 和 Eastood（2003）采用面部表情构成的 Flanker 任务获得带有情绪属性的冲突效应；Verbruggen 等人（2006）使用彩色平行线作为任务刺激探讨了 Flanker 任务下的冲突效应和冲突适应效应。

（四）反向眼跳任务

眼跳是一种快速而短暂的眼球运动，它在我们的日常生活中起着重要的作用。通过眼跳，我们能够将视觉注意力集中在感兴趣的目标上，个体通过眼跳来调整视轴，将感兴趣的刺激保持在双眼的视网膜中央窝，以便进一步加工。反向眼跳是一种特殊形式的眼跳，它是由大脑的自主控制机制引起的。反向眼跳的研究旨在揭示大脑的哪些区域参与了眼跳的调节，并探索眼跳与其他认知功能之间的关系。这些功能包括抑制控制，即我们抑制眼球随意移动的能力；反应抑制，即我们能够抑制不必要的反应以做出更明智的决策；执行功能，包括计划、灵活性和目标导向性等；空间工作记忆，即我们在记忆和处理空间信息时的能力；空间注意力，即我们集中注意力在空间中特定位置的能力；以及空间知觉，即我们对环境中空间位置和方向的感知能力。

反向眼跳任务经常用来研究抑制控制（inhibitory control）的有效性。反向眼跳实验范式是由 Hallett 于 1978 年提出的。在这项任务中，参与者需要在特定的刺激出现时，有意识地抑制正常的眼动反应，而是朝着与刺激位置相反的方向进行眼动。这意味着当刺激出现在左侧时，参与者需要有意识地将视线朝向右侧，反之亦然。反向眼跳任务主要用于探索认知控制、执行功能和抑制控制等认知过程在眼动中的作用。由于执行这项任务需要参与者抑制直觉性的眼动反应，它可以揭示大脑如何在冲突情况下进行认知抑制和控制。

反向眼跳的产生主要有两个过程：抑制过程和激活过程。在正常情况下，当一个刺激出现在视野中，人的眼睛通常会迅速地朝着刺激的位置跳动，这是一种自发的眼动反应。然而，在反向眼跳任务中，参与者需要抑制这种自发的反应，即抑制朝着刺激位置的眼动。这种抑制过程涉及前额叶皮质等脑区的参与，这些区域在执行控制和抑制任务时发挥重要作用。激活过程是反向眼跳任务要求参与者将视线从刺激位置转移到刺激相反的位置。这涉及另一种反应的激活，即将视线朝着与刺激位置相反的方向进行眼动。这个过程涉及大脑的运动规划和执行区域，例如顶枕前皮质区。

在反向眼跳任务中，如果参与者错误地朝着刺激的位置进行眼动，这被称为方向性错误。这意味着他未能成功地抑制自己的自发反应，而是产生了与任务要求相反的眼动。这种错误表明了大脑在处理抑制性任务时的挑战，因为它需要抑制掉通常会自动发生的正向眼跳反应。反向眼跳的基本参数有：眼跳潜伏期（latency）、持续时间（duration）、速度（velocity）、幅度（size/amplitude）、精确性（accuracy）以及校正时间（correction time）。通过比较反向眼跳任务和正向眼跳任务的表现，研究人员可以了解认知控制和注意力调节的差异。与正向眼跳任务相比，反向眼跳任务的特征通常是眼跳潜伏期的增加，即眼跳反应时（saccadic reaction time，SRT）的延迟（陈玉英等，2008）。

第二节　行为特征研究方法

随着技术的提高，人机环系统日益复杂，传统的研究方法已经无法满足人机系统设计相容性研究的需要，行为特征的研究方法和神经生理研究方法日益受到了研究者的重视。在经典研究方法中，常用的实验指标是主观报告（如问卷法中的主观反应）和行为绩效（如实验法中的反应时和正确率），行为特征研究方法更注重将眼动轨迹、人体体态特征等操作人员的行为特征作为研究的指标。

目前研究中常用的行为特征研究方法主要有以下两大类。一是眼动追踪分析方法。该方法是一种利用眼动仪，及时记录操作者在特定界面上的眼睛运动轨迹及其特点，进而分析其特点和内在规律的研究方法。二是人体体态特征分析方法。该方法是一种利用相机、Kinect、光学或惯性传感器等设备，即时记录操作者在特定场景中人体行为特征运动轨迹及其特点，进而分析其内在规律的研究方法。

一 眼动追踪分析方法

眼动追踪分析方法可以通过收集、分析各种眼动数据，深入了解操作者对视觉显示信息的加工特点和规律，从而优化视觉界面的设计。人类获取外界信息时主要依赖视觉的作用，而眼睛的运动是揭示人的视觉机制和认知活动的直接方法。研究眼睛运动可以有效地理解人的意图，从而进行图像图形、产品等的可用性评估，以及地图、建筑、场景等的偏好测试（朱姝蔓等，2021）。

在眼动追踪分析方法的实施中，研究人员要注意对每个使用眼动仪进行实验的被试都进行校准，校准误差要在一定范围之内（如 Eyelink 眼动仪常用的误差为 0.5°以下）。眼动数据可以用眼动仪自带的专用软件进行统计分析（如用于分析 Eyelink 眼动数据的 BeGaze 等），或者用其他常用的数据分析软件（如 MATLAB、Rproject 等）。

（一）眼动追踪分析的常用指标

利用眼动追踪技术进行研究，选择合适的追踪指标是重要的环节。眼动追踪技术最常使用的是与注视（fixation）和眼跳（saccade）相关的测量指标（Poole & Ball，2005）。

在眼动过程中，眼睛相对保持静止被称为注视。注视可依据具体的研究目的，考察总注视次数（number of fixations overall）、兴趣区的注视次数（fixations per area of interest）、注视时间（fixation duration）、重复注视（repeat fixations）、初始注视（initial fixation）和目标首次注视时间（time to first fixation on target）等指标。注视的各项指标依据相应的研究内容，可阐释为不同的含义（闫国利等，2013）。在颜色编码对平视显示器和下视显示器相容性影响的评估的研究中，通过分析注视轨迹长度、平均注视时间等，发现颜色色相趋于缓和，视觉刺激较弱时，飞行员进行显示器切换后扫视模式较好，认知绩效水平得到提升，即两种显示器相容性较好（杨坤、杜晶，2018）。而有研究者发现在仪器故障场景中，对故障处的注视次数多、占总注视次数的比例高以及对故障处的总注视时间长，可以认为是"仪器深度理解者"的专家型行为表现（Graesser et al.，2005）。Fernández 等人（2011）进行了一项实验，旨在探究数字进行较浅程度加工时的空间—数字反应编码联合效应。在实验中，他们采用了自由选择任务作为实验范式。实验过程如下：首先，在屏幕中央呈现一个数字。随后，在屏幕的两侧分别呈现了两张面孔图片。被试被要求在数字消失之后继续浏览屏幕。通过使用眼动技术，研究人员记录了被试的眼动行为。研究结果显示，在自由选择任务中，数字的数量对于被试的注视方向选择产生了影响。尤其是在被试第一次注视数字时，数字的数量对于后续的注视方向有显著的影响。这表明数字数量与空间位置之间存在一种编码联合效应，这种效应会影响人们的注意分配和眼动行为。

　　眼跳（又称为眼跳动）指的是眼球在注视点之间产生的跳动。眼跳常考察眼跳次数（number of saccades）、眼跳幅度（saccade amplitude）、回视（regressive saccades）和方向变化显著的眼跳（saccades revealing marked directional shifts）等指标。这些指标既可以体现用户的意图和关注点，也可以反映客体的意义性与合理性（闫国利 等，2013）。在研究空间—数字反应编码联合效应时，为了控制反应中可能由手动引入的与运动相关的无关变量，有研究者已经尝试分析眼动过程的眼跳幅度获得无干扰的空间—数字反应编码联合效应（Fischer et al.，2004）。

　　除注视和眼跳外，凝视（gaze）和扫描路径（scanpath）两项指标也较为经常受到关注（Poole & Ball，2005）。凝视时间（gaze duration）通常反映了客体的可识别性、可理解性和意义性。在图符搜索任务中，如果在最终选择前的凝视时间超出了预期，则表明该图符缺乏意义性，可能需要重新设计。扫描路径描述了完整的"眼跳—注视—眼跳"的序列过程，展现了多个连续注视点的空间排列情况，可用于测量用户界面中元素的组织布局等内容。具体实施时，还可考察扫描用时（scanpath duration）、扫描距离（scanpath length）、空间密度（spatial density）、转换矩阵（transition matrix）、扫描规则性（scanpath regularity）、扫描方向（scanpath direction）和扫视/注视比例（saccade/fixation ratio）等指标。

还有研究者关注了瞳孔大小（pupil size）和眨眼率（blink rate）等指标（Poole & Ball，2005）。这些指标可用于考察认知负荷和检测疲劳水平、情绪状态及兴趣等。在空间频率和注意力对瞳孔反应的影响的研究中，发现所有刺激都可以在空间频率的中间范围（2-8 c/d）中引起大的瞳孔收缩，并且基于空间或对象的注意力都可以调节瞳孔大小对空间频率的响应函数（Hu ey al.，2019），因此可充分利用人们的注意力状态以加强空间人机系统交互设计。

（二）眼动追踪分析方法的应用

选定合适的眼动指标，并结合恰当的实验设计，眼动追踪技术可以对多种场合下各种视觉界面和产品设计进行评价和测试，应用的场合主要有PC端网站以及移动 App 等菜单、窗口、符号等视觉要素及其布局的设计（Poole et al.，2004；杨海波等，2013；徐娟，2013），环境和特定工作操作空间（如飞机座舱）的设计（Hanson，2004），特定操作行为（如道路交通与驾驶）的分析（王华容，2014）。这种眼动评价和测试的结果，用来说明操作人员特定眼动指标背后的心理机制，也可以用来作为设计改进或者优化的科学依据。

此外，眼动追踪技术既可以用来作为一门高效、即时的测量技术，也可以用来作为一种自然交互的手段。眼动追踪还可以和键盘、鼠标一样作为一种输入设备使用（Poole & Ball，2005）。

虽然眼动追踪技术作为高效、即时的测量手段被广泛应用，但眼动追踪技术也存在一些局限（Goldberg & Wichansky，2003；Jacob & Karn，2003；Poole et al.，2005），需要在研究中予以关注：首先眼动追踪只能捕捉到眼球的运动，而无法直接观察到大脑内部的认知和信息处理过程。因此，对眼动指标的正确解释需要配合良好的实验设计、先进的理论或严谨的假设，同时也需要和其他实验指标（如行为绩效、主观评定等）结合起来对实验结果进行解释和说明，以此来获得完整的认知过程信息。其次，实验中眼动数据的采集设置本身（包括注视时间阈限、采样率、感兴趣区的确定等）对实验结果有着一定的影响，因此，在实验设计过程中，建议参照以往研究的范例，根据实验的目的，明确实验假设，以保证实验的效度。另外，在采用眼动追踪分析的实验中，眼动过程的个体差异较大，建议对多任务实验采用被试内设计，而且最好不要用佩戴隐形眼镜、巨大瞳孔或弱视的人群做实验被试。

二　人体体态特征分析方法

人体体态特征分析方法是通过采集人体的姿态及动作信息对其进行识别、分析以及预测的一种技术。人体体态分析技术往往与计算机科学紧密结合，主要通过计算机的强大算法来实现识别和分析功能。人体体态特征分析能够促进人工智能领域的发展，有助于实现对人体图像的动态监测，在公共安全、医疗健康、智能家具等多种涉及人体的体态分析相关领域中被广泛应用。

（一）人体体态识别的方法

过去 20 年间，人体体态识别技术得到了极大的发展，人体体态识别技术数据类型日趋多样化，数据库规模不断扩大，对复杂情境的处理能力也得到了很大的提升。目前，通过这一技术不仅能应用于复杂的多人交互场景，还能提取图像序列中的逻辑关系进行分析。

人体体态特征的识别方法可以分为两大类别。一种是基于计算机算法的识别，即通过对图像特征的分析来识别人体的体态。在计算机领域中，针对人体体态识别的方法主要包括基于深度图的算法以及基于 RGB 图像的算法。其中，深度图是由相机拍摄的图片，因此导致基于深度图的算法受限于采集设备的要求。相比之下，基于 RGB 图像的算法对采集设备没有特殊要求，并且在复杂的场景中也能实现更加良好的人体体态识别功能。基于计算机的识别能够快速地处理大量的视觉信息，能够一定程度地实现对人体图像的实时监测。另一种识别方法则是基于运动捕获技术的识别，通过关键的数个关节点对人体的形态进行表征，从而对图像序列中的运动主体进行识别和分析。这种方法在收集数据时可以通过穿戴相应的设备等方法收集关节点信息。基于计算机算法的识别方法虽然能快速、方便地识别体态信息，但是这种技术可能会因为识别对象受到遮挡而出现识别错误等问题。与之相比，基于运动捕获技术的识别能够更精确地记录运动细节，不会因为其他因素干扰识别。

对不同的数据类型，我们需要采用不同的具体识别方法。总的来说，人体体态信息从简单到复杂可以分为姿态（gesture）、单人行为（action）、交互行为（interaction）和群体行为（group activity）四种难度，不同体态信息适用的分析方法存在差异（单言虎等，2016）。姿态和单人行为关注主体本身的形态和运动信息，交互行为和群体行为则涉及时空尺度中不同客体时间的时空关系和逻辑关系。对于简单行为可以使用时空体模型（space-time volume model）和时序方法来对其进行识别，而对于复杂行为，可以通过统计模型（statistical model）和语法模型（grammar model）来识别。但是，在很多情境中，大量的遮挡、光照变化和摄像机运动等因素可能导致前景信息提取困难，难以识别行为。多视角行为识别是把同一对象的多个视角的互补图像信息进行综合分析，能够解决单个视角分析因为遮挡等原因而引发的信息缺失等问题。除了这种方法，我们还可以通过构建三维时空滤波器对时空立方体中的兴趣点进行提取，形成兴趣点的局部特征向量，然后使其进入分类器中进行判断。但是，局部特征本身包含大量噪声，所以基于局部特征点的识别方法功能有限。因此，研究者进一步提出基于时空轨迹（space-time trajectory）和深度学习（deep learning）的识别方法。此外，基于人体骨架关节点的人体体态分析方法也同样能排除复杂的真实情境中其他因素的干扰，该方法通过对关节点的估计和追踪能够提取人体的运动轨迹信息。对于交互行为的分析，往往需要先对涉及的物体进行识别，然后再分析这些物体所参与的运动。对于群体行为的分析，则需要用群体中的个体构成的多层模型对整体行为进行分析，或将群体中的个体作为单个点并对群体整体的点运动轨迹进行分析。

（二）人体体态特征分析的应用场景

人体体态特征分析技术在人机系统的设计中拥有广阔的应用前景，涉及下面一系列人类活动的相关领域。

健康与运动。人体体态特征分析可以用于健康监测和运动训练。通过分析姿势、姿态和运动模式，研究人员可以评估人体的姿态正确性、身体平衡和运动技巧，从而提供反馈和指导，帮助人们改善姿态、预防运动伤害，并提高运动表现。

运动医学和康复。在运动医学和康复领域，人体体态特征分析可以用于评估和监测运动损伤的康复进程。通过比较患者的正常姿势和受损部位的姿势，康复指导人员可以检测康复人员的异常运动模式，并跟踪他们康复过程中的进展。

姿势识别与动作分析。人体体态特征分析在姿势识别和动作分析领域有广泛的应用。通过使用传感器、摄像头或深度学习算法，研究人员可以准确地捕捉人体的姿势和动作，并应用于虚拟现实、动画制作、人机交互、体育训练等领域。

人体认知与情感分析。人体姿态和表情可以传递丰富的信息，如情感状态、认知负荷和注意力水平。通过分析人体体态特征，研究者可以推断人的情感状态，进而将情感识别和认知研究应用于心理学、人机交互、情感计算等领域。

安全与监控。人体体态特征分析可用于安全监控和行为分析。通过监测人体的姿势和动作，有关人员可以检测异常行为、识别潜在的威胁或危险，并用于视频监控、智能家居安防、人员访问控制等领域。

驾驶员辅助系统。在汽车工业领域，人体体态特征分析可以应用于驾驶员辅助系统，如疲劳驾驶检测、注意力监测和姿势控制。通过检测驾驶员的姿势、眼动和头部运动，该系统可以预警驾驶员疲劳、注意力分散或不适当的驾驶行为。

航天多功能人机系统。在航空航天领域，空间站的建设和运行是一个长期过程，随着建设发展，结构复杂物品增多，多批次航天员需在上面工作。通过将人体体态分析和虚拟现实相结合，人机系统可以帮助优化航空航天人员的工作环境、提高任务执行效率，并确保宇航员或飞行员在复杂的空间环境中保持最佳状态，还能够开展虚拟操作、虚拟训练等工程仿真项目，为设计、制造方案的确定提供帮助。

第三节　心理生理测量方法

心理生理测量（psychophysiological measures）是指通过多导生理记录仪等设备，对操作过程中与心理变化相关的生理信号进行实时记录、分析和研究的方法。不同于经典研究方法中的常用的实验指标：主观报告（如问卷法中的主观反应）和行为绩效（如实验法中的反应时和正确率），心理生理测量方法采用皮电、心率和脑电等生理指标，对人机系统中操作者的认知、情感等内部状态进行实时监测、研究（Dirican & Göktürk，2011）。

心理生理研究方法为人机系统空间相容性研究提供了新的研究手段。心理生理测量大体上可以分成心血管系统、皮肤电系统和呼吸系统等人体外周系统的生理指标（如皮电、心率等）的测量和脑功能及其相关指标的测量两个大类。

一　外周系统的心理生理测量

在工程心理学的研究中，人体外周系统的心理生理测量主要涉及心血管系统、皮肤电系统和呼吸系统三个系统的指标。

（一）常用指标

在心血管系统中常用的指标有心率（heart rate，HR）、心率变异性（heart rate variability，HRV）和血压（blood pressure，BP）。心率指的是单位时间内心脏跳动的次数，常用于认知需求、注意及情感活动的测量（葛燕等，2014；易欣等，2015；Dirican & Göktürk，2011）。心率变异性指的是心跳快慢的变化情况的指标，常用来监控心理负荷和情绪状态。血压指的是血管内血液对于单位面积血管壁的侧压力，常用指标是舒张压和收缩压，该指标能体现情绪活动变化，可以用作系统界面设计的评估（易欣等，2015；Dirican & Göktürk，2011）。

在皮肤电系统中，皮肤电活动（electro dermal activity，EDA）指的是皮肤表面汗腺受到刺激后所发生的电传导变化。皮肤电导水平（skin conductance level，SCL）是皮肤电活动的常用指标。该指标与唤醒水平线性相关，可用于心理负荷、情绪状态和压力的测量（葛燕等，2014；易欣等，2015；Dirican & Göktürk，2011）。

呼吸系统测量主要包括呼吸频率（respiration rate，RR）、呼吸阻力（oscillatory resistance，R_{os}）和每分通气量（minute ventilation，V_m）等指标。呼吸反应常用于测量任务需求、消极情绪和情感唤醒（易欣等，2015；Dirican & Göktürk，2011）。

除了上述常用指标，还有肌电（electromyrogram，EMG）和胃电（electrogastrogram，EGG）等指标。肌电是测量运动准备的敏感指标，其中面部肌电还可用于面部情感的识别与分析（Dirican & Göktürk，2011）。胃电则是情绪唤醒的非常敏感指标（Vianna & Tranel，2006）。

（二）心理生理测量技术的应用

目前，外周心理生理的测量主要应用于人机界面设计的评价，人在操作过程中唤醒水平、认知负荷、情绪状态、压力的监控和测量。

在实际的研究过程中，研究者可以依据具体的研究问题，选择合适的生理指标用于测量。同时，研究者在使用这些方法时也需要注意以下问题：（1）生理信号相对较微弱，且采集时易受到干扰，建议采取一定的抗干扰措施；（2）数据量相对庞大，分析难度较高，需要有专业的训练；（3）依据生理指标得到的内部状态的解释并不完全对应，建议采用主观评价和行为绩效等多种指标进行测量，对实验结果做一个综合完整的解释；（4）心理生理测量实施时需要借助特定仪器设备和操作，使得此类研究更多只能在实验室或控制环境中进行，其实验结果缺乏很好的生态效度，建议在采用该实验方法时持谨慎的态度。

二 脑功能检测技术

人—机—环境系统之间的交互协同是人因工程领域的核心问题，人与智能系统的交互发展进一步推动对人的认知能力和协同能力的探索研究。随着认知神经科学和无损伤脑功能检测技术的发展，操作者在工作中大脑神经机制的研究逐步成为重点研究方向，从认知层面了解人—机—环境系统交互作用机制是有必要的。

根据技术原理的不同，目前检测大脑活动和机制的技术可以分为两大类：第一类是大脑电磁活动测量技术，基于电磁活动原理，通过采集大脑活动所产生电磁信号以揭示大脑的活动机制。其中，主要包括脑电（electroencephalography，EEG）、事件相关电位（event-related potentials，ERPs）和脑磁图（magnetoencephalography，MEG）等的测量；第二类是大脑血液动力学测量技术，该类技术将电磁活动原理与大脑血氧水平变化等血液动力学指标相结合，以检测大脑的活动。其中，主要包括正电子断层发射扫描（positron emission tomography，PET）、功能磁共振成像（functional magnetic resonance imaging，fMRI）、功能近红外光谱成像（functional near-infrared spectroscopy，fNIRS）等的测量。

（一）大脑电磁活动的测量技术

脑电图（EEG）测量是通过头皮表层的有效电极记录大脑活动时的电波变化的测量。EEG 是脑神经细胞的电生理活动在大脑皮层或头皮表面的总体反映。EEG 测量的主要特点是可以在较长时间对各种场景下的大脑活动进行实时监控，可以检测毫秒级的电位变化，有着较高的时间分辨率。但是，EEG 测试结果空间分辨率较低，无法实现大脑功能的精确三维空间定位，而且 EEG 信号容易受到干扰。目前，EEG 常用于认知负荷和心理努力的评估，和警觉、疲劳和投入等心理过程的研究，也用于用户在人机交互过程中情绪体验的测量（葛燕等，2014；Dirican & Göktürk，2011；Parasuraman & Rizzo，2008）。

事件相关电位（event-related potential，ERP）测量是对以 EEG 为基础的一种特殊的脑诱发电位的测量。ERP 反映了认知过程中大脑的神经电生理的变化，也被称为认知电位。ERP 的最大特点是它的时间分辨率。ERP 主要的测量指标包括：与注意相关的 P1 和 N1；P300 可用于认知负荷评估；失匹配负波（mismatch negativity，MMN）对刺激序列中的奇异刺激较为敏感；单侧化准备电位（lateralized readiness potential，LRP）是评价运动准备的良好指标；错误相关负波（error-related negativity，ERN）则是错误检测的重要指标。目前，ERP 主要应用于认知负荷与自动化水平的评估，警戒机制的评价，人机系统中操作者疲劳状态和情绪状态的监控等（Parasuraman & Rizzo，2008）。EEG 和 ERP 的另一个重要用途是应用于脑机接口（Brain-Computer Interface，BCI）技术的开发。

脑磁图（MEG）测量是一种较新的无创脑功能测量，是对大脑脑磁场的测量。MEG 是脑磁场的记录图形，可以反映细胞在不同功能状态下所产生的磁场变化（滕晶等，2007），其特点是具有很高的时空分辨率，定位精确，但由于 MEG 测试设备过于昂贵，很大程度上限制了它的普及和应用。

（二）大脑血液动力学过程的测量

功能磁共振成像（functional magnetic resonance imaging，fMRI）测量技术是在磁共振成像技术基础上发展起来的一种利用血液中血红蛋白的磁性变化来测量和追踪大脑局部能量消耗状况，以反映其神经活动的呈现技术，是目前应用最广泛的大脑血液动力学测量技术。当前用于人脑研究的 fMRI 扫描仪通常为 3 特斯拉（3T），最强的已达到 7 特斯拉（7T）。fMRI 技术不仅适用于测量人的基本认知活动的神经机制（如感知觉、记忆、注意、语言、情感等），同样也适用于考察实际工作环境下心理过程的神经机制，如警戒（Lim et al.，2010）、心理负荷（Parasuraman & Wilson，2008）、模拟驾驶（Parasuraman & Rizzo，2008）、空间巡航（Just et al.，2008）和用户体验与审美等（Cupchik et al.，2009）。

fMRI 实验设计有其特定的要求，主要包括区组设计（block design，也称 block 设计）和事件相关设计（event-related design，也称 ER 设计）两种类型。基于"认知减法"原理，区组设计以"组块"为单位呈现刺激，在每一组块内连续、重复呈现同一类型的实验刺激。区组设计特点是 BOLD 信号变化较大、信噪比较高，但无法区分组块中的单个刺激，多种实验刺激的呈现无法随机化，容易诱发期待效应。事件相关设计包括慢速事件相关设计和快速事件相关设计两种。这种设计研究的是单次刺激所引发的血氧反应。事件相关设计的特点是各种类型的实验刺激能够较好地随机化、可以提高脑局部活动的反应特性。但事件相关设计需要深入了解 BOLD 信号特性，例如，快速事件相关设计必须考虑前后两个刺激所引发的 BOLD 信号的叠加和相互干扰的问题，实验前要进行刺激的优化排列等。fMRI 技术具有极佳的空间分辨率（1cm 或更高），但其时间分辨率较差（具有基于脑血流动力学的固有的时间滞后性），且 fMRI 价格较贵，成像时间较长，实验中需限制被试的活动。

功能近红外光谱（fNIRS）技术是一种用于非侵入性测量脑血氧水平的神经影像技术。它通过测量脑组织中的血氧含量变化来研究大脑的功能活动。大脑的血液含氧量与大脑活动有密切的关系。当特定脑区的神经活动增加时，需氧量也会增加，导致血液中的氧含量下降。近红外波段（680—1000nm）的光子能够穿透深层组织（人脑的生物组织），当大脑的某个功能区受到刺激后，该区域的缺氧血红蛋白（deoxy-Hb）和氧合血红蛋白（oxyHb）的浓度会变化。研究者已经用近红外光谱研究了各种类型的大脑活动，如运动和认知活动。在自然任务中，使用 fNIRS 可以复制 fMRI 的结果（Noah et al.，2015）。

同 fMRI 技术类似，fNIRS 可以对自然环境下的心理过程（如心理负荷、卷入程度、汽车导航、在线教学等）的神经激活模式进行研究（Hirshfield et al.，2009；Herff et al.，2014），其特点在于：兼具较高的空间分辨率和时间分辨率，更便携，造价更低，无须将被试限制在狭小的空间中进行实验等。但 NIRS 技术对光线散射和吸收的敏感性较强，并且受到头皮和头发的干扰，光子穿透能力较弱，仅能深入头部以下几厘米，不能对大脑深部结构进行测量，而且信噪比较低。因此，在使用 fNIRS 技术时需要注意对光探测器的准确放置和数据分析的合理解释。

此外，正电子发射断层扫描（PET）、经颅多普勒超声（TCD）和动脉自旋标记（ASL）等也是脑功能测量的重要技术。

第四节　经典数据处理方法

通常经典的数据处理分析方法包括初级描述性统计和推断统计方法，也包括回归分析、判别分析、聚类分析和因子分析等较高级的数据建模方法。广义地说，数据处理就是利用一定的分析软件，如 SPSS 对实验数据进行分析处理的过程。依据数据处理的结果，可以分析实验效应，进而得出实验结果。

根据实验目的，在对实验数据进行分析处理前，一定要进行数据的预处理，其目的是删除实验数据集合中的极端值或不同质的数据以保证实验效度。通常，实验集合中的极端值指的是正态分布中处于正负两个标准差之外两端的 4.28% 的数据，或在正负三个标准差之外 0.26% 的数据。另外，预处理中也要剔除不符合客观现实的值，如反应时小于 200 毫秒的数据。在正规的实验报告中，需要标明剔除的数据在总的实验数据中的比例。如果剔除数据的比例大于 5%，实验误差就过大了，需要重新实施实验。

数据分析后，通常要进行描述统计分析和推断统计分析，需要时还可以进行因素分析等更为复杂的数据处理分析。

一　描述统计

描述统计（descriptive statistics）可以用来概括实验数据集合中集中和离散趋势两种基本特征，是一种初级数据统计处理。其中，集中趋势（central tendency）为数据分布中大量数据向某方面集中的程度，其统计量为集中度量（measure of central tendency）。离中差异（standard deviation）为数据分布中数据彼此分散的程度，其统计度量为差异度量（measure of standard deviation）。

（一）集中度量

描述集中趋势的度量根据数据类型的不同，使用不同的度量来进行处理。

连续数据的集中趋势通常是用算术平均数（arithmetic average）、加权平均数（weighted mean）、几何平均数（geometric mean）和调和平均数（harmonic mean）进行度量的。算术平均数是描述统计中最常用的连续变量的集中度量值，是数据集合中各个数据相加后除以数据的个数得到的，也称为平均数（average）或者均值（mean）。如果数据集合中各个数据的权重（weight）不同，在计算平均数的时候就要使用加权平均数。几何平均数又称对数平均数，可以用来计算平均速率。调和平均数又称倒数平均数，可用来计算增长比率的平均值。

离散数据的集中趋势可以用中数（median）和众数（mode）进行度量。中数是按顺序排列在一起的一组数据中居于中间位置的数，例如：数列 4，6，7，8，12 的中数为 7。众数是指在次数分布中出现次数最多的那个数的数值，例如：数列 2，3，5，3，4，3，6 的众数为 3。

（二）差异度量

描述数据离散趋势的常用度量主要有全距（range）、百分位差（percentile）和中心动差（central moment）三种。

全距又称两极差，是数据集合中数据的极端差值，可以用数据集合中的最大值（maximum）和最小值（minimum）之差来得到全距的具体数值。

百分位差是用数据集合中的两个数据的百分位数之间的差距来描述离中趋势的一种差异度量。由于采用的百分位数不一样，可以有不同的值来表征百分位差。最常用的百分位差是四分位差（quartile percentile）。它是75%百分位数和25%百分位数之差的平均数。

中心动差是以实验数据集合中特定数据值与平均数的差值为基础来描述数据的离散程度的。平均差（average deviation 或 mean deviation）、方差（variance）和标准差（standard deviation）是常用的中心动差的度量。平均差是数据集合中各原始数据与该集合数据平均数的绝对离差（简称离均差）的平均值。为了避免负数的影响，可以用离均差的平方和除以数据的个数得到方差，并代替平均差来描述数据的离散程度。由于计算严密、受极端数据影响较小，标准差是最常用的差异度量。另外，方差具有可加性，所以，在推断统计中，方差也经常被使用。

（三）相关分析

两个变量间的关系可以用相关系数（correlation coefficient）度量。相关系数常用 r 来表示。r 的数值范围在 -1.00—1.00 之间。

两个变量的关系通常有正相关、负相关和零相关三种关系。当 r 为正数时，表示两个变量之间的关系为正相关，即一个变量的测量数据变化方向和另外一个变量的测量数据变化方向相同，如，体重随身高增长而增加，体重和身高之间的关系即为正相关。当 r 为负数时，表示两个变量之间的关系为负相关，即一个变量的测量数据变化方向和另外一个变量的测量数据变化方向相反，如，驾车练习次数增加，驾车的错误就减少，练习次数和错误数之间的关系为负相关。当 r 为零时，为零相关，即一个变量的测量数据变化时，另一个变量的测量数据没有规律性的变化。

数据类型不同，相关系数计算便不同。皮尔逊积差相关（Pearson product moment coefficient of correlation）可用来计算连续变量的相关。斯皮尔曼等级相关（Spearman rank correlation）则可以用来计算直线的、非连续变量的相关。

二　推断统计

描述性统计处理可以得到实验数据集合的集中和离散度量值，如，各个实验样本的平均数和标准差等。推断统计（inferential statistics）则是基于描述统计得出的集中或者差异度量值进行差异性的检验，进而说明实验效应的统计处理过程。

推断统计通常用样本的统计量来推断总体参数。如果两个样本统计量差异显著，就可以推断这两个样本的被试来源于不同的总体，实验处理就有效。如，当实验组和控制组的数学成绩的平均数之间的差异达到差异检验的显著性水平，就可以认为实验组的数学成绩明显优于控制组，即这种成绩上的差异不是来源于偶然的、随机的因素，而是来源于实验的处理。

推断统计中的差异性检验为假设检验。虚无假设和备择假设是常用的两种假设。虚无假设假定两个样本来源于同一个总体，备择假设假定两个样本来源于不同总体。如果实验数据差异显著，即达到显著性水平，就推翻虚无假设，而接受备择假设，反之就接受虚无假设。其中，统计的显著性水平指的是允许的小概率事件发生的标准，通常以 α 表示。如果 α 等于或者小于 0.05，就可以认为假设检验达到显著性水平，那么在这种情况下得出的两个样本来源于不同总体的实验结论可能所犯错误的概率最大为5%或者更小。

（一）非参数检验

假设检验实施的具体方法很多。通常，数据分布类型不明确的情况下，可以用非参数检验；而分布明确，如正态分布数据，则可以用参数检验。

非参数检验是指在总体分布情况不明确时，用来检验实验数据集合是否来自同一个总体的假设的检验方法，常用于离散型数据的统计处理。

常用的非参数检验方法有拟合优度检验和分布位置检验两种。拟合优度检验的方法主要有卡方检验（chi-square test）。卡方检验是可以用来对分类变量是二项或多项分布的总体分布数据的一致性检验。如：某项满意度测验，答案有满意、一般、不满意三种选择。样本是 52 人。测验的结果中满意的 34 人，一般的 12 人，不满意的 6 人。这项调查中，就可以用卡方检验检测这三种意见的人数分布是否有显著不同。

分布位置检验主要有以下四种：两个独立样本检验（2 independent sample tests）、多个独立样本检验（k independent sample）、两个相关样本检验（2 related sample）和多个相关样本检验（k related sample）。

两个或者多个独立样本检验可以检验两个或者多个独立样本所属总体分布类型不明或非正态的情况下，两个或者多个独立样本间是否具有相同的分布。例如有甲、乙两种练习方法，需要比较它们的效果。实验中，独立观察 40 名被试。20 名被试采用甲练习方法，另 20 名被试采用乙练习方法，那么就要使用两个独立样本检验考察这两种练习的效果有无显著差异。

两个或者多个相关样本检验，和两个或者多个独立样本检验基本类似，就是研究样本的性质不同，两个或者多个相关样本检验的是两个或者多个有一定相关的样本。例如，在上面实验中，如果使用甲、乙两种练习方法的实验，所使用的研究样本是同一个总体，那么就要用两个相关样本的检验方法。

（二）参数检验

在数据分布明确（如正态分布）时，研究者就可以用参数进行假设检验，常用于连续型数据的统计处理。常用的参数检验方法主要有 t 检验（t test）和方差分析（analysis of variance，ANOVA）或 F 检验。

t 检验用于对两组或两个实验条件下所得出数据集合的平均数的差异检验。根据实验设计的不同，t 检验的具体应用有单一样本 t 检验、两个独立样本 t 检验和配对样本 t 检验等三种不同情况。单一样本 t 检验用于检验一个样本和一个总体的平均数是不是有差异。例如，如果想知道杭州市某个中学三年级某个班级的数学成绩和全市三年级学生的平均数学成绩是不是有差异就可以用单一样本 t 检验。两个独立样本 t 检验用于检验两个不相关样本是否来自具有相同均值的总体。例如，如果想知道喜欢某产品的顾客与不喜欢该产品的顾客平均收入是否相同，就可以采用两个独立样本 t 检验。配对样本 t 检验用于检验两个相关样本是否来自具有相同均值的总体。例如，如果想要知道技术培训以后是否提高了工作效率，就可以采用配对样本 t 检验。

方差分析或 F 检验适用于三个或更多的组或实验条件下所得出数据集合的平均数的差异性检验。方差分析主要有单因素方差分析和多因素方差分析。实验的自变量只有一个，而实验处理有多个，就要用单因素方差分析。如果实验的自变量有两个或者两个以上，就需要用多因素方差分析。根据实验设计的不同，方差分析有不同的变式，例如，当实验设计是重复测量设计时，就要采用重复测量设计的方差分析。具体细节可以参考拓展学习中推荐书目的相关内容。

第五节　数据模型方法

在对研究数据进行初步的统计处理后，就可以用数学模型方法中一定的数学表达式对实际问题的本质属性进行概括，从而进一步解释客观现象，预测未来发展趋势，并对控制某一现象提供最优的策略。

在工程心理学研究中，常用的数学模型方法有：回归分析、判别分析和聚类分析以及因子分析和结构方程模型等方法。

一　回归分析、判别分析和聚类分析

回归分析（regression analysis method）是探讨两个或多个变量间数量关系的一种常用统计方法。若变量 Y 随变量 X_1，X_2，$\cdots$，X_m 的变化而变化，那么可以定义 Y 为因变量，X_1，X_2，$\cdots$，X_m 为自变量。

变量之间的回归关系有线性回归和非线性回归。线性回归关系中，Y

随着 X 的变化而线性变化。非线性回归中，Y 和 X 的关系是曲线回归关系。线性回归中，又有多元和一元线性回归。单个自变量的线性回归关系称为一元线性回归，如人的体重与身高之间的关系；多个自变量的线性回归关系称为多元线性回归，如人的血压值与年龄、性别、劳动强度、应激情况等自变量之间的关系。

回归分析通常有以下两个步骤：（1）根据样本数据求得模型参数 b_0，b_1，b_2，$\cdots$，b_m 的估计值，并进一步得到表示因变量 Y 与自变量 X_1，X_2，$\cdots$，X_m 的回归方程；（2）对回归方程及各自变量做假设检验，并对方程的拟合效果以及各自变量的作用大小做出评价。

判别分析是判别个别数据所属类别的一种方法。判别分析的过程是在已知数据分为若干个类的前提下，获得判别模型，并用来判定特定数据归属某个特定类的过程。常用的判别分析的方法有 Fisher 判别和 Bayes 判别。Fisher 判别又称典型判别，适用于两类和多类判别。Fisher 判别就是要找到一个线性判别函数使得组间差异和组内差异的比值最大化，并按照判别函数计算判别界值，进一步决定特定数据的归属。Bayes 判别考虑事件发生的先验概率，计算每个样本的后验概率及错判率，用最大后验概率来划分样本的分类，并且使得期望损失达到最小。

聚类分析是把随机数据进行归类的方法，其实质就是按照一定的标准（如距离）将数据分为若干个类别，并使得同类别内部的数据差异尽可能小，不同类别间的数据差异尽可能大。聚类分析最常用的标准是欧式距离和相关系数。

二　因子分析和结构方程模型

因子分析（factor analysis）就是一种从分析多个原变量的相关关系入手，找到支配这种相关关系的有限个不可通过实验得到的潜在变量，并用这些潜在变量来解释原变量之间的相关性或协方差关系的多元统计方法，其目的是简化变量维数，用较少的潜在变量（或者说公因子）来代替较多的原变量来分析问题。

因子分析在具体实施中，首先要用 Bartlett's 球状检验等方法判断原变量之间的相关性，如果具有相关性，那么就可以用主成分分析法等方法求出初始公因子；然后用因子矩阵旋转的方法求得有最大解释率的公因子，最后对该公因子进行命名。

因子分析有探索性因子分析法和验证性因子分析法两种基本的类型。探索性因子分析事先并不假定因子与原变量之间的关系，而是通过具体的统计分析求得结果。验证性因子分析则用于测试因子与相对应的原变量之间的关系是否符合研究者所设计的理论关系。实际操作中，验证性因子分析经常通过结构方程建模来进行测试。

结构方程模型（structural equation modeling，SEM）是把因子分析和路径分析结合起来研究原变量和潜变量之间结构关系的统计分析方法。结构方程模型包括两个部分：第一部分是测量模型，采用验证性因子分析建立原变量与潜变量之间的关系；第二部分是结构模型，采用路径分析的方法建立潜变量之间的结构关系。模型建立后，还需要用绝对拟合指数，如拟合优度指数（GFI），进行拟合检验。

本章小结

1. 相容性经典研究方法主要有问卷法、访谈法、观察法、实验法四种。

2. 实验法是指有目的地控制实验条件或者实验变量，研究变量之间的关系和变化规律的方法。实验法最基本的变量是自变量、因变量和无关变量。

3. 一般评价研究的指标有信度和效度。

4. 信度指的是测量的可靠性或稳定性。在相同的条件下，同一种测量方法，先后测量的结果一致性程度越高，这种测量方法信度也越高，也越可靠。

5. 效度指的是测量的准确性。一种测量越能准确地研究出它所测量的内容，这种测量的效度就越高。

6. 常用的行为特征研究方法主要有：眼动追踪分析方法和人体体态特征分析方法两大类。

7. 心理生理测量是指通过多导生理记录仪等设备，对操作过程中与心理变化相关的生理信号进行实时记录、分析和研究的方法。

8. 心理生理测量主要分为人体外周系统的生理指标的测量和脑功能及其相关指标的测量两大类。

9. 经典的数据处理分析方法包括初级描述性统计和推断统计方法，也包括回归分析、判别分析、聚类分析和因子分析等较高级的数据建模方法。

10. 推断性统计是基于描述统计得出的集中或者差异度量值进行差异性的检验，进而说明实验效应的统计处理过程。

11. 常用的数学模型方法有：回归分析、判别分析和聚类分析以及因子分析和结构方程建模等方法。

参考文献

陈玉英、隋光远、瞿彬：《自主控制眼跳：实验范式，神经机制和应用》，《心理科学进展》2008 年第 1 期。

单言虎、张彰、黄凯奇：《人的视觉行为识别研究回顾、现状及展望》，《计算机研究与发展》2016 年第 01 期。

葛燕、陈亚楠、刘艳芳、李稳、孙向红：《电生理测量在用户体验中的应用》，《心理科学进展》2014 年第 6 期。

孙向红、吴昌旭、张亮、瞿炜娜等：《工程心理学作用、地位和进展》，《中国科学院院刊》2011 年第 6 期。

滕晶、王玉来、秦绍林、刘子旺、王爱成：《脑磁图在大脑高级功能研究中的应用进展》，《中国中医急症》2007 年第 6 期。

王华容：《道路交通研究中眼动技术的应用与展望》，《交通医学》2014 年第 2 期。

徐娟：《国内设计心理学领域中的眼动研究综述》，《北京联合大学学报》2013 年第 3 期。

闫国利、熊建萍、臧传丽、余莉莉、崔磊、白学军：《阅读研究中的主要眼动指标评述》，《心理科学进展》2013 年第 4 期。

杨海波、刘电芝、周秋红：《幽默平面广告适用性的眼动研究》，《心理与行为研究》2013 年第 6 期。

杨坤、杜晶：《基于眼动指标的平视显示器字符颜色对平视显示器和下视显示器相容性影响分析》，《科学技术与工程》2018 年第 14 期。

易欣、葛列众、刘宏艳：《正负性情绪的自主神经反应及应用》，《心理科学进展》2015 年第 1 期。

朱姝蔓、潘伟杰、吕健、方年丽、邹悦：《基于眼动追踪方法的可视化技术综述》，《软件工程与应用》2021 年第 3 期。

Batula, A. M., Mark, J. A., Kim, Y. E., & Ayaz, H., "Comparison of brain activation during motor imagery and motor movement using fNIRS", *Computational Intelligence and Neuroscience*, 2017, pp. 1-12.

Cupchik, G. C., Vartanian, O., Crawley, A., & Mikulis, D. J., "Viewing artworks, contributions of cognitive control and perceptual facilitation to aesthetic experience", *Brain and Cognition*, Vol. 70, No. 1, 2009, pp. 84-91.

Dirican, A. C., & Göktürk, M., "Psychophysiological measures of human cognitive states applied in human computer interaction", *Procedia Computer Science*, Vol. 3, 2011, pp. 1361-1367.

Eriksen, B. A., & Eriksen, C. W., "Effects of Noise Letters upon the Identification of a Target Letter in a Nonsearch Task", *Perception & Psychophysics*, Vol. 16, 1974, pp. 143-149.

Fenske, M. J., Eastwood, J. D., "Modulation of focused attention by faces expressing emotion: evidence from flanker tasks", *Emotion*, Vol. 3, No. 4, 2003, pp. 327-343.

Fernández, S. R., Rahona, J. J., Hervás, G., Vázquez, G., & Ulrich, R., "Number magnitude determines gaze direction: Spatial numerical association in a free-choice task", *Cortex*, Vol. 47, No. 5, 2011, pp. 617-620.

Fischer, M. H., Warlop, N., Hill, R. L., & Fias, W., "Oculomotor bias induced by number perception", *Experimental Psychology*, Vol. 51, No. 2, 2004, pp. 91-97.

Fukushima, J., Tanaka, S., Williams, J. D., & Fukushima, K., "Voluntary control of saccadic and smooth-pursuit eye movements in children with learning disorders", *Brain & Development*, Vol. 27, No. 8, 2005, pp. 579-588.

Goldberg, H. J., & Wichansky, A. M., "Eye tracking in usability evaluation: A practitioner's guide", In J. Hyönä, R. Radach, & H. Deubel (Eds.), *The mind's eye: Cognitive and applied aspects of eye movement research*, Amsterdam: Elsevier, 2003, pp. 493-516.

Graesser, A. C., Lu, S., Olde, B. A., Cooper-Pye, E., & Whitten, S., "Question asking and eye tracking during cognitive disequilibrium: comprehending illustrated texts on devices when the devices break down", *Memory & Cognition*, Vol. 33, No. 7, 2005, pp. 1235–1247.

Gratton, G., Coles, M. G. H., Donchin, E., "Optimizing the use of information: Strategic control of activation of responses", *Journal of Experimental Psychology: General*, Vol. 121, No. 4, 1992, pp. 480–506.

Hallett, P. E., "Primary and secondary saccades to goals defined by instructions", *Vision Research*, Vol. 18, No. 10, 1978, pp. 1279–1296.

Hanson, E., "Focus of attention and pilot error", In *Proceedings of the Eye Tracking Research and Applications Symposium* 2000, NY: ACM Press, 2004, p. 60.

Hedge, A., & Marsh, N. W. A., "The effect of irrelevant spatial correspondences on two-choice response-time", *Acta psychologica*, Vol. 39, No. 6, 1975, pp. 427–439.

Herff, C., Heger, D., Fortmann, O., Hennrich, J., Putze, F., & Schultz, T., "Mental workload during n-back task-quantified in the prefrontal cortex using fNIRS", *Frontiers in Human Neuroscience*, Vol. 7, 2014, pp. 1–9.

Hirshfield, L. M., Solovey, E. T., Girouard, A., Kebinger, J., Jacob, R. J. K., Sassaroli, A., & Fantini, S., "Brain measurement for usability testing and adaptive interfaces: An example of uncovering syntactic workload with functional near infrared spectroscopy", *Conference on human factors in computing systems*, 2009, pp. 2185–2194.

Hu, X., Hisakata, R., & Kaneko, H., "Effects of spatial frequency and attention on pupillary response", *JOSA A*, Vol. 36, No. 10, 2019, pp. 1699–1708.

Jacob, R. J. K., & Karn, K. S., "Eye tracking in human-computer interaction and usability research: ready to deliver the promises", In J. Hyönä, R. Radach, & H. Deubel (Eds.), *The Mind's Eye: Cognitive and Applied Aspects of Eye Movement Research*, Amsterdam: Elsevier, 2003, pp. 573–605.

Just, M. A., Keller, T. A., & Cynkar, J., "A decrease in brain activation associated with driving when listening to someone speak", *Brain Research*, Vol. 1205, 2008, pp. 70–80.

Lim, J., Wu, W. C., Wang, J., Detre, J. A., Dinges, D. F., & Rao, H. Y., "Imaging brain fatigue from sustained mental workload: An ASL perfusion study of the time-on-task effect", *NeuroImage*, Vol. 49, 2010, pp. 3426–3435.

Noah, J. A., Ono, Y., Nomoto, Y., Shimada, S., Tachibana, A., Zhang, X., …

& Hirsch, J. , "fMRI validation of fNIRS measurements during a naturalistic task", *Journal of Visualized Experiments*, No. 100, 2015, e52116.

Parasuraman, R. , & Rizzo, M. , *Neuroergonomics: The Brain at Work*, New York: Oxford University Press, 2008.

Parasuraman, R. , & Wilson, G. F. , "Putting the brain to work: neuroergonomics past, present, and future", *Human Factors: The Journal of the Human Factors and Ergonomics Society*, Vol. 50, 2008, pp. 468–474.

Parton, A. , Nachev, P. , Hodgson, T. L. , Mort, D. , Thomas, D. , Ordidge, R. , ...& Husain, M. , "Role of the human supplementary eye field in the control of saccadic eye movements", *Neuropsychologia*, Vol. 45, No. 5, 2007, pp. 997–1008.

Poole, A. , & Ball, L. J. , "Eye tracking in human-computer interaction and usability research: Current status and future prospects", Chapter in Ghaoui, C. (Ed.), *Encyclopedia of Human-Computer Interaction*, Pennsylvania: Idea Group, Inc. , 2005.

Poole, A. , Ball, L. J. , & Phillips, P. , "In search of salience: A response time and eye movement analysis of bookmark recognition", In Fincher, S. , Markopolous, P. , Moore, D. , & Ruddle, R. (Eds.), *People and Computers XVIII-design for Life: Proceedings of HCI*, London: Springer-Verlag Ltd. , 2004. pp. 1–10.

Proctor, R. W. , Miles, J. D. , & Baroni, G. , "Reaction time distribution analysis of spatial correspondence effects", *Psychonomic Bulletin & Review*, Vol. 18, No. 2, 2011, pp. 242–266.

Sebanz, N. , Bekkering, H. , & Knoblich, G. , "Joint action: Bodies and minds moving together", *Trends in Cognitive Sciences*, Vol. 10, No. 2, 2006, pp. 70–76.

Sebanz, N. , Knoblich, G. , & Prinz, W. , "Representing others' actions: Just like one's own?" *Cognition*, Vol. 88, No. 3, 2003, pp. B11–B21.

Verbruggen, F. , Notebaert, W. , Liefooghe, B. , & Vandierendonck, A. , "Stimulus-and response-conflict-induced cognitive control in the flanker task", *Psychonomic Bulletin & Review*, Vol. 13, No. 2, 2006, pp. 328–333.

Vianna, E. P. M. , & Tranel, D. , "Gastric myoelectrical activity as an index of emotional arousal", *International Journal of Psychophysiology*, Vol. 61, No. 1, 2006, pp. 70–76.

第二篇

相容性与人机界面

第四章 物理层面的空间相容性

准确感知一个人在天空中的方向对于安全的航空飞行至关重要，飞行员的反应不及时、感官错觉都会导致仪表指示与飞行员感觉之间的差异。因此，飞行员不仅需要快速准确地知觉姿态仪上的显示信息，还需要及时地做出相应的行为反应，这就涉及知觉刺激—反应之间的相容性问题。在日常生活中，不管是飞行员，还是其他职业，在工作过程中，人—物之间的信息匹配及人—物之间的相容性都会影响工作绩效及安全。因此，本章我们将讨论物理相容性的相关概念与应用研究。

本章节主要分为四小节，主要阐释物理层面的空间相容性（spatial compatibility）。物理层面的空间相容性主要是指人在进行空间信息加工时相容性原理在其中的作用。我们对外界输入的信息，大部分都是依靠视觉和听觉获得。因此，本章从输入信息的方式入手，前三节内容主要是从视觉方面介绍相容性的相关内容，第四节从听觉方面讨论相关内容。主要内容为：首先解释不同相容性的概念，其次讨论相容性的实证研究，最后说明相容性的实际应用与未来发展前景。希望本章内容可以帮助读者对于物理相容性有一个基础的理解与认识。

第一节 显示—控制相容性

显示—控制相容性（display-control compatibility）即第一章所提到的刺激—反应相容性（SRC），主要指当视觉刺激的显示和人们反应控制一致或相匹配时，会产生较好较快的反应结果。这里的视觉刺激与反应泛指一切物理层面的刺激与反应，而不是仅仅指某一类型的刺激与反应。本小节主

要从概念、理论解释、实证研究和实践应用方面进行论述。

一　显示—控制相容性概述

（一）显示—控制相容性

显示—控制相容性是 Small 在 1951 年提交给人体工程学研究学会的一篇论文中提出的。Fitts 引用 Small 在 1951 年提出的概念，将显示—控制相容性定义为当一定的刺激和反应匹配会产生较好较快的结果时，就表明 S-R 匹配具有了相容性。20 世纪 50 年代，Fitts 等人发表了 SRC 的两篇经典文章，他们发现，在对知觉刺激进行反应的任务中，结果并不是由刺激信号或者反应行为所单独决定的，刺激与反应之间的关系是影响最终结果的重要因素。之后通过研究，他们把能产生较好结果的刺激与反应之间的匹配关系，称为相容（Fitts & Deininger，1954；Fitts & Seeger，1953）。但是，请注意，Fitts 等人对相容性的最初定义是从空间匹配关系入手的，其中空间相容性是相容的最普通形式。

在显示—控制相容性概念中，可以区分元素级（Element-level）和集级（Set-level）的相容性（Kornblum，1992；Kornblum，Hasbroucq & Osman，1990）。元素级相容性是大多数 S-R 相容性研究的重点，它指通过刺激集到反应集的不同映射获得差异。例如，给定数字 1 和 2 作为刺激集，将一和二作为反应集，需要将"一"作为对 1 的反应和"二"作为对 2 的反应，这样的任务是一致映射，而将"二"作为对 1 的反应和"一"作为对 2 的反应，这样的任务是不一致的映射；与不一致映射相比，一致映射的反应更快、更准确。相比之下，集级相容性是指当比较两个或多个刺激和反应集的每个组合中具有最高元素级相容性的映射时所获得的差异。例如，一项以数字为刺激并以数字的声音名称作为反应的任务具有较高的集级相容性，而一项以数字为刺激并以按键（有标记或无标记）作为反应的任务具有较低的集级相容性（Alluisi & Muller，1958）。刺激和反应集合共享的维度重叠越多，集合级别的相容性就越大，Wang 和 Proctor（1996）认为集合级的相容性是一个比维度重叠更广泛的概念。

在具体的研究中，Fitts 等研究者们系统地研究了空间刺激和动作反应的相容性问题，其中刺激源中的相关信息是由其空间特征的变化所产生的，而反应的相关方面是其运动方向。结果发现：当刺激的空间位置与动作反应的空间模式一致时，可获得最佳的反应结果，即反应时最短，错误率最低。关于 S-R 相容性的最早研究使用了在两个维度上变化的 S-R 集合（Fitts & Deininger，1954；Fitts & Seeger，1953），但大多数后续研究都使用了在一个维度上变化的集合。为了定义这类效应，Fitts 和他的同事引入了术语刺激—反应相容性，到如今，该术语已通过使用而被广泛接受，常见的 SRC 效应包括 Simon 效应、Flanker 效应等。

Fitts 等人（1953）提出，在相容性问题中，核心是编码问题。因此简单地考虑在视觉—运动任务中选择刺激集和反应集的可用方法是可行的。其中刺激代码必须利用一个或多个刺激维度，如强度、波长、持续时间或可见光的范围。在任何一种情况下，几个代码符号都可以组合起来形成一个更大的多符号序列。而反应代码可以通过类似的程序来设计。其中，一维反应代码利用单个反应器构件和沿着特定反应的连续体的一个物理维度特定数量的点，如运动的方向、力或持续时间；多维反应代码利用单个反应器的复杂反应，例如手脚同时反应移动一套传统的飞机控制。因此，在某一特定任务中所需的刺激集合和反应集合都可以被指定为多维空间中的点，它包含所有可能的可辨别的刺激和运动反应的空间（Fitts & Seeger，1953）。

随着研究的深入，越来越多的学者开始探索刺激—反应更多的领域，对于如何在实验中定义和操作 S-R 之间关系的实验方法也开始涌现出来。Fitts 和 Deininger（1954）与其同事确定了两种操作 S-R 关系的研究方法，也就是给 S-R 关系下操作性定义。一种方法是更改 S 集到 R 集的映射。例如，假设 S 是一个位置随机变量，有两个值，左和右，为 R 选择的值也是左和右。根据提示，可以要求被试进行直接的、同侧的 S-R 转换或进行倒置的、对侧的 S-R 转换。在反应时（RT）中就会出现前一个映射条件优于后一个的差异，可以明确地解释为 SRC 效应。因为 S-R 映射的操作允许 S-R 关系发生变化，而 S 或 R 没有任何变化领域。另一种方法操纵 S-R 关系的是独立于映射，改变由变量 S 和 R 形成的匹配，这个过程需要在恒定的不确定性水平下使用几个 S 变量和几个 R 变量，我们通过探索它们的组合来评估 SRC（Fitts & Seeger，1953）。例如，假设使用位置（左右）或颜色（绿红）作为 S 变量，使用位置（左右）或颜色（绿红）作为 R 变量来创建四个条件，在两种情况下（位置到位置和颜色到颜色的 S-R 转换），变量 S 和 R 相互匹配，因此反应时较快；在另外两个（颜色到位置和位置到颜色的 S-R 转换）中，S 和 R 之间没有匹配，所以 RT 较慢。

Fitts 和 Deininger（1954）提出研究相容性效应的目的是发现这些效应发生的条件，并建立原则，以允许根据（假设的）干预信息转换过程来规范感知—运动任务的性质和难度。目前最感兴趣的实验类型是一种有可能测量信息传递速率的函数：（a）刺激集的选择，（b）反应集的选择，和（c）结合刺激集和反应集元素形成 S-R 集合的方法，特别是评估这三个变量之间的相互作用。其中包括控制—显示关系问题，刺激—反应逆转的影响，以及诸如相似性和可区分性等经典问题的某些方面。

在早期的研究中，所有的刺激和反应在特征上都是空间的，并且所有的刺激—反应配对都尽可能地与人的刻板印象相一致，也就是说，对于大多数人而言，刺激集的元素与反应集的元素存在最佳配对。显然，人的刻板印象的概念与 S-R 相容性的概念有关。Fitts 和 Deininger（1954）发现，感知—运动任务的 S-R 相容性程度不仅取决于特定的刺激集，也取决于任务中涉及的特定反应集。选择一致的刺激和反应，以及在 S-R 整体的形成中产生这些刺激和反应元素的一致配对。而关于 S-R 相容性关系的空间变化行为的最早研究之一是没有视网膜图像反转的 Stratton 视觉实验（Stratton，1897）。之后，大多数关于 S-R 效应的研究都涉及机器控制和远程视觉显示器之间的空间关系，这些远程视觉显示器通过机械或电气方式连接到它们，这些关系对人体工程学很重要。随着研究深度和广度增加，研究者们对于 S-R 相容性问题的更多方面进行了实验与讨论。

（二）显示—控制相容性类型

因为相容性可以用来描述许多不同的现象，因此 Hedge 和 Marsh（1975）区分了三种类型的显示—控制相容性，分别是符号相容性、空间相容性和 Simon 效应。但是随着研究的深入，也出现了不同于以上三种的相容性类型，接下来将陈述目前为止研究者们提到过的相容性类型。

1. 符号相容性

符号相容性（symbolic compatibility）是由刺激和反应的语义标签的对应与不对应引起的，它主要表示为与空间位置不相关线索对于刺激—反应相容性的影响。Nicoletti 和 Umilta（1984）认为 Hedge 和 Marsh（1975）实验的结果与 Simon 和 Sudalaimuthu（1979）的 Stroop 任务是不同的，不能归入 Simon 范式，因此他们引入了符号相容性的术语。符号 S-R 相容性效应可能归因于刺激和反应代码之间的对应关系，一个可能的语言代码必须在反应选择之前的阶段从刺激转换为反应，从而简化了转换过程，显著降低了反应时（RT）。这种影响的大小和下面提到的时间相容性影响的大小可能会随着个体对刺激的熟练程度而变化。

在 Hedge 和 Marsh（1975）的实验中，有两种实验条件，分别呈现相同颜色（SC）和交替颜色（AC）的刺激。被试的任务是看到红色时按下红键反应，当看到绿色时按下绿键反应，被试首先熟悉实验，然后开始正式实验，在实验过程中，要求被试在保证正确率的情况下做出尽可能快的反应。结果发现，在 SC 条件即刺激和反应的位置对应的实验中，被试表现出更快的反应。

由于符号相容性与刺激—反应的语义标签有关，因此，在不同地区的群体中进行实验可能需要考虑地区文化的影响，并且不同文化之间的差异究竟是怎样的，目前还尚未可知。因此，相比于空间相容性，符号相容性的研究还是比较少的，因此未来可以从这一方面进行更多更广泛的研究，以充实刺激—反应相容性的研究成果。

2. 空间相容性

空间相容性（spatial compatibility）是由刺激与反应的相对空间位置是否一致产生的，当刺激的空间位置指示着正确反应时就产生了空间相容性，空间相容性是最常见的刺激—反应相容性。从 Fitts 和 Seeger（1953）开始，空间相容性 S-R 效应一直被认为是一种认知现象，这反映了用来在刺激和反应之间转换的代码。具体来说，这种影响主要归因于刺激集和反应集的空间编码，当反应与刺激的相对空间位置不混淆时，就获得了二选一任务中空间编码的证据。

研究者们已经详细研究了空间编码的性质以及这种编码影响反应的方式。Umilta 和 Nicoletti（1990）指出，当刺激集和反应集由左右元素组成时，"左"和"右"的名称指的是自我中心和相对位置。Umilta 和 Liotti（1987）没有混淆刺激集的这两个位置维度，发现每个维度都独立产生 S-R 相容性效应。对于反应集，Nicoletti、Umilta 和 Ladavas（1984）将相容性效应证明为相对位置的函数。此外，当反应器和反应目标的相对位置被分离时，相容性效应已被证明是后者的函数（Riggio，Gawryszewski & Umilta，1986）。

空间 S-R 相容性对于实际界面设计的重要性已在键盘功能键的设计布局中得到证明。当控制功能键的空间位置和显示标签对应时，反应时间更短。一项关于炉灶控制—燃烧器布置的研究证实了空间相容性对于人机系统界面设计的重要性（Hsu & Peng，1993）。

3. Simon 效应

Simon 效应是 SRC 效应的一种，Simon 和 Rudell（1967）发现并提出了 Simon 效应，Simon 效应的提出让 SRC 问题变得更加复杂。在具体实验中，Simon 和 Rudell 提出了让被试按下左手或右手键，以反应出现在左耳或右耳的"左"或"右"这个词。结果发现，当"左"的指令出现在左耳时的反应明显比出现在右耳时的反应要快，而"右"的指令出现在右耳时的反应比出现在左耳时也要快。这说明位置信息在研究中虽然是作为一种无关刺激，但是却对任务产生了干扰。Simon 将其解释为人本身存在的一种自动朝向刺激源的反应倾向。之后，涌现出大量的有关于 Simon 效应的研究，研究者们从不同的角度对 Simon 效应展开研究，并基于各自的数据和结果提出各种各样的理论模型来解释 Simon 效应。随后越来越多的研究者们对 Simon 效应进行了研究，并且提出了各种任务范式，例如联合 Simon 效应、Flanker 任务和 Simon 相结合的范式等，但是，Simon 效应的本质在这些不同的程序变化中仍然是相同的。

学者们对空间 Simon 效应最流行的解释提出了三个假设。第一个假设是注意力转移到命令刺激的位置会产生空间刺激代码（Stoffer & Umilta，

1997）。第二个假设是空间刺激代码自动激活空间对应的反应代码。第三个假设是双路径模型假设，认为空间刺激代码在直接反应激活路径上激活空间对应的反应代码，而相关的刺激代码用于确定间接反应路径上的正确反应选择。

Simon 效应在人类工效学和工程心理学领域都受到了广泛的重视。工程心理学首先将这一规律运用到人机交互系统的设计（特别是人机界面的设计）中，为了满足用户的需求，使操作更简单，需要设计出更加合理的符合人体需求的显示风格和人机交互方式。同样，信息呈现位置与用户做出反应的位置尽可能保持一致，可以提高工作效率并且减少错误。不同性质的 Simon 效应提示，对不同的任务情境应该有不同的操作安排、不同的反应策略。比如，双手作业时，当刺激信号和反应位置呈现一致时，反应速度可以变快。

4. 时间相容性

当信息处理受到信息呈现先后顺序影响时，可能会出现时间相容性效应（Temporal compatibility）。当刺激 1 呈现在刺激 2 之前时，反应时比刺激 2 呈现在刺激 1 之前时要快得多。这种刺激呈现先后时间所带来的不同反应效果，提供了时间相容性的示例，这可能是设计用于与时间顺序呈现相关信息显示器时的重要考虑因素（LeMay & Simon，1969）。

呈现效果的顺序可能是有利于规则数据顺序的群体刻板印象或集合，也可能是相应的刺激和反应代码之间是否存在时间连续性。例如，在规则数据顺序中，在反应之前呈现的信息（数字 0 或 1）对应于反应代码（标记为 0 和 1 的按钮），这可能有助于将刺激信息转换为反应术语。另外，在数据规则顺序中，在反应（红色或绿色）之前呈现的信息没有以反应术语进行编码，可能需要进行额外的重新编码。

获得时间相容性效果大小的原因至少有两个。首先，可能是人类代表时间的方式不同于他们代表其他维度的方式，例如位置或方向（Ivry，1996）。因此，时间维度可能在某种程度上是如此"特殊"，使得时间上的映射效果比空间或符号 SRC 任务更强。其次，时间相容性的刺激和反应集之间的维度重叠程度（相似性）可能高于其他维度通常达到的程度

（Kornblum & Lee，1995）。与先前的发现（Fitts & Deininger，1954）和当前 SRC 模型的假设（Kornblum et al.，1999）一致，这将导致我们观察到更大的映射效应。

5. 情感相容性

一些心理学家认为，如果不是所有遇到的刺激都落在好或坏的维度上，人类对评估的反应是无意识的，人类对评价的反应被认为具有暂时的回避和接近行为倾向，被称为情感相容性（affective compatibility）。情感刺激—反应相容性效应表明，参与者回避消极刺激的速度比接近消极刺激更快。同样，参与者接近积极刺激的速度比避免积极刺激更快。

最近的一项研究确定了使用视觉刺激材料（包括视觉文本和视觉图像）时情感刺激—反应相容性的参考效价效应。匹配刺激材料为情感刺激—反应相容性的参考效价效应提供了解释，刺激与其参照物之间的匹配是基于有价参照物的关键因素。当目标刺激（如积极的性格）与所指的事物（如积极的人格特质）相匹配时，暂时接近的行为倾向应该比回避行为倾向更快。最近的一项研究发现，情感刺激效价有助于行为，从而极大地导致距离的相容转变。

6. 群体模板的相容性

当刺激与反应的组合非常符合某一人群由于社会文化、风俗习惯等因素而形成的反应模式时，可以获得最大的相容性，这就是群体相容性（Alluisi & Warm，1990）。Lutz 等人设计了一系列的刺激组合，让被试自由选择相应的反应模式，结果发现大多数人对同一种刺激有共同的反应模式，这在不同的国家有不同的模式。在美国接通电源就是把电闸向上移，而在英国则是向下为接通（刘艳芳，1996）。在符号相容性任务中，刺激的位置是任务无关性，在空间相容性任务中，刺激的位置是任务相关属性，而在 Simon 任务中，刺激的位置是任务无关属性。在这两种模式中，空间刺激反应一致性缩短了反应时间（Simon，1990）。SRC 和 Simon 效应通常归因于空间刺激代码和反应代码之间的对应关系，二者争论的焦点是空间刺激代码是否为注意力转移到刺激的结果或刺激与各种参考框架的关系。

（三）相容性相关研究领域

相容性可以用来解释许多现象，已有的研究结果为现实 S-R 的应用提供了方向。因此在实际应用中，不同领域中用相容性概念来解释相关的现象，并且为人类设计出更高效的产品或者提供更好的服务体验提供了方向指导。目前相容性应用研究主要集中于工程心理学和认知心理学两个领域。

1. 工程心理学领域的相容性研究

相容性的概念在最高效的学习和性能的任务设计中有许多明显的应用。对工程心理学家而言，相容性问题更多产生于刺激—反应概念上的匹配。该领域的研究通常使用对单一类型的控制刺激（S）做出反应（R）时不同的信息显示方式，或者检查几种控制或控制运动在使用单一显示时的有效性。

例如，在 Fitts 和 Deininger（1954）研究中，对于一组空间反应而言，最佳图形代码相对于最佳符号代码存在显著优势，并且符合群体刻板印象（人们对一个人的看法会延伸到以这个人为代表的一个群体，从而对这个群体都产生一个固定、主观的印象，最常见的有男性群体和女性群体）的代码组合反应时最短，这在工程学领域具有相当大的实践和理论意义。这启示我们在人机交互界面的设计方面，工程师可以通过图形代码、符号代码的最佳匹配方式，同时结合符合群体刻板印象来设计合适的机器界面，以促进人类快速和准确地处理信息，比如常见软件的长辈版本，字体会比普通版要大一些，这样便于老年人使用手机和接收信息。

但是，最重要的是在系统设计之前充分考虑这些不同的相容性关系，而且必须了解设计因素中刺激集与反应集各自的影响，以及它们之间相互组合的影响。因为产品设计最终呈现出来的是一个整体，每部分对总体的影响效果可能是不一样的，会因为某一部分的不合适而使整个产品无法达到最优效果。因此，设计者在设计之前充分考虑这些关系，并且在实验室加以验证，会减少试错成本，提高生产效率。

2. 认知心理学领域的相容性研究

认知心理学将人看作一个信息加工的系统，认为人的认知过程也就是信息加工的过程，人在信息加工过程中要对来自外界的一切信息进行感知，进而做出反应。刺激—反应相容性研究关注的就是刺激—反应的加工问题，这是人类认知信息加工的主要问题之一，展开该方面的研究有助于揭开人类认知信息加工过程的机制，理论意义重大。

SRC 效应及其变体现象（例如，Simon 效应、Flanker 效应）被认为反映了控制其背后的动作和过程的能力，这些被视为认知能力的指标。同时，SRC 效应也可以作为研究认知过程和测试认知理论的实验工具（Yamaguch & Proctor，2012）。此外，行动和知觉研究的研究人员将 SRC 作为他们认知行为理论化的核心结构（Hommel & Prinz，1997）。

个体在一个至少有两个空间维度的环境中评估绩效是必要的，其中个体评估自身对于感知和行动的相互作用会对个体的绩效产生影响。刺激—反应相容性效应的研究对理解感知—行动关系有一个重要的贡献。在测量感知—运动能力的个体差异时，也应考虑相容性效应。例如，Mitchell 和 Vince（1951）提出，"当表现受到一种非偏好关系的影响时，这个任务就会成为一个认知因素起很大作用的任务"。

总之，相容性在认知心理学方面的研究更多关注个体差异下的具体表现，并且使用个体在某种刺激—反应集合中做出反应的反应时和错误率来衡量个体的认知控制能力，也可用于相关人才的筛选与选拔工作，从而选出对于某方面刺激—反应更高效的人才。

认知心理学和工程心理学中的一个基本问题都是了解影响信息从显示器转化为适当的控制行动的因素（Simon，1990）。而 S-R 相容性（Fitts & Seeger，1953）通常用来描述包含一个任务的刺激和反应组合在多大程度上会导致高信息传递率。从这一方面来说，它们在本质上是一致的，因为它们都追求高效的反应速度，同时致力于减少错误反应。因此，S-R 相容性效应的研究对于更好地了解人的认知能力，从而设计出符合人体工效学的产品有着重要的现实意义，将帮助人类提高生活满意度和幸福感。

二　显示—控制相容性的研究探索

（一）研究探索

显示—控制相容性最主要的研究领域就是空间相容性，空间相容性也是 S-R 相容性最普通的形式，很多研究者都对刺激集与反应集的空间位置进行了研究。

Fitts 和 Seeger（1953）发表了一篇文章，通过两个实验证明了刺激—反应相容性概念在感知运动行为理论发展中的效用。其中刺激源中的相关信息是由其空间特征的变化产生的，而反应的相关方面是其运动方向。实验采用 3 种刺激集（Sa、Sb、Sc）与 3 种反应集（Ra、Rb、Rc），共形成 9 种 S-R 组合集，要求被试使用触控笔在面板上指示实验者所要求的正确区域。实验使用三个衡量每个 S-R 集合的有效性的指标：（a）反应时间，（b）错误反应的百分比，以及（c）每个刺激中丢失的平均信息。结果发现 Sa-Ra 和 Sb-Rb 组合的反应时间没有显著差异，但都优于 Sc-Rc 组合；反应集 Rb 与其相应的刺激集（Sb）组合导致的错误最少，与另一个刺激集（Sc）结合使用时导致的错误最多。结果表明，对于每个刺激集都有不同的最佳反应集，对于每个反应集都有不同的最佳刺激集。第一个实验得出一些重要结论，但是对于各种 S-R 组合之间的差异是暂时的还是永久的，没有得到一个统一的结论。为了回答这个问题，进行了第二项实验，结果发现，一些 S-R 相容性效果相对不受扩展学习的影响。这两个实验的结果清楚地表明了刺激和反应编码对于感知运动任务中最大信息传输率的重要性。

Fitts 和 Deininger（1954）发表了第二篇文章，讨论了 S-R 相容性概念在行为理论中的有用性。在先前的研究中，刺激和反应在特征上都是空间性的，本文研究了另一个 S-R 编码变量，即刺激和反应集合内元素配对的一致性程度。研究使用了三个任意级别的与人口刻板印象的一致性——最大、镜像和随机 S-R 配对，被用于形成 S-R 集合。研究中使用两种类型的刺激，空间（光）和符号（数字和字母），与一组单一的（空间）反应相匹配，在这种情况下，研究者假设使用空间刺激比使用符号刺激可以实现更大的相容性。结果发现，具有最大 S-R 对应的符号二维刺激（时钟数）比具有最优或镜像 S-R 对应的二维空间刺激导致更慢的反应时间和更多的误差。

Arend 和 Wandmacher（1987）的实验 1 中，使用了指向左侧或右侧的箭头，测试当反应相关的刺激包含一个方向性线索时，是否会发生编码。

刺激物是指向左边或右边的箭头，相关的维度是箭头的方向。因为有一些证据表明，箭头需要比语言材料更少的编码步骤来转换为空间运动反应（Shor，1970）。而根据 Nicoletti 等（1984）的说法，编码步骤的数量被认为是符号相容性发生的关键。有两种实验条件，一种为"相同"的反应条件，即左箭头等于左手指反应、右箭头等于右手指反应。另一种为"替代"反应条件，即左箭头等于右手指反应、右箭头等于左手指反应，要求被试又快又准地做出反应。实验结果表明，对于在刺激和反应之间具有强烈对应关系的非语言材料，也观察到了逻辑重新编码。与 Nicoletti 等人（1984）对符号相容性的解释相反，重新编码效应的发生似乎并不取决于刺激—反应转换步骤的数量，而是取决于转换操作的类型。

（二）影响因素

1. 刺激特性

Miller（2006）证明了关于刺激的数量和反应之间的对应关系的 Simon 效应。即一个刺激比一对刺激更快速地启动单个按键，而对于连续两次按键则观察到相反的结果。Miles、Yamaguchi 和 Proctor（2009）也发现，当呈现与任务无关的中性刺激时，Simon 效应可以被稀释，但只有在中性刺激与任务无关刺激绝对相似时才会发生稀释。这一结果表明，对任务无关刺激的处理是能力有限的并且依赖于情境的。Yamaguchi 和 Proctor（2011）的研究表明 Simon 效应取决于对特定反应条件分配的注意力多少。

2. 反应特征

在已经进行过的很多视觉刺激—反应研究中，被试的反应基本上都是通过双手呈现出来的。因此，双手的位置也是影响刺激—反应相容性的一个重要因素，双手的位置可以分为自然位置（双手未交叉）或非自然位置（双手交叉）。

已经有研究调查了双手位置对于任务中刺激—反应相容性的影响。例如，Brebner、Shephard 和 Cairney（1972）进行了一项 S-R 相容性实验，使用霓虹灯作为刺激，观察三种刺激—反应对应的效果：灯光—按键、灯光—手和手—按键，这是通过让被试在他们的手不交叉或交叉的情况下使用相容或不相容的空间映射来完成实验的。由此得到的四种条件分别是相容不交叉、相容交叉、不相容不交叉和不相容交叉。结果发现：在三种对应关系（灯光—按键、灯光—手和手—按键）都存在对应关系，相容非交叉条件下反应最快，在没有对应关系的不相容交叉条件下反应最慢。相容交叉和不相容非交叉条件的平均反应时为中间水平，且前一种条件略有优势。这些结果使作者得出结论，反应时是灯光—按键和手—按键关系的对应关系，而不是由灯光—手的对应关系。换句话说，存在独立的空间 S-R 相容性和交叉手效应，手的位置是影响相容性的因素之一。Proctor 和 Dutta（1993）让被试在三个任务中仅练习一个映射/手放置条件，每个任务 300个试次，并发现 RT 在所有三个任务中都保持条件的标准顺序，差异与试次没有显著交互作用。

因此，无论一个给定的被试是像 Brebner 的研究那样执行所有四个条件的任务，还是像 Proctor 和 Dutta（1993）的研究那样只执行一个条件，空间 S-R 中手—按键的对应位置都很重要，几乎没有证据表明来自刺激—手对应之间的关系。这些观察表明，与任务无关的刺激维度的影响取决于任务目标。因此，与双路径模型解释相比，最近的研究表明，Simon 效应对设定行动者做出特定行动的预期或意图的任务环境（例如，任务目标、响应模式）敏感。也就是说，在很大程度上，哪些与任务无关的刺激维度会产生 Simon 效应，这取决于在该任务情境中需要采取什么行动。

3. 刺激—反应组合

在相容性实验中，研究者得出的一个普遍的结论，即相容性任务比不相容任务的表现更容易、更好。这一结果首先由 Fitts 报告（Fitts & Seeger，1953；Fitts & Deininger，1954），并且从那时起在各种环境中多次得到证实。很明显，刺激—反应相容性（SRC）效应，不是由独立作用的刺激或反应特性决定的，而是它们之间相互组合作用的结果。

一是组合方向。Nicoletti 等人（1982）进一步研究了刺激的生理位置和相对空间位置。在其实验中，仅使用未交叉的手放置，两盏灯分别放置在被试的右侧视点或左侧视点，双手放置在身体中线的右侧或左侧。同样，当刺激和反应的相对空间位置之间存在对应关系时，RT 比没有对应关系时更快，其相容性影响的大小不受呈现刺激的视觉区域是否正确的影响，而是以手所在的位置的同侧进行反应。这一发现意味着刺激和反应的相对位置，而不是它们的绝对位置，对 S-R 相容性至关重要。

Nicoletti、Umilta Á 和 Ladavas（1984）证明了交叉手效应是由于反应手的代码和描述其相对位置的代码之间缺乏对应关系的结果。此外，他们让被试进行空间相容的 S-R 映射，并且双手不交叉或交叉。在一种情况下，反应键分别位于身体中线的左侧和右侧，而在另外两种情况下，两者都位于身体中线的同一侧（左或右）。Nicoletti 和 Umilta（1984）在另一项实验中表明，与适当的 S-R 相容性一样，相对位置是关键因素。也就是说，无论双手放在身体中线的两侧还是双手放在身体中线的同一侧，都会获得 Simon 效应。最后，Proctor、Lu 和 Van Zandt（1992）发现，有效的反应位置预兆可以在类似程度上增强 Simon 效应，无论双手是未交叉还是交叉。

在一项关于自己手部心理表征的动觉方面的研究中，Sekiyama（1982）发现右手的图像比左手的更容易生成，因为右手的判断比左手的判断要快。与在水平维度上发现的相似，在垂直维度上也存在用视觉信号测试的空间相容性的影响，结果表明刺激—反应对应是决定 S-R 相容性水平和垂直方向的主要因素。

二是组合特征。Fitts 和 Seeger（1953）在一项实验中解决了集合级相容性的问题，其中三组不同的八组空间排列的刺激（光）与三组不同的八组空间反应生成九种不同的刺激—反应合集。结果发现，编码效率至少部分由 S-R 集合决定，而不是由孤立刺激或反应集的属性决定。Zhang 和 Kornblum（1998）得出的结论基于这样的假设，即 SRC 效应完全由刺激和反应之间的长期关联决定。长期关联是指在个人一生中过度学习的关联。例如，可以假设蓝色一词与反应"蓝色"之间存在长期关联。然而，研究表明，短期关联也可以产生 SRC 效应。短期刺激—反应关联作用的其他证据来自研究，这些研究表明，当不相容的位置相关任务在 Simon 任务之前出现或混合时，空间 Simon 效应可以逆转（Proctor & Vu，2002）

Yamaguchi 和 Proctor（2006）结果表明，当对相同的刺激做出反应时，不同的手动反应会以不同的方式影响 SRC 效果。至关重要的是，这些结果提供了证据，表明这些不同 S-R 配对背后的过程可能是不同的。自从 Fitts 和 Seeger 的工作（1953）以来，不同刺激和反应集的特定组合已被认为是 SRC 中的一个重要因素。

4. 空间提示线索

不相关的空间线索会影响反应，如果刺激的位置与反应键的位置一致（相容位置），则会加速反应；如果位置不对应（不相容的位置），则会阻碍反应。

（三）相容性任务分类

根据维度重叠理论，研究者普遍认为，重叠的 S-R 或 S-S 维度对具体的任务表现有深远的影响，无论这些维度是相关的还是不相关的（Proctor & Reeve，1990）。通过结合维度重叠和维度相关性的概念，研究者构建了从简单（Fitts & Deininger，1954）到复杂（Stroop，1935）相容性任务的分类法，包含 8 种不同类型的 S-R 集合（Kornblum，1992）。具体分类见第二章第一节"维度重叠理论"部分。

Kornblum 的分类法区分了八种类型的相容任务，并且假设每种都会产生特定类型的相容性效果。因此，简单和相对复杂的相容性任务（如 Simon 和 Stroop 任务）的各种组成部分可以被识别和比较，所有的关于相容性的任务都可以归到这八种类型之一，这八种类型的相容性集合在很大程度上将相容性的各方面研究整合到了一起，有利于研究者在进行相关实验时进行比较和讨论。

但是，该分类法的核心思想是维度重叠，由于不同类型任务对于刺激集和反应集的重叠的要求是不一样的，有些类型可能到目前也不太好实现。因此，目前研究最广泛的仍然是类型 2、类型 3 和类型 8，以及这几种范式的结合和变式。而其他的几种类型，可以作为未来研究的拓展和努力方向。

具有空间相容性的界面可以提高用户的响应效率，从而使用户友好。Proctor 和 Reeve（1990）将相容性原则确定为评估设备和设施安全性时的重要考虑因素之一，这些原则对人机界面设计有很大的影响。安装车载警告信息系统是为了提高驾驶员的安全性。不良的车载警告信息界面会妨碍驾驶员或操作员接收准确及时的信息，可能会严重损害他们的安全。

三 显示—控制相容性的研究展望

（一）发展方向

目前显示—控制相容性研究已经在深度和广度上有了很大的提升，但是，作为一种可以应用到实际生活中的心理学现象，其研究的深度在实际应用方面还有待继续发展。现有的研究大多在理论方面进行了创新与发展，但是在实际应用方面还有很大的发展空间。

首先，Liu 和 Jhuang（2012）提到，空间 S-R 相容性的概念虽然以其对驾驶安全的影响而闻名，但很少应用于车载预警系统的控制界面。目前，相关数据显示，行车过程中的很多事故都是意外事故。在驾驶员行车过程中，是会提前做好一些安全防护的，但是对于行驶过程中的一些意外危险是无法预知的。因此，车载预警系统可以帮助驾驶员预知一些潜在的危险，进而帮助其规避意外风险，减少意外事故带来的伤害与损失。

其次，大多数关于 S-R 相容性的研究仅仅评估了个体对单一感官刺激的身体反应。但是，人类感知外界信息的感官是多通道的，主要包括视、听、嗅、味、触五种感官。现有的很多研究大多从视觉角度出发，随着研究的深入，近年来也有研究者从听觉角度进行研究，并且将视听觉结合起来。但是，总体来看，在刺激—反应相容性方面的研究主要还是以视觉为主，听觉次之，其他的感官就很少，未来需要加强该方面的研究。

最后，有关显示—控制对应关系的研究，揭示了对人类行动控制和反应选择的功能组织的重要见解。目前已经投入了大量精力进行基础理论和实证研究，这些研究加深了对 SRC 效应的理解（Proctor & Vu，2006）。但是，基础研究和应用之间的联系仍然薄弱。为了加强这种联系，未来应该努力将基本发现和原则扩展到更接近于执行任务的操作环境中。

（二）发展领域

目前显示—控制相容性的发展领域主要集中在感知—运动领域、机器—工业设计领域。对于其他的发展领域，如情绪情感、社会学、消费学等领域目前研究虽然也有涉及，但是总数还是相对较少，因此未来还需扩展研究领域，提高刺激—反应相容性理论的实践用武之地。

此外，人作为一种社会性动物，与人交往互动是人类社会必不可少的需求，随着研究的深入，更多研究者开始意识到这一问题的存在，进而开始出现了联合行动中个体刺激—反应相容性的相关研究，探讨人类的行为在受到他人影响时的具体表现。很多联合行动是双人范式，但是在实际生活中，人们很多时候面临的是一个群体，因此未来可以研究群体或者组织中相关任务的刺激—反应相容性问题，以研究群体或者组织对个人的行为的影响。

第二节 刺激—刺激相容性

上一节提到的 S-R 相容性任务、Simon 任务等，传统上是孤立的，尽管它们之间存在一些相似性。随着研究的深入发展，一些研究人员开始在这些任务之间进行比较。Kornblum 和他的同事（1990）提出了一个维度重叠（DO）模型，以便在系统框架下整合这些任务和其他任务。根据该模型，这些任务共享两种类型的维度重叠，即刺激—刺激（S-S）重叠（两个刺激维度之间的相似性），以及刺激—反应（S-R）重叠（刺激维度和反应维度之间的相似性）。刺激—刺激相容性是两种刺激之间因为一致性产生反应时较快的效应。在个体面对两种不同的选择刺激时，刺激之间的一致性不仅会提高个体做选择的效率，也能够帮助个体节约时间。因此，本节主要讨论刺激—刺激（S-S）相容性的概念、理论解释、实证研究和实践应用。

一 刺激—刺激相容性概述

（一）认识刺激—刺激相容性

维度重叠（DO）模型最初是作为刺激—反应相容性（SRC）现象的分类提出的，它在一个统一的理论中包含各种 SRC 效应。根据该模型，S-R 集合具有与任务相关的刺激维度、与任务无关的刺激维度和反应维度，并且 DO 可以在这两个组中的任何一个组之间独立发生（Li et al.，2014）。

通过不同的组合方式，可以产生八种不同的组合集，这八种组合集在前文中已经进行了详细介绍。其中刺激—刺激就属于其中的一个组合集，刺激—刺激相容性是两种刺激之间因为一致性产生反应时较快的效应，其中，典型的就是 Stroop 效应。

Stroop 任务及其许多变式是认知心理学中使用最广泛的实验范式之一。在标准的 Stroop 任务中，被试会看到一系列用各种颜色墨水书写的彩色单词，要求被试说出墨水的颜色，同时忽略单词本身的字义。单词和墨水颜色可以一致（例如，用红色写成的单词"RED"）或不一致（例如，用绿色写成的单词"RED"）。当它们一致时，被试对于字体颜色的反应时间（RT）比它们不一致时更快，这种反应时（RT）之间的差异通常称为 Stroop 效应。

在 Stroop 任务中，当两个刺激集在语义上重叠时（就像颜色词和墨水颜色一样），那么目标和干扰物可以是不匹配并且刺激—刺激（S-S）是不相容的（例如，BLUE$_{green}$），或者匹配并且刺激—刺激（S-S）相容的（例如，BLUE$_{blue}$）。与 S-S 不相容的试验相比，S-S 相容的试验反应时更短，表明输入效果或语义在目标处理中发挥作用（Zhang & Kornblum，1998）。

因此，如果给定适当的维度重叠条件，一些试验可能是 S-S 一致（SS+）、S-S 不一致（SS−）或 S-S 和 S-R 一致性的任何成对组合。在 Stroop 任务中，观察到的不同效果已参考刺激集和反应集的相对相容性或不相容性进行了描述（Kornblum & Lee，1995；Kornblum, Stevens, Whipple & Requin，1999）。刺激集可以分为相关的刺激集（所有目标刺激的集合）和不相关的刺激集（所有干扰刺激的集合）。在 Stroop 任务中，相关和不相关的刺激维度不仅相互重叠，而且与反应重叠。此外，所有三个关系的重叠维度都是相同的，在标准 Stroop 任务中是颜色。

（二）相关理论解释

关于 Stroop 效应的许多理论解释可以归结为两类模型：一类将该效应归因于刺激冲突，即早期选择模型；而另一类将其归因于反应冲突，即晚期选择模型（Zhang & Kornblum，1998）。

Hock 和 Egeth（1970）给出了一个早期选择的例子，他们认为当墨水颜色与颜色词义不一致时，颜色感知会减慢。类似地，Seymour（1977）与 Simon 和 Berbaum（1990）认为，在记忆检索与相关和不相关刺激的比较过程中可能会发生刺激冲突。相比之下，根据后期选择模型的其中一个解释——相对处理速度视图（Dyer，1973），墨水颜色和颜色词义产生两种潜在的反应，然后相互竞争。这次比赛的获胜者最终回应，他们的观点是，因为单词阅读是这两个过程中较快的，所以它更有可能干扰较慢的过程（颜色命名），而不是相反。从这个观点来看，如果相对时间是关键因素，那么如果颜色命名开始，命名墨水颜色会干扰文字阅读。但是，当时的数据并不支持这一预测（例如，Glaser & Glaser，1982；MacLeod & Dunbar，1988），所以处理速度的差异不太可能是 Stroop 效应的主要决定因素。因此出现了另一个后期选择模型解释观点——自动化视图（Logan，1978），这种观点认为阅读是自动的，而颜色命名不是，所以阅读可能会干扰颜色命名，但反之则不然。因为自动过程不需要注意，根据这种自动性观点，注意分配不应该影响 Stroop 效应，但实际上确实影响着（Kahneman & Chajczyk，1983）。

　　早期选择和后期选择模型都集中于解释 Stroop 任务的一个特定方面，而忽略了另一个方面。早期选择模型侧重于解释相关刺激和无关刺激之间的相似性，而晚期选择模型解释侧重于无关刺激和反应之间的相似性。当然，这两种相似性关系都存在于 Stroop 任务中——事实上，它们构成了一种混淆，使得从经验上很难区分这两种解释。

　　因此，有研究者就提出这两种模型解释并不一定要单独解释，可以共同解释。Kahneman 和 Henik（1981）在一个令人印象深刻的实验中证明了"早期"和"晚期"因素之间的这种相互作用。在实验中，他们呈现了一个由圆形和方形组成的视觉刺激，位于注视点的左右两侧。其中一个图形包含不一致或一致的颜色词/颜色刺激；另一个数字包含一个彩色的中性词。被试的主要任务是说出圆形或方形的颜色，并忽略该图中的单词以及另一图中的单词和颜色。结果表明，相关图中一致的 Stroop 刺激产生 48 毫秒的促进，不一致的刺激产生 202 毫秒的抑制。另一方面，如果相关图形包含彩色中性词，则如果不相关图形中的颜色词与反应匹配，则获得 38 毫秒的抑制；如果这个词不匹配，则抑制达到 50 毫秒。这些结果表明，不仅抑制的数量，甚至与刺激相容的干扰物导致的促进或抑制的发生，都取决于视觉选择的模式，这是由刺激和任务的几何形状决定的。

多年来，关于 Stroop 效应是完全归因于反应选择阶段的过程（SRC 的差异）还是部分归因于刺激识别阶段的过程（SSC 的差异；MacLeod，1991），一直没有一个明确的结论。Zhang 和 Kornblum（1998）报道了 SSC 在 Stroop 效应中作用的证据，但是他们没有考虑基于短期关联的 SRC 效应。但是，在 De Houwer（2003）的研究中，结果显示了刺激—反应相容性效应（SRC）。在两个实验中，无论不相关和相关的刺激特征是分离的（实验 1）还是整合到一个刺激中（实验 2），结果都揭示了 SSC 的影响和基于短期关联的 SRC 的影响。因此，结果证实，编码水平的过程和反应选择水平的过程都有助于 Stroop 效应。

二　刺激—刺激相容性的研究探索

对于刺激—刺激（S-S）相容性的研究一般都是使用 Stroop 任务及其变式，或者是将 Simon 任务与 Stroop 任务结合起来进行实验。

（一）Stroop 任务及其变体范式

在经典的 Stroop 任务中，被试需要对表示颜色的单词组成刺激的墨水颜色做出反应。当刺激相关的维度（墨水颜色）和刺激不相关的维度（颜色的名称）一致时（例如，"红色"一词用红色书写），被试的反应时最短，相比不一致（例如"红色"一词用绿色书写）时，被试的反应时会更长。

De Houwer（2003）引入了传统 Stroop 按键任务的新变体，他们分离了 S-S 和 R-R 效应。通过将两种颜色分配给一个反应键（例如蓝色和红色）并将另外两种颜色分配给另一个键（例如绿色和黄色），出现了三种实验类型：（1）一致的实验，既相容 S-S，又相容 R-R（例如，$BLUE_{blue}$ 或 $GREEN_{green}$）；（2）不一致反应的实验，S-S 不相容和 R-R 不相容（例如，$BLUE_{yellow}$ 或 $GREEN_{red}$）；（3）一致反应的实验，S-S 不相容但 R-R 相容，其中目标和干扰物在语义上不同但对应于相同的反应（例如，$BLUE_{red}$ 或

GREEN$_{yellow}$）。使用这种策略，De Houwer 能够证明一致的实验比一致反应的实验快 28 毫秒。鉴于这两种实验类型都是 R-R 效应的，因此差异一定是 S-S 效应的结果。

在类 Stroop 任务中，例如 Fanker 任务，目标（例如字母 F 或 G）代表被试必须反应的相关刺激；而不同的干扰对象，即 Fanker，传达不相关的刺激信息。当目标和 Fanker 一致（target 字母"G"与 Fanker 字母"G"并列，如"G G G"）而不是不一致（target 字母"G"与 Fanker 字母"F"并列，如"F G F"）时，反应更快、更准确。尽管在概念上与经典的 Stroop 任务相似，但这类 Stroop 任务通常并不复制 Stroop 的原始任务。

这是因为经典的 Stroop 任务除了刺激—刺激重叠之外，还涉及刺激—反应重叠。事实上，最初版本的 Stroop 任务要求被试对刺激的墨水颜色（表示颜色的单词）做出口头反应，因此反应维度与相关刺激（墨水颜色）和不相关的刺激维度（表示颜色单词的含义）都会发生重叠。出于这个原因，在 Kornblum 的最新分类法中，由经典 Stroop 任务产生的"Stroop 效应"属于第 8 类型。而使用唯一的 S-S 重叠定义的术语第 4 类型仅适用于被试手动反应的那些 Stroop 版本任务。

（二）Stroop 任务与其他范式的结合

Simon 和 Sudalaimuthu（1979）是第一个将不一致的 S-R 映射指令与双选 Stroop 任务一起使用的人。结果发现，不管 S-R 映射如何，当相关和不相关的刺激匹配时（S-S+），反应时（RT）比不匹配时（S-S−）更快。Green 和 Barber（1981）和 Kornblum（1992）在使用非颜色刺激和反应的其他二选一、类似 Stroop 的任务中获得了类似的结果。因为映射条件不一致的结果似乎是 S-R 一致性效应的逆转，所以映射条件不一致的这一发现似乎支持 S-S 而非 S-R 对 Stroop 效应的解释。

Liefooghe、Hughes、Schmidt 和 De Houwer（2020）在实验 2 中，将 Stroop 任务与 Go/No-Go 任务相结合，当出现特定干扰物时，参与者必须避免对 Stroop 刺激做出反应（现在要求参与者处理干扰词）。在这个实验中，颜色词以及强化和派生的联想都获得了显著的 Stroop 效应。

（三）Simon 任务与 Stroop 任务、类 Simon 的研究探索

Li 等人（2014）在实验中引入了空间箭头 Stroop 任务并将其与 Simon

任务相结合。在前者中，冲突涉及箭头位置（屏幕上的顶部或底部）和箭头方向（向上或向下）之间的空间信息。在后者中，冲突涉及箭头的位置（左或右）和响应的位置（左或右）。由空间箭头 Stroop 任务或 Simon 任务产生的转换结果与刺激的空间属性有关。类 Stroop 效应和 Simon 效应没有相互作用，即使两者都来源于空间属性。

在先前结合空间 Stroop-Simon 范式的研究中，箭头仅出现在四个可能位置（左、右、上、下）中的一个，并且在不同的实验中分别引发了 S-S 和 S-R 冲突。这种控制可以排除刺激属性的贡献，但不能使用加法因子方法来测试单独的控制系统的 S-S 和 S-R 冲突。

一个有意思的问题是经典的 Stroop 效应和类 Stroop 效应是否与 Simon 效应发生在相同的处理阶段。这可以通过创建任务组合和测试相容性效果之间的交互来检查这个问题。如果相容性效应不相互作用（它们是相加的），则可以合理肯定地得出结论，这些冲突是独立的。然而，有些研究者认为 S-S 和 S-R 重叠效应可归因于相同的处理阶段（Lu & Proctor，1995）。

例如，析因子任务交叉设计将结合 Simon 和 Stroop 任务，通过在外围位置呈现彩色词刺激。尽管这些研究的结果不是很清楚，但公认的结论是它们证明了可加性，即类 Stroop 和 Simon 任务的特征冲突将发生在不同的处理阶段。

Kornblum（1994）与 Stoffels 和 Van der Molen（1988）发现 S-S 和 S-R 的一致性效果是相加的，这表明这些效果来自两个独立的处理阶段。一些研究人员报告了似乎表明 S-S 一致性影响反应产生阶段的心理生理数据（例如，横向准备潜力）（Coles, Gratton, Bashore, Eriksen & Donchin，1985）。结果发现，要么 S-S 一致性效应不是对刺激处理阶段的纯粹测量，要么是心理生理测量（例如，横向准备潜力）不是对反应产生阶段的纯粹测量，或者两者兼而有之。但是，在任何一种情况下，研究者从显示 S-S 和 S-R 效应的可加性的研究结果中获悉，任何出现 S-S 一致性效应的反应阶段都不同于出现 S-R 一致性效应的反应阶段，这两种一致性效应是独立的加工过程（Zhang & Kornblum，1998）。

为什么发生这些效应加工机制是不一样的呢？考虑其原因，可能是因为类 Stroop 任务（手动 Stroop 任务中的颜色和 Flanker 任务中的字母）无关的反应（右键），一致性效应可能归因于过程发生在刺激识别阶段，而不是反应选择阶段，而 Simon 任务的情况正好与之相反。由于类 Stroop 任务中唯一的重叠是相关刺激维度和无关刺激维度（手动 Stroop 任务中的墨水颜色和颜色名称；刺激任务中的目标和 Flanker 字母），能够产生相容性缺陷的反应激活和反应竞争过程都不会发生。这种解释，被称为手动 Stroop 效应和类 Stroop 效应的知觉说明，是基于 S-S 一致性的存在或不存在。基本上，现有研究的主要发现在于显示加性而不是交互的 Stroop 和 Simon 效应。经典 Stroop 任务中的干扰源于墨水颜色和语言刺激的含义之间的语义冲突，但 Simon 任务中的干扰源于刺激占据的不同位置之间的非语义冲突和回应。

三　刺激—刺激相容性的应用与展望

（一）应用

Stroop 颜色词任务被广泛用作衡量自动阅读过程对其他同步认知过程的影响的便捷工具。一个长期的争论集中在确定这一重要任务是否可以使用单一的颜色和单词交互轨迹来建模，通常是在某种形式的反应竞争机制方面。已有研究表明，使用单个轨迹对任务的描述过于简单，未来成功建模任务的尝试应该集中在至少两种机制上，一种基于语义/词汇的机制和一种基于响应竞争的机制。

（二）未来展望

Liefooghe 等（2020）通过对比一致和不一致的试验来评估颜色词和颜色关联的自动影响。然而，他们注意到，Stroop 效应的文献也处理了更复杂的数据模式，颜色词和关联词之间的比较可以通过几种方式加以扩展。例如，Stroop 效应被认为是基于一致实验中的反应促进和不一致实验中的反应干扰，那么这两种成分是否也存在于联系中？此外，Stroop 效应是按顺序调节的：在 Stroop 不一致实验后的实验中，Stroop 效应较小（如，Notebaert，Gevers，Verbruggen & Liefooghe，2006）。因此，这两个例子都表明，未来的研究将需要进一步研究 Stroop 效应与衍生刺激—刺激关系的自动效应之间的共同性和差异性。

在 Stroop 任务中，冲突是由多种因素引起的（Banich，2019；Parriset et al.，2021）。例如，不一致的实验会导致语义冲突（有时也称为刺激或信息冲突），因为载体词的印刷颜色与语义不匹配。此外，如果两种颜色都映射到不同的反应，语义冲突就是组合反应冲突。此外，阅读单词的主导倾向在命名墨水颜色的指令任务和阅读单词的自动任务之间产生了额外的任务冲突（Goldfarb & Henik，2007）。与语义冲突和反应冲突不同，任务冲突会影响不一致和一致的实验。Dignath 等人（2022）提到，统计事后分析并不排除多种类型的冲突对自我参照启动敏感性方面的不同。因此，研究者们认为未来的研究应该通过先验计划的操作（De Houwer，2003）和测量（Hershman & Henik，2019）允许分离各种冲突类型。此外，因为各种冲突类型在不同的任务中是不一样的，因此未来研究也可以使用不同的任务来研究冲突类型的存在对于具体任务中相容性的影响。

在实践应用方面，刺激—刺激相容性的研究应用较为稀少，未来可以扩大这方面的研究，加强理论研究与应用研究的联系，更好地将相关研究结果应用到实践中。

第三节　反应—反应相容性

反应—反应相容性是刺激—反应相容性的一种变化形式，例如，在涉及手动反应的 Stroop 任务中，如果一种颜色分配给一个反应键，另一种颜色分配给另一个反应键，这时就存在不同的两种反应，R-R 相容实验比 R-R 不相容实验的处理速度更快，这说明个体反应竞争在目标加工中起着重要作用。那么在实际生活中，当个体面临双任务以及多任务时，就会出现反应—反应相容性问题，个体如何快速地对每一个任务做出反应问题，因此研究反应—反应相容性可以帮助个体在多任务情境中更好地做出选择。本节主要阐释反应—反应相容性的相关内容，涉及相关概念、理论解释、实证研究和实践应用方面。

一　反应—反应相容性概述

（一）认识反应—反应相容性

反应—反应相容性是指反应与反应之间在空间或其他维度上的一致性或相容性的关系。传统上，它与反应时间任务相关，在这些任务中，为了反应信号而执行多个动作。从广义上讲，这一概念也可以指其他反应之间的关系可以变化的任务，例如，在没有反应时间指令的情况下，同时进行周期性或离散的动作，在心理不应期实验中进行的连续动作，以及选择—反应时间任务。根据任务类型的不同，R-R 相容性的影响应该体现在运动学数据或反应时间上（Heuer，1995）。

反应—反应相容性作为刺激—反应相容性的一种变化形式，刺激—反应相容性自提出之日起就被研究者广泛研究。但是较少研究的是 R-R 相容性效应。当个体同时对两种刺激产生两种反应（每只手一个反应）时，就可以观察到这种反应—反应（R-R）相容性。在这种情况下，当用两只手做出相应反应时，反应时间（RT）会更快（Heuer，1995）。例如，Lien和 Proctor（2000）进行了一项双任务实验，被试进行两个按键任务，两个任务的刺激被一个简短的、不同的间隔分开。当两个任务按键的相对空间位置匹配而不是不匹配时，可以观察到 RT 更快，因为这两个任务的刺激是不相关的，所以 RT 的效果归因于与两个反应相关的空间代码之间的对应效应。

在其他研究中，R-R 相容性被称为反应竞争（MacLeod，1991）或刺激—反应（S-R）相容性（Zhang & Kornblum，1998）。但是，这两种描述都是有问题的，前一个术语只描述了不相容的试验，后一个 S-R 相容性在 Stroop 文献中以两种不同的方式使用，不仅仅是 R-R 相容性。换句话说，S-R 效应是根据给定刺激引起给定反应的程度来定义的，而谈论两种反应的相容性完全是另一回事，因此 Schmidt 和 Cheesman（2005）建议将前一种效应称为 S-R 相容性，后一种效应称为 R-R 相容性。

在涉及手动反应的 Stroop 任务中，如果将一种颜色分配给一个反应键，而将另一种颜色分配给另一个反应键，那么当一个颜色词以不相容的颜色呈现时，就会出现按哪个键的竞争。另一方面，当一个颜色词以相容的颜色呈现时，没有关于按下哪个键的竞争。我们分别称这些反应—反应（R-R）不相容和反应—反应（R-R）相容的试验类型。与 R-R 不相容的试验相比，R-R 相容试验的处理时间更短，表明反应竞争在目标处理中发挥作用（Schmidt & Cheesman，2005）。

（二）理论解释

在大多数情况下，对 R-R 相容性的解释有两种，一种是基于刺激的解释（强调与感觉反馈相关的信号之间的串扰），另一种是基于反应的解释（强调反应的空间或解剖特性之间的串扰）。基于刺激的观点提出 R-R 相容性是可感知的，相容的反应会产生可以有效编码的感觉结果（Mechsner，Kerzel，Knoblich & Prinz，2001）；而基于反应的观点提出 R-R 相容性是由电机编程过程之间的串联引起的（Heuer，1995）。

然而，Lien、Schweickert 和 Proctor（2003）的一项研究提出了 R-R 相容性的第三种解释。具体实验中，研究者使用双任务程序，快速连续呈现两项任务的刺激，一项由左手执行，另一项由右手执行。两种刺激可能属于同一任务（例如数字的奇偶分类）或不同的任务（例如奇偶分类和元音—辅音分类）。R-R 相容性效应主要出现在两个类别相同的试验（例如元音和元音）。因此，研究者得出结论，R-R 相容性效应是反应选择过程中。

Hazeltine（2005）通过实验探讨了构成 R-R 相容性效应表征的性质。主要探讨的内容是，同时产生的反应之间的相互作用是否涉及刺激、反应或抽象表征。与以前的研究相比，这里检查的抽象表征是灵活的，因为它们并不严格取决于给定实验中存在的特定刺激或反应。相反，它们取决于参与者对任务的概念化。因此，相同的刺激和反应对可能在一种情况下是相容的，在另一种情况下是不相容的，因为在 S-R 转换过程中，这些会调用不同或相似的代码。据 Hazeltine 所说，该实验第一次研究了 R-R 相容性效应是否会受到个体对其行为的概念化方式的影响，而与反应的空间和运动方面无关。实验结果表明，同时产生反应之间的相容性效果至少部分地来自行动的概念化之间的相互作用，R-R 相容性不依赖于关于感知或空间代码之间的对应关系，它源于 S-R 规则之间的对应关系。

此外，Schuch 和 Koch（2004）通过对同一反应应用不同的类别—反应（C-R）规则来操纵反应代码或反应含义。基本发现是，更改反应的含义会导致反应成本增加：重新选择具有不同含义的相同反应比选择具有不同含义的另一个反应更费力。更普遍的发现是，这种效果是基于抽象的反应代码，而不是特定的运动代码。结果表明，在抽象级别上相似但不涉及相同效应器的反应也会产生成本，当反应与不同的反应含义相关联时，相对于选择不相容的反应而言，选择相容的反应会受到损害。而研究者将反应—重复和反应—反应相容性的成本解释为反映竞争行为规则之间的干扰。

二　反应—反应相容性的研究探索

一些双重任务研究调查了反应—反应相容性的影响（Hommel，1998；Stoet & Hommel，1999）。首先，De Jong 等（1994）让被试对电脑屏幕左半边或右半边呈现的墨水颜色做出反应。当左键是对蓝色刺激的正确反应时，屏幕左半边出现的蓝色色块被定义为 R-R 相容，而屏幕右半边出现的蓝色色块被定义为 R-R 不相容。他们还发现 R-R 相容试验比 R-R 不相容试验更快。在这种情况下，R-R 相容试验相对于 R-R 不相容试验的优势可能是由于在任务中引入了空间位置干扰器，而不是 Stroop 任务中的典型情况，即干扰来自单词中嵌入的颜色（De Jong，Liang & Lauber，1994）。

其次，Mechsner、Kerzel、Knoblich 和 Prinz（2001）操纵与重复运动动作相关的感觉反馈，发现 R-R 相容性效应是由与两只手的反应相关的反馈刺激之间的空间对应关系决定的，而不是对应关系在基础运动之间。感官反馈和环境在控制相容性影响方面有多重要？Hazeltine（2005）的研究结果表明，尽管环境可能提供了一种操纵反应概念化的有力手段，但相容性效应的关键决定因素可能在某种程度上独立于并发或预期的感官事件。

Lien、Schweickert 和 Proctor（2003）表明，R-R 相容性效应主要局限于任务集类别重复，尤其是当两只手的任务集可以预测时。由于这些原因，研究人员得出结论，R-R 相容性源于中心过程，与 Hazeltine（2005）的研究一致。但是不同之处在于，Hazeltine 的研究没有明确的结果能将两只手的反应与空间刺激联系起来。此外，与 Lien 等人（2003）的结果也不同，即使在没有出现数字刺激的空间—空间实验中，数字刺激的映射效果也很明显，也就是说，空间提示的反应并没有摆脱它们作为由数字刺激建立的关联，并且这些关联产生了强大的 R-R 相容性效应。

在 Hazeltine（2005）的实验中，被试的主要任务是执行一项按键任务，其中使用数字和空间刺激来指示两只手的反应。显示屏右半部分的刺激用右手进行按键操作，显示屏左半部分的刺激用左手进行按键操作。有两种类型的试验：单手试验，其中只出现左手或右手刺激；双手试验，其中左手和右手刺激同时出现。在双手试验中，被试被要求同时用双手进行按键操作。数字刺激被用来操纵被试概念化反应的方式。空间刺激用于测试反应概念化的方式是否影响 R-R 相容性。对于这些刺激，所有被试都使用了相同的相容 S-R 映射，在给定的实验中，两种刺激类型的任何组合都是可能的。

Zhang 和 Kornblum（1998）在中间目标词的上方和下方都显示出了干扰词。目标和干扰物可以从两个刺激组之一中选择颜色名称或数字。在试验区块中，被试给出了一个介导的口头反应，说出来自一个刺激集（例如，数字名称）的一个指定单词，以反映来自相反刺激集（例如颜色名称）的目标。如果被试被要求说"六"以反映目标 RED，那么干扰项 SIX 将与 R-R 相容，而干扰项 TWO 将与 R-R 不相容。Zhang 和 Kornblum 发现 R-R 相容试验优于 R-R 不相容试验，他们得出结论，在没有 S-S 效应的情况下，可以在类似 Stroop 的任务中证明 R-R 效应。

Schmidt 和 Cheesman（2005）的研究中，研究者实施了一种可以在没有 S-S 效应的情况下检查 R-R 效应的操作，它依赖于干扰词的含义及其与左键或右键反应的相容性，而不是使用单独的空间操纵和/或需要介导的口头反应。其中包括了方向词干扰项（左、右、东和西），并依赖于单词含义与左键或右键的关联。例如，如果蓝色映射到左响应键，则干扰词 LEFT 和 WEST 是相容的，而干扰词 RIGHT 和 EAST 是不相容的。在任务中，颜色和按键之间没有 S-R 关系，因为颜色到按键的映射是任意的，相比之下，方向词应该与左或右按键反应时 S-R 相容，以生成相应的按键作为潜在反应，因此用于在没有 S-S 效应的情况下评估 R-R 效应。方向词与墨水颜色无关（S-S 无关），但应该具有 R-R 效果，因为它们与按键反应 S-R 相容。在该研究中，研究者试图使用 De Houwer（2003）提出的程序来复制和扩展 Stroop 效应的任务。结果发现，颜色词干扰物在涉及按键反应的 Stroop 任务中产生 S-S 和 R-R 效应。这一发现进一步支持了以下说法，即 Stroop 颜色词任务的模型需要结合输入或语义干扰机制和反应竞争机制，以充分考虑效果。这些结果与先前的观点一致，即颜色联想干扰物在 Stroop 任务中的影响本质上是语义的（Glaser & Glaser，1989）。这样的解释预测了 S-S 效应，因为与墨水颜色的关联关系是一种意义相似的关系，但不能预测 R-R 效应，因为墨水颜色引发的反应之间没有直接关系和颜色关联引发的反应。

　　然而，尽管集合级别的相容性与整体上的 S-R 映射有关，但它并没有解决与单个反应相关的特定 S-R 规则之间的交互。R-R 相容性效应不能被视为集合级相容性的一个实例，除非假设双手试验上的两个按键表示为单个反应并且数量和空间刺激形成单个任务集。这些发现的新颖贡献在于，通过评估同时产生的响应之间的 R-R 相容性，可以检测两组相同的空间相容映射的 S-R 关联的差异。

三　反应—反应相容性的应用与展望

（一）研究应用

　　飞行员对姿态仪的知觉与反应也存在反应—反应相容性问题。MA 格式姿态仪是反应—反应效应相容的，飞行员向右操纵侧杆，或向右压操纵盘，都会接收到飞机符号顺时针旋转的相容视觉反馈。反之，MH 格式姿态仪是反应—效应不相容的，飞行员向右操纵侧杆，或向右压操纵盘，会知觉到地平线逆时针的视觉反馈。如果反应—反应相容，飞行员在具体操作过程中会及时接收信号并做出相应的反应；如果不相容，可能会延迟反应的时间而错过最佳反应，造成交通事故的发生。

　　Yamaguchi 和 Proctor（2010）设置了空间位置相容和不相容的视觉刺激或听觉刺激，考察其对被试者操纵反应的影响，结果发现 MA 格式和 MH 格式并无显著差异。据此他们认为，完成任务的决定性因素并不是姿态仪显示的运动信息，而是被试形成的对飞机姿态的心理表征。从这个意义上讲，MH 格式姿态仪也具备反应—效应相容性，此处的"效应"不是指姿态仪显示画面，而是指飞行员对飞机姿态的心理表征。

（二）未来展望

在 Stroop 研究中产生的大量文献表明，干扰机制相当复杂。但是，现有的很多争论都集中在这种效应是归因于语义输入效应、反应输出效应还是两者的结合（De Houwer，2003）。这一争论目前还没有得到答案，因为未来还需进一步探讨研究，以探究该效应产生的最根本的原因。

此外，目前在该方面的研究很多都是使用行为研究任务，而行为实验只能揭示该行为产生、发展变化的规律，并不能揭示其产生深层次的生理机制和神经基础，认知神经科学作为 21 世纪心理学发展的最新方向，不仅给研究者一个新的研究指向，而且给心理学研究带来了新的研究手段，使用脑成像技术、近红外成像技术等可以帮助人类行为产生的深层神经机制。因此，对于反应—反应（R-R）相容性的未来研究可以从该方面进行研究，以揭示该效应产生的生理机制。

在实际应用方面，当反应的效应与反应相容时，个体反应更快，不相容时反应更慢。虽然实际效应是在反应执行后才会以知觉反馈形式被人们所感知，但反应执行之前对效应的预期就会影响反应。例如，两个按键与两个灯建立联系，按左键（反应）使右侧灯亮（效应），按右键使左侧灯亮，这种反应—效应不相容的联系会妨碍被试进行反应。因此，在未来的一些家电按钮设计、人机交互界面设计方面，可以提前去调研了解人们对于某一机器按钮的未来反应预期，进而将按钮设计在合理的地方，从而提高人们的使用效率和用户体验。

飞行员作为显控装置的中间环节，需要感知显示仪表上呈现的刺激，对其进行加工，然后输出相应的反应，产生对飞机的控制动作，该反应对飞机的影响又进一步作为新的刺激呈现在仪表上，这一"刺激—反应—反应效应"连续不断地进行下去。这个过程涉及感觉、知觉、记忆、决策等诸多认知环节，且受到注意资源、性格、能力等的调控。因此，优化显控装置的工效设计，必须建立在深入考察飞行员认知过程及其影响因素的基础上，未来还需要加强这一方面的研究（蒋浩、陈曦，2019）。

第四节 听觉—控制相容性

当你过马路时，假设可以听到汽车超速行驶的声音，你能更快地避免这种有可能发生的危险吗？根据人体的生理结构，视觉刺激和听觉刺激是不同的，视觉处理是一种图像处理，而听觉处理更像是一种意义处理。虽然人类80%的信息是通过视觉感觉输入，但是听觉感觉输入也是非常重要的。与视觉模态中一样，在听觉模态中也可以形成空间刺激—反应关系。听觉可以提供反馈信息、辅助信息传递以及提供告警。听觉显示具有迫听性、全方位性、变化敏感性、绕射性及穿透性等优点，利用好听觉的优点能够弥补视觉感觉输入的不足，通过优化人机系统设计提高操作绩效与安全性，提高听觉通道的空间相容性，可以为复杂人机系统交互提供新的设计思路。Simon 和 Rudell（1967）最初在实验中使用听觉刺激，研究耳朵刺激和利手性之间的相互作用。结果发现，当命令的内容与受刺激的耳朵相对应时（右耳"右"或左耳"左"）的 RT 明显快于没有时（左耳"右"，右耳"左"），这表明处理口头命令的速度（"右"和"左"）受到听到命令耳朵的影响，而不是任务本身。在实际生活中，除了视觉信息输入，听觉也是重要的信息输入感官，尤其是在多任务场景下，听觉不仅可以帮助视觉减轻负担，也可以感知到视觉注意不到的信息，帮助个体更好地接收处理信息。因此，除了上述三节所说的视觉相容性，本节主要论述跨通道的听觉刺激—反应相容性的相关内容，首先阐述听觉刺激—反应相容性的基本概念，其次陈述目前的实证研究结果与实际应用，并与视觉刺激—反应相容性进行对比，最后展望听觉刺激—反应相容性的未来发展前景。

一 听觉—控制相容性概述

与在视觉模态中一样，在听觉模态中可以形成空间刺激—反应关系，这种刺激—反应对应在听觉 S-R 相容性中起着重要作用，可以导致更快的反应和更低的错误率（Chan，Chan & Yu，2007）。

目前已经对使用视觉刺激的刺激—反应相容性已经进行了研究，但对听觉刺激的刺激—反应相容性研究却很少。由于视觉和听觉刺激的本质不同，听觉刺激到达大脑所需的时间为8—10毫秒，而视觉刺激需要20—40毫秒，人类对听觉信号比视觉信号更敏感，因此听觉反应时间更短；而且听觉刺激在控制台和其他应用中的重要性日益增加，因此有必要对于听觉刺激的空间相容性进行研究。由于难以感知差异，听觉S-R相容性在某些方面受限，所以目前的研究在深度和广度上还需要进一步的加强。

二 听觉—控制相容性的研究探索

Simon（1990）在对他实验室的研究进行回顾时，重申了Simon等人（1970）之前的发现，Simon再次指出，"当刺激很简单并且除了其轨迹之外没有提供任何信息时，听觉S-R相容性至少有两个组成部分：耳朵—手对应和耳朵—反应位置对应"。因此关于听觉刺激—反应相容性的研究大多都是围绕这两个方面展开的。换句话说，Simon指出刺激—手对应和空间刺激—反应对应都会影响RT。然而，如前所述，视觉研究的结果并未表明刺激—手对应对S-R相容性有显著贡献（Umilta Á & Nicoletti，1990）。那么在听觉刺激—反应相容性中，刺激—手对应是否会对其有影响呢？

（一）单选择任务

Simon和Rudell（1967）研究的关注点在于听觉S-R相容性，即嵌入在听觉显示本身中的不相关方向提示的作用，它们会干扰信息处理。结果发现，当命令的内容与受刺激的耳朵相对应时（右耳"右"或左耳"左"）的RT明显快于不对应时（左耳"右"，右耳"左"）。该结果表明，处理口头命令（"右"和"左"这两个词）的速度受到与任务本身无关的提示的影响，即口头定向命令的解释受听到命令耳朵的影响。这些结果表明，存在一种强烈的自然倾向，将右耳刺激与右反应、左耳刺激与左反应联系起来，当口头命令要求做出与这种人群刻板印象相对应的反应时，个体的反应就比较迅速。

Simon和Small（1969）的研究旨在确定如何产生命令与耳朵刺激的交

互作用。被试在一只耳朵里听到高音音调（1000Hz）或低音音调（400Hz）后，尽可能又快又准确地按下两个手指键中的一个。结果发现，在右耳听到右命令时 RT 的速度明显快于左耳听到时；同样，在左耳听到左命令时的 RT 的速度也明显快于右耳听到时。该结果表明，仅通过口头定向命令观察到的命令与耳朵刺激的交互作用也发生在使用纯音来发出适当反应的信号时。因此，交互作用似乎反映了一种基本和普遍的现象，这种现象与命令是口头还是非口头交流无关，因为与口头方向命令相比，音调没有隐含的方向意义。

Simon、Small、Ziglar 和 Craft（1970）旨在确定在之前研究中观察到的命令与耳朵刺激的交互作用是由于耳朵刺激本身，还是与耳朵刺激相关的方向线索。显然，这两个因素在之前的实验中被混淆了。因为研究无法在没有相关方向提示的情况下呈现单耳刺激，所以研究者决定将耳朵刺激作为一个因素消除。通过使用相移装置，可以同时刺激双耳。被试进行了两个实验试次，一个涉及单耳刺激，另一个涉及双耳刺激。在单耳测试中，被试在听到右耳或左耳听到的高音或低音（"右"或"左"命令）时按下右手或左手键。在双耳测试中，被试听到了相同的随机顺序的音调指令，但这次音调是同时呈现给两只耳朵的。

Simon（1990）研究结果表明，听觉显示提供了两种提示，一种是相关的（命令的内容），另一种是不相关的（受刺激的耳朵），处理前一种提示所需的时间在某种程度上受后一个提示存在的影响。在这一点上，研究者命令与听觉刺激的交互作用是由于不相关的提示干扰了实验中的信息处理，其中它与命令的符号内容不对应。然而，这种交互作用有可能是由于在实验中促进信息处理的不相关提示与命令的象征性内容相对应。也有可能，不相关的提示既可以促进对相应实验的响应，又可以干扰对非对应实验的响应。

Simon、Craft 和 Small（1971）使用耳间相移作为操纵刺激的空间轨迹的方式，也作为操纵定向提示线索的有效手段。如果一个方向线索实际上是对先前研究中观察到的信息处理的干扰负责，那么应该可以通过改变这个不相关线索的强度来改变干扰量。被试的主要任务是在听到高音或低音的双耳音后尽快按下右手或左手键。在90°、270°、45°或315°的相移设置下，音调以随机序列呈现，结果表明可以通过操纵不相关方向提示的强度来改变命令与表观源交互作用的大小。这一研究结果提供了额外的证据，证明在这一研究中以及在之前的研究中起作用的无关线索实际上是一个定向线索，定向线索越强，对刺激源做出反应的倾向就越强。

考虑到听觉信号和反应相对位置对信息感知的潜在重要性。Chan、Chan 和 Yu（2007）在研究中调查了听觉信号在横向和纵向方向上的空间相容性效应。听觉信号以相对于被试的横向和纵向方向呈现。结果表明，刺激—反应对应是促成空间相容性的主要因素，并且两个方向都有空间相容性效应。与横向相比，纵向方向的反应时间（RTs）和错误百分比（EPs）相对较长。因此，在使用听觉信号时，纵向方向不应用于引起注意和征求反应，横向定向信号产生更快和更准确的反应。为了加快反应时间，听觉信号应位于右手操作员的右侧。警告视觉信息和听觉信号呈现之间的警告时间间隔长度会影响横向刺激方向的反应时间。因此，在做出反应之前，应该给人们留出大约 3 秒的预警期。对于这两种方向，反应时间随指定的手部姿势而变化，这表明控制台上的反应按键布局应与操作员的手部姿势相容。

（二）双选择任务

Roswarski 和 Proctor（2000）在听觉双选择反应任务中发现，空间 S-R 对应和刺激—手对应都会影响 RTs。实验 1 表明，音调位置相关，空间相容反应比不相容反应快。此外，双手不交叉的反应比双手交叉的反应更快。RTs 的条件顺序依次包括相容不交叉、相容交叉、不相容不交叉和不相容交叉。这些数据表明，即使刺激除了其位置之外没有提供其他信息，只有空间 S-R 对应在听觉 S-R 相容性中起作用，没有发现刺激—手相容对应的贡献。

实验 2 是对 Simon 等人（1970）实验的第二次复制。实验有一个额外的刺激类型作为主体间变量，一半的被试对听觉刺激的位置有反应，另一半对视觉刺激的位置有反应。结果发现，刺激方式与空间映射和手位置变量没有显著的交互作用。因此，视觉和听觉刺激的空间 S-R 相容性和交叉手效应相似。总之，实验 2 提供了跨刺激方式的一致证据，即刺激—手相容没有显著贡献。

（三）双手位置

双手的位置可以分为交叉与不交叉，即使是在听觉刺激—反应相容性任务中，被试对于听到的声音也是需要用手做出具体的反应，因此双手的位置与其任务之间的对应关系也会影响被试的反应时间。这一部分的内容将陈述双手位置对于听觉 S-R 反应的研究。

Simon、Hinrichs 和 Craft（1970）调查了未交叉或交叉手的听觉 S-R 相容性。被试必须通过向左或向右按键来对左耳或右耳发出的 96 分贝音调的位置做出反应。这种操作导致在使用视觉刺激的研究中存在相同的四种实验条件（相容—双手未交叉、相容—双手交叉、不相容—双手未交叉和不相容—双手交叉）。Simon 等人将这些条件在听觉 S-R 中称为耳朵—手对应和耳朵—反应—位置对应的组合，在实验中，耳朵—手对应是刺激—手对应，而耳朵—反应—位置对应是空间上的 S-R 对应。结果发现，被试在同时具有空间 S-R 和刺激—手对应的条件下（相容的双手未交叉条下）反应最快，但与视觉研究不同，在 S-R 关系都不对应的条件下（不相容的未交叉条件）最慢，其他两个条件，具有相似的中间 RT。研究结果说明，当音调位置相关时，S-R 相容性有两个组成部分：刺激—手对应和空间 S-R 对应。并且当刺激提供相关的符号内容时，只有空间 S-R 对应在 S-R 相容性中起作用。

Ghozlan（1997）根据 Kornblum、Hasbroucq 和 Osman（1990）的 S-R 相容性维度重叠模型对 Simon 等人（1970）的数据进行了解释。该模型假定当刺激和反应集之间具有维度重叠（概念或物理相似性）时，反应代码会自动激活。假设存在两种自动响应代码，一种用于同侧反应位置，另一种用于同侧反应手。从这个角度来看，相容—未交叉条件在空间上 S-R 和刺激—手相容，并且这种条件下的 RT 应该是最快的。

对情感内容的感知取决于听觉和视觉线索。视觉刺激具有情感刺激—反应（S-R）相容效应。Xiaojun 等人（2014）的研究旨在检查听觉刺激是否具有与视觉刺激相同的情感刺激—反应（S-R）相容性效应。结果表明，呈现方式对 RT 有显著影响，因此需要进行听觉研究。呈现方式（RT 试听、RT 视觉词、RT 视觉图片）的层次存在显著差异。听觉刺激增加了认知成分，是一种意义和串行处理。对于听觉刺激，参与者的感知过程是依次进行的。对视觉和听觉信号的空间 S-R 兼容性的研究发现，对视觉信号的响应比对听觉信号的响应要快（Xiaojun, Xuqun, Changxiu, Shuoqiu & Chaoyi, 2014）。该结果与以往研究结果存在差异，因此，需要更多的研究来进一步探索。

三　听觉—控制相容性的实践应用

Simon 和 Rudell（1967）提出，一种潜在的有前途的研究途径是尝试通过利用受刺激的耳朵提供的提示来提高处理来自听觉显示器的方向信息的速度。因此，在后面的研究中，很多研究者开始研究听觉刺激—反应相容性，不仅减少了单一视觉信息接收对人体的负荷，也提高了人体接收信息的效率和准确性。

（一）交通安全领域

在道路信息安全这一领域，一般来说，符合 S-R 相容性应该有助于更快、更准确的反应。当驾驶员需要对车内的警告信号（如车道偏离、碰撞）做出反应时，就存在听觉刺激—反应相容性问题。

每种类型的车载信息接口都有自己的有效性和特点，主要有声学接口（包括音频音高接口和音频声音接口）和组合接口（包括视觉加音频音高接口和视觉加音频声音接口）。此外，与单一模式接口相比，大多数司机（73%）更喜欢从组合接口接收信息（Maltz & Shinar, 2004）。视觉警告信号有助于保持车辆之间的适当距离，从而确保安全。而当需要减速时，音频警告信号可以有效地加快驾驶员的反应时间，促使驾驶员即时做出减速动作，从而避免交通事故的发生（Dingus, McGehee, Manakkal, Jahns, Carney & Hankey, 1997）。

除了视觉信号，听觉信号的使用在信息显示和警告设计中变得越来越普遍，尤其是复杂预警系统中的音频接口，可以在危险源不在视野范围内时有效及时警告操作者，同时减少许多复杂系统中的高视觉工作量（Nanthavanij & Yenradee，1999）。因此，在车载信息系统中，设计者会经常使用声学接口呈现信息（Bronkhorst，Veltman & Van Breda，1996），以提高驾驶员的行车安全。此外，在防碰撞警告应用中使用声学可以提高驾驶员的安全性并增强对道路的注意力（Harder，Bloomfield & Chihak，2003），来自危险方向的听觉警告信息可以准确、及时地提醒驾驶员可能存在的威胁（Suetomi，Kido，Yamamoto & Hata，1995）。特别是，对来自任一方向（左或右）的警告声音的反应比同时对来自两个方向的听觉警报的反应更快。与同时进行的双侧听觉警告相比，与位置相关的单侧警报在变道场景中将反应时间缩短了 0.24 秒，在路边有乱穿马路者的情况下将反应时间缩短了 0.09 秒。这些发现表明，来自危险方向的声音警告可以加速驾驶员的反应，因此车辆警报系统中的这种声学警报设计需要符合空间相容性概念（Suetomi & Niibe，2001）。

Chen 和 Carlander（2003）提出 3D 听觉显示器在补充现有视觉显示器方面的优势。许多控制系统由操作员感知和识别的一种或多种听觉信号组成。工业控制系统、飞机机舱和计算机接口通常包含需要控制操作员注意和采取行动的听觉信号。

例如，听觉信号可以提供一种将空间信息传递到视野范围之外的方法（Elias，1995）。声音警告设备也特别有助于跟踪机器的错误（Xiao & Seagull，1999）。听觉信号的使用还使被试在驾驶任务中对道路标志信息的回忆水平更高（Mollenhauer et al.，1994）。听觉显示系统的独特功能使其在发出警告和警报方面具有优势，并增强了如直升机驾驶舱的安全性（Hass，1998）。

（二）计算机显示

由典型的控制组件和显示组件组成的普通个人计算机常被用于研究，因为这种计算机通常在当今的许多工作环境中发现（Marshal & Baker，1994）。这项研究的结果有望为使用听觉显示器的计算机控制台的设计提供有用的建议，此类接口的适当设计应减少错误、缩短反应时间并最终提高整体系统性能，例如制造系统。

四　听觉—控制相容性的研究展望

（一）听觉显示与视觉显示的联系

空间相容性的概念在我们日常生活的显示和控制界面设计中得到了广泛的应用。视觉和听觉显示在人类任务中无处不在，例如驾驶舱操作中的控制台、精确的机器操作、交互式驾驶模拟和卫星定位。因此，人们越来越关注并理解这些任务中显示和控件之间的相容性。在某些情况下，听觉信号可用于激发态势感知并提高视觉显示效果。Doyle 和 Snowden（2001）发现，在选择反应任务中，使用听觉警告信号可以促进整体视觉反应时间。如在人机界面中的控制和显示组件之间建立适当的空间相容性关系，其优点是学习速度更快、反应时间更快、错误更少、用户满意度更高。

在对机器控制面板的研究中，Lee 和 Chan（2007）研究了视听组合设置中的四种空间 S-R 相容性，并发现了强烈的空间 S-R 相容性效应。在视觉或听觉配对不相容的情况下，反应时间急剧增加。因此，在机器控制面板的具体设计中，不能仅仅考虑某一感官信息接收的相容性，视觉和听觉作为人类接收外界信息的主要来源，应该统筹规划，协调好各方面，使得各个感官组合设置中的相容性互相匹配，这样才能发挥最优效能。

综上所述，在实际的应用过程中，通过将视觉和听觉结合起来，可以更快、更准确地传递信息，提高任务效率，因此未来应该对单一视觉或者单一听觉的相关界面进行设计改进，增加感官组合设计，从而提高人机协作的效率。

（二）研究展望

首先，尽管目前人类接收外界信息的主要方式是视觉，但是听觉作为人类接收外界信息的第二感觉系统，也是无法替代的。很多时候我们眼睛需要看很多的信息，可能会分散注意力，对重要信息无法集中精力，对次要信息也过于疏忽，这时候，听觉就可以帮助视觉分担信息过多的重担，注意到一些视觉忽略掉的信息，从而使人在做出决策或者选择时更加准确和及时。因此未来的研究可以扩大研究范围，对于已经进行过视觉相容性的研究内容可以使用听觉材料进行实验，比较同一材料使用视觉或者听觉呈现的效果有何不同。这类研究可以提高听觉信息在实际应用场景中的呈现。

其次，有关视觉和听觉呈现刺激对于反应时间的影响，在实验中得出的结论并不一致。一些研究认为视觉呈现相比听觉呈现被试反应更快，但是有些研究则相反或者是没有得出显著差异，未来需要进一步研究，以揭示其差别的根本原因。

最后，在实际应用方面，未来的研究可以更多将视觉听觉结合起来进行相关界面设计或者产品设计，以减轻单一视觉接收信息超载对人类带来的认知负荷，从而提高人们接收信息的准确性和速度，并且提升个体对于产品的用户体验感。

本章小结

1. 显示—控制相容性（刺激—反应相容性）的研究源于第二次世界大战中美国空军对显示屏的研究，是 Small 在 1951 年提交给人体工程学研究学会的一篇论文中首次提出的。Fitts 引用 Small 提出的概念，将其定义为，当一定的刺激显示和反应控制匹配会产生较快的效果时，S-R 匹配就具有了相容性。

2. 目前研究中出现的相容性分类包括以下几种。一是空间相容性。空间相容性是由于刺激与反应的相对空间位置是否一致产生的，当刺激的空间位置指示着正确反应时就产生了空间相容性，空间相容性是最常见的。二是符号相容性。符号相容性是由刺激和反应的语义标签的对应与不对应引起的，它主要表示与空间位置不相关线索对于刺激—反应相容性的影响；Simon 效应发生在空间位置不相关的维度中，当刺激呈现的位置和反应键一致（相容）时，反应速度比刺激位置与反应键不一致（不相容）时更快，且正确率更高。三是时间相容性。当信息处理受到信息呈现顺序影响时，可能会出现时间相容性效应。四是情感相容性，指当目标刺激（如积极的性格）与所指的事物（如积极的人格特质）相匹配时，暂时接近的行为倾向应该比回避行为倾向更快。

3. 在应用方面，工程心理学领域的研究通常比较刺激（S）用单一类型的控制做出反应（R）时不同的显示信息方式，或者检查几种控制或控制运动在使用单一显示时的有效性。而认知心理学领域主要关注的是刺激—反应的加工问题，这是人类认知信息加工的主要问题之一，展开该方面的研究有助于揭示人类认知信息加工过程的机制，具有重大的理论和现实意义。

4. 刺激—反应理论主要包括编码理论、注意理论、逻辑再编码理论、显著特征编码说、维度重合理论、多维向量模型和双路径模型。

5. 影响刺激—反应相容性的因素主要包括刺激、反应以及刺激—反应的组合特征因素。

6. 刺激—刺激相容性就是两种刺激之间因为一致性产生反应时较快的效应，其中，典型的就是 Stroop 效应。

7. 关于 Stroop 效应的许多理论解释可以归结为两类模型：一类将该效应归因于刺激冲突，即所谓的早期选择模型；而另一类将其归因于反应冲突，即晚期选择模型。

8. 反应—反应相容性是指反应与反应之间在空间或其他维度上的一致性或相容性的关系。传统上，它与反应时间任务相关，在这些任务中，为了反应信号而执行多个动作。

9. 对反应—反应（R-R）相容性的解释有两种，一种是基于刺激的解释（强调与感觉反馈相关的信号之间的串扰），另一种是基于反应的解释（强调响应的空间或解剖特性之间的串扰）。基于刺激的观点提出 R-R 相容性是可感知的，相容的反应会产生可以有效编码的感觉结果，而基于反应的观点提出 R-R 相容性是由电机编程过程之间的串联引起的。

10. 与在视觉模态中一样，在听觉模态中可以形成空间刺激—反应关系，这种刺激—反应对应在听觉刺激—反应相容性中起着重要作用，可以导致更快的反应和更低的错误率。

11. 空间相容性的概念在我们日常生活的显示和控制界面设计中得到了广泛的应用。视觉和听觉显示在人类任务中无处不在，例如驾驶舱操作中的控制台、精确的机器操作、交互式驾驶模拟和卫星定位。在某些情况下，听觉信号可用于激发态势感知并提高视觉显示效果。在选择反应任务中，使用听觉警告信号可以促进整体视觉反应时间。比如，在人机界面中的控制和显示组件之间建立适当的空间相容性关系，其优点是学习速度更快、反应时间更快、错误更少、用户满意度更高。

参考文献

蒋浩、陈曦：《飞机姿态仪中的人机工效》，《航空科学技术》2019 年第 4 期。

刘艳芳：《S-R 相容性：概念、分类、理论假设及应用》，《心理科学》1996 年第 2 期。

Alluisi, E. A. , & Muller Jr, P. F. , "Verbal and motor responses to seven symbolic visual codes: A study in SR compatibility", *Journal of Experimental Psychology*, Vol. 55, No. 3, 1958, p. 247.

Alluisi, E. A. , & Warm, J. S. , "Things that go together: A review of stimulus-response compatibility and related effects", *Advances in Psychology*, Vol. 65, 1990, pp. 3–30.

Arend, U. , & Wandmacher, J. , "On the generality of logical recoding in spatial interference tasks", *Acta Psychologica*, Vol. 65, No. 3, 1987, pp. 193–210.

Banich, M. T. , "The Stroop effect occurs at multiple points along a cascade of control: Evidence from cognitive neuroscience approaches", *Frontiers in Psychology*, 2019, p. 2164.

Brebner, J. , Shephard, M. , & Cairney, P. , "Spatial relationships and SR compatibility", *Acta Psychologica*, Vol. 36, No. 1, 1972, pp. 1–15.

Bronkhorst, A. W. , Veltman, J. A. , & Van Breda, L. , "Application of a three-dimensional auditory display in a flight task", *Human Factors: The Journal of Human Factors and Ergonomics Society*, Vol. 38, No. 1, 1996, pp. 23–33.

Chan, A. H. S. , Chan, K. W. L. , & Yu, R. F. , "Auditory stimulus-response compatibility and control-display design", *Theoretical Issues in Ergonomics Science*, Vol. 8, No. 6, 2007, pp. 557–581.

Chan, K. W. , & Chan, A. H. , "Spatial S-R compatibility of visual and auditory signals: implications for human-machine interface design", *Displays*, Vol. 26, No. 3,

2005, pp. 109-119.

Chen, F., & Carlander, O., "Localization of 3D sound in a noisy environment", In *Proceedings of the 15th Triennial Congress of the International Ergonomics Association*, Korea, 2003.

Coles, M. G., Gratton, G., Bashore, T. R., Eriksen, C. W., & Donchin, E., "A psychophysiological investigation of the continuous flow model of human information processing", *Journal of Experimental Psychology: Human Perception and Performance*, Vol. 11, No. 5, 1985, pp. 529-553.

De Houwer, J., "The extrinsic affective Simon task", *Experimental Psychology*, Vol. 50, No. 2, 2003, p. 77.

De Jong, R., Liang, C. C., & Lauber, E. "Conditional and unconditional automaticity: A dual-process model of effects of spatial stimulus-response correspondence", *Journal of Experimental Psychology: Human Perception and Performance*, Vol. 20, No. 4, 1994, p. 731.

Dignath, D., Eder, A. B., Herbert, C., & Kiesel, A., "Self-related primes reduce congruency effects in the Stroop task", *Journal of Experimental Psychology: General*, Vol. 151, No. 11, 2022, p. 2879.

Dingus, T. A., McGehee, D. V., Manakkal, N., Jahns, S. K., Carney, C., & Hankey, J. M., "Human factors field evaluation of automotive headway maintenance/collision warning devices", *Human Factors: The Journal of Human Factors and Ergonomics Society*, Vol. 39, No. 2, 1997, pp. 216-229.

Doyle, M. C., & Snowden, R. J., "Identification of visual stimuli is improved by accompanying auditory stimuli: The role of eye movements and sound location", *Perception*, Vol. 30, No. 7, 2001, pp. 795-810.

Dyer, F. N., "The Stroop phenomenon and its use in the stlldy of perceptual, cognitive, and response processes", *Memory & Cognition*, Vol. 1, No. 2, 1973, pp. 106-120.

Fitts, P. M., & Deininger, R. L., "SR compatibility: correspondence among paired elements within stimulus and response codes", *Journal of Experimental Psychology*, Vol. 48, No. 6, 1954, p. 483.

Fitts, P. M., & Seeger, C. M., "SR compatibility: spatial characteristics of stimulus and response codes", *Journal of Experimental Psychology*, Vol. 46, No. 3, 1953, p. 199.

Ghozlan, A., "Simon's experiments and stimulus-response compatibility: hypothesis of two automatic responses", *Perceptual and Motor Skills*, Vol. 84, No. 1, 1997, pp. 35-45.

Glaser, M. O., & Glaser, W. R., "Time course analysis of the Stroop phenomenon", *Journal of Experimental Psychology: Human Perception and Performance*, Vol. 8, No. 6, 1982, p. 875.

Goldfarb, L., & Henik, A., "Evidence for task conflict in the Stroop effect", *Journal of Experimental Psychology: Human Perception and Performance*, Vol. 33, No. 5, 2007, p. 1170.

Gordon, P. C., & Meyer, D. E., "Perceptual-motor processing of phonetic features in speech", *Journal of Experimental Psychology: Human Perception and Performance*, Vol. 10, No. 2, 1984, p. 153.

Green, E. J., & Barber, P. J., "An auditory Stroop effect with judgments of speaker gender", *Perception & Psychophysics*, Vol. 30, 1982, pp. 459-466.

Harder, K. A., Bloomfield, J., & Chihak, B. J., "The effectiveness and safety of traffic and non-traffic related messages presented on changeable message signs (CMS)", 2003.

Hazeltine, E., "Response-response compatibility during bimanual movements: Evidence for the conceptual coding of action", *Psychonomic Bulletin & Review*, Vol. 12, 2005, pp. 682-688.

Hedge, A., & Marsh, N. W. A., "The effect of irrelevant spatial correspondences on two-choice response-time", *Acta Psychologica*, Vol. 39, No. 6, 1975, pp. 427-439.

Hershman, R., & Henik, A., "Dissociation between reaction time and pupil dilation in the Stroop task", *Journal of Experimental Psychology: Learning, Memory, and Cognition*, Vol. 45, No. 10, 2019, p. 1899.

Heuer, H., "Models for response-response compatibility: The effects of the relation between responses in a choice task", *Acta Psychologica*, Vol. 90, No. 1-3, 1995, pp. 315-332

Hock, H. S., & Egeth, H., "Verbal interference with encoding in a perceptual classification task", *Journal of Experimental Psychology*, Vol. 83, No. 2p1, 1970, p. 299.

Hommel, B., "Automatic stimulus-response translation in dual-task performance",

Journal of Experimental Psychology: *Human Perception and Performance*, Vol. 24, No. 5, 1998, p. 1368.

Hommel, B. , "Event files: Evidence for automatic integration of stimulus-response episodes", *Visual Cognition*, Vol. 5, No. 1-2, 1998, pp. 183-216.

Hommel, B. E. , & Prinz, W. E. , "Theoretical issues in stimulus-response compatibility", In *Symposium on the Theory of SR Compatibility*, 1995, Benediktbeuern, Munich, Germany; The contributions to this book are the fruits of the aforementioned conference, Elsevier Science/JAI Press, 1997.

Hsu, S. H. , & Peng, Y. , "Control/display relationship of the four-burner stove: A reexamination", *Human Factors*: *The Journal of Human Factors and Ergonomics Society*, Vol. 35, No. 4, 1993, pp. 745-749.

Ivry, R. B. , "The representation of temporal information in perception and motor control", *Current Opinion in Neurobiology*, Vol. 6, No. 6, 1996, pp. 851-857.

Kahneman, D. , & Chajczyk, D. , "Tests of the automaticity of reading: dilution of Stroop effects by color-irrelevant stimuli", *Journal of Experimental Psychology*: *Human perception and performance*, Vol. 9, No. 4, 1983, p. 497.

Kornblum, S. , "Dimensional overlap and dimensional relevance in stimulus-response and stimulus-stimulus compatibility", Portions of this paper were presented at *the Annual Meeting of the Psychonomic Society*, 1990, New Orleans, LA. , North-Holland, 1992.

Kornblum, S. , "The way irrelevant dimensions are processed depends on what they overlap with: The case of Stroop-and Simon-like stimuli", *Psychological Research*, Vol. 56, No. 3, 1994, pp. 130-135.

Kornblum, S. , & Lee, J. W. , "Stimulus-response compatibility with relevant and irrelevant stimulus dimensions that do and do not overlap with the response", *Journal of Experimental Psychology*: *Human Perception and Performance*, Vol. 21, No. 4, 1995, p. 855.

Kornblum, S. , Hasbroucq, T. , & Osman, A. , "Dimensional overlap: cognitive basis for stimulus-response compatibilit—a model and taxonomy", *Psychological Review*, Vol. 97, No. 2, 1990, p. 253.

Kornblum, S. , Stevens, G. T. , Whipple, A. , & Requin, J. , "The effects of irrelevant stimuli: 1. The time course ofstimulus-stimulus and stimulus-response consistency effects with Stroop-like stimuli, Simon-like tasks, and their factorial combinations", *Journal of Experimental Psychology*: *Human Perception and Performance*, Vol. 25, No. 3, 1999, p. 688

LÀDAVAS, E., "Selective spatial attention in patients with visual extinction", *Brain*, Vol. 113, No. 5, 1990, pp. 1527–1538.

Lee, G. K., & Chan, E. H., "The analytic hierarchy process (AHP) approach for assessment of urban renewal proposals", *Social Indicators Research*, Vol. 89, 2008, pp. 155–168.

LeMay, R. P., & Simon, J. R., "Temporal and symbolic SR compatibility in a sequential information-processing task", *Journal of Experimental Psychology*, Vol. 80, No. 3 p1, 1969, p. 558.

Li, Q., Nan, W., Wang, K., & Liu, X., "Independent processing of stimulus-stimulus and stimulus-response conflicts", *PLoS One*, Vol. 9, No. 2, 2014, pp. 1–6.

Liefooghe, B., Hughes, S., Schmidt, J. R., & De Houwer, J., "Stroop-like effects of derived stimulus-stimulus relations", *Journal of Experimental Psychology*: *Learning, Memory, and Cognition*, Vol. 46, No. 2, 2020, p. 327.

Lien, M. C., Schweickert, R., & Proctor, R. W., "Task switching and response correspondence in the psychological refractory period paradigm", *Journal of Experimental Psychology*: *Human Perception and Performance*, Vol. 29, No. 3, 2003, p. 692.

Liu, Y. C., & Jhuang, J. W., "Effects of in-vehicle warning information displays with or without spatial compatibility on driving behaviors and response performance", *Applied Ergonomics*, Vol. 43, No. 4, 2012, pp. 679–686.

Logan, G. D., "Attention in character-classification tasks: Evidence for the automaticity of component stages", *Journal of Experimental Psychology*: *General*, Vol. 107, No. 1, 1978, p. 32.

Lu, C. H., & Proctor, R. W., "Processing of an irrelevant location dimension as a function of the relevant stimulus dimension", *Journal of Experimental Psychology*: *Human Perception and Performance*, Vol. 20, No. 2, 1994, p. 286.

Lu, C. H., & Proctor, R. W., "The influence of irrelevant location information on performance: A review of the Simon and spatial Stroop effects", *Psychonomic Bulletin & Review*, Vol. 2, 1995, pp. 174–207.

MacLeod, C. M., "Half a century of research on the Stroop effect: An integrative review", *Psychological Bulletin*, Vol. 109, No. 2, 1991, p. 163.

MacLeod, C. M., & Dunbar, K., "Training and Stroop-like interference: evidence for a continuum of automaticity", *Journal of Experimental Psychology: Learning, Memory, and Cognition*, Vol. 14, No. 1, 1988, p. 126.

Maltz, M., & Shinar, D., "Imperfect in-vehicle collision avoidance warning systems can aid drivers", *Human Factors: The Journal of Human Factors and Ergonomics Society*, Vol. 46, No. 2, 2004, pp. 357-366.

Marshall, E., & Baker, S., "Alarms in nuclear power plant control rooms: current approaches and future design", *Human Factors in Alarm Design*, 1994, pp. 183-191.

Mechsner, F., Kerzel, D., Knoblich, G., & Prinz, W., "Perceptual basis of bimanual coordination", *Nature*, Vol. 414, No. 6859, 2001, pp. 69-73.

Miller, M., *Robust composition: Towards a Uni ed Approach to Access Control and Concurrency Control*, Johns Hopkins University, 2006, pp. 1-302.

Mitchell, M. J. H., & Vince, M. A., "The direction of movement of machine controls", *Quarterly Journal of Experimental Psychology*, Vol. 3, No. 1, 1951, pp. 24-35.

Mollenhauer, M. A., Lee, J., Cho, K., Hulse, M. C., & Dingus, T. A., "The effects of sensory modality and information priority on in-vehicle signing and information systems," In *Proceedings of the Human Factors and Ergonomics Society Annual Meeting* (Vol. 38, No. 16, pp. 1072-1076), Sage CA: Los Angeles, CA: SAGE Publications, 1994.

Nanthavanij, S., & Yenradee, P., "Predicting the optimum number, location, and signal sound level of auditory warning devices for manufacturing facilities", *International Journal of Industrial Ergonomics*, Vol. 24, No. 6, 1999, pp. 569-578.

Nicoletti, R., & Umiltà, C., "Right-left prevalence in spatial compatibility", *Perception & Psychophysics*, Vol. 35, No. 4, 1984, pp. 333-343.

Nicoletti, R., Umiltà, C., & Ladavas, E., "Compatibility due to the coding of the relative position of the effectors", *Acta Psychologica*, Vol. 57, No. 2, 1984, pp. 133-143.

Notebaert, W., Gevers, W., Verbruggen, F., & Liefooghe, B., "Top-down and bottom-up sequential modulations of congruency effects", *Psychonomic Bulletin & Review*, Vol. 13, No. 1, 2006, pp. 112-117.

Proctor, R. W. , & Dutta, A. , "Do the same stimulus-response relations influence choice reactions initially and after practice?" *Journal of Experimental Psychology: Learning, Memory, and Cognition*, Vol. 19, No. 4, 1993, p. 922.

Proctor, R. W. , & Vu, K. P. L. , "Human information processing: An overview for human-computer interaction", *The Human-Computer Interaction Handbook*, 2002, pp. 67–83.

Proctor, R. W. , Lu, C. H. , & Van Zandt, T. , "Enhancement of the Simon effect by response precuing", *Acta Psychologica*, Vol. 81, No. 1, 1992, pp. 53–74.

Proctor, R. W. , Reeve, T. G. , & Weeks, D. J. , "A triphasic approach to the acquisition of response-selection skill", In *Psychology of Learning and Motivation* (Vol. 26, pp. 207–240), Academic Press, 1990.

Riggio, L. , de Gonzaga Gawryszewski, L. , & Umilta, C. , "What is crossed in crossed-hand effects?" *Acta Psychologica*, Vol. 62, No. 1, 1986, pp. 89–100.

Roswarski, T. E. , & Proctor, R. W. , "Auditory stimulus-response compatibility: Is there a contribution of stimulus-hand correspondence?" *Psychological Research*, Vol. 63, 2000, pp. 148–158.

Schmidt, J. R. , & Cheesman, J. , "Dissociating stimulus-stimulus and response-response effects in the Stroop task", *Canadian Journal of Experimental Psychology/ Revue canadienne de psychologie expérimentale*, Vol. 59, No. 2, 2005, p. 132.

Schuch, S. , & Koch, I. , "The costs of changing the representation of action: response repetition and response-response compatibility in dual tasks", *Journal of Experimental Psychology: Human Perception and Performance*, Vol. 30, No. 3, 2004, p. 566.

Sekiyama, K. , "Kinesthetic aspects of mental representations in the identification of left and right hands", *Perception & Psychophysics*, Vol. 32, 1982, pp. 89–95.

Seymour, P. H. , "Conceptual encoding and locus of the Stroop effect", *The Quarterly Journal of Experimental Psychology*, Vol. 29, No. 2, 1977, pp. 245–265.

Shor, N. Z. , "Convergence rate of the gradient descent method with dilatation of the space", *Cybernetics*, Vol. 6, No. 2, 1970, pp. 102–108.

Simon, J. R. , "The effects of an irrelevant directional cue on human information processing", In *Advances in Psychology* (Vol. 65, pp. 31–86), North-Holland, 1990.

Simon, J. R. , & Berbaum, K. , "Effect of conflicting cues on information processing:

the 'Stroop effect' vs. the 'Simon effect' ", *Acta psychologica*, Vol. 73, No. 3, 1990, pp. 159–170.

Simon, J. R. , & Rudell, A. P. , "Auditory SR compatibility: the effect of an irrelevant cue on information processing", *Journal of Applied Psychology*, Vol. 51, No. 3, 1967, p. 300.

Simon, J. R. , & Small Jr, A. M. , "Processing auditory information: interference from an irrelevant cue", *Journal of Applied Psychology*, Vol. 53, No. 5, 1969, p. 433.

Simon, J. R. , & Sudalaimuthu, P. , "Effects of SR mapping and response modality on performance in a Stroop Task", *Journal of Experimental Psychology: Human Perception and Performance*, Vol. 5, No. 1, 1979, p. 176.

Simon, J. R. , Craft, J. L. , & Small, A. M. , "Reactions toward the apparent source of an auditory stimulus", *Journal of Experimental Psychology*, Vol. 89, No. 1, 1971, p. 203.

Simon, J. R. , Hinrichs, J. V. , & Craft, J. L. , "Auditory SR compatibility: reaction time as a function of ear-hand correspondence and ear-response-location correspondence", *Journal of Experimental Psychology*, Vol. 86, No. 1, 1970, p. 97.

Simon, J. R. , Small, A. M. , Ziglar, R. A. , & Craft, J. L. , "Response interference in an information processing task: Sensory versus perceptual factors", *Journal of Experimental Psychology*, Vol. 85, No. 2, 1970, p. 311.

Stoet, G. , & Hommel, B. , "Action planning and the temporal binding of response codes", *Journal of Experimental Psychology: Human Perception and Performance*, Vol. 25, No. 6, 1999, p, 1625.

Stoffer, T. H. , & Umiltà, C. , "Spatial stimulus coding and the focus of attention in SR compatibility and the Simon effect", In *Advances in Psychology* (Vol. 118, pp. 181–208), North-Holland, 1997.

Stratton, G. M. , "Vision without inversion of the retinal image", *Psychological Review*, 4 (4), 1897, p. 341.

Stroop, J. R. , "Studies of interference in serial verbal reactions", *Journal of Experimental Psychology*, Vol. 18, No. 6, 1935, p. 643.

Suetomi, T. , & Niibe, T. , "A human interface design of multiple collision warning system", In *9th World Congress on Intelligent Transport Systems ITS America, ITS Japan, ERTICO (Intelligent Transport Systems and Services-Europe)*, 2002.

Suetomi, T. , Kido, K. , Yamamoto, Y. , & Hata, S. , *A study of collision warning system using a moving-base driving simulator* (No. Volume 4), 1995.

Umiltà, C. , & Liotti, M. , "Egocentric and relative spatial codes in SR compatibility", *Psychological Research*, Vol. 49, No. 2-3, 1987, pp. 81-90.

Umilta, C. , & Nicoletti, R. , "Spatial stimulus-response compatibility", In *Advances in Psychology* (Vol. 65, pp. 89-116), North-Hollan, 1990.

Wang, H. , & Proctor, R. W. , "Stimulus-response compatibility as a function of stimulus code and response modality", *Journal of Experimental Psychology: Human Perception and Performance*, Vol. 22, No. 5, 1996, p. 1201.

Weeks, D. J. , & Proctor, R. W. , "Salient-features coding in the translation between orthogonal stimulus and response dimensions", *Journal of Experimental Psychology: General*, Vol. 119, No. 4, 1990, p. 355.

Wickens, C. D. , Sandry, D. L. , & Vidulich, M. , "Compatibility and resource competition between modalities of input, central processing, and output", *Human Factors: The Journal of Human Factors and Ergonomics Society*, Vol. 25, No. 2, 1983, pp. 227-248.

Xiao, Y. , & Seagull, F. J. , "An analysis of problems with auditory alarms: Defining the roles of alarms in process monitoring tasks", In *Proceedings of the Human Factors and Ergonomics Society Annual Meeting* (Vol. 43, No. 3, pp. 256-260), Sage CA: Los Angeles, CA: SAGE Publications, 1990.

Xiaojun, Z. , Xuqun, Y. , Changxiu, S. , Shuoqiu, G. , & Chaoyi, H. , "Reference Valence Effects of Affective S-R Compatibility: Are Visual and Auditory Results Consistent?" *PloS one*, Vol. 9, No. 4, 2014, p. e95085.

Yamaguchi, M. , & Proctor, R. W. , "Stimulus-response compatibility with pure and mixed mappings in a flight task environment", *Journal of Experimental Psychology: Applied*, Vol. 12, No. 4, 2006, p. 207.

Yamaguchi, M. , & Proctor, R. W. , "Transfer of learning in choice reactions: Contributions of specific and general components of manual responses", *Acta Psychologica*, Vol. 130, No. 1, 2009, pp. 1-10.

Yamaguchi, M. , & Proctor, R. W. , "Compatibility of motion information in two aircraft attitude displays for a tracking task", *The American Journal of Psychology*, Vol. 123, No. 1, 2010, pp. 81-92.

Yamaguchi, M. , & Proctor, R. W. , "The Simon task with multi-component responses: Two loci of response-effect compatibility", *Psychological Research*, Vol. 75, 2011, pp. 214-226.

Yamaguchi, M. , & Proctor, R. W. , "Multidimensional vector model of stimulus-response compatibility", *Psychological Review*, Vol. 119, No. 2, 2012, p. 272.

Zhang, H. , & Kornblum, S. , "The effects of stimulus-response mapping and irrelevant stimulus-response and stimulus-stimulus overlap in four-choice Stroop tasks with single-carrier stimuli", *Journal of Experimental Psychology: Human Perception and Performance*, Vol. 24, No. 1, 1998, p. 3.

第五章　语义层面的相容性

我们知道大部分的飞机使用的是操作杆来控制升降，即向后拉操作杆进行抬升、向前推操作杆进行俯冲，那么这个操作是约定俗成的还是出于什么设计考虑呢？在飞机刚刚发明的时候，那时候还是"木质机体多翼螺旋桨飞机"，飞行员要控制飞机俯仰翻转动作，即控制机翼上的副翼、襟翼、尾翼的动作，全靠飞行员控制操纵杆、通过机械传动结构来控制。由于是机械传动，设计者自然首先顾及的是机械原理与可靠性，所以当要抬升飞机时，飞行员需要大力后仰拉操纵杆。从生理角度来看，当飞机处于向下俯冲加速状态时，飞行员会后仰，下意识会有向后拉杆的动作，所以这时通过向后拉杆抬升飞机正符合飞行员的认知操作。

生活中还有许多空间方位与语义隐喻相关的设计，本章将讨论语义层面相容性的概念、分类以及应用，第一节首先是关于空间概念隐喻相容性的整体解释，主要分为垂直和水平的空间概念隐喻。根据这两大类分类，后续三节将语义层面的相容性进一步细分为空间效价相容性、空间时间相容性以及空间数字相容性三个方面，并分别加以论述。

第一节　空间概念隐喻相容性

我们在学习汉语、英语或其他语种时，都会学习概念的方位性，尤其是如何将一种理性或抽象的物体通过一种具体表征体现出来时，方位的特征就表现出来了。例如，我失落地垂下了脑袋。这里失落与垂下脑袋共同构成了互相关联的概念的完整系统。通常人们将这类隐喻称为方位隐喻，亦即空间隐喻。因为这些隐喻与空间方位有关系，譬如上下、左右、里外、深浅等。

我们研究语义隐喻与空间方位的关系，一方面可以拓展空间概念隐喻的相关理论，探索人类认知的规律；另一方面，无论是生活中还是工程领域，与此相关的设计无处不在，继续研究可以不断优化这些设计，更有利于人机环的结合操作，提升操作绩效。

本节主要讨论概念隐喻与空间方位之间的相容关系，包括了概念隐喻的定义及其具身认知角度的解释、空间概念隐喻的特点及其分类等。

一　概念隐喻概述

（一）隐喻

在认知域中，隐喻（metaphor）是一种概念系统，用于表达另一个认知域中的概念。这种表达通常是自动化的，不被人意识到，甚至在很多情况下，隐喻化的表达已经成为词语的原始含义。只有通过隐喻，人们才能表达这些概念，例如"脚"（身体范畴表达地理概念）、"重"（知觉范畴表达价值概念）和"低"（空间范畴表达情感概念）。隐喻不仅是一种修辞手段，也是人类特有的认知方式。语言学研究表明，隐喻在全球各种语言中广泛存在，成了一种普遍的表达方式。从广义上讲，任何一种语言选择使用隐喻形式，都会使其产生独特而深刻的效果。Lakoff 和 Johnson（1980）在大量隐喻的分析与研究之后指出，隐喻就是通过具体、有形和简单源域（source domain）概念（例如温度、空间和动作）来表达与理解抽象、看不见和复杂目标域（target domain）概念（心理感受、社会关系和道德），从而达到抽象思维。他们认为人类通过使用不同的语言手段把两种或更多的事物联系起来而达到某种目的的过程就是隐喻活动。从这个角度来看，隐喻具备一定的认知意义。

人类进行抽象思维时，概念是最基本的元素之一，而推理、想象等心理活动则需要通过对概念进行深度加工才能实现。在人类认识世界过程中，概念的形成和变化总是伴随着隐喻性意义的产生。在概念研究的领域中，将概念进行隐喻化一直是一个备受关注的重要议题。隐喻是一种特殊的心理过程和认知方式，它反映了人类认知世界时的某些普遍规律，但同时又受到特定文化环境、历史因素以及民族心理特征的影响。传统语义学将隐喻视为词义的替代或转换，即隐喻仅涉及语义问题，这种解释受到了广泛的质疑。然而，随着语用学的发展，人们提出了一种基于逻辑和语境的理解隐喻的观点，这种观点仍然受限于语言运用的角度。随着人类认识能力和思维能力的提高，人们越来越重视隐喻的深层意义及功能，并将其视为一种普遍有效的修辞手段，从而使得隐喻成为当代语言学研究的一个热点。随着现代认知理论的兴起，研究者开始深入探究隐喻现象的认知机制，而在具身认知（embodied cognition）这一第二代认知科学的兴起背景下，概念隐喻理论（Conceptual Metaphor Theory，CMT）应运而生。

（二）概念隐喻理论

概念隐喻理论主要阐释了概念隐喻的本质、根源、其形成过程与工作机制。近年来，随着具身认知和实证研究的不断发展，CMT 也逐渐得到完善。

1. 具身认知及关于概念表征的主要假设

与传统认知主义相比，具身认知是认知心理学的一个新的研究方向。传统认知主义认为，人类的认知能力是一种计算活动，主体的思维、推理、概念表征等认知能力与主体的知觉运动经验相分离，即主体的认知能力是独立的、独自的感觉运动系统。然而，具身认知理论认为，计算并不是理解和构建认知活动的唯一方法。认知活动不仅与生物大脑密不可分，而且与人体及其环境的相互作用密切相关。大脑嵌入身体，身体嵌入环境，形成完整的认知系统（叶浩生，2011）。

在解释概念和思维方面，传统认知主义理论的典型代表是非模态理论（amodal theory）。该理论认为，人类通过感知获得的信息可以转化为抽象的非模态的抽象符号（amodal abstract symbols）。非模态抽象符号存储在语言记忆中。人类使用非模态符号来表示概念的含义和思维过程。它是提取和处理非模态符号信息的过程。近年来，随着信息处理理论在人工智能等研究和实践领域暴露出越来越多的局限性，这种观点越来越受到质疑。Barsalou（1999）的知觉符号理论（perceptual symbol theory）提出了体现认知领域中概念表征的观点，该理论认为概念是通过身体对世界的感知经验形成的，并且只能通过它们来认识。概念表征不是独立的抽象符号或心理表征，而是一种神经表征，是主体在体验客体时的感知、运动和内省体验。基本上，人类以具身认知的形式来认识世界，概念和思维的实现必须通过人体的经验来实现，而不是依靠抽象的符号。这种具身认知的假设得到了大量实验证据的支持。研究发现，个体以体验的感知运动模拟的形式表示和处理概念知识。例如，当个体处理"玫瑰"的概念时，大脑多通道系统的视觉（红色）、触觉（刺）和嗅觉（香气）等感官信息被激活，以理解玫瑰的概念。对具身认知的概念表征的研究为研究隐喻加工的演化和机制提供了更深入的视角。

2. 概念隐喻理论的主要假设

在具身认知研究的背景下，Lakoff 和 Johnson（1999）提出了概念隐喻理论（CMT），这一理论也被称为认知隐喻理论（cognitive metaphor theory）。近年来，随着实证研究的不断积累，概念隐喻理论进一步发展和深化。CMT 的主要观点可以归纳为以下几个方面。

第一，隐喻的本质是人们利用熟悉的、具体的经验来构造陌生的、抽象的概念。根据具身认知理论，概念认知是在主体的身体体验基础上形成的，是主体认识世界的起点。毫无疑问，当主体与特定物体互动时，他会获得更多的感官体验，并在此基础上建立对特定事物的概念性理解。然而，人类的认知并不局限于认识和表达具体的事物，而是认识、思考和表达一些抽象的概念和思想，人类要探索和理解复杂的抽象概念和思想，必须依靠现有的已知的具体概念映射（mapping）到不熟悉的抽象概念领域，以便通过具体的事物来理解这些相对抽象的概念和思想，掌握抽象的范畴和关系。

第二，从具体概念到抽象概念的隐喻过程是通过概念结构"脚手架"（scaffolding）来实现的（Williams et al, 2009）。根据 CMT，人们基于丰富的感知经验，可以创建关于特定概念类别的图式结构（schema structure）：温暖的温度结构、光滑粗糙的触觉结构等。隐喻映射的过程就是将具体经验的图式结构构造成抽象类别和关系，以获得新的知识和理解。Williams 等人（2009）指出，建筑机制对应于人类的一些最基本的认知特征。根据达尔文进化论和进化心理学（Buss et al，1998），进化中新概念结构的产生需要长期的经验积累以及将现有概念结构映射到新概念。就时间消耗而言，人类可以将相对简单的概念结构转移到不同的认知领域，这是一个显著的进化适应性优势（Barrett & Kurzban，2006）：使用已被证明对更高发展具有良好适应性的概念结构、层次结构的概念可以处理更丰富的信息，与原来的概念有很大的不同之处，拓展了人类思维的范围。

第三，建构过程所产生的抽象概念与原始概念有着密切的关系，与知觉运动系统相关的具体概念结构被映射为身体无法感知的抽象概念场，即具体的图式结构。概念成为抽象概念的内部逻辑结构，与具体概念相关的感性体验成为抽象概念表征的一个组成部分（Landau et al.，2010）。这与具身认知的基本假设是一致的：概念表征作为人类最基本、最主要的认知能力，不能独立于主体的感觉运动系统而存在。

第四，从概念加工的角度来看，抽象概念是经验性的。由于隐喻映射形成的抽象概念不仅涉及认知表征，还涉及与感觉运动经验相关的神经机制和适应性行为趋势，因此人们需要利用具体概念的图式结构来思考和理解抽象概念。当理解抽象概念或进行抽象思维时，与具体概念相关的感性体验也会被激活，主体能够体验性地处理抽象概念。因此，尽管时间、地位、道德等复杂的抽象概念对人类来说是看不见、摸不着的，但当人类感知的信息不明确时，它们可以通过隐喻映射机制进行经验性的表征和处理。正如 Lakoff 和 Johnson（1999）指出的，"无论我们的抽象概念变得多么复杂，它们也必须与我们的具体形式密切相关。我们只能体验我们的具体化允许我们体验的东西，并基于我们的物理经验概念化使用的概念系统"。

可见，根据 CMT，隐喻语言只是概念隐喻的表层形式，隐喻是一种深层的概念机制。人类的抽象概念系统是通过一些具体概念来构建的。通过概念结构的框架，人们会运用其基本意义。

二 空间概念隐喻及相容性研究

目前，空间概念、相似性与语言结构相似性等问题在国外受到许多学者的重视，国内也有不少学者从语言认知的角度来研究探讨了空间概念隐喻的特性、空间概念在知识构建中所起的作用以及空间概念在世界认知中的地位和作用等。所有这些研究都是从语言与认知关系的角度出发的。

（一）空间概念隐喻及特点

空间概念是人类的经验之一，也是在人们日常生活中发挥重要作用的概念体系之一。Levinson（2003）曾指出，空间的概念包含两个层次：由于自身身体结构、地球引力等因素的限制，垂直度在人类体验世界的过程中最为重要，无论是身体上还是精神上都有着显著的空间层次；感知上，物体有上下两端，暗示着上下平面的作用；而人类并不像在垂直面上那样固定在水平面上；人体结构有前后关系点，感觉器官在前，所以这种不对称的前后平面具有一定的方向性，但当我们指定左右平面时，就没有方向性了。明显的方向性依赖预定的前后水平。而且，通常我们在感知事物的结构时，向上、向前是正的，向下、向后是负的或逆的。上下、前后等空间概念的形成，主要是由于人与周围物理环境的不断相互作用。

空间概念不仅影响人类科学研究的思维，也影响日常生活中的一般思维。它们是人类感知世界和人际交往的基础（张辉，1998）。Lakoff和Johnson（1980）认为，人的概念很大程度上是隐喻性的。隐喻的本质是用一种事物和概念去理解和体验另一种事物和概念（张辉，1998；王广成、王秀卿，2000）。空间概念隐喻是指将空间方位概念投射到非空间概念的隐喻。莱考夫还做出了这样的定义：空间隐喻是一种图像图式隐喻，它将作为源域的空间概念投射到抽象的目标域中，同时保留空间图像及其内部逻辑。莱考夫对空间意象的定义是：相对简单的结构（如容器、路径、连接、平衡等）或特定的方位或关系（如上下、前后、远近等）的一部分和整体、中心和边缘等。这些结构对于人类来说具有直接的意义，因为它们来自人类直接的身体经验（王红孝，2004）。

作为一种意象图式隐喻，语言学界普遍认为，在所有隐喻中，空间隐喻对人类概念的形成具有特殊意义，因为大多数抽象概念都是通过空间隐喻来表达和理解的（蓝纯，2003）。然而，当空间概念进入人类交流领域时，空间概念的隐喻性质会因文化差异而发生一定的变化。美国著名人类学家霍尔认为，空间的变化会对跨文化交际产生影响，可以增强交际效果，有时甚至超越言语的作用。霍尔还认为，生物与外界的关系并不局限于自身的身体，而是延伸到"有机领域"。毕继万（1999）认为宇宙可以交换信息。事实上，在他看来，空间的概念在跨文化交际中是隐喻性的。

（二）空间概念隐喻的分类

空间概念隐喻被称为方位隐喻，可分为垂直隐喻和水平隐喻。垂直空间隐喻是指将上下等定向概念投射到抽象概念上而形成的隐喻（赵英玲，1999）；而空间的水平隐喻通常是指远、近等定向概念的投影，从前、后、左、右到抽象概念，从而产生隐喻概念。在空间方位方面，上、下、远、近等方位词在人们的交往中被隐喻为社会地位和等级关系的高低以及关系的远近。值得注意的是，空间隐喻受到多种因素的影响，可能导致同一空间方位出现不同的隐喻（蓝纯，2003）。

1. 空间概念的垂直性隐喻

空间概念隐喻反映了空间兼容性。如果将"上"和"下"这两个空间概念进行语义延伸和扩展，我们发现日常生活中与"上"相关的隐喻意义是：更好的状态意味着向上，更高的社会地位意味着向上。反之，与"下"对应的隐喻含义是：状态低迷，社会地位低下，等级低下。这反映出"上"兼容褒义，"下"兼容贬义。另外，在生理层面上，低肩、低头、低垂眼睑等肢体语言往往与悲伤、忧郁、抑郁等负面情绪相关；在心理层面上，有人们的宗教信仰，如佛教、道教、基督教等，相信有一个高于凡俗世界的天堂；在社会规范和人际关系层面，不同文化的人们注重运用空间设计来区分人们的社会地位和等级关系的差异，如办公室所在楼层的高度、办公室的位置等。某一层楼、面积的大小，都是办公室人员权力和地位的明显标志。法斯特举了一个非常有趣的例子：费城一家大型制药公司建造的办公楼顶层的一个角落办公室，是该公司高管使用的；低级行政人员的办公室靠近拐角处；下级职员办公室没有窗户（毕继万，1999）。同样，体育比赛颁奖时，总是冠军在上，亚军在后，再是季军，国旗的顺序也是一样。而且，现代宴会中招待宾客的高位、法院法官的高位、教室的高讲台、会议的讲台、教堂的讲坛等，都是对上下取向概念的隐喻，真实地展示了地位和阶级差异。所有这些都表明，上下空间的使用被隐喻为日常交流中地位和权力的象征。

2. 空间概念的水平性隐喻

通过将距离、前后、左右、内外方位等概念投射到抽象概念中，创造出空间概念的横向隐喻。如果我们对它们的语义进行拓展和延伸，我们发现远近和内外往往与关系的远近有关，前后、左右则与社会地位和等级有关。例如，在重大活动中，通常长方形桌子的右侧或两端的座位为地位较高的人安排，面向门且处于右侧的座位为地位最高的人安排，主宾和其他嘉宾坐在主人右侧，其他主宾坐在左侧（毕继万，1999）。这个例子表明，隐喻"右"和"内"意味着"较高或重要的社会地位"，而"外"和"左"意味着"较低的社会地位"。而且，在人际交往活动中，距离与交往相关密切，人与人之间的距离隐喻着人际关系的远近。"亲则近，疏则远"，不同社会地位的人之间的社会距离一般较长，而社会地位相近的人之间的社会距离往往较窄。两个陌生人之间的交流距离一定比两个熟人之间的交流距离长，一般关系中人与人之间的交流距离比朋友之间的交流距离长（贾玉新，1997）。

第二节　空间效价相容性

本节主要探讨空间效价相容性方面的内容，结合前人研究及相关理论，分别从道德、权力以及情绪方面阐述不同效价水平与空间方位之间的相容关系。

一　空间效价相容性概述

抽象概念在人脑如何表征是认知心理学中一个基础而重要的问题。Lakoff 和 Johnson（1980）提出的概念隐喻理论（conceptual metaphor theory，CMT）认为，人通过隐喻来表征和理解抽象概念。抽象概念的隐喻表征得到了众多实验研究的支持，涉及权力（Jiang et al., 2015；Lu et al., 2015；Schubert，2005）、道德（杨继平等，2017；Banerjee et al., 2012；

Sherman & Clore，2009）、情绪效价（Gozli et al.，2013；Meier & Robinson，2004）等一系列抽象概念。这些研究发现个体对抽象概念的加工受到知觉信息（如位置、颜色）的影响，即当这些知觉信息与抽象概念的含义具有隐喻一致性时（如高权词出现在上方，低权词出现在下方），个体对词汇的概念加工具有优势。概念加工反过来也会影响其知觉加工（鲁忠义等，2017；唐佩佩等，2015），或者随后的空间注意定向（武向慈、王恩国，2014；Zanolie et al.，2012）。这种概念—知觉的隐喻一致性效应被认为与 Stroop 效应（Macleod，1991；Stroop，1935）类似，即个体在做概念判断的时候，其概念中的知觉成分自动激活，与刺激的物理知觉特征发生相互作用，从而影响任务反应时。

二 空间效价相容性相关理论及研究

（一）道德隐喻

除了前面介绍的几个隐喻外，道德观念的空间隐喻也是一个重要的隐喻。道德概念是社会生活中非常重要的抽象概念，其理解是通过道德明度、色彩隐喻等相对具体概念（Hill & Lapsley，2009；Sherman & Clore，2009；殷融、叶浩生，2014；杨继平等，2017）和道德纯粹隐喻（Schnall et al.，2008；Zhong & Liljenquist，2006；丁凤琴等，2017）等来实现的。

早期的研究者，主要采用内隐联想测试（implicit association test，IAT）或 Stroop 范式来研究道德概念的空间隐喻，并以反应时间作为观察指标来考察道德概念之间的一致性和关联程度。Meier 等（2007）利用 IAT 范式和 Stroop 范式进行研究，发现道德词与空间取向的"上"有较强的关联，不道德词与空间取向的"下"有较强的关联，实验结果如图 5-1 所示。国内也有不少研究验证了道德观念空间隐喻的心理真实性（鲁忠义等，2017；王锃、鲁忠义，2013；张付海等，2016），并根据空间隐喻验证了道德观念到空间定向的激活作用。Wang 和 Lu（2016）研究了道德概念的垂直空间隐喻的时间特征，发现在"道德向上"条件下，受试者可以在大约 100 毫秒内做出反应；而在"不道德向下"条件下，受试者直到 400 毫秒后才做出反应。

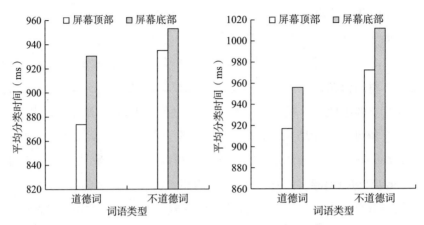

图 5-1　空间方位对道德概念启动实验结果

　　随着研究的不断丰富和深入，研究者开始探索更加多样化的研究范式和指标，并试图证实道德观念对空间信息处理的影响。一项使用道德词语启动范式的研究（Chasteen et al.，2010）发现，与上帝相关的词语（代表"道德"使受试者对"向上"目标做出更快的反应；与"不道德"相关的词语）会让个人更快地对"向下"的目标做出反应；也有研究采用道德词分类强迫选择任务（王锃、鲁忠义，2013），以强迫选择的空间位置上/下数作为指标，考察道德观念对上位选择的影响。受试者会收到一份包含道德词语和不道德词语的词汇表以及一张图片。图片的顶部和底部是方框。测试者一次将单词放入各自的方框中，发现受试者倾向于将道德单词放在顶部方框中，将不道德单词放在底部方框中。此后，这一研究范式扩展到了幼儿园儿童和小学生（翟冬雪等，2016）、有欺凌行为的小学生（鲁忠义等，2017）、大学生（贾宁、蒋高芳，2016）等多种测试群体，探讨道德观念的垂直空间隐喻。王锃和鲁忠义（2013）还利用道德词语启动任务考察了道德词语处理对上/下（高/低）空间距离（房间高度估计）空间信息判断任务的影响，发现记住道德词语的人（与记住不道德词语的人相比），估计房间的高度更高。

　　这些研究证实了道德观念的空间隐喻对空间信息加工的影响，道德观念的隐喻不仅影响对空间上、下位置的评估，而且影响对空间长度或高度的估计。关于概念隐喻的理论模型，早期概念隐喻理论主张单向映射，认为空间信息将支持道德概念的加工，但道德概念的加工不能启动和支持空间信息的加工（Huang & Tse，2015）。隐喻知觉—运动模拟理论（Slepian & Ambady，2014）主张双向映射，即空间信息加工和道德概念加工得到双向支持；空间信息处理可以支持道德观念的处理，道德观念处理也可以支持空间信息的处理（方溦等，2016；郑皓元等，2017）。上述研究证实了道德观念的双向映射方面隐喻的道德观念。

（二）权力隐喻

1. 权力概念与垂直空间隐喻

权力概念隐喻表征的激活条件主要包括两个方面。首先，什么处理词语激活了它们的隐喻表征。目前关于这个问题的研究主要考察处理任务的效果。Schubert（2005）在对权力概念的垂直空间隐喻的研究中发现，对词语权力的判断会产生隐喻一致性效应，而对效价的判断则不会。Jiang 等人（2015）的研究使用了三项实验任务，评估词语强度水平（高或低）、类型（人类或动物）和字体（宋体或黑体）。因此，隐喻一致性效应出现在前两项任务中，在第三项任务中则没有。基于此，作者声称语义处理是隐喻表征激活的必要条件，一般语义处理足以激活隐喻表征。

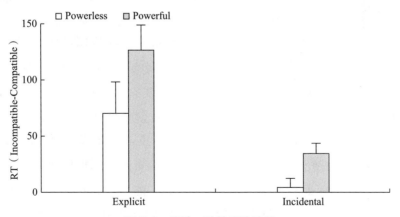

图 5-2　隐喻一致性实验结果

Lebois 等（2015）在概念知觉表征的研究中将实验任务进行了更细致的划分，他们设置了五种任务，结果在语义方向判断、抽象程度判断和具体程度判断中，知觉表征被激活，而颜色判断和不做判断的任务中未出现知觉表征。可见,已有研究基本认同语义加工是隐喻表征激活的必要条件,然而这一结论较为粗糙,只涉及加工任务而缺少对任务中具体内容的探讨。

其次,隐喻表征的激活是否取决于对知觉刺激的关注。在一项实验中,Schubert(2005)向参与者展示了一对角色标签(例如,将军—士兵),这两个词出现在屏幕的顶部和底部,让参与者判断哪个角色的权力更大。结果表明,当显著的单词出现在他们的上方和低强度的单词出现在他们的下方时,参与者的反应速度更快。结果如图 5-3 所示。

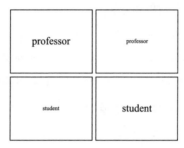

图 5-3 权力隐喻实验材料

其他隐喻的研究也得到了类似的证据,例如功率大小隐喻(Schubert et al.,2009)和相似距离隐喻(Boot & Pecher,2010)等。在此类研究中,感知特征与任务无关,作为隐喻表征自动激活的证据。然而,任务独立性并不意味着实验中的受试者不会注意到明显的变量。例如,Santiago 等(2012)认为,隐喻表征的激活需要个体对感知刺激的关注。然而,在类似的实验条件下,权力空间隐喻可以被激活(Lu et al.,2015;Schubert,2005)。也有研究使用启动范式来分离空间线索随时间的概念加工和呈现(武向慈、王恩国,2014;Gozli et al.,2013;Zanolie et al.,2012)。在此类研究中,先前做出的权力判断与随后呈现的刺激中的垂直空间信息相互作用,表明隐喻表征的激活独立于空间线索。然而,上下的空间差异仍然是唯一的空间变量,受试者很容易注意到它与权力的关系,从而将权力与上下联系起来。总之,隐喻表征的激活是否依赖于感知线索仍有待证实。

2. 权力概念空间大小隐喻效应

"大小"作为空间概念的重要维度,很少用来表达物理空间的含义,大多是隐喻性、抽象性的概念范畴。根据社会经验,权力的概念往往与空间的大小联系在一起，权力越大，控制空间的范围就越大，如古代封建制度，人们往往更容易将力量大小与身体大小联系起来。这一切都说明权力与空间是密切相关的。在语言学中，大小常用于理解权力的抽象概念，如权力的支配性、大小的手柄、手中的力量等。

（1）空间大小影响对社会权力相关概念的加工

人类通过身体与空间中的客观世界互动的经验形成了最初的概念和范畴，并在此基础上通过隐喻机制将其拓展到其他概念领域。空间大小的概念是身体与世界相互作用中最早建立的概念之一，是理解抽象概念的重要来源（杨惠媛，2009；叶浩生，2013）。唐佩佩等（2015）的研究结果发现，当高强度单词以大字体呈现时，受试者的判断时间明显短于小字体；当低能量词以小字体呈现时，受试者的判断时间明显短于以大字体呈现时。当权力概念的源域（空间大小）与其所代表的字体大小一致时，就会产生促进效应；反之，就会产生干扰效应。这说明权力概念与空间大小之间存在隐喻一致性效应，即权力强的人被感知为大，权力弱的人被感知为小，表明权力概念的体现在空间的大小上。基于上述研究，他们利用社会语境范式，通过特定的社会语境考察空间大小对权力概念加工的影响，并进一步以特定评分为因变量考察空间大小对权力概念加工的隐喻效应。结果发现，当一个有权有势的人用一个较大的方块代表时，这个人会被认为比一个较小的方块更强大。研究结果还表明，空间的大小也会影响与权力相关的社会信息的处理。

这个比喻背后的基本原理是身体体验。根据具身认知理论，默认的概念类别是基于身体经验的。在日常生活经验中，拥有权力的人也往往拥有更多的空间资源。在这个过程中，拥有权力的人总是显得又高又大，而小人物往往被视为弱者。人们将这种空间大小的关系与权力等抽象关系联系起来，并通过这种物理体验实现对抽象概念的理解。因此，权力的抽象概念植根于空间尺寸的具体身体体验，其理解是通过空间尺寸的隐喻模型来实现的。

（2）大小意象图式本身是权力概念表征的一部分

根据具身认知理论，抽象概念不能直接获得，往往必须依赖于具体、直接的事物和经验。建立源域和目标域之间的映射机制的关键在于图像图式的结构，它将具体的身体经验和抽象概念联系起来，从而实现对隐喻的理解。图像模式提供了一种机制来解释如何通过具体经验来理解抽象概念。

在以往的隐喻研究中，研究范围往往局限于隐喻语言，而意象图式功能仅用于理解隐喻语言作为特定词语激活的媒介。根据概念隐喻理论，隐喻不仅是一种语言表达，也是认识一个人的重要方式。作为一种抽象结构，图像图式本身是抽象表示的一部分，对于理解抽象概念是必要的。与身体图式相关的感知体验是抽象概念表征的组成部分（Landau et al.，2010）。无论是否直接使用隐喻语言，意向图式都会被激活，相关的身体体验也会被激活。这意味着只要人们在处理抽象概念，相应的图像图式就会被直接激活，并且图像图式的激活是快速且自动的（Pecher et al.，2011）。当人们处理权力概念时，大小图像图式就自动被激活。作为人们在日常经验中创造的有意义的结构，大大小小的图像图式成为抽象概念表征的一部分，影响着权力概念认知处理的过程和结果。如果使用小字体时，对于力量较弱的词语，人们认知判断的反应时间比大字体时短。当空间较大时，人们感知到的权力较大，而当空间较小时，人们感知到的权力较小。

（3）权力概念的大小空间隐喻是双向的

具身认知证实身体体验影响抽象概念的加工，那么抽象概念的加工是否也影响身体体验的感知呢？对于身体体验与抽象概念的关系，早期的理论曾认为是单向的，即身体体验会影响对抽象概念的理解，但抽象概念的加工不会影响人类对身体体验的感知。

根据概念隐喻理论，抽象概念的隐喻从根本上植根于身体体验（Gibbs et al.，2004）。在处理抽象概念时，我们会自动再现或重现某些感知、运动和内省状态，并且相关的身体状态也会自动激活。认知是通过模拟再现重新激活知觉运动信息的过程（Barsalou，1999，2008，2009；Gallese & Lakoff，2005；Glenberg et al.，2008；Lakoff & Johnson，1999）。对权力概念的处理也会影响对空间大小的感知。当我们处理权力的概念时，我们将特定的源域概念映射到空间的大小。这种映射活动自动激活有关空间大小的相关信息的表示，从而导致对空间大小的感知空间。我们发现身体体验和抽象概念密切相关，对抽象概念的处理会自动激活相关的具身体验。这种激活是同步的，因此具身体验会影响抽象概念的处理，对抽象概念的处理也会影响具身感知，两者之间的关系是双向的。

同时，根据 Galles 和 Lakoff（2005）的抽象概念与具体经验关系理论，抽象概念与具体经验之间存在着相应的稳定联系，在处理抽象概念时，会产生相应的具体感知经验信息。同样，抽象的权力概念与空间的大小之间存在着对应的稳定关系，在处理抽象的权力概念时，感知空间大小的体验就会自动激活。因此，当受试者的文字处理被强力激活时，相关的空间信息被激活，进而导致区域判断力的增加；当表现不佳的受试者的文字处理被激活时，受试者会激活相关的空间信息，这往往会减少随后对该区域的判断。

（三）情绪隐喻

此前的研究发现，空间信息在表达抽象情感方面发挥着独特的作用，人们常常利用"上"或"下"等物理空间来传达"好"或"坏"的抽象情感信息。积极情绪与垂直空间的上部相关（例如，"蒸蒸日上"），而消极情绪与垂直空间的下部相关（"He feels down"），以及情绪垂直空间隐喻连接具有空间连续性（"Her spirits soared"）（李莹等，2019；Lakoff & Johnson，1980，1999）。

情绪与垂直空间的隐喻联结不仅可以通过语言来表达，也可以通过动作来体现。Tracy 和 Matsumoto（2008）发现，人们将手举过头顶以示骄傲，以肩膀下沉表示羞愧（见图 5-4）。

此外，当受试者以直立姿势收到任务成功的消息时，他们会感到更大的自豪感，而那些以弯曲姿势收到消息的受试者则自豪感较低（Stepper & Strack，1993）。当前的情感体验因此引导人们做出具体的行动，而行动本身也是个体内部情感与外部环境沟通的桥梁。通过行动，人们体验情感、运动和物理世界的相互作用，将抽象的积极和消极情绪具体化，并支持情感信息的传递。

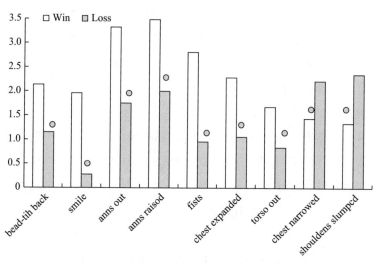

图 5-4　情绪与垂直空间隐喻联结实验结果

　　情绪空间隐喻的相关研究发现，垂直空间动作不仅反映出即时的情绪体验，并且影响与情绪信息相关的记忆，在改善或损害情绪记忆方面起关键作用（Casasanto & de Bruin，2019）（见图 5-5）。

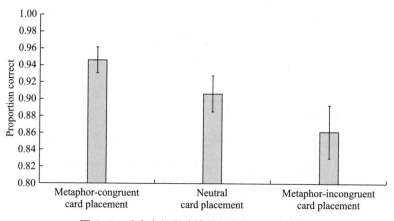

图 5-5　垂直空间影响情绪信息相关记忆结果

　　Riskind（1983）发现，通过面部表情和身体姿势传达的情绪信息会影响情绪记忆的检索。当受试者有积极的表情和直立的姿势时，他们对积极记忆的回忆比当他们有消极的表情和无精打采的姿势时要快。除了静态的身体姿势，记忆处理也会影响相应动作的执行。Casasanto 和 Dijkstra（2010）

发现，受试者在向上运动时回忆起更多积极信息，在向下运动时回忆更多消极信息。这表明，当身体运动的方向与长期记忆中代表的情绪效价一致时，人们会更快地检索相关记忆，而当两者不一致时，相关记忆的检索会受到抑制。身体动作在学习新信息中也发挥着作用。当受试者将带有新学到的积极单词的卡片放置在垂直空间上方时，单词记忆效果会更好（Casasanto & de Bruin，2019）。因此，动作对情感信息加工的影响受到记忆信息（如个体经验、语义记忆）本身的情感效价的限制。这一发现也为行动在学习新信息中的作用提供了实证支持。

三　空间效价相容性实践应用

空间效价的相容性在我们的日常生活中也有实践的应用，比如权力大小与空间隐喻的关系，在我们的文化中，我们很推崇"大"，房子要大，车子也要大，所以当我们国内生产外资品牌的汽车时，厂商都会将其改装成长款，以迎合国内消费者的需求；又有情绪效价与空间隐喻的关系中，我们可以通过人们肢体的动作来判断他人情绪的好坏；又有如"好好学习，天天向上"等空间位置的标语来催人奋进。

第三节　空间时间相容性

本节主要讲述时间维度与空间方位之间的相容关系，包括了空间—时间联合编码（STARC 效应）及其相关实验研究。

一　空间时间相容性概述

当人们在探索世界的过程中遇到抽象概念时，往往需要用熟悉的、具体的经验术语来描述新事物。这种从更熟悉的经验概念到不太熟悉的抽象概念的映射被 Lakoff 和 Johnson（1980）称为概念隐喻。自从概念隐喻被提出以来，许多认知心理学家和语言学家都开始研究概念隐喻。时间作为一个抽象概念，也可以用经验的概念来表示。其中，空间是时间隐喻的重要维度之一（Alverson，1994；周榕、黄希庭，2000）。几乎所有语言都使用空间术语来表达过去和将来的时间，例如英语中的"the day before yes-terday、the day after tomorrow"和汉语中的"上周或下周"（Chen，2007；Liu & Zhang，2009；Radden，2004）。认知语言学将这种语言现象称为"时空隐喻"。

基于语料库分析的研究发现，时间"前后""上下"的空间隐喻几乎出现在所有语言中，但没有像"左日"这样的时间表达"左右"（陈燕、黄希庭，2006；Radden，2004）。然而，最近心理学的实证研究发现，时间的"左右"空间隐喻也存在。Santiago等人（2007）研究发现，左手对过去时态单词的反应更快，右手对将来时态单词的反应更快。他们将这种时间概念与空间表征之间的关联称为时空相容效应（space-time compatibili-ty effect，STC），结果如图5-6所示。

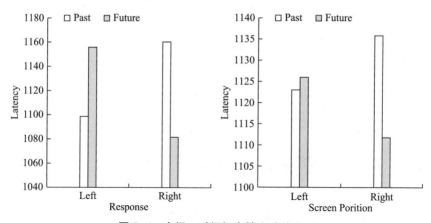

图5-6　空间—时间相容性实验结果图

许多其他研究也观察到类似的效果。当受试者被要求判断给定的明星名字是在他们之前还是之后出生时，只有在刺激—反应映射与时间的左右表示一致的试验中，受试者的反应才会被截断（Weger & Pratt，2008）。当受试者被要求对屏幕中央出现的固定点的持续时间做出"短"或"长"判断时，受试者对左手"短"判断和左手"长"判断的反应右手更快（Ishi-hara et al.，2008；Vallesi et al.，2008；Vallesi et al.，2011）。

影响这种相容性效果的一个重要因素是阅读或写作习惯。对于具有从左到右书写系统文化的个体来说，时间似乎沿着思维中从左到右的一条线流动，过去的表征在左边，未来的表征在右边。然而，对于具有从右到左书写文化的人来说，时间似乎沿着思维中从右到左的一条线流动，过去的表征在右侧，未来的表征在左侧。研究人员将人们脑海中这条生动的线条称为"心理时间线"（mental timeline）。例如，当受试者对两个事件（例如一个人在不同时间的照片）做出连续判断时，英语受试者（从左到右阅读）用左手回应较早发生的事件，用右手回应较晚发生的事件，早些时候发生的事件比稍后发生的反应速度会更快，而希伯来语（从右到左阅读）会导致相反的模式（Fuhrman & Boroditsky，2010；Santiago et al.，2010）。Ouellet 等（2010）要求受试者对听觉时间词做出过去或未来的判断，结果西班牙受试者发现了一条心理时间线，过去在左边，未来在右边；而希伯来语受试者发现了一条心理时间线，过去在右边，未来在左边。他们的结果支持这样的结论：写作习惯对时间和空间背景有显著影响。最近，Kong和You（2011）使用听觉通道也获得了与中国受试者阅读习惯方向一致的时空表征。

二　空间时间相容性相关理论及研究

（一）STARC 效应

在时间的空间表示中，存在时空联合编码（STARC）现象。空间和时间之间存在对应关系，支持这一假设的证据主要分为三类。首先，Vallesi 等人（2008）以"+"作为刺激材料，在屏幕上呈现 1 秒（短时距）或 3 秒（长时距），让受试者判断时距的长短，发现左手在短距离反应较快，右手在远距离反应较快。产生 STARC 效果的时间距离随着时间的流逝，心理时间线（mental time line）被表示为从左到右的空间线。在判断或估计持续时间时，短期表征位于心理时间轴的左侧，长期表征位于右侧（Bonato et al.，2012）。其次，在研究时间序列时也发现了空间和时间之间的一致关系。Weger 等（2008）发现，当受试者对左侧较早的事件做出反应而对右侧较晚的事件做出反应时，他们的反应速度更快，使用时间作为逻辑序列刺激的类似研究得出了一致的发现：在判断两个事件的顺序时，左手做出反应较早的时间较快，较晚的时间右手较快。这意味着 STARC 效应将会出现。最后，当受试者判断过去或未来时间副词时，左手对过去时间反应更快，右手对未来时间反应更快，STARC 效应也出现，心理时间的方向由从左到右的方法确定（Santiago et al.，2007）。刘馨元和张志杰（2017）认为，STARC 效应发生在感知层面，时空映射对应于中介者的共同表征结构。在处理时间信息和空间信息时，首先激活中介器，然后激活相应的响应位置。STARC 效应强调时间意义和响应按键之间的关系，并且在反应选择阶段出现刺激—响应相容性效应。与 Simon 效应类似，STARC 效应也是一个刺激—反应维度。

（二）空间—时间隐喻的心理机制

1. 空间—时间隐喻的产生

关于时空隐喻是如何产生的，目前存在三种主要观点。主流是隐喻结构观（Metaphorical Structuring View），又称隐喻映射理论（Metaphoric Mapping Theory）。它声称空间表征是时间表征的来源，诸如时间之类的抽象领域是从更具体的、经验性的空间领域派生出其结构的。也就是说，隐喻引发的空间图式将及时告知事件的组织。相反，第二种观点称为结构并行理论（Theory of Structural Parallelism），由于空间域和时间域之间固有的相似性，并行序列系统存在于两个域中。由于表征的结构相似性，这两个具有相同抽象的概念域获得相同的语言标签。因此，同一组字典可以在两个领域中使用，而不是一个由另一个领域构建。结构映射作用观（structure-mapping view）是第三种观点，基于前两个领域的共同点，认为隐喻首先发现现有的共同结构。一旦时间域和空间域的表征结构统一，关于底层系统（空间）的进一步推论就可以映射到目标域（时间）。

支持第一种观点的学者认为，首先，正常人从外界获得的信息大部分来自视觉。人类的视觉系统很发达，能够很好地感知运动和空间，但感知时间的能力相对较弱，因此，人类的生理基础决定了他们很可能通过空间概念来理解时间概念。其次，从人类发展的大趋势来看，空间感知提前发展。对于个体而言，从儿童时间隐喻类型的产生和发展来看，儿童最早用来表示时间的隐喻类型也是空间概念和拟人手法。最后，观察太阳等天体运动的空间变化也会影响对时间的感知，产生"早时上/晚时下"等隐喻。

如果第一个假设成立，那么时间隐喻的处理可以充分反映空间域中的命题，并且时间隐喻的处理不能离开空间域。相反，如果第二个观点，即结构并行理论成立，那么时空隐喻的处理完全独立于空间域，它们只共享一组语言表示。如果第三个观点成立，那么时空隐喻就会以域之间瞬时映射的形式出现，作为扩展的类比，先是连接空间和时间表示，然后将空间的结构推论映射到时间上。

虽然这三种观点都有其支持者，但心理学和语言学的研究似乎支持第一种观点，即隐喻建构的概念。Haspelmath（1997）对世界各地讲 53 种不同语言的家庭的研究表明，这些家庭无一例外地使用空间表达来表示时间概念。这从语言学的角度证明了时间概念对空间的依赖性。为了证明时空隐喻有其心理现实性，心理学家和心理语言学家也关注了自我运动隐喻和时间运动隐喻之间的语言差异是否具有心理意义以及人类是否使用隐喻完成从空间到时间的映射。Gentner 等（1983，1997，2001）在提供的主要句子和测试句子中，有些在同一模式内是一致的，而另一些则需要在两种自运动模式和时移模式之间切换。反应时间、数据显示模式之间的切换会导致处理时间增加。这个实验证实了隐喻建构概念中系统映射的假设。该假设假定人们通过系统的时空映射来理解这些时间隐喻，因此在同一系统内处理隐喻比在不同隐喻系统之间切换更有优势。McGlone（1998）等人用歧义句来考察自我运动和时间运动这两个时空隐喻维度对时间加工的影响。他们向受试者展示了一些模棱两可的句子，例如："星期三的会议向前推进了一天"，并发现当隐喻语境发生变化时，参与者将这句话解释为星期四的会议；但其实，会议将于周二举行。Boroditsky（2001）沿着消歧范式的后续研究也产生了类似的结果，再次证明时间和空间在概念构造上而不是在语言上是相似的，并且对时间的理解和构造基于隐喻。

2. 空间—时间隐喻的构念

就其运动方式而言，研究者认为一般存在两套时空隐喻系统。第一个系统被称为"自我运动的隐喻"（ego-moving metaphor），其中观察者的自我或环境沿着时间线移动到未来。第二个系统是"时间移动隐喻"（time-moving metaphor），其中时间线被视为一条河流或传送带，时间在其上从未来移动到过去。这两个系统会导致时间线上不同的"之前"和"之后"分配。例如,在自我移动系统中,"前方"用于指代未来或以后的事件,例如"面向未来"或"战争被抛在后面"。相反,在时移系统中,"之前"用于表示过去或更早发生的事件,例如"前天"或"会议后的晚餐"。Gentner(1983,1997,2001)也指出,这种时空隐喻的二元系统不仅在英语中共存,而且在多种语言中也共存。在一个系统中,"pre"用于指示未来,而在另一种系统中,"pre"用于指示过去。然而,在某种语言中,其中一个系统可能有优势,例如,在使用反应时间实验中,他们发现在英语中使用自我运动隐喻比使用时间运动隐喻更容易、更自然。

Boroditsky(2001)等其他研究者也对时空隐喻进行了大量研究。他们认为,虽然空间和时间两个领域之间的隐喻关系是大多数语言共有的,但由于语言和文化的影响,这种隐喻关系可能在方向或结构上存在差异,从而影响人们对时间的感知和处理速度。而当个体感受到的时间信息不足或不具有决定性时,这种认知差异就会影响其对时间的感知,比如时间视角、时间规划和管理等。他们用三个实验考察了汉语和英语在时间表达上的差异,发现两种文化中时间的方向性存在差异:英语使用者主要将时间描述为水平的,而汉语使用者则更常将其描述为垂直的。在第一个实验中,即使用英语思考,汉语使用者也倾向于将时间视为垂直的(与平行序列相比,汉语使用者更有可能将时间视为垂直序列),更快地确认诸如"三月比四月来得早"之类的陈述,而英语使用者则相反。第二个实验发现,英汉双语者感知时间垂直的程度与他们最初接触英语有关。在第三个实验中,研究人员教以英语为母语的人使用垂直空间词以中文方式谈论时间。在这个实验中,说英语的受试者表现出与说中文的受试者类似的偏见——将时间视为垂直的。这些研究表明,语言确实可以对抽象领域的思维形成产生重大影响。母语对于塑造人们的习惯思维具有重要作用。同时,空间和时间的隐喻关系在不同的语言和文化中也可能有所不同,横向时间观和纵向时间观也可能存在差异。

此外,Yu(1998)在讨论空间对时间概念模式的影响时,还认为时间概念的主要模式包括线性时间、循环时间和螺旋时间。Dahl(1995)在考察了基于马达加斯加语的跨文化交际和时间隐喻的表达后，也证实了空间对时间隐喻的影响。打个比方，他强调马达加斯加人似乎正在回到未来。他认为时间主要有三个概念：线性时间、循环时间和事件相关时间。马达加斯加的时空隐喻与西方的时空隐喻的不同之处主要在于时间的移动。

总之，从时空隐喻的运动方式来看，时空隐喻的结构可分为自运动型和时空型两种。从时空隐喻的角度来看，其结构可分为横向和纵向两种。从时空隐喻的形态来看，其结构大致可分为线性时间、循环时间和螺旋时间三种类型。有趣的是，时间域似乎并不是空间域的直接映射或复制。首先，时间通常被认为是一维的，而借用的空间词语更多的是一维的（例如前后、上下）而不是二维或三维（例如宽度、厚度或大小）。其次，为了把握时间的顺序，时间串必须有方向。因此，在时间表达中经常使用"前""后""之前""之后"等连续词，而空间对称的词语，例如"左""右"则用得较少。研究人员进一步提出了一系列问题："时空隐喻的产生机制是什么，空间和时间这两类之间的隐喻关系是什么，时间图式和空间图式是否相互独立"等。这些问题涉及时空隐喻的生成机制、内部连通性和表征方法等，虽然争论颇为广泛，但也有一些基本的思路和原型。

3. 空间图式与时间图式在空间—时间隐喻中的关系

根据主流的隐喻构念观，由隐喻所唤起的空间图式将为时间图式提供必要的相关信息，但二者的关系究竟是怎样的呢？空间图式在时间的表征和加工过程中，扮演的究竟是怎样的一个角色呢？围绕这一问题，人们根据空间图式对时间图式的效力强弱提出了两种不同的观点。

强势观点（the strong view）认为，时间概念总是通过空间图式的立即激活而获得。空间图式对于思考时间至关重要，组织事件所需的相关信息是从空间域导入的，而不是存储在时间域中。因此，考虑时间不仅需要访问特定模式的时间分量，还需要访问创建这些时间分量所需的空间模式。弱势观点（the weak view）认为，随着频繁使用，在时域中建立了独立的表示，使得在考虑时间时不再需要访问空间模式。这一观点得到了最近研究的支持。研究表明，虽然新颖的隐喻仍然被处理为直接的隐喻表征，但传统或经常使用的隐喻往往会保留意义。如果在两个域之间频繁引入隐喻映射，则事实证明，此类映射最终可以存储在本体域中，以避免稍后使用相同映射时的浪费。

Boroditsky（2001）使用两个实验来测试空间图式和时间图式之间的关系。在一项实验中，他使用空间和时间歧义句子来研究时间和空间启动对歧义句子理解的影响。实验结果如图 5-7 所示：

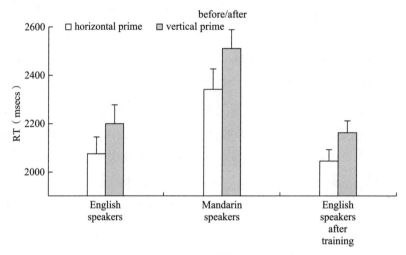

图 5-7　空间图式与时间图式关系实验结果

参与者在思考时间时受到空间启动的影响（63.9%一致），但在思考空间时则不受空间启动影响（47.2%一致）。空间—空间条件转移和时间—时间条件转移均发现隐喻一致性效应（分别为 64.9%和 69.7%）。总体而言，这些实验支持弱隐喻构造假设，即虽然空间图式可用于推理时间，但它们不一定是必需的。在接下来的实验中，Boroditsky 在之前的实验基础上使用了 4（转换类型：空间—空间、空间—时间、时间—时间、时间—空间）×2（一致性：启动与目标一致、启动与目标不一致）×2（目标类型：自我移动、客体/时间移动）实验设计，旨在检验时间和空间是否共享一个共同且独立的图式，或者各自具有相对独立的图式。如果两者共享一组模式，因为空间域可能比时间域与通用模式更密切相关，所以从空间到时间的激活比从时间到时间的激活更快；如果两者具有相对独立的图式，且对应隐喻的弱概念，那么在启动条件下，除时空启动，有启动的响应会比无启动的响应更快，空间或时间都会响应。启动时没有明显差异。实验结果表明，人们在思考时间时会受到空间启动的影响，但时间启动不会影响对空间的思考。空间域和时间域之间的相互作用是不对称的。在时空和跨时间实验中也发现了阵列内一致性效应。但与流行模式的预测相反，空间到时间转换（129 毫秒）与时间到时间转换（130 毫秒）之间的一致性效果没有差异。与时空不对称的流行示意性解释相反，这一发现支持隐喻结构的弱势观。

弱势的隐喻构念观也得到了来自神经心理学的研究支持。Kemmerer（2004）利用 4 名脑受损病人对英语中共用的、描绘空间和时间的前置词（如 in、at 等）进行了系列实验，结果表明空间—时间的对应关系可以用隐喻映射理论得到解释，但这些脑受损病人也表现出空间和时间前置词上的分裂。例如，有一名病人在前置词的空间匹配测验中 80 题只做对了 39 题（正确率为 46%），却能在时间匹配测验中得到 60 题做对 56 题的高分（正确率为 90%），二者差异显著（chi-square（1）= 31.2，p<0.001）。这说明虽然空间图式对加工和理解时间很重要，但在即时的时间意义加工中却不一定是必要的。

三　空间时间相容性实践应用

在上述的空间—时间联合编码（STARC）现象中，我们知道空间与时间存在对应的关系，对短时距用左手反应更快，对长时距用右手反应更快，出现了 STARC 效应；当要判断或估计时距时，短时距表征在心理时间线的左侧，长时距表征在右侧，出现了 STARC 效应；在时间顺序的研究中，发现当判断两个事件的顺序时，左手对较早时间反应快，右手对较晚时间反应快，出现了 STARC 效应；当被试对表示过去或未来的时间副词进行判断时，左手对表示过去的时间反应较快，右手对表示未来的时间反应较快，出现了 STARC 效应。

在实际生活中，我们也可以看到，当下载软件或者观看视频时会出现进度条，左侧表示视频的开始，右侧表示视频的结束，看时间线偏左偏右可以大致了解已经播放到视频的初期或是末期；我们在企业档案管理，放置文件时，如果将文件按日期顺序从左到右摆放，查找文件时速度会更快。

第四节　空间数字相容性

本节主要讨论数字与空间方位之间的相容关系，包括空间数字反应编码联合（SNARC）效应的相关实验，以及对其心理机制的探究。

一　空间数字相容性概述

数字的出现源于人们计算物体数量的需要，自产生以来，数字在人类生活中发挥着越来越重要的作用。数字可以表达环境向人们提供的准确信息。人们不仅需要用数字来计算物体的数量，还需要用数字来传达空间和时间信息（例如，一个房间的面积是 6 米×5 米，上午 8 点 10 分等）。直观上，人们所做的数字处理是一种纯粹的符号数字处理，与物体分离，不需要空间信息的参与，但事实表明，数字与空间之间存在着密切的关系，并且数字处理离不开不同的对象，而每个对象都具有空间分布的属性，这些从对象中抽象出来的数字概念自然与空间信息密切相关。此外，在学校教育中，数学成绩好的学生被发现具有良好的空间想象力和空间思维能力，许多伟大的数学家都在各种场合提到视觉空间表征在他们的数学思维中的作用。这些事实表明数字编码和空间信息处理之间存在某种关系。但长期以来人们并没有关注这个关系。直到 1880 年 Galton 在 *Nature* 上发表论文，才明确提出数字具有空间特征。近十年来，随着认知科学的发展和研究方法的完善，数字处理的研究增多，数字与空间的关系越来越受到人们的关注。

二　空间数字相容性相关理论及研究

（一）空间数字反应编码联合（SNARC）效应

1. SNARC 效应的发现

Dehaene 等（1990）要求一般受试者检测数小于 55 时用左侧按钮回

答，大于 55 时，用右侧按钮回答，同时要求另一半受试者用相反的方法按钮回答。结果，受试者前半部分的反应速度明显快于后半部分。这一现象引起了他们的兴趣。为了进一步研究这一奇怪现象的原因，Dehaene 等（1993）改变了实验条件，用数字奇偶性判断代替了原来的震级判断任务，并改为受试者内设计。这再次证实了之前的实验结果：左手对小数字的反应比大数字快，而右手对大数字的反应比小数字快。Dehaene 等人（1993）将数字与空间方向之间的这种关联命名为组合空间数字响应编码效应（SNARC）。从那时起，许多研究人员使用不同的范式和刺激类型进一步研究了这种效应，并发现 SNARC 效应独立于特定的响应者，并且出现在除数值幅度之外的刺激属性上。SNARC 效应的发现表明数字具有空间特征，为数字与空间的关系提供了充分的证据，如今 SNARC 效应已成为研究数字与空间关系的重要途径。

2. SNARC 效应的广泛性

SNARC 效应与数字的具体形式和呈现方式无关。自从 Dehaene 等（1990）在数字大小判断任务中发现了 SNARC 效应以来，大量采用不同控制条件、不同刺激、不同刺激呈现和反应方式的实验都先后证明数字和空间存在着联合编码效应。关于数字，无论是阿拉伯数字、点符号表示的数字，还是各种语言符号表示的数字（如英文数字、德文数字、中文数字等），无论是判断数字的大小、奇偶性、音素、对称性，都有相关研究报告 SNARC 效应的存在；对于刺激呈现，无论数字出现在中央还是单侧视野，无论使用视觉呈现还是听觉呈现刺激，都会发生标准的 SNARC 效应；在反应模式方面许多研究人员报告说，SNARC 效应出现在使用实际反应、语言反应和眼动反应的实验中。除数字以外，Gevers 等（2003）采用字母和月份作为刺激材料，结果仍然出现了 SNARC 效应。由此可见，数字与空间的联系并不是随机现象，它存在于各种定量处理中，并且具有相当的稳定性。

3. 心理数字线——数字空间表征的动态性和自动性

在进行数值运算时，人们倾向于将小数位排列在视野的左侧，将较大的数字排列在视野的右侧，就好像大脑中有一条固定的数轴，人们称之为心理数轴。Dehaene 等（1993）心理数轴的发现支持了心理表征层面上数字的空间分布。

后来，Dehaene 等人发现数字的空间编码并不是固定的，数字在心理数轴上的表示具有相当程度的灵活性。根据当前任务的需要，心理数字序列可以动态调整，Dehaene 等（1993）利用数字奇偶估计来研究阿拉伯数字 0—9 处理所产生的空间效果，他将数字分为 0—5 和 4—9，事实证明，如果数字 4 和 5 放在 0—5 系列中，右手的反应速度比左手快，但当它们放在 4—9 系列中时，情况恰恰相反。这说明心理数线可以根据当前任务的具体要求进行动态调整。这种动态还表现在心理数轴上不仅可以表示个位数的整数，而且可以在心理数轴上表示多位数甚至负数。另外，Schwarz 和 Keus（2005）的实验结果表明，除了水平心理线，还存在一条垂直心理线，这条心理线上的大数字位于顶部和小数位。人们所思考的数字的空间表征可以有一个二维的空间心理表征图（internal number map），而不仅仅是一条心理数轴；或者可能有两条不同的心理数线，可以根据任务的不同需求灵活调整。

心理数轴上数字大小的空间表示可以被自动激活。例如，如果让受试者判断一个数字是奇数还是偶数，虽然这与大小无关，但仍然会出现 SNARC 效应，这表明可以自动激活数字大小的表示并按照数量级从左到右排列在心理数字轴上。例如，当受试者被要求平分一系列红色" x "线段时，他们能够准确地将它们分开；然而，当线段改为由英文数字词"two"和"nine"组成时。数字的中心会向中心的左右倾斜，表明虽然数字的大小与目标任务无关，但其在心理数轴上位置的空间表示仍然被自动激活，引起空间注意力的转移并造成误判。

一项数字 Stroop 实验表明，当受试者被要求判断两个数字的物理大小时，尽管要求受试者忽略数字的大小，但有关数字大小的信息仍然干扰他们对物理大小的判断。但也有人认为数字 Stroop 干涉实验并不能完全解释数字震级表示的自动性，因为数字震级的震级与其物理震级属于同一物体的不同属性。为此，Fias 等（2001）改进了实验范式，发现即使数字与任务无关，大小及其空间表征仍然会自动激活并影响对目标任务的判断。心理数线激活的自动性和动态性进一步说明了普遍性和灵活性数字空间处理。

基于上述研究，SNARC 效应的发现使人们相信数字和空间关联的存在。数字的空间特征也比较稳定，不受刺激呈现条件和反应类型的影响。这些数字的空间表示将被自动激活；心理数线的发现进一步支持了数字在心理空间中的分布特征，大小数字按照空间关系形成了心理数线。如果按照手的空间信息反映心理数字轴上数字的大小，人们的反应就会加快，数字与空间的相互作用是一个自动的、灵活的过程。

三　空间数字相容性的心理机制

对数字空间编码各个阶段的讨论可以更直观地展示数字编码所涉及的空间信息的具体过程，有助于清晰地理解数字与空间相互作用的过程和本质。这主要是通过考察 SNARC 效应发生的过程来实现的。

关于 SNARC 效应发生的阶段存在不同的观点，Dehaene 和 Tlauka 等（2005）发现 SNARC 效应与响应的后期无关，他们认为 SNARC 效应发生在响应的早期阶段。近两年来，其他一些研究者提出了与 Dehaene 等人不一致的观点。他们发现 SNARC 效应并不出现在刺激呈现的早期阶段，而是出现在反应相关的后期阶段。那么数字的空间编码起源于哪个阶段呢？它是刺激呈现的早期阶段还是与反应相关的后期阶段？如果是后期，那么是反应的哪个阶段？

（一）行为研究

支持 SNARC 效应早期起源理论的研究者认为，在刺激呈现阶段，心理数轴上出现的数字的空间位置和数字大小的空间位置共同引起了 SNARC效应，与响应方法无关。Tlauka 等（2005）发现数字出现位置的不同会影响 SNARC 效应，被试对左视野中小数位的反应速度比右视野中小数位快，因为左视野中出现的小数位的空间位置与心理数线上的小数位是一致的，会加快响应速度；数轴的空间方向相反，这会延长响应；此外，研究人员还发现，改变响应模式和类型并不会影响 SNARC 效应的出现。这些结果使 Tlauka 等人得出结论，SNARC 效应源自感知的早期阶段。相反，晚期起源理论研究者认为，一个数字大小的心理表征在心智数轴上的位置和相应手的位置共同决定了 SNARC 效应是否发生，而没有什么与数字刺激的方向有关。

近年来行为研究的大部分结果都支持 SNARC 效应出现在反应阶段的假设，但这些研究在变量的操纵上都有各自的缺陷，要么刺激出现在同一个地方，要么反应方式不同，同样缺乏在同一实验中同时评估刺激和反应部位的研究。鉴于这些缺点，Keus 和 Schwarz（2005）修改了实验程序，比较了两个数字中心条件和单边条件以及手和文字响应的效果。结果发现，在单边数手反应实验中，数字大小和数字位置之间不存在交互作用（Tlauka 将刺激位置和数字大小之间的一致关系称为"类 SNARC 效应"，以区分 SNARC 效应），但数字大小和相应手的位置之间存在相互作用，即 SNARC 效应。这表明数字的位置不会影响其空间表征的形成，也表明 SNARC 效应不会发生在刺激呈现的早期阶段，但会发生在反应相关的后期阶段。那么具体是响应选择阶段还是响应执行阶段呢？Schwarz 和 Keus（2004）也研究了这个问题，考虑到手的水平响应与数字大小之间的强相关性，他们使用眼动而不是手来响应，并比较了两种响应。如果 SNARC 效应确实是由于手和数字的关联引起的，那么 SNARC 效应不应该出现在眼动反应实验中，并且眼动反应时间和错误率已经显示出标准的 SNARC 效应。这表明 SNARC 效应发生在刺激呈现后的感知表征阶段（响应相关选择的早期阶段），而不是最终的响应执行阶段。关于时间进程，Fischer 等人（2003）发现数字空间表征的自动激活会影响空间注意力的转移，但这必须是刺激呈现后 400—750 毫秒。超过 400 毫秒或超过 1000 毫秒，焦点会移动，效果会消失。这进一步表明，数字对空间信息影响的时间过程既不是在刺激感知阶段，也不是在最终的反应执行阶段，而是在反应选择的中间阶段。

（二）电生理研究

行为研究只能用间接的方法来推测 SNARC 效应的发生阶段，因此只能粗略地解释 SNARC 效应的发生阶段，对于 SNARC 效应更精确的定位，还需要借助电生理学研究方法。电生理方法通常在受试者进行数字处理时记录和比较不同时间段的脑电活动，因此不仅可以确定 SNARC 效应是否发生在反应相关阶段，还可以直接确定其是否起源于反应选择阶段或反应执行阶段。Keus 等（2004）反应锁定 ERP 显示，在头皮记录点 Cz 和 Pz 处存在显著的 SNARC 效应，该效应出现在反应前 380 毫秒，持续约 140 毫秒；两者之间不存在显著的交互作用（Keus 认为刺激锁定的 epochs 更好地反映了刺激相关效应；反应锁定的 epochs 更好地反映了反应相关效应。），表明刺激诱发的电位平均值未能唤起 SNARC 效应。此外，为了进一步确定 SNARC 效应是发生在响应选择阶段还是在准备或执行阶段，Keus 研究了侧化准备电位（Lateralized readiness Potential，LRP），侧化准备电位可以反映响应准备和执行阶段。他们在执行阶段之前 380 毫秒发现了 SNARC 效应，并且响应准备通常发生在响应执行之前 200 毫秒，这表明 SNARC 效应应该发生在响应准备和执行之前。Gevers（2006）利用 LRP 和 p300 双指标得到的结果与 Keuse 的结果一致。他们发现一致和不一致的 SNARC 之间的 p300 峰值没有显著差异。不一致的是，两个 4E0B 状态的起始延迟（Onset Latency）在响应前大约 140 毫秒，正好对应于响应选择阶段。尽管 Gevers 和 Keus 都认为 SNARC 效应发生在响应选择阶段，但他们对 SNARC 效应有不同的解释。Keus 等（2005）认为从刺激呈现到反应的过程遵循单向处理方法，而 Gevers 在最近的几项相关研究中使用双向并行处理来解释 SNARC 效应。双路径是建立在 Kornblum（1990）提出的维度重叠理论（Dimensional overlap theories）基础上的。数量大小处理是快速的无条件路线，另外，根据任务的需要，还有一种慢速的条件路线。如果两条路线能够收敛到同一个响应，则响应会更快；相反，如果两条路线对应不同的答案，则处理时间将会延长。

基于上述研究，最近的行为研究告诉人们，SNARC 效应出现在反应相关的后期，而电生理研究结果进一步定位了反应选择后期数字与空间的相互作用，数字的空间特征为 SNARC 效应与刺激的呈现和反应者类型无关，但在交叉手臂或眼睛进行反应的实验中仍然发现了 SNARC 效应。Tlauka（2002）之所以发现 SNARC 效应出现在刺激呈现阶段，可能是因为他的实验条件不充分，他只使用了 100 和 900 两个数字，很难令人信服。此外，双路径理论对 SNARC 效应的解释可以很好地体现空间信息在数字处理过程中的作用，而无条件电路与数字尺寸信息的自动激活不谋而合。路径处理优于具有加法阶乘逻辑的单路径。

四 空间数字相容性实践应用

空间数字相容性的实践应用，在我们的日常生活中都可以见到。比如汽车仪表盘的刻度线，数字从左到右从小到大，速度也随着变快，这样的设计符合在我们文化下的空间数字相容性感受，方便我们感知速度变化，可以迅速判断当下的速度大小，即使没有确切看到仪表盘上的数字。在地铁等出口处的指示牌，无论是以"1、2、3、4……"还是"A、B、C、D……"等来表示，在我们知道要前往哪个符号出口时，如果小的或是顺序在前的符号在我们的左边，大的或是顺序在后的符号在我们的右边，我们可以更快做出判断。

我们知道 SNARC 效应的广泛性，那么 SNARC 效应同样可以出现在其他形式的符号数字（如中文、德文等）和非符号数字（如亮度、面积等）的加工之中（Fumarola et al.，2014；Fumarola et al.，2016；Kopiske et al.，2016；Nuerk et al.，2005；Prete，2020；Wang et al.，2020）。甚至还可以延伸到顺序符号的加工之中，即序列前的顺序符号引发更快的左手反应，序列后的顺序符号引发更快的右手反应（王强强等，2015；Gevers et al.，2003；Previtali et al.，2010；Zhang et al.，2016；Wang et al.，2019）。

本章小结

1. 概念是人们进行抽象思维的基本元素，人们的推理、想象等心理活动必须通过借助于对概念的加工而进行。

2. 隐喻是人们借助具体的、有形的、简单的源域概念（如温度、空间、动作等）来表达和理解抽象的、无形的、复杂的目标域概念（如心理感受、社会关系、道德等），从而实现抽象思维。

3. 认知隐喻理论：（1）隐喻的本质是人们利用熟悉、具体的经验去构造陌生、抽象的概念；（2）由具体概念到抽象概念的隐喻化过程是通过概念结构"架构"而实现的；（3）经过架构过程而形成的抽象概念同源域概念具有紧密的联系，概念间的关联既体现在语词层面上，也存在于自然的心理表征层面。通过隐喻的架构机制，人们将一个与知觉运动系统相关联的具体概念结构映射到一个无法以身体经验知觉的抽象概念领域，具体概念的图式结构成为抽象概念的内在逻辑结构，而与具体概念相关的感知觉经验则成了抽象概念表征不可缺少的一部分；（4）从概念加工的角度来看，抽象概念具有体验性。

4. 空间概念隐喻被称为方位性隐喻，可分为垂直性隐喻和水平性隐喻两种。空间的垂直性隐喻指由上、下等方位概念投射到抽象概念中所产生的隐喻；而空间的水平性隐喻通常指由远近、前后、左右等方位概念投射到抽象概念上而产生的隐喻概念。

5. 个体对抽象概念的加工受到知觉信息（如位置、颜色）的影响，即当这些知觉信息与抽象概念的含义具有隐喻一致性时（如高权词出现在上方，低权词出现在下方），个体对词语的概念加工具有优势。

6. 概念隐喻的双向映射：道德概念空间隐喻对空间信息加工的影响，研究发现道德概念隐喻不仅影响空间上下位置的判断，还影响空间长度或者高度的估计。

7. 权力概念隐喻表征激活的条件主要涉及两个方面。第一，对权力词进行何种加工会激活其隐喻表征；第二，隐喻表征的激活是否依赖对知觉线索的注意。权力概念往往和空间大小联系在一起，权力越大所掌控的空间越广。

8. 积极情绪与垂直空间上部相关联，而消极情绪与垂直空间下部相关联，且情绪—垂直空间的隐喻联结具有空间连续性。

9. 空间—时间相容性效应：对于过去时间词，左手反应更快；对于将来时间词，右手反应更快。在时间的空间表征中，存在空间—时间联合编码（STARC）现象。

10. 空间数字反应编码联合效应，是指数字和空间方位间的关联，即左手对小数的反应快于对大数的反应，而右手对大数的反应快于对小数的反应。

参考文献

毕继万：《跨文化非语言交际》，外语教学与研究出版社 1999 年版。

陈燕、黄希庭：《时间隐喻研究述评》，《心理科学进展》2006 年第 4 期。

蔡妍、张荷婧、赖斯燕、李达荣、何先友：《明天会更好——空间隐喻的影响》，
《中国临床心理学杂志》2017 年第 2 期。

戴隆农、潘运：《数字—空间联结的内在机制：基于工作记忆的视角》，《心理科
学》2021 年第 4 期。

邓之君、吴慧中、陈英和：《数字空间联结的工作记忆机制》，《心理科学进展》
2017 年第 9 期。

高梦莹：《空间—时间关联的联合相容性效应》，硕士学位论文，河北师范大学，
2018 年。

贾宁、冯新明、鲁忠义：《道德概念垂直空间隐喻对空间关系判断的影响》，《心
理发展与教育》2019 年第 3 期。

贾玉新：《跨文化交际学》，上海外语教育出版社 1997 年版。

孔风、游旭群：《时间词呈现形式对空间—时间相容性效应的影响》，《心理科学》
2012 年第 6 期。

蓝纯：《从认知角度看汉语和英语的空间隐喻》，外语教学与研究出版社 2003 年版。

刘馨元、张志杰：《空间—时间关联的中介共同表征结构：来自反转 STEARC 效应
的证据》，《心理学报》2017 年第 4 期。

刘艳芳、张侃：《前置线索与刺激语义相容性的实验研究》，《心理学报》1999 年
第 3 期。

刘鹏：《"东、西、南、北"空间概念隐喻的英汉差异》，《考试周刊》2011 年第
4 期。

李宇明：《空间在世界认知中的地位——语言与认知关系的考察》，《湖北大学学
报》（哲学社会科学版）1999 年第 5 期。

李静：《中西方空间概念隐喻的对比研究》，《外语教育》2011 年第 1 期。

李莹、张灿、王悦：《道德情绪在道德隐喻映射中的作用及其神经机制》，《心理
科学进展》2019 年第 7 期。

李荣瑶：《时间表征的空间特性——对 STEARC 效应的验证》，硕士学位论文，河

北师范大学，2009 年。

吕军梅、鲁忠义：《为什么快乐在"上"，悲伤在"下"——语篇阅读中情绪的垂直空间隐喻》，《心理科学》2013 年第 2 期。

鲁忠义、贾利宁、翟冬雪：《道德概念垂直空间隐喻理解中的映射：双向性及不平衡性》，《心理学报》2017 年第 2 期。

鲁忠义、郭娟、冯晓慧：《卷入欺负行为儿童道德概念垂直空间隐喻的心理表征》，《心理科学》2017 年第 5 期。

沈秀丽：《心理空间理论视角下概念隐喻的类型及认知理解》，《教学与管理》2011 年第 15 期。

唐佩佩、叶浩生、杜建政：《权力概念与空间大小：具身隐喻的视角》，《心理学报》2015 年第 4 期。

王红孝：《隐喻的空间映射与概念整合》，《外语教学》2004 年第 6 期。

王强强、康静梅、兰继军：《顺序信息对注意 SNARC 效应的影响：基于不同参考系下字母 SNARC 效应的比较研究》，《应用心理学》2015 年第 4 期。

王强强、张琦、石文典、王志伟、章鹏程：《数字空间表征的在线建构：来自干扰情境中数字 SNARC 效应的证据》，《心理学报》2022 年第 7 期。

王广成、王秀卿：《隐喻的认知基础与跨文化隐喻的相似性》，《外语教学》2000 年第 1 期。

王锃、鲁忠义：《道德概念的垂直空间隐喻及其对认知的影响》，《心理学报》2013 年第 5 期。

武向慈、王恩国：《权力概念加工对视觉空间注意定向的影响：一个 ERP 证据》，《心理学报》2014 年第 12 期。

徐晓东、刘昌：《数字的空间特性》，《心理科学进展》2006 年第 6 期。

殷融、苏得权、叶浩生：《具身认知视角下的概念隐喻理论》，《心理科学进展》2013 年第 2 期。

叶浩生：《认知与身体：理论心理学的视角》，《心理学报》2013 年第 4 期。

杨惠媛：《体验哲学基础上的语言认知》，《天津外国语学院学报》2009 年第 1 期。

杨继平、郭秀梅、王兴超：《道德概念的隐喻表征——从红白颜色、左右位置和正斜字体的维度》，《心理学报》2017 年第 7 期。

周榕、黄希庭：《时间隐喻表征的跨文化研究》，《心理科学》2000 年第 2 期。

周帆、姜英杰、李力红：《权力概念垂直空间隐喻表征激活的条件》，《心理科学》2022 年第 3 期。

张付海、张积家、董琳、赵瑜、李艳梅：《盲青少年道德概念的垂直空间隐喻——兼论社会环境和生活经验对空间意象图式发展的影响》，《中国特殊教育》2016年第 6 期。

张辉：《论空间概念在语言知识建构中的作用》，《解放军外国语学院学报》1998年第 1 期。

赵英玲：《英语空间性隐喻的特性分析》，《外语学刊》1999 年第 3 期。

Alverson，H.，*Semantics and experience*：*Universal metaphors of time in English*，*Mandarin*，*Hindi and Sesotho*，Baltimore：The Johns Hopkins University，1994.

Boroditsky，L.，"Metaphoric structuring：understanding time through spatial metaphors"，*Cognition*，Vol. 75，No. 1，2000，pp. 1–28.

Barrett，H. C.，& Kurzban，R.，"Modularity in cognition：Framing the debate"，*Psychological Review*，Vol. 113，2006，pp. 628–647.

Boot，I.，& Pecher，D.，"Similarity is closeness：Metaphorical mapping in aconceptual task"，*The Quarterly Journal of Experimental Psychology*，Vol. 63，No. 5，2010，pp. 942–954.

Buss，D. M.，Haselton，M. G.，Shackelford，T. K.，Bleske，A. L.，& Wakefield，J. C.，"Adaptations，exaptations，and spandrels"，*American Psychologist*，Vol. 53，1998，pp. 533–548.

Buschman，T. J.，& Miller，E. K.，"Top-down versus bottomup control of attention in the prefrontal and posterior parietal cortices"，*Science*，Vol. 31，No. 5，pp. 1860–1862.

Chasteen，A. L.，Burdzy，D. C.，& Pratt，J.，"Thinking of God moves attentions"，*Neuropsychologia*，Vol. 48，No. 2，2010，pp. 627–630.

Casasanto，D.，& de Bruin，A.，"Metaphors we learn by：Directed motor action improves word learning"，*Cognition*，Vol. 182，2019，pp. 177–183.

Casasanto，D.，& Dijkstra，K.，"Motor action and emotional memory"，*Cognition*，Vol. 115，No. 7，2010，pp. 179–185.

Chen Jenn-Yeu，"Do Chinese and English speakers think about time differently? Failure of replicating Boroditsky"，*Cognition*，Vol. 104，No. 2，2007，pp. 427–36.

Boroditsky，L.，"Does language shape thought? Mandarin and English speakers' conceptions of time"，*Cognitive Psychology*，Vol. 43，No. 1，2001，pp. 1–22.

Dehaene S.，Dupoux E.，& Mehler J.，"Is numerical comparison digital? Analogical and symbolic effects in two-digit number comparison", *Journal of Experimental Psychology: Human Perception and Performance*, Vol. 16, 1990, pp. 626-641.

Dehaene S., Bossini S., & Giraux P., "The mental representation of parity and number magnitude", *Journal of Experimental Psychology: General*, Vol. 122, 1993, pp. 371-396.

Dahl, Y., "When the future come from behind: Malagasy and other time concepts and some consequences for communication", *Int. J. Intercultural Rel*, Vol. 19, No. 2, 1995, pp. 197-209.

Fias W., Lauwereyns J., & Lammertyn J., "Irrelevant digits affect feature-based attention depending on the overlap of neural circuits", *Cognitive Brain Research*, Vol. 12, 2001, pp. 415-423.

Fischer M. H., Castel A. D., Dodd M. D., et al., "Perceiving numbers causes spatial shifts of attention", *Nature Neuroscience*, Vol. 6, No. 6, 2003, pp. 555-556.

Fuhrman, O., & Boroditsky L., "Cross-Cultural differences in mental representations of time: evidence from an implicit nonlinguistic task", *Cognitive Science*, Vol. 34, 2010, pp. 1430-1451.

Gevers W., Reynvoet B., Fias W., "The mental representation of ordinal sequences is spatially organized", *Cognition*, Vol. 87, 2003, pp. B87-B95.

Globig, L. K., Hartmann, M., & Martarelli, C. S., "Ertical head movements influence memory performance for words with emotional content", *Frontiers in Psychology*, Vol. 10, 2019, p. 672.

Gottwald, J. M., Elsner, B., & Pollatos, O., "Good is up-Spatial metaphors in action observation", *Frontiers in Psychology*, Vol. 6, 2015, p. 1605.

Gozli, D. G., Chow, A., Chasteen, A. L., & Pratt, J., "Valence and vertical space: Saccade trajectory deviations reveal metaphorical spatial activation", *Visual Cognition*, Vol. 21, No. 5, 2013, pp. 628-646.

Gentner, D., "Structure-mapping: A theoretical framework for analogy", *Cognitive Science*, Vol. 7, 1983, pp. 155-170.

Gentner, D., "Spatial metaphors in temporal reasoning" In Gattis M. (Ed.), *Spatial Schemas in Abstract Thought*, Cambridge, MA: MIT, 2001, pp. 203-222.

Gentner D., Markman A. B., "Structure mapping in analogy and similarity", *American Psychologist*, Vol. 52, No. 1, 1997, pp. 45-56.

Huang, Y., & Tse, C. S., "Re-examining the automaticity and directionality of the activation of the spatial-valence 'good is up' metaphoric association", *Plos One*, Vol. 10, No. 4, 2015.

Hellige, J. B., & Michimata, C., "Categorization versus distance: Hemispheric differences for processing spatial information", *Memory & Cognition*, Vol. 17, No. 6, 1989, pp. 770–776.

Hill, P. L., & Lapsley, D. K., "The ups and downs of the moral personality: Why it's not so black and white", *Journal of Research in Personality*, Vol. 43, No. 3, 2009, pp. 520–523.

Haspelmath, M., *From Space to Time: Temporal Adverbials in the World's Languages*, Newcastle, UK: Lincom Europa, 1997.

Ishihara, M., Keller, P. E., Rossetti, Y., & Prinz, W., "Horizontal spatial representations of time: Evidence for the STEARC effect", *Cortex*, Vol. 44, 2008, pp. 454–461.

Jiang, T. J., Sun, L. N., & Zhu, L., "The influence of vertical motor responses on explicit and incidental processing of power words", *Consciousness and Cognition*, Vol. 34, 2015, pp. 33–42.

Keus I. M., Schwarz W., "Searching for the functional locus of the SNARC effect: Evidence for a response-related origin", *Memory & Cognition*, Vol. 33, 2005, pp. 681–695.

Kornblum, S., Hasbroucq, T., Osman, A., "Dimensional overlap: Cognitive basis for stimulus-responsecompatibility-A model and taxonomy", *Psychological Review*, Vol. 97, 1990, pp. 253–270.

Harris, D., "The effect of auditory warning signals on visual target identification", *Engineering Psychology and Cognitive Ergonomics*, pp. 259–266.

Katie, L. M., Itiel, E. D., Romola, S. B., & Simon, P. L., "Eye movements during visuospatial judgements", *Journal of Cognitive Psychology*, Vol. 23, No. 1, 2011, pp. 92–101.

Li, H., & Cao, Y., "Who's holding the moral higher ground: religiosity and the vertical conception of morality", *Personality & Individual Differences*, Vol. 106, No. 1, 2017, pp. 178–182.

Liu, L., & Zhang, J., "The effects of spatial metaphorical representations of time on cognition", *Foreign Language Teaching and Research*, Vol. 41, 2009, pp. 266-271.

Landau, M. J., Meier, B. P., & Keefer, L. A., "A metaphor-enriched social cognition", *Psychological Bulletin*, Vol. 136, 2010, pp. 1045-1067.

Lakoff, G., Johnson, M., *Metaphors We live By*, Chicago: The University of Chicago, 1980.

Lakoff, G., and Johnson, M., *Philosophy in the Flesh: The Embodied Mind and Its Challenge to Western Thought*, Chicago: The University of Chicago, 1999.

Levinson, Stephen C., *Space in Language and Cognition*, Cambridge: Cambridge University, 2003.

Lebois, L. A. M., Wilson-Mendenhall, C. D., & Barsalou, L. W., "Are automatic conceptual cores the gold standard of semantic processing? The context-dependence of spatial meaning in grounded congruency effects", *Cognitive Science*, Vol. 39, No. 8, 2015, pp. 1764-1801.

McGlone M, Harding J., "Back (or forward?) to the future: the role of perspective in temporal language comprehension", *Journal of Experimental Psychology: Learning, Memory, and Cognition*, Vol. 24, 1998, pp. 1211-1223.

Meier, B. P., Hauser, M. D., Robinson, M. D., Friesen, C. K., &Schjeldahl, K., "What's 'UP' with God? Vertical space as a representation of the divine", *Journal of Personality and Social Psychology*, Vol. 93, No. 5, 2007, pp. 699-710.

Meier, B. P., Sellbom, M., & Wygant, D. B., "Failing to take the moral high ground: Psychopathy and the vertical representation of morality", *Personality and Individual Differences*, Vol. 43, No. 4, 2007, pp. 757-767.

Schnall, S., & Benton, J., & Harvey, S., "With a Clean Conscience: Cleanliness Reduces the Severity of Moral Judgments", *Psychological Science*, Vol. 19, No. 12, 2008, pp. 1219-1222.

Ouellet, M., Santiago, J., Funes, M. J., & Lupianez, J., "Thinking about the future moves attention to the right", *Journal of Experimental Psychology: Human Perception and Performance*, Vol. 36, No. 7, 2010a.

Ouellet, M., Santiago, J., Israeli, Z., & Gabay, S., "Is the Future the Right Time?", *Experimental Psychology*, Vol. 57, 2010b, pp. 308-314.

Radden, G., "The metaphor TIME AS SPACE across languages", *Zeitschrift für Interkulturellen Fremdspra chenunterricht*, Vol. 8, No. 2, 2003, pp. 226-239.

Riskind, J. H. , "Nonverbal expressions and the accessibility of life experience memories: A congruence hypothesis", *Social Cognition*, Vol. 2, No. 1, 1983, pp. 62– 86.

Stepper, S. , & Strack, F. , "Proprioceptive determinants of emotional and nonemotional feelings", *Journal of Personality and Social Psychology*, Vol. 64, No. 2, 1993, pp. 211–220.

Schwarz W. , Keus I M. , "Moving the eyes along the mental number line: Comparing SNARC effects with saccadic and manual responses", *Perception & Psychophysics*, Vol. 66, No. 4, 2004, pp. 651–664.

Santiago, J. , Lupiez, J. , Pérez, E. , & Funes, M. J. , "Time (also) flies from left to right", *Psychonomic Bulletin and Review*, Vol. 14, 2007, pp. 512–516.

Slepian, M. L. , & Ambady, N. , "Simulating sensorimotor metaphors: novel metaphors influence sensory judgments", *Cognition*, Vol. 130, No. 3, 2014, pp. 309–314.

Schubert, T. W. , Waldzus, S. , & Giessner, S. R. , "Control over the association of power and size", *Social Cognition*, Vol. 27, No. 1, 2009, pp. 1–19.

Sherman, G. D. , & Clore, G. L. , "The Color of Sin: White and Black Are Perceptual Symbols of Moral Purity and Pollution", *Psychological Science*, Vol. 20, No. 8, 2009, pp. 1019–1025.

Talmy, L. , *Toward a Cognitive Semantics*, *Vol. 1: Concept Structuring Systems*, Cambridge, Mass. : MIT, 2000.

Tracy, J. L. , & Matsumoto, D. , "The spontaneous expression of pride and shame: Evidence for biologically innate nonverbal displays", *Proceedings of the National Academy of Sciences*, Vol. 105, No. 33, 2008, pp. 11655–11660.

Tlauka, M. , "The processing of numbers in choice-reaction tasks", *Australian Journal of Psychology*, Vol. 54, 2002, pp. 94–98.

Vallesi, A. , Binns, M. A. , & Shallice, T. , "An effect of spatial-temporal association of response codes: Understanding the cognitive representations of time", *Cognition* , Vol. 107, 2008, pp. 501–527.

Vallesi, A. , McIntosh, A. R. , & Stuss, D. T. , "How time modulates spatial responses", *Cortex*, Vol. 47, 2011, p. 148.

Weger, U. , & Pratt, J. , "Time flies like an arrow: Space-time compatibility effects suggest the use of a mental time-line", *Psychonomic Bulletin and Review*, Vol. 15,

2008, pp. 426-430.

Wang, H. L. , Lu, Y. Q. , & Lu, Z. Y. , "Moral-up first, immoral-down last: the time course of moral metaphors on a vertical dimension", *NeuroReport*, Vol. 27, No. 4, 2016, pp. 247-256.

Yu, N. , Wang, T. , & He, Y. , "Spatial subsystem of moral metaphors: a cognitive semantic study", *Metaphor & Symbol*, Vol. 31, No. 4, 2016, pp. 195-211.

Yu, N. , "Spatial metaphors for morality: a perspective from Chinese", *Metaphor & Symbol*, Vol. 31, No. 2, 2016, pp. 108-125.

Zhong, C. B. , & Liljenquist, K. , "Washing away your sins: threatened morality and physical cleansing", *Science*, Vol. 313, No. 5792, 2006, pp. 1451-1452.

Zanolie, K. , Van Dantzig, S. , Boot, I. , Wijnen, J. , Schubert, T. W. , Giessner, S. R. , & Pecher, D. , "Mighty metaphors: Behavioral and ERP evidence that power shifts attention on a vertical dimension", *Brain and Cognition*, Vol. 78, No. 1, 2012, pp. 50-58.

Yu, N. , *The Contemporary Theory of Metaphor: A Perspective from Chinese*, Amsterdam: John Benjamins Publishing Company, 1998.

第六章　运动层面的空间相容性

在工业生产中，如果我们操作一台设备时因失误触发了错误的按钮，屏幕页面发生了变化，可能导致产品生产受到影响。那如何进行界面设计可以防止误操作呢？这里面的原理如何？本章将从运动层面相容性的界定、反应—效应相容性的相关研究、反应—效应相容性理论基础、运动层面相容性的操作设备、运动层面相容性与人机工效等方面，全面、系统地诠释运动层面相容性的特点及实际应用，揭示大量运动层面相容性的设计理念，从而使设计产品更好地满足人类。

第一节　运动层面空间相容性的界定

一　运动层面相容性的概念

获取目标的直接性在人类的行为中是一个突出的特征，当个体执行一个行为时，他们希望行为效应能够满足最初所要求的目标，因此当用户的期待和行为的效应一致时，就会反应迅速，效率更高；当不一致时，就会有矛盾产生。为了达到这个目的，系统设计者会尽力在行为和系统的结果效应之间维持一致性的关系，这就是相容性的设计理念。

运动层面的相容性（Compatibility in motion）是指控制器和显示器的运动关系、控制器或显示器运动和系统输出的关系，以及操作者对这些关系预测的一致性。运动层面的相容性在人机界面的设计研究中较多地被涉及，也被称为操作显示相容性，或者反应—效应相容性。比如我们按键或者转动按钮的控制类似于反应过程，屏幕呈现的视觉显示类似于效应过程，因而合理地设计显示—控制之间相容性，不仅可以提高视觉工效，也能够促进控制工效。运动层面相容性的研究就是探索人类认知控制下的潜在机制，也可在实际应用中提高人机工效、提高使用者的易用性和安全性等。

二 运动相容性在人机工效学中的应用

运动相容性不仅在认知心理学中得到了深入的研究，而且在人因学和人机交互领域中也引起了广泛的关注。运动相容性指反应和随后的反应结果之间的一致性（Hommel，2005），当两者一致的时候，反应速度更快，准确性更高；反应和结果之间不一致时，反应效率更低。这个效应可应用于实践，并且动作效果影响反应，即使它发生在动作之后。例如，Lukas、Brau 和 Koch（2010）研究发现，在虚拟现实中，动作反应与结果之间的一致性是可用性的决定性因素。运动相容性也被用于工作中，比如一项关于使用 U 形腹腔镜（手术工具）的研究表明，该工具的良好使用就需要手的运动和工具的运动效果保持一致（Müsseler，Skottke，2011）。这些研究均表明反应—效应相容性研究的广泛应用性。

同样，在人机工效学领域也有类似的研究。飞行员对姿态仪的知觉及反应也存在运动相容性问题（Janczyk，2012）。运动飞机格式下的姿态仪是反应—效应相容的，飞行员向右操纵侧杆，或向右压操纵盘，都会接收到飞机符号顺时针旋转的相容视觉反馈；反之，运动地平线格式下的姿态仪是运动相容性不相容的，飞行员向右操纵侧杆，或向右压操纵盘，会知觉到地平线逆时针的视觉反馈。更重要的是，对不相容反应效应的提前预期，会妨碍反应操纵，特别是出现突发姿态变化时不知所措或犹豫不决，错过最佳反应阶段。因此，我们对运动相容性有初步了解后，就可以探索其背后的机制，了解运动情况下反应—效应相容性的研究、理论基础和实际应用。

第二节 反应—效应相容性的相关研究

一 反应—效应相容性的概念

反应—效应相容性，也叫运动—控制相容性，指人们对于反应结果

（效应）的预期会对反应产生影响。当反应的效应与反应相容时，反应更快且正确率更高，否则反应更慢且正确率更低。虽然实际效应是在反应执行后才会以知觉反馈形式被人们所感知，但反应执行之前对效应的预期就会影响反应。例如，两个按键与两个灯建立联系，按左键（反应）使右侧灯亮（效应），按右键使左侧灯亮，这种反应—效应不相容的联系会妨碍被试者进行反应（Janczyk，Durst & Ulrich，2017）。人类通常会通过移动自己的身体来达到预期的目标，这些目标包括环境中的操作、对自身行为的控制等，这是期望的目标状态或者只是正在走向更抽象的目标状态的一个子目标。观念运动理论假设人类身体运动和知觉变化之间具有一定的联系，然后通过期望的知觉变化来选择行动，从而自动激活相关的身体运动。为了做到这一点，身体运动的知觉结果通常被称为效果，甚至必须在运动开始或完成之前就被表现出来。

在人类认知加工方面，刺激—反应相容性和反应—效应相容性是两种不同的加工方式。刺激—反应相容性是一种自下而上的加工方式，外界的刺激先作用于个体，然后个体对刺激进行判断并做出相应的反应。这种加工方式可以理解为个体对外界刺激的直接反应，不受个体意图和目的的影响。相反，反应—效应相容性是一种自上而下的加工方式。这种加工方式是个体为了达到预期目标而做出的有目的的反应。这两种加工方式在认知过程中起到不同的作用。刺激—反应相容性强调的是外界刺激对个体的直接影响，而反应—效应相容性则强调个体意图和目标对行为反应的塑造作用。在研究人类行为和认知加工方面，对这两种相容性的研究可以帮助我们更加全面地理解人类在不同情境下的行为与认知过程。Kunde（2001）等人最开始进行的反应—效应相容性研究中，他们让被试对一个非空间的颜色刺激做出反应，其中有四种按键，选择其中之一做出反应。四个效应位置与四个响应键进行空间对齐。在反应—效应相容性的条件下，每次按键触发空间相容性的结果就是位置变成填充白色；在反应—效应不相容的条件下，白色填充的位置相对于按下的键向左或向右移动两个。因为相容性条件在一个实验块内保持不变，所以按下按键所产生的动作效果是完全可以预测的。结果发现，相容性的条件下，反应更快，正确率更高；不相容的情况下，反应更慢，正确率更低。

Elsner 和 Hommel（2001）研究了刺激与某一动作的任意联结对反应—效应相容性的影响。在实验中，被试通过按键操作来建立刺激和动作之间的关联。在探测阶段，按键操作伴随着提示音，例如左键会伴随高音，右键会伴随低音。随后，在测验阶段，相同的音调作为目标刺激呈现，被试要快速选择相应的动作反应。研究结果发现，在处理已经建立了联结的刺激与效应关系时，反应—效应相容性被觉知到，即触发了与联结相符的动作反应。类似地，Kunde（2001）在研究中也发现了反应—效应相容性。实验采用短按键和长按键会伴随相应的短音和长音。结果显示，在反应与音调持续时间不相容时，被试的反应时间更长。Koch 和 Kunde（2002）则使用颜色词探究了反应—效应相容性，以研究预期表象是否在概念水平上发挥作用。实验中，被试要先说出一个刺激数字的颜色，随后呈现这种颜色。结果显示，在发音和随后的颜色词相容时，被试的反应时间更短。研究者还进行了一个额外的实验，在被试做出反应后，呈现了一个彩色的"X"（与颜色相一致）和一个用白色书写的颜色词，以区分颜色词本身和颜色维度对结果的影响。尽管以一致颜色呈现的颜色词产生了最大的相容性效应，但用白色书写的颜色词仍然显著影响了反应时间。这表明预期表象在概念和知觉层面上都起到作用。总之，这些研究结果表明反应—效应相容性在不同感知维度（如空间位置、声音强度或持续时间）和概念维度（如颜色）上得到验证。这些实验为我们理解人类认知加工中的反应—效应相容性提供了重要的证据和见解。

二　反应—效应相容性和刺激—反应相容性的区别与联系

许多研究认为，反应—效应相容性是刺激—反应相容性的一个变式（Chen & Proctor，2012）。相容性概念最初的提出是针对刺激与反应的匹配关系而言的（张侃、刘艳芳，1999）。Worringham 和 Beringer（1998）在研究中将刺激—反应相容性定义为控制运动的方向与相对呈现的运动方向之间一致性的程度。反应—效应相容性指反应与其随后的效应之间的一致性或者相容性（Kunde，WKoch & Hoffmann，2004）。在滚动效果中，刺激—

反应相容性是将要呈现的内容（目标位置）与控制运动方向之间的一致性；而反应—效应相容性是滚动控制与滚动效果之间的关系。

刺激—反应相容性是指刺激与反应在空间上一致时，个体表现更快更好。例如，在按键反应任务中，如果刺激位置与按键位置一致（都在左侧），被试会有更快、更准确的反应。在应用中反应—效应相容性有时被视为刺激—反应相容性的变体（Chen & Proctor，2012）。Worringham 和 Beringer（1998）在研究中，通过操纵杆将游标移动到目标位置的任务比较了三种定向刺激—反应相容性，他们将定向刺激—反应相容性定义为"控制运动方向与显示运动方向的一致性"。反应—效应成分与反应和其结果的一致性相关，因此，在某个任务中同时存在反应—效应相容性和空间刺激—反应相容性。例如，在处理电脑屏幕滚动条时，如果关注目标位置与控制运动方向的关系，那么使用刺激—反应相容性的概念解释更适用；如果关注滚动控制与滚动效应的关系，反应—效应相容性的概念解释更为适用。Ansorge（2002）在意图反应相容性的研究中，发现如果要求被试产生一个特定的空间效果，产生空间反应—效应相容性效应；但是如果指令更换，要求被试根据规则进行反应，则没有反应—效应相容性。然而，该实验包含了意图编码与反应编码之间的重叠，并且都是空间的。Zwosta 等人（2013）的研究需要刺激和语义之间进行联结，才能产生反应—效应相容性。这项研究与 Ansorge（2002）的研究结果一致，两者都发现了反应—效应相容性效应，但只在意图行为模式中出现。研究还指出，相容性效应不能仅通过言语指令对反应选择的干扰来解释，因为指令的意图并非基于空间。

三　不同反应方式下的反应—效应相容性

随着信息技术的发展，日常生活中普通人也可体验到人工智能对生活的影响，体验到人工智能产品不同操作方式之间的差异以及语音控制的便捷性和限制。除了按键操作，这些产品还提供了触屏控制和语音控制等操作方式，以改善用户体验。然而，触屏控制和语音控制在使用上存在一些不同。触屏控制是通过直接触摸屏幕上的图标、按钮或文本来操作，用户可以准确选择和控制。相比之下，语音控制通过语音指令来完成操作，用户只需说出指令即可。在某些情况下，语音控制可能更为方便，例如当用户双手忙时，语音控制提供了一种无须使用手指触摸屏幕的操作方式。此外，语音控制还提供了更自然、更直观的交互方式，使用户能够更轻松地完成任务。然而，语音控制也存在一些限制和挑战。首先，语音控制对发音清晰度和语音识别技术要求较高。不清晰的发音或不可靠的语音识别系统可能影响语音控制的效果。此外，语音控制需要在特定的环境条件下使用，如嘈杂环境或需要保护隐私的场合下，语音控制可能不适用。还有，语音控制受语言和口音的影响，非母语用户或带有口音的用户可能会遇到识别准确性的问题。因此，本研究旨在探讨不同操作方式的差异以及语音控制的优缺点。

早期的反应—效应相容性研究主要是探究界面的按键反应任务，这些研究发现，按键动作与随后的结果之间相容性可以促进个体的反应。为了证明这种相容性在更抽象概念层面上是否存在，Koch 和 Kunde（2002）设计了语音反应的方式。研究结果发现，无论是按键反应还是语音反应，在涉及概念领域的刺激和效应时，个体的反应都涉及对抽象概念的加工。因此，研究反应—效应相容性不仅对于理解个体的认知加工过程具有重要意义，而且对于改善工业设计和人机交互也有一定的实际应用价值。傅旭娜（2016）在研究中通过采用语音和按键反应来考察反应—效应相容性效应机制，探讨了反应方式的差异对数字概念层面的反应—效应相容性的影响。通过三个实验得到的数据结果都显示了反应方式的主效应，显示出语音反应方式在效果上显著优于按键反应方式。因此，虽然在研究中发现语音反应在数字概念层面的反应—效应相容性上表现更好，但在实际应用中，仍然需要综合考虑语音识别的准确性、场合的适应性以及反应速度等因素，以找到最合适的反应方式。

通过对反应—效应相容性的概念探讨，我们能对该相容性有一定的认识，下面我们将对反应—效应相容性的三方面研究进行深入探索，加深对相关理论基础的理解。

第三节　反应—效应相容性理论基础

本章上一节阐述了反应—效应相容性的相关概念，那么如何理解反应—效应相容性背后的机制？大部分研究者从观念运动理论方面进行解释，还有人从学习模式理论方面进行解释。

一　观念运动理论

观念运动理论根据个体的主动性，将动作分为两类。第一类是基于刺激的动作，是人们为了适应环境而对外界刺激做出的反应，也称为感觉运动动作或反应。第二类是基于意图的动作，是个体操纵环境的行为，也称为自发反应或目标定向行为，即观念运动动作。观念运动理论主要解释的是基于意图的动作。该理论认为，个体根据行为的感知效果来选择动作。这个选择过程包含两个阶段。首先，个体通过学习建立动作与其随后的感知效果之间的联结（称为动作—效果联结）。然后，在反应选择阶段，个体会自动地反向运用这一动作—效果联结，根据动作效果的预期来选择行为。观念运动动作需要个体了解情境、反应和所产生的效应之间的一致性，以便在不同的情境下灵活地选择反应。因此，观念运动理论认为，行为和效果之间的双向联结是获得行为能力的基本方法。

观念运动理论的哲学观念起源于 19 世纪，认为人类和其他动物在自己的运动活动和由此产生的感觉结果之间会获得双向联系。观念运动理论（Elsner，Hommel，2001）认为：运动行为由意图效应的先前激活图像所引起，与预期结果一致时，反应更快。因此，预期效应自动地启动相容性反应，并产生反应—效应相容性。那么先前的激活图像是什么，就需要了解人类反应的运行机制。身体运动是人类认知机制的核心产物，它们是影响人类生物系统中可用的环境的唯一途径，无论是通过抓住一个感兴趣的物体，通过走向一个所需的位置，还是通过使用关节肌肉来发表，这种动作也不是随机发生的，而是经常以目标导向的方式。也就是说，目标和意图等主观状态以某种方式转化为肌肉活动的协调模式。这就是以观念运动理论的形式提出了一个理解意图转化为身体运动的经典框架（Proctor，2012）。

观念运动理论认为，行为是通过想象其预期的感官结果来控制的：我们是通过想象如果执行它们会发生什么来启动行为的（Greenwald，1970；Hommel，2009；Shin et al.，2010）。在运动观念理论中，知觉和行动具有相同的机制。支持这一观点的研究表明，行动感知可以多次作用于行动计划的脑区，因此仅仅观察一个动作就足以引发相关反应（Colton et al.，2018；Cracco et al.，2018）。在钟摆实验中，被试被要求保持手指静止，但通常发现钟摆会逐渐摇摆。这被称为观念运动，即观念引发动作。观念运动的条件是意图观念与动作的相似性。研究者 Carpenter 认为观念"钟摆是摇摆的"会引发手指无意识运动使钟摆摇摆。另一位研究者 James（1980）进一步解释了观念运动的原理，即仅仅想象一个动作会激活相应的现实动作。这表明思维和想象能直接影响行为，而触发的行动与想象的目标一致。这些研究对我们理解人类行为和思维与行动的关系很有启示。因此，除了关注表面的意图，我们还需要关注潜意识中的观念和想法。这对认知心理学和行为科学的研究具有重要意义。

二 学习编码理论

除了观念运动理论，学习编码理论也可以解释反应—效应相容性的机制。Greenwald 在 1970 年提出了学习编码机制，它指的是反应和结果之间产生的连接性，如果这两者反复被连接，就会形成一种稳定的对应关系。因此，在刺激出现时，会自动激活对效果的预期，并反向激活产生这些效果的反应。根据该理论，行为效果的理解会自动激活产生这些效果的行动计划（Hommel，2009）。因此，这个过程是一种无意识的加工过程，比如对某一行为的感知效果的激活会引导相应的行为（Elsner & Hommel，2001）。Greenwald 研究了这个理论，用口头描述一个听到的单词比书写它更容易，他认为这是因为，表述单词和书写单词相比，由于自动效应存在，听觉效应比书写的视觉效应更熟悉。编码理论认为刺激和反应在空间上具有一致性时，将有助于被试对刺激和反应的编码，从而提高反应速度，减少错误。

那么在运动系统中所观察到的动作究竟是如何表征的，一项功能性核磁共振成像研究发现观察行为激活与计划执行行为脑区相关，比如前扣带皮层（Cracco et al.，2019），但是将大脑活动与特定的认知功能联系起来是众所周知的困难，特别是像前扣带皮层这样参与许多认知过程的脑区。在行动计划中，冲突会触发认知控制中的适应性调整，旨在提高任务绩效。一些经验的方法已经被提出来揭示观念运动机制，它针对的是行动效应学习的过程，这些研究通常采用两个不同的阶段：习得阶段和测试阶段（Elsner，Hommel，2001）。在习得阶段，被试执行不同的动作，如按左键或右键，每个动作都会产生任意的效果。根据观念运动理论，动作和效果应在每个动作及其偶然效应之间建立双向联系，这些关联在接下来的测试阶段被探索，在几项研究中均发现观念运动学习确实发生在习得过程中（Sutter，Sülzenbrück，Rieger & Müsseler，2013）。

第四节　运动层面相容性的操作设备

通过前文可知，运动层面相容性的应用主要在于人机界面方面的应用。人机界面也叫人机接口，显示器和控制器是人机之间的两个界面。人机信息交换的效率高低很大程度上取决于显示器和控制器与人的感知器官和运动反应器官之间是否匹配。为了实现良好的匹配，需要研究显示器和控制器的物理特性与人的感知、记忆、思维、运动反应等身心特点之间的关系。通过研究显示器和控制器的物理特性与人的感知器官、运动反应器官特点之间的关系，我们可以设计出更符合人类需求和能力的人机交互界面，提高信息交流的效率和质量。人与机器和设备的交互基本上是通过包括多个显示器和控制件的界面来执行的。有关系统状态的信息通过显示器来显示，用户使用相应的控制器来采取必要的行动，从而进一步影响显示器的信号。对于大多数人来说，在显示信号的特征和对应控制的响应集中的元素之间通常有一个首选的映射，这被称为兼容映射或总体刻板印象。

在运动相容性中，控制—显示相结合可以减少信息加工和操作的复杂性，缩短人的反应时间，提高人的操作速度，尤其是在紧急状况下，要求操作者非常迅速地进行操作时，可以减少人的差错，避免事故的发生。对于不同的控制器、显示器类型，运动相容性具有不同的原则，最主要有以下两个原则：一是空间位置上的相容性，二是运动方向上的相容性。在人—机系统中，个体在看到、听到或触摸到显示器的信息时，需要决定如何控制和操作。个体可以以自己的意愿进行控制和操纵，并通过身体动作来实现必要的调节。在人—机系统中，个体与机器和环境之间始终存在相互作用、相互配合和相互制约的关系，但人始终扮演着主导角色。因此，在设计人—机系统时，必须充分考虑人和机器的特征和功能，使它们相互协调配合，形成一个有机的整体，从而实现可靠、安全、高效、方便和舒适的操作，以达到最佳的生产和工作效果。这意味着我们需要将人的需求、能力和特征纳入设计考虑，使设计的人—机界面和操作方式符合人的认知和运动特点。例如，设计显示器的信息呈现方式要符合人的视觉系统，而设计控制器的物理特性要适应人的手指、手掌和手臂的运动能力。通过充分考虑人的特征和功能，我们可以创建适配的人—机系统，使人们能够有效地与机器进行交互，实现最佳的工作效果和用户体验。

一　显示器的分类与特点

在许多设计学的相关研究中，显示控制文献提出的设计原则，被称为控制显示兼容性原理。这些都可以作为基于计算机的设计界面设计控件的指南。显示器是连接人与机器进行信息交换的工具，有很多不同的硬件装置，比如仪表、信号灯、信号板、信号牌、雷达显示屏、电视屏以及其他显示信息的装置。在人—机系统中，操作员为了随时监控机器运行情况，必须从显示器上去了解目前的一个动态信息，从而根据信息去调整机器的行为，使机器能够正常运转。其中，视觉和听觉显示器是以往最主要的类型，当然，目前较为常用的逐渐成为触觉显示器。

（一）视觉显示器

视觉显示器就是将视觉所见的内容、画面等实时呈现出来，借此将难以表述清楚或者无法表达的所见所闻形象直观地呈现出来。人的视觉与感光细胞、视觉中枢、大脑皮层等神经机制有关，通过视神经传递到大脑皮层的视觉中枢，从而形成视觉。因此，视觉显示器的界面设计与我们的很多视觉特点有关，呈现的数字必须清晰、容易辨别、无歧义。视觉显示器根据用途可分为数量认读、质量认读和检查认读等类型的显示仪表。因此，在不同的人机界面研究中，设计视觉显示器时应尽量符合人们的使用目的，让使用者能够快速了解信息。视觉显示器中的各种设计，在运动相容性中多有体现，比如屏幕滑动方式的设计等（Janczyk，2012）

（二）听觉显示器

听觉显示器通过人的听觉器官传递显示信号，以便操作人员对机器装置做出反应和控制。系统设计人员在选择是否采用听觉显示器时，需要根据信息的作用、特征和作业现象的具体情况进行决策。在许多作业现场中，视觉信息负荷往往很大，因此利用听觉通道来减轻视觉通道的信息负荷，可以提高安全性和工作效率。研究表明，在选择反应任务中，整体的视觉反应会受益于使用听觉警示信号。然而，在空间相容的情况下，听觉显示能够显著提高司机对单个注意任务的表现，并做出更加快速、准确的反应。设计听觉显示器应遵循相容性原则，Kunde（2003）在实验中验证了听觉反应—效应相容性相关原理。

（三）触觉显示器

触觉显示器是一种利用触觉作为信息传递通道的设备。常用的刺激方式有电刺激、机械振动和喷气刺激。电刺激信号较强，适合用作警戒信号，虽易于适应，但不适合长时间使用。机械振动刺激适应性较小，适合长时间使用。喷气刺激强度较小，人对其分辨能力较差，不适合传递复杂信息。触屏显示器利用率较高，融合了触觉和视觉功能，提供更丰富的互动体验，比如触屏手机、一些日常家用电器的触屏开关等。

二　显示器与控制器的布局

（一）相同平面的旋转式控制器和旋转式显示器

一般来说，控制器和显示器在相同平面上时，它们的运动方向和数值变化应该保持一致。如果显示器呈圆形或扇形，而控制器是旋钮，那么旋转控制器顺时针旋转时，指针也应该顺时针移动，并且对应的数值应该由低到高变化。反之，如果旋转控制器逆时针旋转，指针也应该逆时针移动，并且对应的数值应该由低到高变化。如果指针固定而表盘运动，那么表盘的运动方向应该与旋转控制器的旋转方向相同。此外，标尺刻度应该从左到右表示数值的增大。控制旋钮顺时针旋转时，对应的数值应该增大。当控制器和长条形显示器在相同平面上时，指针的运动方向应该与最靠近该显示器同一侧的控制器运动方向相同。指针的移动方向也应该与控制旋钮和显示器上标尺刻度同一侧的运动方向相同。顺时针旋转时，指针应向数值增大的方向移动。控制器和显示器在设计时应注意确保它们在相同平面上的运动方向和数值变化是一致的，以提供直观的操作和准确的反馈。这样的设计可以提高操作的可理解性和控制的准确性。Wu Swei-P 等人（1997）研究了燃气灶上控制开关与灶头之间的布局关系，研究发现，对应控制开关的四种不同布置方式，其反应时间和错误率是截然不同的，发现中国人更加倾向于选择顺时针旋转的布局，研究证实了在人机界面设计中空间相容性的重要性。

旋转式控制器的功用是转化角机械位置为电讯信号。旋转式控制器是专为有频繁调整需求的应用设计而生。无转轴设计，可应用于不同的参与机制，例如客制化转轴、马达控制、人机界面调整或机械手臂的定位位置。旋转式控制器可应用于使用者对可变输出的控制，如频率、速度和音量控制。典型的应用包括测试和测量设备、消费性电子产品、小型发动机、机器人、医疗设备。一种用于家用电器的旋转式控制器，包括一个壳体，一个显示面板和多个按键。壳体由嵌入座和圆盘组成，显示面板被设置在圆盘的圆面中心，而多个按键则围绕显示面板等间距排布。圆盘上还套设有一个用于输入"＋"和"－"命令的转动环。这种旋转式控制器的布局合理，按键分散排布，从而降低了误触的可能性。它还采用了区分常用和非常用命令的输入方式，使操作更加方便。通过旋转环可以输入"＋"和"－"的命令，而显示面板则可以显示相应的信息。这种设计使得操作更加直观和便利，提高了用户的体验。

（二）不同平面的显示器与控制器

当显示器与旋钮控制器安装平面是侧相切或垂直相切时，顺时针旋转与背离人的直线移动相联系，逆时针旋转与朝向人的直线移动相联系。除了双手，双脚也是经常被用来控制机器的肢体。踏板有两种类型：调节型踏板和开关型踏板。调节型踏板，例如汽车制动踏板，阻力会随着踏板移动的距离增加，以产生逐渐增加的反馈效果。开关型踏板，例如汽车启动马达的脚踏按钮，只是用来开关某个功能。过去有人对四种视觉显示—脚控制的空间刺激—反应匹配关系在作业绩效中的影响进行了研究。研究发现，视觉信号位置与踏板反应位置之间存在着显著的交互效应。与其他不匹配的关系相比，当显示刺激与反应踏板在同一个横向或纵向方向上时，作业的反应时间更短。尤其对于需要坐着操作的人群来说，脚控可以减轻手的负荷，比如汽车和飞机，几乎所有主要的控制都分配给了手，但是也有部分的操作需要脚来完成。在某些复杂的人机界面情况下，同时使用手和脚进行控制操作是必要的。Chan 等人（2012）的研究主要探讨了视觉信号刺激和反应装置在垂直面板上的手脚联合控制，并考察了刺激—反应的相容性对于上下、左右和前后方向的反应时间和准确性的影响。研究结果显示，相容性可以提高反应时间和准确性。对于右手/右脚操作者来说，重要且需要快速反应的装置应该由手来操作，并且位于右手侧。为了实现更快的反应和更高的准确性，视觉信号和反应装置的位置应在空间上相容，最大程度地提高人机系统的性能。

第五节　运动相容性与人机工效

在当今社会，显示器和控制器的操作对于人们来说变得越来越重要。无论是简单的计算机和机器操作，还是复杂的驾驶舱操控、交互驾驶模拟以及人造卫星定位等，都需要使用显示器和控制器进行操作。因此，学者们开始关注显示和控制装置之间的运动相容性问题。相关研究表明，如果在人机界面中建立了适当的相容性关系，操作者可以更快地学习操作技巧，反应时间更短，错误率更低，更能提高用户满意度。相容性的实现可以通过多种方式来实现：例如，将显示器和控制装置的位置进行匹配，使操作者的视线和手的运动路径更加自然和顺畅；调整显示器和控制装置之间的距离和角度，以便操作者更轻松地观察和操作；设计易于理解和操作的显示界面和控制装置的符号、图标和按钮等。在现代科技不断进步的同时，人们对人机界面的需求也在不断增加。因此，未来研究和改善显示和控制装置之间的运动相容性将是一个重要的研究领域。通过优化人机界面的设计，可以提高操作者的体验，使他们能够更有效地操作和控制各种系统。相容性是人机界面设计的重要方面，是影响人机系统运行效率和可靠性的重要因素，本章将从以下三个方面进行探究。

一　运动相容性提高了人机工效

近年来，研究者致力于改善与人机交互相关的问题，比如潘浪涛等人在 2018 年研究铁路售票机中存在的人机交互问题，舒秀丽等人在 2015 年研究汽车驾驶屏幕相关问题。关于车载信息系统对驾驶人员分心和注意力不集中的问题，特别是对仪表盘的研究历史悠久，对人机工效产生了重要影响，这也是刺激—反应相容性最开始的研究，随后过渡到了反应—效应相容性。在日常的驾驶任务中，汽车的仪表盘对驾驶员来说非常重要，能够提供准确的驾驶信息，因此仪表盘界面设计的合理性和可理解性对驾驶员快速识别信息，并进行快速反应起着重要的作用，比如仪表盘的形状、字符、颜色和位置等问题。因此，研究汽车仪表盘对提升人机交互效率非常重要，适当的配色有助于认读，但过于复杂的配色会降低驾驶者的认读效率，不利于安全驾驶。现代机载显示界面已经从传统的模拟控制发展为全数字化显示控制的信息界面，近年来，全触控的大屏幕显示也逐渐应用于飞机驾驶舱。屏幕尺寸和控制方式的变化使得飞行员的操作效率大幅提升，但也带来了界面显示信息量增大和人机交互模式复杂等问题，增加了辨认的难度和效率。因此，设计符合规律的界面将提高交互组件的控制反馈速度，有助于提高控制界面的操作性能和工效。

二　运动相容性提高了使用者的易用性

人机界面作为人与产品之间信息交流的一个平台，在人机交互中起着越来越重要的作用。而人机界面中显示与操纵的相容性在很大程度上决定了产品的易用性。运动相容性是操作一个控制器所产生的运动效果与人们心理预期的相符程度。在日常的生产和生活中，存在大量空间和运动不相容的人机界面，比如在夏天我们经常使用到的电风扇，它的按钮也会给人们的操作带来诸多困扰，比如顺时针旋转时风量变小，不符合人们的使用习惯。由此可知，产品人机界面中的相容性对于人机系统的操作效率和失误率的影响是十分巨大的，因此提高人机界面相容性就显得尤为重要。比如，在工程师设计产品时，也应掌握格式塔原则，让界面上的信息以分组和完整的方式呈现，有助于设计师了解人的视觉规律，从整体上把握人对事物的知觉结构，将产品人机界面设计中的显示和操作装置进行组织、简化、统一，使界面更加协调和易于理解，从而方便用户操作，提高人机系统效率（权雯欣、梁艳霞、严文杰，2020）。因此，符合用户习惯的设计，将有效提升使用者的易用性。

三　运动相容性提高了使用者的安全性

在大多数车辆中，方向控制是通过位于驾驶员前方的方向盘来实现的，控制装置的运动和车辆的响应之间存在相容性的关系：方向盘的顺时针旋转与驾驶员的右边航向改变具有相容性，逆时针旋转导致驾驶员的左边的航向改变具有相容性，这种关系导致了一种习惯化的转向行为。目前在澳大利亚地下煤矿使用的大多数穿梭车都使用连接在驾驶室内壁上的方向盘进行操纵（方向盘的平面与车辆的一侧共面，并垂直于典型的车辆布置）。穿梭车是在地下煤矿作业的一种特殊车辆，有时靠近行人，转向错误可能会造成非常严重的后果。目前在其他地区使用的一些煤炭穿梭车是通过一个转向杆来操纵的，Worringham 和 Beringer（1998）在相容性研究中发现，转向安排在操纵杆操纵汽车时，如果操纵方向与实际方向不相容时，容易出现较为严重的事故。Robin Burgess-Limerick 等人（2012）利用模拟实验来确定这些车辆的转向装置是否保持方向控制—响应相容性，结果发现穿梭车需要驾驶员根据每次汽车方向的变化来适应交替相容和不相容的方向控制—响应之间关系，这种设计在实际的工作中会存在一定的风险。在我们日常的驾驶行为中，外出行驶时方向盘顺时针转动导致汽车向右转弯，方向盘逆时针转动会导致汽车向左转（面向行驶方向）。一系列的实验评估转向方向与操作模拟，发现穿梭车这种转向方式会导致错误的转动操作，这可能被认为是一个不相容的方向控制（Zupanc et al.，2011），也会导致很多危险的产生。因此，符合相容性的合理设计，会提高使用者的安全性，保障其生命和财产安全。

　　总之，人是人—机器—环境系统的主体，人的反应控制行为是非常重要的，这种特性广泛存在于人的各种输出和其他控制系统中。在复杂人机系统中，用户对特定产品或者系统的理解、操作和使用会转化为用户的认知系统或信息加工系统，这就需要以用户为中心进行设计。因此，我们的研究要利用各种原理来确保人机系统性能最优化。

本章小结

　　1. 运动层面的相容性是指控制器和显示器的运动关系、控制器或显示器运动和系统输出的关系以及操作者对这些关系的预测的一致性，在人机界面的设计研究中被较多涉及，也被称为操作—显示相容性，或者反应—效应相容性。

　　2. 反应—效应相容性指人们对于反应结果（效应）的预期会对反应产生影响。当反应的效应与反应相容时，反应更快且正确率更高，否则反应更慢正确率更低。虽然实际效应是在反应执行后才会以知觉反馈形式被人们所感知，但反应执行之前对效应的预期就会影响反应。

　　3. 反应方式对认知加工的影响采用按键进行操作外，也逐渐开发出触屏控制和语音控制等操作方式。

　　4. 观念运动理论的哲学理念起源于19世纪，认为运动行为由意图效应的先前激活图像所引起，与预期结果一致时，反应更快。

　　5. 学习编码理论对反应—效应相容性的解释，认为反应与其随后的效果之间产生联结，如果刺激—反应—效果之间以固定的顺序被反复体验，这就是刺激呈现时自动激活对效果的预期。

　　6. 显示器与控制器的布局包括：相同平面的旋转式控制器和旋转式显

示器、不同平面的显示器与控制器（包括脚动控制器）。

7. 运动层面相容性对工程心理学中的显示器与控制器操纵至关重要，主要体现在三个方面，一是运动层面相容性提高了人机工效，二是运动层面相容性提高了使用者的易用性，三是运动层面相容性提高了使用者的安全性。

参考文献

潘浪涛、李士达、张曦、谭雪、付巧玲：《铁路自动售票机人机交互系统的优化设计与实现》，《铁路计算机应用》2018 年第 1 期。

李颖洁、王军、李柏瑞：《座舱显示控制界面组件化设计方法研究》，《电光与控制》2022 年第 3 期。

梁艳霞：《人机界面中刺激—反应空间相容性研究综述》，《江苏师范大学学报》（自然科学版）2014 年第 1 期。

权雯欣、梁艳霞、严文杰：《格式塔心理学在产品人机界面设计中的应用研究》，《科技资讯》2020 年第 4 期。

喻舒雅、梁艳霞、谭翀楠、许卫丽、龚春兰、朱晨星：《产品人机界面设计中的相合性研究》，《科技资讯》2020 年第 4 期。

张侃、刘艳芳：《线索—反应相容性效应和线索有效概率的影响》，《心理学报》1999 年第 4 期。

朱磊、张显奎、杨利芳：《汽车仪表板的人机工效多级模糊评价研究》，《计算机测量与控制》2004 年第 7 期。

舒秀丽、董大勇、董文俊：《飞机驾驶舱视觉告警信号设计的基本要求分析》，《航空工程进展》2015 年第 2 期。

傅旭娜：《基于数字表征的反应效应相容性》，硕士学位论文，陕西师范大学，2016 年。

Ansorge, U., "Spatial intention-response compatibility", *Acta Psychologica*, Vol. 109, No. 3, 2002, pp. 285–299.

Burgess-Limerick, R., Zupanc, C. M., & Wallis, G., "Directional control-response compatibility of joystick steered shuttle cars", *Ergonomics*, Vol. 39, No. 2, 2012, pp. 1278–1283.

Chan, K. W., & Chan, A. H., "Spatial stimulus-response compatibility for hand and foot controls with vertical plane visual signals", *Displays*, Vol. 32, No. 5, 2011, pp. 237-243.

Chan, K., & Chan, A., "Spatial stimulus-response (s-r) compatibility for foot controls with visual displays", *International Journal of Industrial Ergonomics*, Vol. 39, No. 2, 2009, pp. 396-402.

Chen, J., & Proctor, R. W., "Up or down: Directional stimulus-response compatibility and natural scrolling", In *Proceedings of the Human Factors and Ergonomics Society Annual Meeting*, Vol. 56, No. 1, September 2012, pp. 1381-1385.

Greenwald, A. G., "Sensory feedback mechanisms in performance control: with special reference to the ideo-motor mechanism", *Psychological Review*, Vol. 77, No. 2, 1970, p. 73.

Hommel, B., "Perception in action: Multiple roles of sensory information in action control", *Cognitive Processing*, Vol. 6, No. 1, 2005, pp. 3-14.

Hommel, B., "Action control according to TEC (theory of event coding)", *Psychological Research PRPF*, Vol. 73, No. 4, 2009, pp. 512-526.

Hommel, B., Alonso, D., & Fuentes, L., "Acquisition and generalization of action effects", *Visual Cognition*, Vol. 10, No. 8, 2003, pp. 965-986.

Hommel, B., "The cognitive representation of action: Automatic integration of perceived action effects", *Psychological Research*, Vol. 59, No. 3, 1996, pp. 176-186.

Kunde, W., "Response-effect compatibility in manual choice reaction tasks", *Journal of Experimental Psychology: Human Perception & Performance*, Vol. 27, No. 2, 2001, pp. 387-394.

Kunde, W., "Temporal response-effect compatibility", *Psychological Research*, Vol. 67, No. 1, 2003, pp. 153-159.

Koch, I., & Kunde, W., "*Verbal response—effect compatibility*", *Memory & Cognition*, Vol. 30, No. 8, 2002, pp. 1297-1303.

Liu, Y. C., & Jhuang, J. W., "Effects of in-vehicle warning information displays with or without spatial compatibility on driving behaviors and response performance", *Applied Ergonomics*, Vol. 43, No. 4, 2012, pp. 679-686.

Lukas, S., Brau, H., & Koch, I., "Anticipatory movement compatibility for virtual reality interaction devices", *Behaviour & Information Technology*, Vol. 29, No. 2,

2010, pp. 165-174.

Janczyk, M., Pfister, R., Crognale, M. A., & Kunde, W., "Effective rotations: action effects determine the interplay of mental and manual rotations", *Journal of Experimental Psychology: General*, Vol. 141, No. 3, 2012, p. 489.

Wu, S. P., "Further studies on the spatial compatibility of four control-display linkages", *International Journal of Industrial Ergonomics*, Vol. 19, No. 5, 1997, pp. 353-360.

Worringham, C. J., & Beringer, D. B., "Directional stimulus-response compatibility: a test of three alternative principles", *Ergonomics*, Vol. 41, No. 6, 1998, pp. 864-880.

Zwosta, K., Ruge, H., & Wolfensteller, U., "No anticipation without intention: Response-effect compatibility in effect-based and stimulus-based actions", *Acta Psychologica*, Vol. 144, No. 3, 2013, pp. 628-634.

Zupanc, C. M., Burgess-Limerick, R., & Wallis, G., "Effect of age on learning to drive a virtual coal mine shuttle car", *Ergonomics Open Journal*, Vol. 4, No. 1, 2011, pp. 112-124.

第三篇

相容性与人环界面

第七章　社会层面的相容性

情景喜剧《老友记》中有这样一个场景，主人公罗斯请好友帮忙将他新买的沙发搬到楼上，然而他们在楼梯上遇到了困难，由于沙发太大，楼梯转角较小，想要过去只能一点点地挪，罗斯一直大喊："转！转！转！"但是他并没有考虑同伴的位置，以至于同伴也卡在了楼梯上。鉴于社会活动中不同个体的不同视角存在很大的差异，人机系统的设计必须考虑这种差异的影响。因此本章从社会层面出发，为读者呈现社会互动的主要形式，以及其中存在的相容性问题。

第一节　联合行动中的相容性

本节主要阐述联合行动中的相容性问题，首先介绍联合行动的基本内容，阐述成功的联合行动需要的条件，以及表征在联合行动中的作用。其次论述联合行动的行动者、共同行动者以及认知情感因素对联合行动中相容性的影响。最后介绍联合行动中相容性的基础研究，并为未来的研究方向提供几点建议。

一　联合行动概述

（一）联合行动

人的本质是社会关系的总和。生活中我们难免会与他人共同配合完成各种各样的活动，从简单的合作搬运重物到篮球比赛中队员间默契的配合，或是游戏中玩家间的通力协作。这些简单又精密的社会互动构成了我们的日常生活。单人作业中的相容性是我们活动的基础，而社会互动中存在的相容性是我们高效完成作业的关键。在两个或两个人以上的社会互动中，我们会不自觉地在时间和空间上协调自己的行为与活动，给环境带来变化，这种行为被称为联合行动（joint action）。

（二）联合行动研究范式

联合 Simon 任务是联合行动常用的范式。在传统的 Simon 任务中，参与者要求使用不同的按键忽略刺激的空间特征对其余特征（如颜色、形状等）的刺激做出反应，在 Simon 和 Rudell 的实验（1967）中，参与者对不同音高的声音做出不同反应，高音按右键，低音按左键，结果发现当刺激在同侧出现时，参与者的反应速度比在异侧出现时好，这种效应称为 Simon 效应，也叫刺激反应相容性效应或者空间一致性效应，即相容的空间刺激反应有助于任务绩效的提高，而不相容的刺激反应导致任务绩效受损。随后，研究者在不同的感觉通道都发现了这种效应（Hommel，2011）。Simon 效应出现的原因解释为空间刺激位置和空间响应位置的相容会有助于反应。这种关系可能是直接关联，也可能是通过同伴的替代作用，参与者的注意力转移到对侧的空间响应中。据此，如果没有这种"替代响应"，那么 Simon 效应就会消失。结果确实如此，参与者只使用一个按键对一种特征某一维度的刺激进行反应，即单人的 Go/No Go 任务，Simon 效应就会消失（Hommel，1996）。然而当两个人分别负责一个按键，对某一特征维度进行反应，Simon 效应就会出现。塞班茨（Sebanz，2003）的实验将 Simon 任务发展为联合 Simon 任务。联合 Simon 任务中，两名参与者并排而坐，一名参与者对一种特征的刺激做出反应而忽略另一类型的刺激，同时忽略空间特征。联合 Simon 任务中双方都会表现出相容性效应，即同侧出现的目标反应更加迅速。这种效应被称为联合 Simon 效应（joint Simon effect，JSE）。虽然联合 Simon 任务可以看作两个 Go/No Go 任务，但是仅仅单人执行联合 Simon 任务时，Simon 效应也会消失。而与同伴一起执行联合 Simon 任务时，当同伴看不见真实的人类时，联合 Simon 效应仍会出现（Tsai et al.，2008），也就是说联合 Simon 效应不仅仅是由空间编码引起，可能是带有社会属性的表征过程。

（三）社会化表征的理论基础

社会化表征的理论基础是共同表征理论（co-representation account）。

该理论主要有三种：动作共同表征、任务共同表征以及行动者共同表征。动作共同表征理论源于塞班茨等人（Sebanz et al.，2003）的研究，他们认为即使不特别要求，参与者会考虑同伴的动作，纳入自身的认知框架中，正如观察学习的作用，观察他人的动作时我们会不自觉地模仿。施密茨及其同事（Schmitz et al.，2018）的实验证明参与者会表征同伴的任务顺序，让成对的参与者移动物体，参与者完成一个长动作或短动作，确保以相同的时间完成任务，实验条件分为两种：按相同顺序排列的目标（双方都是长动作接短动作）或相反的顺序（一个从长动作接短动作，另一个从短动作接长动作）。结果发现参与者在执行相反的序列时速度较慢，这表明他们表征了他们的合作伙伴的行动顺序，即使这对于执行联合任务并不是必需的。

任务共同表征理论同样来源于塞班茨（Sebanz et al.，2006）等人的研究，他们认为成功的联合行动需要三种能力：（1）共享表征（share representation）的能力；（2）行为预测的能力；（3）整合自己和他人行为预测结果的能力。共享表征是指两个或更多个体的认知表征，它们指代相同的参考对象或事件。共享表征过程要求个体在任务执行前率先区分自己与他人将要执行的动作，是一种任务上的表征。联合行动中的个体基于同一个目标，表征他人的动作，同时预测接下来的动作，然后调整自身行为。就像篮球比赛中，每一名队员各司其职，运球的选手要随时观察场上动向，团队成员基于进球的目的，也会随时观察队友的行为，调整自己的站位，为传球进球做准备。库蒂斯（Kourtis et al.，2014）等人关于玻璃杯碰杯的任务中，参与者即使只需要单手举起杯子同另一人完成碰杯，但EEG结果显示他们单手任务的脑电活动同双手类似，也就是说在任务执行前，参与者就会对同伴即将采取的行为进行预测。当行为结果符合预期，或者说预期与结果相容时，可以很大程度上提高联合行动中双方的信心，并且对任务的结果有积极作用。在罗樾等人（Loehr et al.，2013）的研究中，钢琴教师被要求与初学者演奏二重奏。如果钢琴老师以前听过初学者如何演奏他们的二重唱部分，则联合二重奏的演奏会更加成功。准备阶段了解初学者的特殊时间模式使教师能够立即适应，以实现与初学者更精确的时间协调。这和卡林斯基等人（Karlinsky et al., 2019）的研究结果类似，在完全可预测的联合 Simon 任务中，相容性效应会消失，而维斯珀等人（2011）的结果也发现当时间上的可变性更低时，任务的协调性更好。

温克等人（Wenke et al., 2011）提出了行动者共同表征理论，此理论认为这种表征并不是对任务或动作的表征，而是基于任务选择的冲突。由于单人任务中只需要对一种刺激做出反应，因此不会出现任务执行者的冲突，因此不会出现 Simon 效应。Iani 等人（2021）的实验中，一对参与者坐在彼此的手臂够不着的地方，反应键在靠近或伸手够不着的地方。当反应键位于参与者的手臂够不着的地方时，他可以用工具去够它。在实验 1 中，参与者通过工具只能到达自己的响应键，而在实验 2 中，参与者也可以到达自己合作者的响应键。结果发现，参与者无法接触到共同参与者的反应键时，联合 Simon 效应不会出现，而当他们使用工具有可能接触到其他参与者的反应键，并且需要轮流做反应时，联合 Simon 效应才会出现。此结果可以证明达到共同行动者的反应键并采取行动的可能性，可能是在需要互补反应的共同行动背景中观察到的相容效应的基础。

二 联合行动中相容性的影响因素

社会性的相容效应对于未来团队协作以及人机组队具有重要意义，只有厘清其各种影响因素才能为进一步的任务工效提高做出贡献。

（一）空间特征

首先作为一种与空间相联系的效应，不同的空间特征会对其产生不同效果。比如将刺激的出现位置呈纵向排列，联合 Simon 效应就会消失（Dittrich et al., 2013），而这种空间位置不取决于反应手的解剖位置原点或是反应代理人的空间原点。威尔士操纵反应手的姿势是否交叉，无论参与者是用内侧手（左参与者的右手和右参与者的左手）执行任务还是外侧手（左参与者的左手和右参与者的右手），都会出现联合 Simon 效应（Welsh, 2009）。迪特里克等人的研究证明，当空间维度更加突出时，单独的 Go/No Go 任务也会出现相容性效应（Dittrich et al., 2012）。亚妮等人的实验也发现，相容性效应只会出现在同伴位于自己空间范围附近时，当这种空间进行拓展时，联合 Simon 效应也会重新出现（Iani et al.，2021）。

（二）参与者因素

联合行动中，参与者自身的因素会对相容性产生较大影响。如参与者自身惯用手的影响，参与者会将惯用手同积极的效价联系，从而产生一种相容，进而使得惯用手按下积极刺激的反应更加迅速（Song et al.，2019），但是当这种相容的反应手受到阻碍时，相容性也会受到影响（宋晓蕾等，2019）。另外，参与者的年龄也是重要的因素，研究发现相容性效应在 5 岁幼儿身上就会出现，随着年龄的增长逐渐趋于稳定（宋晓蕾等，2017）。

（三）共同行动者因素

共同行动者作为任务的参与者同样会对联合行动中的相容性有较大的影响。共同行动者如果是具有真实意图的生物，那么联合行动中就会出现相容性的效应。Tsai 等人（2008）的实验结果表明，实验告知参与者同伴是真实的人类，或者是计算机完成，当参与者认为他们是人类时，联合 Simon 效应会出现。然而斯坦泽尔的实验探讨了参与者和不同类型的非人类参与者（招财猫、木手、不规则的图示）完成联合 Simon 任务时，联合 Simon 效应大小并没有区别。另外，斯坦泽尔等人（2014）通过实验进一步证明意向性不仅仅是联合 Simon 效应的前提，参与者还需要感受到替代行动者的能动性（Stenzel et al.，2014）。在他们的实验 1 中，参与者和同伴执行联合 Simon 任务，这个共同参与者要么故意用自己的手指控制响应按钮，要么被动地把手放在一个响应按钮上，这个响应按钮由计算机信号触发。在实验 2 中，参与者认为共同参与者故意用一个脑机接口（Brain-Computer Interface，BCI）控制响应按钮，同时把响应手指清楚地放在响应按钮旁边，因此主体和动作效应之间的因果关系在知觉上被破坏。控制条件下响应按钮由计算机控制，而共同参与者把响应手指放在响应按钮旁边。实验 1 表明，同有意的共同参与者完成任务会出现联合 Simon 效应，并且共同参与者与行为效应之间存在因果关系；但和无意的共同参与者合作时联合 Simon 效应会消失，而且共同参与者与行为效应之间缺乏因果关系。实验 2 表明，有意的共同参与者不存在联合 Simon 效应，共同参与者与行为效应之间没有因果关系。他们的研究结果表明了联合行动参与者的替代作用在联合 Simon 效应中扮演着重要的角色，而这种归因需要有感知基础。

（四）团队特征

另外共同参与者所属的团队也会对相容性产生影响。亚妮等人进行了两个实验来评估由联合 Simon 效应索引的共享表征的出现是否受感知的群体成员资格的调节（Iani et al.，2011）。在这两个实验中，参与者都被要求与另一个被认为属于同一组或不同组的人一起执行联合 Simon 任务。在实验 1 中，通过根据表面标准将参与者分为两组来获得内群体、外群体歧视；实验 2 操纵两个行动个体所经历的相互依赖。实验 1 结果发现仅将共同参与者社会分类并不能调节联合 Simon 效应，相反，这种影响受到感知的相互依赖的调节，当参与者经历负相互依赖时（竞争），不会产生效应。这些结果表明，当在社会环境中行动时，默认情况下，即使没有明确要求合作，个人也可能会感知到与共同行动者的积极相互依存关系。阿基诺等人的结果发现团队成员的社会地位也会影响联合 Simon 效应的大小（Aquino et al.，2015）。意大利参与者执行联合 Simon 任务，同伴为意大利（高地位的组内）或阿尔巴尼亚（低地位的外组）参与者。结果表明，意大利参与者与高地位的组内参与者配对时，共同表征了他们的搭档的行为；相反，当他们与地位低的外群体参与者一起执行任务时，这种效应就消失了。此外，阿尔巴尼亚参与者与意大利参与者配对时共同代表他们的搭档的行动。这些结果表明，群体成员通过改变群体的相对地位来调节行动共同表征。

两名参与者之间的步调，即他们行为的同步或异步性也会影响相容性。程晓军等人的研究中，参与者共同完成绘画任务，他们以相同的步调或以不同的步调执行，结果发现不同步调下两名参与者最终的任务绩效会更高（Cheng, Guo et al.，2022）。一个可能的原因是异步状态下，两名参与者更容易对对方的行为进行预测，从而协调自身的行为。这同博尔特和罗樾的研究结果一致，每个参与者与两个伙伴协调，以产生与节拍器速度相匹配的音调序列。同盟者行动的时间被操纵，因此一个伙伴的行动在时间上是高度可预测的，而另一个则不太可预测。在每个序列之后，参与者按照从共享到独立控制的等级对他们的联合体验进行评分。当人们与更可预测的合作伙伴协调时，即使在控制了自己的表现准确性和可变性之后，他们也会感到更多的共同控制感（Bolt & Loehr，2017）。而在维登等人的研究中，当合作者在联合任务执行期间不可预测（相对于可预测）时，联合 Simon 效应会降低。行动预测可以作为一种有效的线索来调节相容性（van der Weiden et al.，2022）。

可见同伴的生物特征、意向性和感知基础、行为预测性以及步调的同步异步性都会对联合行动中的相容性产生影响，并且这些因素还需要使用新的手段进一步探讨。

另外，一些情绪特征也会对联合 Simon 效应产生很大的影响。当参与者存在较强的动机导向时，相容性效应的大小会有所差异。在亚妮等人（2011）的研究中，首先要求成对的参与者共同执行一项不相关的非空间任务（Flanker 任务）之前和之后共同执行一项联合 Simon 任务。在实验 1 中，参与者总是在中立的指令下执行联合 Simon 任务，在执行联合 Flanker 任务之前和之后，明确要求参与者要么合作，要么竞争。在实验 2 中，要求他们在联合 Flanker 任务中进行竞争，并在随后的联合 Simon 任务中进行合作。在一项任务中经历的竞争会影响后续联合任务的执行方式，联合 Simon 效应会消失，即使在 Simon 任务期间参与者不需要竞争。但是，如果引入了积极的相互依赖的新目标，则先前的竞争不再影响随后的表现。霍梅尔等人的结果也发现联合 Simon 效应只有在参与者和合作者有积极关系时才会产生（友好的合作伙伴），如果他们参与消极关系（令人生畏的、有竞争力的同伴），联合 Simon 效应会消失，也就是说参与者对双方的动作进行表征是需要条件的，受个人情绪价值的影响（Hommel et al.，2009）。通过不同的情绪诱导之后让参与者执行联合 Simon 任务，积极情绪诱导后最强，而在消极情绪诱导后不存在（Kuhbandner et al.，2010）。更高的唤醒度可以对相容性效应起到积极作用，动机强度在其中也会起一定调节作用；低唤醒度下，不同情绪效价会产生不同的变化趋势，高效价会在其中起补偿作用，而低效价会使这一水平降低（宋晓蕾等，2020）。

综上，参与者自身的因素、参与者同伴的因素以及他们的社会关系都会对相容性效应产生不同的作用，而在社会关系中，双方更加复杂的人际关系以及情境会对相容性产生更大的影响。下文将详细论述人际情境和人际距离以及更深刻的信任对相容性的影响。

三 联合行动中相容性的基础和应用研究

自塞班茨等人开展联合 Simon 任务的研究以来已有快 20 年，这期间研究者采用多种方法对联合行动中的相容性做了深入研究。

（一）行为研究

联合行动中的相容性起源于行为研究。如前文所述，这些研究有助于揭开联合行动中相容性出现的原因。

在联合行动之前，双方会形成彼此行为的表征以及动作之间的关系，这个过程会促进个体对双方动作的模仿，通过观察学习建立联合行动的基础，在这个过程中，动作意图以及行为预测起着重要作用。比如，当我们学习新的双人舞蹈动作，我们首先会通过观察对老师的动作进行表征，进而在自己头脑中形成图示，然后进一步表征双方之间的动作关系。与观察单个个体执行的相同动作相比，有机会观察两个合作伙伴的行为之间的关系可以为如何与合作伙伴执行提供更多指导。在一项研究中进行了测试，要求成对的参与者将他们的手部动作与观察到的动作同步，这些动作要么由一个人用两只手执行，要么由两个人每人用一只手执行，观察到的手部动作在其他方面是相同的。当两个人演示时，成对的参与者确实更擅长执行观察到的动作，他们的手部动作在空间和时间上与观察到的动作匹配的准确性更高（Ramenzoni et al.，2014）。

在执行联合行动的过程中，我们会随之监控双方的动作，预测同伴的行为表现，通过语言和非语言行为进行沟通，从而协调双方行为。在一项关于钢琴专家二重奏的 EEG 研究中，罗樾等人证明了联合行动中对双方动作的监控如何影响最终的结果（Loehr et al.，2013）。当一位钢琴家演奏一首曲子的高音部分而另一位钢琴家演奏低音部分时，他们听到了自己或对方部分的错误。虽然脑电早期错误检测对各种错误表现出相同的反应，但与个别部分的错误相比，影响和声和谐的错误会激发更大的有意识变化。

与对方的错误相比，钢琴家对自己错误的反应也更大，这表明在有意识的识别和评估方面，自己的表现和共同的结果是优先考虑的，这种结果上的预期与结果上的相容性会对个体的状态产生影响。

（二）认知神经研究

通过认知神经科学的方法，联合行动中相容性的研究得以深入脑机制。如 ERP 中 P300 通常与相容性效应相关（Michel et al.，2018）。一项近红外研究发现，处理相容试次时，感觉运动皮层的激活程度高于涉及自己行动选择的不相容试次。当轮到搭档反应而自己需要抑制反应时，下顶叶会激活，这项研究结果证明了共同注意力机制在联合 Simon 效应中的重要作用（Costantini et al.，2013），另一项研究也证实了顶下小叶在相容性中发挥的作用（Yang et al.，2021），相比单人行动，联合行动期间顶下小叶部分也会有更大程度的激活，观察伙伴的行为也会显示出部分重叠（Egetemeir et al.，2011），而在联合行动执行前的意图与颞顶联合区的变化有关（Chen et al.，2020）。这些区域都涉及心理理论，通过自我状态推断他人心理的过程。不仅如此，在一些情况下这种推断会产生相反的相容效应。在一项模仿任务和补充动作任务的研究中，个体模仿或补充虚拟搭档对握把的抓握。在这两个任务中，都可以呈现颜色提示，迫使受试者忽略任务规则并执行预定义的抓取。反应时间揭示了互补行动任务中相容性效应的逆转，表明受试者能够规避自动复制他人动作或姿势的倾向，也就是说个体在社会互动中会基于一定的因素灵活地调节自身行为，对相容性产生不同的影响（van Schie et al.，2008），这种模仿行为可能与下额叶皮层相关，但是当完成联合行动时，下额叶的皮层的激活可能更加突出（Cheng，Guo et al.，2022）。

基于已有的研究可以发现，联合行动中相容性的研究相比行为结果已有很大的推进，然而目前的研究还存在以下几方面问题。首先，影响因素的研究聚焦于社会因素和空间因素，但对于社会背景下人际之间关系的研究还不够深入。人作为社会性个体存在复杂的社会交互，因此研究的重点应更加细致，宏观的社会情境是一方面，而人与人之间的关系更能直接反映交互的状态，应该在此方面发力。其次，对于脑机制的研究过于宽泛。

虽然已有的结果已发现背外侧前额叶、顶下小叶以及颞顶联合区在其中发挥的作用，而这些结果更多是相关性的，难以澄清每一个部位在其中的详细分工如何。随着一些神经干预技术的发展，这些结果有了进一步推进，如证实了内侧额叶皮层对相容性的重要影响（Liepelt et al.，2016）。在两个实验中，参与者在执行听觉联合 Simon 任务时接受阳极、阴极或假经颅直流电（transcranial direct current stimulation，tDCS）刺激（1 mA 强度施加 20 分钟）。结果发现与假刺激相比，前内侧额叶皮层（anterior medial frontal cortex，aMFC）的阴极刺激会导致联合 Simon 效应（JSE）显著增加。不仅如此，随着更加精准的经颅磁刺激的发展，受试者在认知增强、认知情感调控方面展现巨大潜力（Maier et al.，2021），为今后相容性的干预研究提供了新的视角。不仅如此，通过多种方法的结合，研究者可以以功能为角度，探讨某一认知功能涉及的功能网络，而不仅仅停留在区域涉及的功能，这种视角下的研究结果对医疗、健康、工程作业有更实际的意义。

第二节　人际情境（合作、竞争）对相容性的影响

一　人际情境概述

随着三次科技革命的浪潮涌进，人机交互逐渐发生变化，然而未来的人机交互并不是凭空出现的，它一定是基于已有的条件，满足用户当下和未来的需求，这种需求反过来促进技术的进步。目前我们的联合行动的发展也经历了一定的变化，同时也在一定的条件下得以发展，这种条件就是我们物理条件、社会环境以及人际间的交互，交互的过程一定是基于特定的场景，即人际情境。

（一）人际情境定义

情境（context）在心理学中经历了一个漫长的过程，行为主义者将情境界定为客观或自然的刺激环境，而将意识、动机等内部心理过程完全排斥在外。社会学习理论则强调情境的社会意义，认为个体表现取决于个体对特定环境的认知建构。如有研究者认为情境是个体可以感知的环境，这

种环境会影响个体的感知、行为、意识等各种感知特征（Albright & Stoner，2002）。发展心理学中的发展情境理论认为情境是由影响个体发展的各种变量所构成的交互作用系统。它包括四方面的内容：物理环境、社会成员、发展中的个体以及时间维度。物理环境即具体的环境设施，即个体交互的环境设施，如场所、位置等；社会成员是指个体的社会关系，如同事、亲属等；发展中的个体是指社会环境中的每个个体；时间维度是指随着场所更替、关系变化等变量的变化（张文新、陈光辉，2009）。

（二）人际情境分类

人际情境是指在一定的条件下，个体与团队成员的关系。在我们的社会交往中存在多种人际情境。Leikas 等（2012）根据人际关系理论（interpersonal theory）设定了四种人际情境：支配型人际情境、顺从型人际情境、随和型人际情境和争吵型人际情境，且这种分类在跨文化下存在一致性。另有研究者分析了社会关系下的维度，将情境分为了七个维度：愉快—不愉快、意外卷入—主动卷入/不参与、物理—社会导向、敏感—不敏感、不亲密—亲密、不亲密/不卷入—亲密/卷入以及工作导向—放松导向，这些情境也存在普遍的共性（King & Sorrentino，1983）。还有研究者认为社会关系中存在三种主要的情境，合作型、竞争型以及混合型（Wish et al.，1976）。合作关系是个体为达到共同目标，期望更好的结果的关系。竞争关系则是为了在任务中使自己的利益达到最大化的关系。混合型是指竞争中存在合作，正如我们生活中所说：在竞争中合作，达到双赢，这种关系也称为合作竞争（co-opetition）。另外，如人际信任和人际背叛情境，以及背叛后的惩罚情境，类似于独裁者游戏中的情境，这种情境中个体的认知能力如工作记忆会有不同的变化（曹钰舒等，2017）。

（三）合作和竞争情境

在诸多情境中，合作与竞争情境被众多研究者关注。合作是一种普遍的社会关系，生活中众多的任务都需要参与者通力合作完成。从本质上来说，合作一般是指两个或多个个体基于同一目标或共同利益，在心理和行为上来共同进行协作的一种互动形式和行为方式（Decety et al.，2004）。"竞争"始于庄子将"竞"和"争"合二为一，提出了"竞争"的概念。

社会相互依存理论认为，竞争是个人目标的实现必须建立在他人失败的基础上（Deutsch，1949）。竞争最重要的特征之一是，它具有个体为了实现自己的目标而发展的排他性。由此可见，个人在竞争中为了实现自身目标和利益的最大化，很容易导致其共同行为者产生敌意，然而社会生活的复杂通常对个体有更加复杂的要求，比如不得不与竞争对手合作，这种条件下，双方的关系更加微妙，这对于团队绩效都有不可预测的结果。

社会相互依存理论认为，目标的结构方式决定了个人如何互动，这反过来又会影响个人的动机和绩效。竞争和合作是两种无处不在的目标导向。竞争涉及一个人试图在零和情况下超越另一个人。相比之下，合作涉及一群人共同努力实现共同目标。接下来我们主要讨论合作和竞争人际情境中的相容性研究。

二 人际情境的相容性研究

人际情境作为社会性的因素，对联合行动中的相容性有重要的影响，不同的研究者也对不同人际情境下的相容性做了较为深入的研究。

（一）行为研究

联合 Simon 任务作为联合行动的经典任务，已发展出多种不同类型的变式，联合 Simon 效应则反映了空间相容性，是相容性研究的常用指标。

Hommel 等（2009）考察了合作和竞争情境下个体的联合 Simon 任务表现。研究结果表明，合作情境下团队的绩效更好，不相容的刺激造成的影响比较小。在积极合作情境下被试更倾向于注意到同伴的任务，这种任务上的表征使得不相容的空间反应刺激效果减弱。Iani 等（2011）也要求两位被试分别在合作竞争情境下完成联合 Simon 任务，得到了相同的结论。在一项幼儿的联合 Simon 任务中，5 岁的幼儿被分为竞争与合作组，结果发现在合作情境下出现了显著的联合 Simon 效应，竞争情境下虽然也出现了该效应，但并未达到显著水平，并且合作情境下的效应与控制情境中并无显著差异，由此可以看出，社会化的关系中，合作是我们本身具有的倾向，而竞争情境与控制情境的差异说明人际情境对相容性的重要作用（宋晓蕾等，2017）。最近的一项研究中，Liepelt 和 Raab（2021）也通过预先诱导来设定情境，测试了合作和竞争情境对共同表征的影响。结果发现相比合作情境，在竞争情境中个体的 JSE 更小。而且在竞争情境下，与同伴一起经历目标诱导时，与单独进行诱导时相比，联合 Simon 效应明显要降低。此研究结果说明合作和竞争情境对联合 Simon 效应有重要的影响，并且这种状态可以从一项任务转移到另一项任务，说明情境具有跨任务的稳定性。另外，研究者使用联合 Flanker 任务也发现了此效应，当与可见的或不可见的同伴竞争完成联合 Flanker 任务时，都会出现相容性效应（Zhu et al.，2016）。

奖惩与合作竞争情境也存在相容性效应。奖赏会提高个体的认知控制能力，并且中等程度的奖赏能够更有效地提高个体的认知控制表现；奖赏使竞争情境下的个体更追求认知控制的速度，使合作情境下个体的认知冲突降低；并且奖赏使得个体对反应错误和正性反馈更加敏感，当奖赏与任务线索相关联时，个体的任务表现会更好（反应时会变短，正确率会提高）（李涵，2021）。

（二）认知神经研究

在多种认知神经科学技术的支持下，联合行动中人际情境的研究可以进一步探究其中的认知机制，为行为的发生找到其生理依据。

一般情况下，参与者总是假设合作条件会有更高的任务绩效，而事实也是如此，大部分行为结果都支持此假设，但在神经生理研究中，可以发现更加深入的证据。对于认知神经的研究目前主要是脑区参与的研究，以及脑间同步性的研究。

额叶在其中的作用。研究者使用近红外光谱成像在参与者完成双人任务时同时测量两个人的大脑活动，计算了两名参与者之间的大脑间活动一致性。结果发现参与者右额上回皮层产生的信号连贯性在合作期间增加，但在竞争期间没有增加。增加的连贯性也与更好的合作绩效有关（Cui et al.，2012）。

感知运动皮层的作用。另一项研究中，参与者在三种条件下完成联合任务（合作、竞争、无意图），结果表明，与类似的单一条件相比，联合条件下的合作和竞争意图显著加快了运动性能，例如，合作和竞争条件下的运动时间更短。近红外结果分析表明，在前辅助运动区，两种联合条件的脑激活比单一条件更强。并且这种竞争和合作意图与颞顶叶联合区有较高的激活相关（Chen et al.，2020）。另一项研究也发现了感觉运动皮层的作用，在处理相容试次时，感觉运动皮层的激活程度高于不相容试次。当参与者因为轮到另一个成员而不该反应时，下顶叶有显著激活（Costantini et al.，2013）。

颞叶和顶叶的作用。另一项近红外研究同样发现了顶下小叶在其中的作用，但是行为结果上，竞争情境下任务绩效更高。三种不同情境下的参与者完成联合 Simon 任务，人际情境分别为合作情境、竞争情境、控制情境，通过任务绩效奖励操控不同的情境，独立情境下每一个正确快速的反应计 4 分，每一个错误的反应扣除 2 分，合作组的计分计算两个人最后总分的平均值，而竞争情境下，错误的反应扣除 2 分，同时计入同伴的分数中，最终得分高的参与者获得两人的总分作为奖励，而低分的参与者无奖励。结果发现，竞争情境下参与者的任务绩效会更高，并且在合作情境下，参与者的双侧顶下小叶都会有显著的同步激活，而在竞争情境下，参与者右侧的顶下小叶会有明显的同步（Yang et al.，2021）。

外部环境对人际情境的影响。一项研究发现基于一定的外部威胁，个体会减少竞争意识，而增加合作行为，研究者开发了一个联合任务并招募了 86 名成年人来完成两项基于计算机的任务（竞争性和合作性）。首先，其中一组被试给予死亡威胁，同时测量参与者的脑生理活动，结果发现死亡威胁组竞争明显减弱，合作略有促进。其次，死亡威胁组在竞争环境中显著降低了 γ 波段脑间同步（IBS），这与对死亡的主观恐惧增加有关。但这些影响是特定于环境的：在合作环境中观察到可比的结果（Zhou et al.，2021）。不仅如此，竞争合作情境下参与者的前扣带回也会激活，涉及监控行为，当个体的错误与自身的利益相关时，参与者会在其中投入更多的注意力资源。同时，合作和竞争情境下，参与者对于错误相关监控以及注意力监控的区域也会有相应变化。研究人员让参与者轮流完成一个合作和竞争条件的 Go/No Go 任务。同时记录其事件相关电位变化，结果显示，无论人际情境如何，额中心区域出现错误负向点位，但在合作条件下对他人造成的错误产生了早期响应差异，来源在楔前叶和内侧前运动区。对他人行为的错误监控取决于他们与个人目标的一致性，并且在合作情境下会涉及自我参照处理的大脑系统（Koban et al.，2010）。

三　人际情境对于人机系统中相容性设计的意义

人际情境中的人际关系对团队的发展以及任务的顺利完成至关重要。这对未来人机系统的设计提供了一些借鉴意义。

首先，在不同的情境下，个体的动机、对任务的期望不同。比如在合作情境下，参与者以协作完成任务为目标，参与者的一切活动都是为了更好地完成任务，这个时候参与者所考虑的因素都与任务相关，未来人机系统中，机器表现出的合作倾向会对任务有更大的帮助，这可以激起人类的社会合作倾向。而在竞争情境下，参与者以自身利益为前提，因此他的行为并不是全部为了集体任务，而另一方面，自身利益的前提是团队任务的顺利完成，如果团队的任务失败那自身利益就无从谈起，因此这种矛盾会使个体考虑更多的因素，虽然竞争情境一定情况下可以激起个体的斗争欲望，为团队带来良好的动力，但是应该慎重考虑这种设计。

其次，人际情境的研究过于局限在合作和竞争行为。根据研究者提出的人际情境分类方法，参与者是否主动卷入任务、参与者的动机如何、参与者在其中是否有愉快的体验，这些都会影响任务的结果。另外，应该考虑参与者的人格特点，未来研究中，联合行动的情境可以根据支配型、顺从型、随和型和争吵型加以分类，未来人机系统中可以设计相应风格的协作者，人类选择相应的类型加以匹配，这种性格上的相容无疑会对任务起到积极作用。

最后，人际情境的研究仍停留在相关层面，如合作或者竞争情境与参与者的哪一部分区域相关，而这种相关性是否得以检验还未知，得到相关区域的位置后，如何操纵实现更高的任务绩效仍缺乏相关实证研究，既然情境有着不可忽视的作用，那么未来人机设计中应该设置什么样的情境，不同任务场景下，不同的情境起到的作用是否相同也不得而知。因此，研究的方向上，研究者应该将任务场景更加细化，对不同特定场景中不同情境的相容性做出更加深入的研究，并根据不同的场景做出相应的改进措施，而不应该仅仅停留于竞争或者合作场景哪一种情境更好。一切从实际出发，也适用于我们的研究。

第三节 人际关系对相容性的影响

在社会生活中个体经常需要与他人进行人际互动以完成任务，此时个体之间的人际关系对于相容性效应和协作绩效会产生重要影响。本节首先陈述人际关系的概念及主要的人际关系类别，接着探讨各类人际关系如何影响相容性效应，最后阐释这一效应对于人机系统中相容性设计的意义。

一 人际关系概述

（一）人际关系概念

作为社会性的生物，人类有形成和维持牢固、稳定人际关系的归属感需求（Baumeister & Leary，1995）。人际关系有多种分类方式，按照群体关系，可以分为内群体和外群体关系。社会心理学研究表明，社会分类的过程，即归属于一个社会群体的感知，可以影响内群体（个人所属的群体）成员相对于外群体（其他群体）成员的思维、情感和行为。例如，社会分类增强个体对群体之间差异和群体内部相似性的感知。当一个人将自己归类为群体成员时，他们所属的群体将被纳入自我。对最小群体的操纵通常足以激发对群体的认同。即使分组是任意的，而且几乎没有意义，也会出现内分组和外分组之间的差异。如果个体意识到属于某一类别，共享一个共同目标，并认为自己在目标和实现这些目标的手段方面是积极相互依存的，那么他们会将自己视为同一群体的一部分，这对于目标的实现具有促进作用（Iani et al.，2011）。

（二）人际关系分类

根据社会距离（social distance）远近，人际关系可分为陌生人、朋友、恋人、家人等。社会距离指个体之间或者个体与群体之间在社会关系维度的亲密度或者情感亲密度，社会距离也反映了自己与他人之间的心理距离

（psychical distance）（Trope & Liberman，2010）。个体对不公平感的觉知受到社会距离的调节作用，相比陌生人，个体拒绝朋友的不公平提议的概率更低（Campanha et al.，2011）。社会距离的缩小也会使个体增加合作，减少冲突行为。个体与朋友博弈时的合作率均显著高于与陌生人博弈时的合作率。对参与者进行了访谈后发现，大多数被试都称这种社会距离的差异对他们的选择产生了影响，并且在与朋友进行博弈时，即使对方背叛了自己也仍然会继续选择合作。这是因为社会距离较近的朋友关系中信任水平较高，而这种关系信任暗含了互利原则，信任与互利原则共同促进了合作，增加个体与他人在协作中的相容性（卢洋等，2016）。研究者们也发现这种合作受到参与者年龄段的影响。社会距离越小，大学生的合作行为越多，而中学生的合作行为与他们的社会距离无关（张磊等，2017）。此外，社会价值取向（亲社会、亲自我）和社会距离因素一起作用于个体的合作、冲突行为，相对于和陌生人进行博弈，亲社会者与朋友博弈时更多选择合作行为；而亲自我者在面对朋友和陌生人时合作或冲突策略无明显区别（袁博等，2014）。

根据权力距离（Power Distance），人际关系可分为上级、同级和下级关系。在组织情境中，根据和下级关系质量，上级会将下级区分为"内群体成员"和"外群体成员"（李方君等，2021）。与上级关系好的员工常被感知为"内群体成员"，与上级关系差的员工则常被看作"外群体成员"（李方君等，2021）。上级常处于领导者的角色，而下级常常扮演跟随者的角色。下级需要积极配合上级以提高工作中的相容性，上级的决策和领导也影响整个团队工作配合相容性的程度。

二　人际关系的相容性研究

联合 Simon 效应属于空间刺激—反应相容性效应。为了检验联合 Simon 效应是否具有社会性质，研究者们先后开展了多项研究。如果联合 Simon 效应是一种社会现象，我们应该能够观察到它与社会因素的相关性。预测他人的行为对成功的社会互动至关重要。研究表明，联合 Simon 效应随人际和社会因素而变化，因此，两人之间关系的性质应该与联合 Simon

效应大小相关。

（一）内外群体成员关系与相容性

群体成员关系影响个体的认知过程和社会行为。例如，人们更倾向于接近内群体的成员，相反，人们会与感知到的外群体成员建立更大的个体间距离；外群体成员被归因于较少的次要情绪以及较少的人类价值观和特征。Hommel 等人（2009）发现，刺激—反应相容性效应由两个共同作用的个体之间的互动程度调节。具体来说，他们发现只有当参与者与一位喜爱的演员一起表演时，才会产生联合 Simon 效应。Hommel 等人认为产生这种现象的原因是积极的人际关系加强了与自己相关的属性和行为之间的联系，以及与他人相关的属性与行为之间的关系。Iani 等人（2011）假设当共同作用的个体将自己视为同一社会群体的一部分时，会出现刺激—反应相容性效应。相反，当共同行为体认为自己与他人属于不同的社会群体时，这种刺激—反应相容性效应预计会消失。基于这些考虑，Iani 等通过操纵组别的形成开展了两个实验，要求个体与另一个被视为属于同一组或不同组的人一起执行 Simon 任务。在实验一中，基于一个微不足道且几乎完全不相关的基础把参与者随机分为两组，然后要求参与者与一个属于同一组或不同组的人一起执行 Simon 任务。在实验二，他们操纵了两个共同行动的个体的目标是否正相关或者是否负相关。在两个实验中，他们评估了由联合 Simon 效应所引发的联合行动是否受感知的群体成员身份以及内群体和外群体之间的差异强度的调节。结果表明，仅仅将共同作用的参与者分为不同的群体并不能调节共享表征的出现，即使参与者认为与属于不同社会群体的个人一起执行任务，这种现象也很明显。相反，联合行动受到合作者之间相互依存类型的影响。具体而言，当共同行动的个体被要求相互竞争，并且他们的表现呈负相关时，共享表征不被激活。提出感知到的积极相互依存是群体形成和随后的群体内外分化的先决条件。只有消极相互依存产生的群体内—群体外差异才足以破坏共享表征的出现，这一发现支持这样一种观点，即群体内—外部歧视过程因感知的相互依存而增强。

先前关于联合行动的研究，表明成功的联合行动源于自我与他人的同时表征。McClung（2013）等接着调查了群体成员关系是否影响社会认知的最基本、潜意识方面之一，即在联合行动任务中对他人行为进行的自动表征。实验任务为联合 Simon 任务，在这项任务中的表现提供了参与者通过联合行动而不是单独行动所体验到的来自合作伙伴的干扰程度的读数，这反过来又是参与者在任务期间在心理上表征其合作者的程度的量度。为了研究感知群体成员在这类联合行动中的作用及其对他人表征的影响，他们首先让参与者接受最小群体范式，同时操纵社会竞争中的差异。然后要求参与者与成对的组内或组外成员完成联合 Simon 任务。与单独行动相比，只有在联合任务中与"小组内"合作伙伴一起行动的参与者的反应时间发生了变化，这可能是由他们的小组内合作伙伴的同时和自动表现引起的变化。相比之下，与小组外伙伴合作的参与者在执行联合任务时的反应不受影响，没有证据表明他们对小组外伙伴有表征。这种效应在高竞争和低竞争条件下都存在，表明在联合行动期间，群体成员对表征的差异效应是由感知的群体成员驱动的，与社会竞争的影响无关。此外，单独完成任务的参与者没有受到无关空间维度的干扰，但如果要求他们与合作伙伴共同执行同一任务，他们的表现会受到空间维度的显著影响。这反映了在心理上同时表征伴侣行为和自己行为的额外计算需求。该研究发现，社会 Simon效应并不是普遍存在的，而是受到基本的最小群体分类的显著影响。只有当参与者认为他们与团队成员中的同伴互动，而不是与团队外的成员互动时，社会 Simon 效应才会出现。研究结果表明，参与者在这些互动过程中没有像对待更具社会相关性的组内成员那样表征组外成员的行为（McClung et al.，2013）。

（二）权力关系与相容性

研究者让成对被试执行连续瞄准两个目标的运动——第一个人（领导者）的运动取决于对第二个人运动的预期，而第二个人（跟随者）的运动取决于对第一个人运动的直接观察。结果发现，在第一运动段的领导者的动作会顾及跟随者的动作，而在第二运动段的跟随者动作是通过对领导者动作的观察启动的。领导者的表现可以取决于预期的对跟随者的运动限制的表征，而跟随者的表现依赖于观察到的领导者运动的时空特征。这些发现共同倡导了两个不同级别的联合行动，包括对他人行动的预期（自上而下）和映射（自下而上）。说明联合行动中领导者和跟随者会相互配合以提高联合行动的相容性（Roberts et al.，2021）。

（三）人际关系亲密度与相容性

人际关系亲密度影响人际姿势协调中的相容性。有学者研究了一组已经存在的社会关系（熟人、普通朋友或亲密朋友）在两种安静站立条件下的姿势摇摆——无接触和内接触（轻微的相互轻触），并使用分层线性建模分析了内接触密切与人际姿势协调的关系。结果表明，非故意人际姿势协调在两轴的人际轻触条件高于无接触条件。此外，内翻侧侧轴（伴侧）的人际姿势协调与内翻侧的亲密度呈正相关，而正后侧轴（非伴侧）的人际姿势协调与内翻侧的亲密度呈负相关。正如预期的那样，人际姿势协调代表了内部的亲密关系。结果表明，在人际轻触产生的无意人际姿势协调中，从个人和搭档处接收到的用于姿势控制的感觉反馈处理的优先级取决于两个人之间交互耦合反馈回路中的融洽关系（良好融洽关系提高了从合作伙伴那里获得反馈的程度）。因此，由人际轻触产生的无意的人际姿势协调即姿势相容性起着社会黏合剂的作用（Ishigaki et al.，2017）。

Ford 和 Bradley（2015）探讨了共情对联合 Simon 效应的任何可能影响是否受合作者之间先前熟识程度的影响；并假设对于熟识的演员来说，移情的影响可能会更加突出。有证据表明，当人们彼此非常了解时，自我—他人重叠的感知会增加，我们要求参与者与朋友（同时报名参加实验）或陌生人（单独报名）一起执行联合 Simon 任务。在完成联合 Simon 任务后，要求所有参与者单独执行 Simon 任务。结果发现，执行联合任务时个体显示了稳定的 Simon 效应。虽然参与者只需对特定颜色的戒指做出反应，而不对另一种颜色做出反应，但当戴着戒指的手指指向他们的搭档时，他们的反应要比手指指向自己的方向时慢得多。无论合作者是朋友还是陌生人，这种空间相容性效应都会出现，当参与者后来被要求独立完成任务时，这种效应仍然存在。联合 Simon 效应的大小与对浪漫恋人的激情或朋友间的同理心呈正相关。此外，参与者与浪漫恋人合作时的联合 Simon 效应大小大于与异性朋友合作时的大小（Ford & Bradley，2015）。

Shafaei 等（2020）进一步检验了联合 Simon 效应是否与成对成员之间的感知人际亲密度相关，以及人际关系亲密度对青少年至成年期联合 Simon 效应跨越发展的影响。研究结果首先揭示了在青少年和成年人中标准和联合 Simon 效应的存在。他们发现两个年龄组之间的影响程度没有显著差异。这表明认知加工中反应抑制的准确性从儿童期到青少年期有所提高，从青少年晚期到成年期保持不变，即青少年在认知特征方面已经成熟。此外，联合 Simon 效应的程度与人际关系亲密程度之间存在显著正相关，亲密程度越高，联合 Simon 效应越高。并且成人和青少年被试群体中的这种相关性没有显著差异。可以看出，联合行动对人际关系亲密度等社会因素很敏感，其潜在机制在青春期已经成熟（Shafaei et al.，2020）。

恋爱关系也可以影响个体间的直接感知—行动联系。先前对恋爱关系的研究表明，恋爱涉及模糊自我和其他认知界限。根据爱情的自我扩展模型，恋爱减少了自我与他人的区别，在恋爱关系中爱人和自我之间个人特征或兴趣相关的概念自我表征界限模糊。Quintard 等（2020）进一步探究了爱情是否在身体层面上模糊了自我和恋人之间的界限，旨在为爱情的自我扩展模型提供经验支持，该模型参考了最小的身体自我。Quintard 等试图证明，在联合行动中，即使看不到另一方的行动，个体也会减少自己和爱人行动的表现之间的区别。在实验任务中，参与者分别与异性朋友和恋人搭档完成联合 Simon 任务，同时完成任务的两名参与者分别坐在两间相邻的房间，每个房间各有一台显示器并且同时连接到一台电脑上。两名参与者都看到对方进入房间，并同时收到实验指示。因此，在联合 Simon 任务开始之前，每个参与者都知道另一个合作者的位置和该合作者的指示反应特征。每个参与者用电脑鼠标对两种不同刺激中的一种做出反应（蓝色和黄色圆圈）。一名参与者（坐在右侧）通过用右食指按下鼠标右键对一种颜色刺激（如蓝色）做出反应，另一名参与者（坐在左侧）通过用左食指按下鼠标左键对另一种刺激（如黄色）做出反应。结果发现，即在任务共享的背景下，当一个人知道他正在与他的恋人或朋友互动时，将表现出更大的联合 Simon 效应，即更大的刺激—反应相容性效应，这种效应被认为反映了身体层面上自我—他人区分的减少（Quintard et al.，2020）。这表明亲密人际关系能够促进个体协作中的认知加工相容性，提高任务绩效。

三 人际关系对于人机系统中相容性设计的意义

人际关系和相容性研究的关系也为人机系统中人与机器的协作提供了参考。人们可能会将人—人社会距离的规范和期望（如群体偏见）应用于人—机器人社会距离的关系。Kim 和 Mutlu 研究了社会距离如何作为一个透镜来帮助人类理解人与机器人的关系，并制定了机器人设计指南。在两项研究中，他们考察了基于物理接近度、组织状态和任务结构的距离如何影响人们对类人机器人的体验和感知。在研究一中，参与者与类人机器人玩了一个卡片匹配游戏，同时操纵参与者和机器人之间的权力距离（主管与下属）和行为距离（近距离与远距离）。与主管机器人交互的参与者报告说，当机器人靠近时，用户体验比机器人远离时更积极；而与下属机器人交互时，机器人远离时，用户感受比机器人靠近时更积极。在研究二中，参与者在两种不同的任务距离（合作与竞争）和前体距离（近距离与远距离）下玩游戏。与机器人合作的参与者报告说，当机器人距离较远时，他们的体验比接近时更积极。相比之下，当机器人靠近时，与机器人竞争会产生比机器人远离时更积极的体验。这两项研究的结果强调了机器人状态和行为之间的一致性以及任务相互依赖性在促进机器人与其用户之间合作方面的重要性。因此可以推测，机器人与其用户之间的合作可能是由任务相互依存和互补技能促成的。并且社会距离可以引导人们更好地理解人与机器人的互动，以及如何制定有效的设计准则（Kim & Mutlu，2014）。

第四节 人际信任对相容性的影响

一 人际信任概述

在联合行动中，一定的情境会对相容性产生影响，而在人际关系中，诸如合作、竞争情境是更加宏观的社会关系，但是随着人际距离的缩短以及人际关系的深入，双方会出现依赖性更强的关系——信任。

（一）信任的含义

信任是一个十分复杂的概念，是建立和维持合作关系的前提（Krueger et al.，2007），并且已在多个领域进行了深入的研究。国外信任的研究起源较早，社会心理学领域的信任源于多伊奇囚徒困境的实验报告（Deutsch，1958），这里他将信任定义为一个人即使知道某件事情会导致坏的结果，甚至这个结果的坏处比好处可能还要大，但仍对其抱有期望。此定义中强调了信任行为是在不可预知的情况下发生，而这种预期是非理性的。而人际交往过程中的信任是指个体形成的对于对方的语言、行动或书面表述的可信度的期待的概括形式（Rotter，1967）。另有一些心理学家将信任定义为当个人处于不确定的社会环境中时，基于对自己的行为或意图的期望而自愿使自己处于弱势地位，将自己的个人资源提供给他人的意愿（Thielmann & Hilbig，2015）。

除此之外，Rempel 等人（1985）还定义了影响个体接收外部信息信任的三个维度：可预测性（predictability）、可靠性（dependability）和信念（faith）。可预测性基于个体一段时间内的行为稳定性或一致性。可靠性是指个体对代理的信心，反映个体的内在特征。信念则指个体对外部来源信息的信念，即是否会在之后的行为中使用特定工具。另一种分类信任的维度是：一般信任、情感信任、可靠性信任（Johnson-George & Swap，1982）。我国心理学家基于以往研究提出的信任定义为：人际信任是指在人际交往中个体能够履行他人托付之义务及责任的一种保障感。用日常用语就是"放心"，不必提心吊胆担心对方会不会照自己所期望、所托付而"为自己"做的事。在这一个概念化中人际信任被视为是一个存在于两人之间的概念。因此用两人关系作为研究信任的单位（杨中芳、彭泗清，1999），基于此提出了人际关系和人际信任的关系，这种人际信任以义务为基础，诚信在其中发挥重要作用。

表7-1　人际关系与人际信任

人际关系成分	信任来源	所需之诚信	表现诚信之行为	关系/信任进展
既定成分	角色义务之履行	老实	依礼而行	知根知底
工具成分	互惠/人情义务之履行	诚意	有条件地付出，但不会只争取自己最大利益	知人知面
感情成分	互助/奉献义务之履行	诚心	无条件付出，必要时牺牲自身利益	知己知心

来源：杨中芳，彭泗清《中国人人际信任的概念化：一个人际关系的观点》。

可见，人际信任的概念即使经过多年仍未有统一的说法，而人际信任中涉及的维度也众多，但究其根本其实主要包括以下几方面。一是信任者（trustor）的动机、态度，包括信任者自身的信任倾向，受人格特征的影响，并且被信任者（trustee）的认知、情感信任，受一定的社会情境影响，过去经验也在其中起到非常重要的作用。二是被信任者的能力如何，值不值得将自身的资源倾注于被信任者。三是二者的关系。二者过去的交往经验如何，二者目前属于什么样的人际关系，这些因素对即将做出的决定至关重要。

（二）人际信任的影响因素

人际信任受到多方因素的影响，虽然像文化等因素会影响信任，比如在一些规模较小的团体中，成员间的相互依存性更强，个人日常生活受到团队成员的强烈影响，这就要求个体牢牢团结于其中，当个体做出背叛团队的行为时，最终结果只能是离开。这个规模下的个体会经常做出牺牲自己而保全团队的行为，以换取在团队中长期的发展，因此这个背景下的个体对成员就会有更多的信任。我们这里讨论的是更加微观的两个个体的信任。这种信任受三方面的因素影响，对应前文信任的三个维度。

首先，人格特征无疑很大程度上会决定个体的初始信任水平（Schlenker et al.，1973）。一个人是否轻信他人，是否更愿意将自己袒露给他人，与先天的气质有关，也和成长中形成的性格有关，在一些组织的人才遴选中，通过人格特质筛选符合的员工已是常态。另外，非独生子女由于从小生活的环境，可能会对他人有更高的信任以及互惠行为（Wu et al.，2021）。

其次，个体的认知、情感对信任的影响更是至关重要。当个体处于一定的情绪状态下，通常会有强烈的体验，这种状态下的个体意识范围通常比较狭窄，理性程度有所降低，既然信任通常会伴有一定程度的不理智，那么激情状态下的个体可能更容易信任他人。最后，从认知资源的角度来说，个体的每个决策都需要消耗一定的心理资源，但是我们的认知资源是有限的，我们的大脑作为精密的仪器，会在多个任务中将资源分给最需要的程序，那么当一个人手忙脚乱时，你向他伸出援助之手，他不太可能对你抱有敌意。虽然这种行为可能会包含率先释放的善意，但也很容易理解其背后的因素，我们从中体会到的情感价值更容易引发我们的信任行为（Dunning et al.，2012）。

被信任者作为信任的承载对象直接关系到信任的发生。被信任者是否有能力完成这件事，信任一个没有能力的人无疑是非常不理智的，即使信任这种行为需要冒一定的风险，但是明知不可为的情况下个体会守住最后的底线。另外一个重要的因素是当前背景下被信任个体过去的经验、传言等，与他人的交往避免不了第三方个体的介入，那么其他个体在其中的传递作用会对被信任者的看法有重要影响（Burt & Knez，1995）。被信任者的社会角色同样会影响信任。可以预想，我们会对警察、军人这样的角色抱有更多的信任，而一些电信诈骗频繁发生，除了隐私泄露外，施骗人通常会"角色扮演"，将自己包装成更有社会地位的群体。此因素也在研究中得以证实，如让参与者完成信任博弈游戏，此游戏中参与者作为投资者，与不同社会地位的同伴配对，将一定量的金钱对受托人投资，这个过程中投资金额会翻3倍而受托人有机会向其（或不）返还至少一半的倍增金额。在这个游戏中参与者对高地位合作伙伴的承诺的投资比对低地位合作伙伴的投资更多（Blue et al.，2020），而在这个过程中，承诺也是非常重要的因素，承诺向其返还金额时，参与者会投入更多的资金。可见二者之间如果首先做了口头协议，那么可以说两人形成了一种非正式的契约关系，这种关系下个体会更多地履行自己的"信任义务"。另一项研究也发现当个人与高地位的合作伙伴配对时，随着信任交互次数的增加，投资比率增长得更快。这种增长趋势在低地位（投资者）—高地位（受托人）身份群体中尤为突出，同时，大脑右侧颞顶联合区的同步随着回合数的增加而增强（Cheng, Zhu et al.，2022）。

信任作为双方关系深入的依据对工程作业举足轻重，那么信任会通过对双方的影响进一步影响二者的表征，以及联合行动中的相容性。

二 人际信任的相容性研究

（一）人际信任的相容性实证研究

人际信任的影响在联合行动中已经有了较多实证研究。由于个体的人格是较为稳定的特质，难以对其操纵或对其干预，但信任在情感上的作用是巨大的，可以说信任不仅是关系性的，还是情感性的。

作为旁观者，被动地接受或独立于社会生活之外，都无法获得信任。相反，只有在情感上参与并且在某种意义上能够在他们信任的接受者中找到自己的影子时，才会产生信任（Engdahl & Lidskog，2014），而这种信任关系可能在见面那一刻就得以发挥作用（Basso et al.，2001）。这种关系可能是由于在会面时，个体就会对同伴形成社会评价，这种评价性是全方位的。在一项研究中，参与者完成一系列的联合行动，在任务期间交错进行公共物品游戏（Public Goods Game, PGG）。公共物品游戏中参与者被要求为共同投资做出贡献，该投资随后按比例增加并在参与者之间平均分配。在这个游戏中，如果每个参与者做出最大贡献，则总结果最大化，但当参与者不做出贡献时，个体结果最大化。参与者使用乐高积木搭建模型车，在交互过程中测量参与者的心率。每次搭建之后完成了简短的问卷调查，报告他们与合作伙伴互动的经历，包括合作、乐趣体验和对搭建任务的控制。另一组参与者每次构建练习后参与者都执行公共物品游戏。结果发现完成信任游戏的参与者的心理唤醒会增加，并且心率的同步性也有所提高，这种同步还可以预测公共物品游戏的回报（Mitkidis et al.，2015）。可见对彼此行为的期望可以引导参与者以获取对方信任为目标而实施信任举动，这种期望正如联合行动中对个体行为的预期，当这种期望得到满足时，强化的效果会进一步推动个体做出信任行为。当个体对同伴的期望较为明确时，即对其能力有清晰的认识，这种期望落空不会造成严重的信任危机（Washburn et al.，2020）。

联合行动中另一个信任的研究方向是对催产素的相关研究。催产素是一种在非人类哺乳动物的社会依恋中起关键作用的神经肽，会大幅提高人类之间的信任，从而大大增加社交互动的好处。在参与者完成信任游戏期间，通过鼻内催产素给药，参与者表现出更多的信任行为（Kosfeld et al.，2005），催产素通过人际互动影响个人接受社会风险的意愿。另一项研究通过双盲实验和药物操控结合 fMRI，结果表明在催产素组中，被试在得知自己的信任受到背叛后，他们的信任行为没有发生变化。然而，在安慰剂组中，被试在知晓自己的信任遭到背叛后表现出了信任行为的减少，同时他们的杏仁核、中脑、背侧纹状体的激活存在变化，这表明对反馈信息行为调整的神经系统调节催产素对信任的影响（Baumgartner et al.，2008）。瑞森等人通过催产素研究了信任对联合行动中相容性的影响（Ruissen & de Bruijn，2015）。实验同样采用双盲设计，参与者完成联合单人的 Simon 任务，同时监测参与者的电生理指标，行为结果表明催产素给药后联合 Simon 效应增强。在电生理水平上，与单人任务相比，反映反应冲突的 N2 成分在联合条件下有所增加，但仅在使用催产素后有所增加。与个人环境相比，反映反应抑制的 P3 成分在联合条件下有所增加，并且在非药物组也出现。行为和 N2 研究结果都表明催产素对相容性有重要的影响。表明催产素可能会改变社会关系，例如通过认为合作者更友好或更值得信赖，增强了参与者之间的感知相似性。较高的感知相似性会增加自我—他人整合从而影响相容性。催产素似乎专门调节早期的自动动作控制过程（N2），而不是 P3 所反映的后期抑制过程。可见信任可以提高自我—他人在感知上的相似性，在联合任务中，当两个人感到更强的相似时，空间上的不相容影响可能会被这种人际关系冲淡，从而降低任务中犯错误的概率。

（二）人际信任相容性研究存在的问题

目前人际信任的研究还存在一定问题。首先，目前人际信任研究常用心理生理信号，脑电图以及心电图较为常见，而眼动等方法还不够常用，但已有扩大的趋势，fNIRS 也逐渐兴起，但是目前还缺乏评估信任的稳定模型（Ajenaghughrure et al.，2020）。

其次，目前对于人际信任的研究仍停留在影响因素以及对情感的影响上，对如何提高参与者的信任还未有较好的方法，目前的研究行为上通过人际之间的行为预测性，预测性提高后联合任务的结果更好（Vesper et al.，2011），那么二者之间在下一次任务上的信任也会更高。脑之间的同步性也可一定程度上提高联合任务的绩效。

最后，虽然催产素的研究一定程度上反映了对个体人际信任水平的操纵，但目前结果仍存在一定争议。未来的研究可通过神经反馈训练增强双方的信任。它通过将实时测量的神经活动信号进行在线处理，并以视听觉或其他感觉形式的反馈呈现给参与者，参与者被要求对反馈信号进行自主调节，从而实现对神经活动信号来源（脑区/脑网络）的调节，从而最终调节个体的行为表现（Sitaram et al.，2017）。如对健康成人进行神经反馈训练，与虚假反馈组相比，真实反馈组中的参与者执行功能表现明显改善，相应的执行功能网络（右中额叶、下额叶区域）脑激活显著降低（Hosseini et al.，2016）。研究发现，fNIRS 神经反馈可以明显提升个体的注意力和抑制控制，同时也能够增加被试在进行神经反馈训练时的脑内激活程度。在长时间未进行训练后，被试的注意力和抑制表现没有出现下降，但是任务时的脑内激活程度可能会略有下降（陈睿，2019）。Koush 等（2017）将背内侧前额叶和杏仁核之间的功能连接作为目标信号，针对正常人进行训练后发现被试不仅成功降低了背内侧前额叶和杏仁核之间的功能连接，还表现出更强的情绪控制能力。因此，利用神经反馈训练的方式，对联合任务中双方的状态进行实时的反馈与监测，既能将人际信任的测量推向新的方向，为实时测量以及适时地调整提供新的思路，也能开发出新的信任的增强方法。

三　人际信任对于人机系统中相容性设计的意义

人际信任的研究最终需要服务于人机系统设计。人际信任对人机系统设计有以下几方面的意义。

首先，目前人机系统中信任的研究仍存在一些问题，虽然同机器执行联合 Simon 任务，参与者会表现出一定的相容性效应，但是需要机器具有明确的自主意图。自主意图要求机器具有一定的自适应性以及自主性，可以根据情况自主调整行为及意图，然而这种能力以目前的技术手段，还存在一定的差距。目前的人机模式都是基于一定的规则表现出特定的行为，距离完全自主性还有很大的差异。另外一种方式是采用绿野仙踪（wizard of oz）范式，这种范式中，一名经验丰富的主试扮演协作者，虽然此方法可以在前期的工作中规避技术难点，但是此方法中协作者的行为仍具有一定的限制，难以真正意义上做到自主化，并且需要较大的精力进行主试的训练。另一方面，受限于机器自主意图的影响，机器对于人的信任难以衡量，换句话说，机器已是设定好的程序，那么对其信任的测量就毫无意义。而信任作为一种关系式的模式需要在两个人的交互中才能发挥作用，因此对于未来人机组队中人机系统中相容性的研究仍需借助人际信任的相关方法。

其次，未来人机系统最终服务于人机组队，在人机组队中，多个人类个体与多个智能体协同作业，也就是说智能体的特征可能和人类表现的特征一样。这种模式下的合作和人际关系具有相同的特征，因此人际信任下个体的行为表现以及神经生理变化对人机系统的设计有重要意义。

最后，人机交互中，机器的表现好坏会决定参与者接下来与机器的交互意愿。如果人和机器组队完成任务时出现不相容的交互，尽管可以正常完成任务，但随着时间的推移，参与者会选择更加本能化的选项。这种意愿对人机交互的选择至关重要，一旦违背了最初的意愿，挽救便需要更大的努力。另外，在重大安全领域，紧急状态下个体的操作往往是不需太多心理努力的，自发形成的反应对这种情况更有帮助，而不相容可能会造成重大的损失，严重时甚至危及生命，因此合理利用相容性将个体的信任维持在适当的水平对人机组队非常重要。通过人际过程中的信任，双方提高对彼此的表征，将他人整合入自己的认知范围内，提高双方的相互依赖，进而为合作创造良好的条件。在未来的人机组队中，参与者若自发地将表征过程运用于机器身上，将对方纳入自己的表征，任务顺利完成就不是问题。

本章小结

1. 联合行动中存在普遍的相容性问题。

2. 联合行动是在两个或两个人以上的社会互动中，个体不自觉地在时间和空间上协调自己的行为与活动，给环境带来变化，以更好地适应同伴完成任务。

3. 联合行动中参与者的特征如年龄、惯用手，共同行动者的特征如生物状态、可预测性，团队特征如团队成员的同步异步性都会影响相容性。此外，个体的动机、自身的动机和同伴的动机都会作用于相容性。

4. 竞争和合作情境当中存在相容性的影响。奖赏使竞争情境下的个体更追求认知控制的速度，使合作情境下个体的认知冲突降低；奖赏使得个体对反应错误和正性反馈更加敏感。需要根据情境的不同设置目标与奖励，以提高工作绩效。

5. 人际关系中，双方的关系隶属于群体内部或群体外部会影响相容性；双方的权力关系是否存在领导者或成员会对其产生影响；不同亲密关系下的个体如朋友、恋人、陌生人执行任务也会有不同的结果。

6. 目前联合行动中的相容性研究存在几方面问题：首先是人际关系间的研究不够深入，其次是脑机制的研究仍显宽泛，部分脑区的作用难以区分，最后是目前涉及的人际情境较为单一，更多情境下的相容性问题尚未涉足。

参考文献

曹钰舒、徐璐璐、贺雯、罗俊龙、李海江：《不同人际情境影响工作记忆的初探》，《心理发展与教育》2017 年第 2 期。

陈睿：《fNIRS 神经反馈训练提升注意及抑制控制能力》，硕士学位论文，西南大学，2019 年。

李方君、魏珍珍、郑粉芳：《建言类型对管理者建言采纳的影响：上下级关系的间接调节作用》，《心理科学》2021 年第 4 期。

李涵：《合作、竞争情境下奖赏动机对认知控制的影响机制》，硕士学位论文，曲阜师范大学，2021 年。

卢洋、张磊、徐碧波：《合作指数与社会距离对合作行为的影响》，《心理科学》2016 年第 2 期。

宋晓蕾、贾筱倩、赵媛、郭晶晶：《情绪对联合行动中共同表征能力的影响机制》，《心理学报》2020 年第 3 期。

宋晓蕾、李洋洋、张诗熠、张俊婷：《人际情境对幼儿联合 Simon 效应的影响机制》，《心理发展与教育》2017 年第 3 期。

杨中芳、彭泗清：《中国人人际信任的概念化：一个人际关系的观点》，《社会学研究》1999 年第 2 期。

袁博、张振、沈英伦、黄亮、李颖、王益文：《价值取向与社会距离影响博弈决策的合作与冲突行为：Chicken Game 的证据》，《心理科学》2014 年第 4 期。

张文新、陈光辉：《发展情境论———一种新的发展系统理论》，《心理科学进展》2009 年第 4 期。

张磊、徐碧波、丁璐：《社会距离与合作指数对不同年龄青少年合作行为影响的差异》，《心理发展与教育》2017 年第 4 期。

Ajenaghughrure, I. Ben. , Sousa, S. D. C. , & Lamas, D. , "Measuring Trust with Psychophysiological Signals: A Systematic Mapping Study of Approaches Used", *Multimodal Technologies and Interaction*, Vol. 4, No. 3, 2020, p. 63.

Albright, T. D. , & Stoner, G. R. , "Contextual Influences on Visual Processing", *Annual Review of Neuroscience*, Vol. 25, No. 1, 2002, pp. 339–379.

Aquino, A. , Paolini, D. , Pagliaro, S. , Migliorati, D. , Wolff, A. , Alparone, F. R. , & Costantini, M. , "Group membership and social status modulate joint actions", *Experimental Brain Research*, Vol. 233, No. 8, 2015, pp. 2461–2466.

Basso A, Goldberg D, Greenspan S, et al. , "First impressions: Emotional and cognitive factors underlying judgments of trust e-commerce", *Proceedings of the 3rd ACM Conference on Electronic Commerce*, 2001, October, pp. 137–143.

Baumeister, R. F. , & Leary, M. R. , "The need to belong: Desire for interpersonal attachments as a fundamental human motivation", *Psychological Bulletin*, Vol. 117, No. 3, 1995, pp. 497–529.

Baumgartner, T. , Heinrichs, M. , Vonlanthen, A. , Fischbacher, U. , & Fehr, E. , "Oxytocin shapes the neural circuitry of trust and trust adaptation in humans", *Neu-

ron, Vol. 58, No. 4, 2008, pp. 639–650.

Blue, P. R., Hu, J., Peng, L., Yu, H., Liu, H., & Zhou, X., "Whose promises are worth more? How social status affects trust in promises", *European Journal of Social Psychology*, Vol. 50, No. 1, 2020, pp. 189–206.

Bolt, N. K., & Loehr, J. D., "The predictability of a partner's actions modulates the sense of joint agency", *Cognition*, Vol. 161, 2017, pp. 60–65.

Burt, R. S., & Knez, M., "Kinds of third-party effects on trust", *Rationality and Society*, Vol. 7, No. 3, 1995, pp. 255–292.

Campanha, C., Minati, L., Fregni, F., & Boggio, P. S., "Responding to unfair offers made by a friend: Neuroelectrical activity changes in the anterior medial prefrontal cortex", *Journal of Neuroscience*, Vol. 31, No. 43, 2011, pp. 15569–15574.

Chen, Y., Zhang, Q., Yuan, S., Zhao, B., Zhang, P., & Bai, X., "The influence of prior intention on joint action: An fNIRS-based hyperscanning study", *Social Cognitive and Affective Neuroscience*, Vol. 15, No. 12, 2020, pp. 1340–1349.

Cheng, X., Guo, B., & Hu, Y., "Distinct neural couplings to shared goal and action coordination in joint action: Evidence based on fNIRS hyperscanning", *Social Cognitive and Affective Neuroscience*, Vol. 17, No. 10, 2022, pp. 956–964.

Cheng, X., Zhu, Y., Hu, Y., Zhou, X., Pan, Y., & Hu, Y., "Integration of social status and trust through interpersonal brain synchronization", *NeuroImage*, Vol. 246, 2022, p. 118777.

Costantini, M., Vacri, A. D., Chiarelli, A. M., Ferri, F., Romani, G. L., & Merla, A., "Studying social cognition using near-infrared spectroscopy: The case of social Simon effect", *Journal of Biomedical Optics*, Vol. 18, No. 2, 2013, p. 025005.

Cui, X., Bryant, D. M., & Reiss, A. L., "NIRS-based hyperscanning reveals increased interpersonal coherence in superior frontal cortex during cooperation", *NeuroImage*, Vol. 59, No. 3, 2012, pp. 2430–2437.

Decety, Jackson, Sommerville, Chaminade, & Meltzoff, "The neural bases of cooperation and competition: An fMRI investigation", *NeuroImage*, Vol. 23, No. 2, 2004, pp. 744–751.

Deutsch, M., "A Theory of Co-operation and Competition", *Human Relations*, Vol. 2, No. 2, 1949, pp. 129–152.

Deutsch, M., "Trust and suspicion", *Journal of Conflict Resolution*, Vol. 2, No. 4, 1958, pp. 265-279.

Dittrich, K., Dolk, T., Rothe-Wulf, A., Klauer, K. C., & Prinz, W., "Keys and seats: Spatial response coding underlying the joint spatial compatibility effect", *Attention, Perception, & Psychophysics*, Vol. 75, No. 8, 2013, pp. 1725-1736.

Dittrich, K., Rothe, A., & Klauer, K. C., "Increased spatial salience in the social Simon task: A response-coding account of spatial compatibility effects", *Attention, Perception, & Psychophysics*, Vol. 74, No. 5, 2012, pp. 911-929.

Dunning, D., Fetchenhauer, D., & Schlösser, T. M., "Trust as a social and emotional act: Noneconomic considerations in trust behavior", *Journal of Economic Psychology*, Vol. 33, No. 3, 2012, pp. 686-694.

Egetemeir, J., Stenneken, P., Koehler, S., Fallgatter, A., & Herrmann, M., "Exploring the Neural Basis of Real-Life Joint Action: Measuring Brain Activation during Joint Table Setting with Functional Near-Infrared Spectroscopy", *Frontiers in Human Neuroscience*, Vol. 5, 2011, p. 95.

Engdahl, E., & Lidskog, R., "Risk, communication and trust: Towards an emotional understanding of trust", *Public Understanding of Science*, Vol. 23, No. 6, 2014, pp. 703-717.

Ford, R. M., & Bradley, A., "Exploring social influences on the joint Simon task: empathy and friendship", *Frontiers in Psychology*, Vol. 6, 2015, p. 962.

Hommel, B., "S-R Compatibility Effects without Response Uncertainty", *The Quarterly Journal of Experimental Psychology Section A*, Vol. 49, No. 3, 1996, pp. 546-571.

Hommel, B., "The Simon effect as tool and heuristic", *Acta Psychologica*, Vol. 136, No. 2, 2011, pp. 189-202.

Hommel, B., Colzato, L. S., & van den Wildenberg, W. P. M., "How Social Are Task Representations?" *Psychological Science*, Vol. 20, No. 7, 2009, pp. 794-798.

Hosseini, S. M. H., Pritchard-Berman, M., Sosa, N., Ceja, A., & Kesler, S. R., "Task-based neurofeedback training: A novel approach toward training executive functions", *NeuroImage*, Vol. 134, 2016, pp. 153-159.

Iani, C., Anelli, F., Nicoletti, R., Arcuri, L., & Rubichi, S., "The role of group membership on the modulation of joint action", *Experimental Brain Research*, Vol. 211, No. 3, 2011, pp. 439-445.

Iani, C., Ciardo, F., Panajoli, S., Lugli, L., & Rubichi, S., "The role of the co-actor's response reachability in the joint Simon effect: Remapping of working space by tool use", *Psychological Research*, Vol. 85, No. 2, 2021, pp. 521-532.

Ishigaki, T., Imai, R., & Morioka, S., "Association between Unintentional Interpersonal Postural Coordination Produced by Interpersonal Light Touch and the Intensity of Social Relationship", *Frontiers in Psychology*, Vol. 8, 2017, p. 1993.

Johnson-George, C., & Swap, W. C., "Measurement of specific interpersonal trust: Construction and validation of a scale to assess trust in a specific other", *Journal of Personality and Social Psychology*, Vol. 43, No. 6, 1982, pp. 1306-1317.

Karlinsky, A., Lam, M. Y., Chua, R., & Hodges, N. J., "Whose turn is it anyway? The moderating role of response-execution certainty on the joint Simon effect", *Psychological Research*, Vol. 83, No. 5, 2019, pp. 833-841.

King, G. A., & Sorrentino, R. M., "Psychological dimensions of goal-oriented interpersonal situations", *Journal of Personality and Social Psychology*, Vol. 44, No. 1, 1983, pp. 140-162.

Kim, Y., & Mutlu, B., "How social distance shapes human-robot interaction", *International Journal of Human-Computer Studies*, Vol. 72, No. 12, 2014, pp. 783-795.

Koban, L., Pourtois, G., Vocat, R., & Vuilleumier, P., "When your errors make me lose or win: Event-related potentials to observed errors of cooperators and competitors", *Social Neuroscience*, Vol. 5, No. 4, 2010, pp. 360-374.

Kosfeld, M., Heinrichs, M., Zak, P. J., Fischbacher, U., & Fehr, E., "Oxytocin increases trust in humans", *Nature*, Vol. 435, No. 7042, 2005, pp. 673-676.

Kourtis, D., Knoblich, G., Woźniak, M., & Sebanz, N., "Attention Allocation and Task Representation during Joint Action Planning", *Journal of Cognitive Neuroscience*, Vol. 26, No. 10, 2014, pp. 2275-2286.

Koush, Y., Meskaldji, D. E., Pichon, S., Rey, G., Rieger, S. W., Linden, D. E. J., ···Scharnowski, F., "Learning Control Over Emotion Networks Through Connectivity-Based Neurofeedback", *Cerebral Cortex*, Vol. 27, No. 2, 2017, pp. 1193-

1202.

Krueger, F. , McCabe, K. , Moll, J. , Kriegeskorte, N. , Zahn, R. , Strenziok, M. , …Grafman, J. , "Neural correlates of trust", *Proceedings of the National Academy of Sciences*, Vol. 104, No. 50, 2007, pp. 20084–20089.

Kuhbandner, C. , Pekrun, R. , & Maier, M. A. , "The role of positive and negative affect in the 'mirroring' of other persons' actions", *Cognition and Emotion*, Vol. 24, No. 7, 2010, pp. 1182–1190.

Leikas, S. , Lönnqvist, J. -E. , & Verkasalo, M. , "Persons, situations, and behaviors: Consistency and variability of different behaviors in four interpersonal situations", *Journal of Personality and Social Psychology*, Vol. 103, No. 6, 2012, pp. 1007–1022.

Liepelt, R. , Klempova, B. , Dolk, T. , Colzato, L. S. , Ragert, P. , Nitsche, M. A. , & Hommel, B. , "The medial frontal cortex mediates self-other discrimination in the joint Simon task: A tDCS study", *Journal of Psychophysiology*, Vol. 30, No. 3, 2016, pp. 87–101.

Liepelt, R. , & Raab, M. , "Metacontrol and joint action: How shared goals transfer from one task to another?" *Psychological Research*, Vol. 85, No. 7, 2021, pp. 2769–2781.

Loehr, J. D. , Kourtis, D. , Vesper, C. , Sebanz, N. , & Knoblich, G. , "Monitoring Individual and Joint Action Outcomes in Duet Music Performance", *Journal of Cognitive Neuroscience*, Vol. 25, No. 7, 2013, pp. 1049–1061.

Maier, M. J. , Rosenbaum D, Brüne M, et al. , "The impact of TMS-enhanced cognitive control on forgiveness processes", *Brain and Behavior*, Vol. 11, No. 5, 2021, p. e02131.

Manski, C. F. , "Identification of endogenous social effects: The reflection problem", *The Review of Economic Studies*, Vol. 60, No. 3, 1993, pp. 531–542.

McClung, J. S. , Jentzsch, I. , & Reicher, S. D. , "Group membership affects spontaneous mental representation: Failure to represent the out-group in a joint action task", *PloS one*, Vol. 8, No. 11, 2013, p. e79178.

Mitkidis, P. , McGraw, J. J. , Roepstorff, A. , & Wallot, S. , "Building trust: Heart rate synchrony and arousal during joint action increased by public goods game", *Physiology & Behavior*, Vol. 149, 2015, pp. 101–106.

Quintard, V., Jouffre, S., Croizet, J. C., & Bouquet, C. A., "The influence of passionate love on self-other discrimination during joint action", *Psychological Research*, Vol. 84, No. 1, 2020, pp. 51–61.

Ramenzoni, V. C., Sebanz, N., & Knoblich, G., "Scaling up perception-action links: Evidence from synchronization with individual and joint action", *Journal of Experimental Psychology: Human Perception and Performance*, Vol. 40, No. 4, 2014, pp. 1551–1565.

Rempel, J. K., Holmes, J. G., & Zanna, M. P., "Trust in close relationships", *Journal of Personality and Social Psychology*, Vol. 49, No. 1, 1985, pp. 95–112.

Roberts, J. W., Maiden, J., & Lawrence, G. P., "Sequential aiming in pairs: the multiple levels of joint action", *Experimental Brain Research*, Vol. 239, No. 5, 2021, pp. 1479–1488.

Rotter, J. B., "A new scale for the measurement of interpersonal trust 1", *Journal of Personality*, Vol. 35, No. 4, 1967, pp. 651–665.

Ruissen, M. I., & de Bruijn, E. R. A., "Is it me or is it you? Behavioral and electrophysiological effects of oxytocin administration on self-other integration during joint task performance", *Cortex*, Vol. 70, 2015, pp. 146–154.

Schlenker, B. R., Helm, B., & Tedeschi, J. T., "The effects of personality and situational variables on behavioral trust", *Journal of Personality and Social Psychology*, Vol. 25, No. 3, 1973, pp. 419–427.

Schmitz, L., Vesper, C., Sebanz, N., & Knoblich, G., "Co-actors represent the order of each other's actions", *Cognition*, Vol. 181, 2018, pp. 65–79.

Sebanz, N., Bekkering, H., & Knoblich, G., "Joint action: Bodies and minds moving together", *Trends in Cognitive Sciences*, Vol. 10, No. 2, 2006, pp. 70–76.

Sebanz, N., Knoblich, G., & Prinz, W., "Representing others' actions: Just like one's own?" *Cognition*, Vol. 88, No. 3, 2003, pp. B11–B21.

Shafaei, R., Bahmani, Z., Bahrami, B., & Vaziri-Pashkam, M., "Effect of perceived interpersonal closeness on the joint Simon effect in adolescents and adults", *Scientific reports*, Vol. 10, No. 1, 2020, pp. 1–10.

Sitaram, R., Ros, T., Stoeckel, L., Haller, S., Scharnowski, F., Lewis-Peacock, J., …Sulzer, J., "Closed-loop brain training: The science of neurofeedback", *Nature Reviews Neuroscience*, Vol. 18, No. 2, 2017, pp. 86–100.

Song, X. , Yi, F. , Zhang, J. , & Proctor, R. W. , "Left is 'good': Observed action affects the association between horizontal space and affective valence", *Cognition*, Vol. 193, 2019, p. 104030.

Stenzel, A. , Dolk, T. , Colzato, L. S. , Sellaro, R. , Hommel, B. , & Liepelt, R. , "The joint Simon effect depends on perceived agency, but not intentionality, of the alternative action", *Frontiers in Human Neuroscience*, Vol. 8, 2014, p. 595.

Thielmann, I. , & Hilbig, B. E. , "Trust: An Integrative Review from a Person-Situation Perspective", *Review of General Psychology*, Vol. 19, No. 3, 2015, pp. 249–277.

Trope, Y. , & Liberman, N. , "Construal-level theory of psychological distance", *Psychological Review*, Vol. 117, No. 2, 2010, pp. 440–463.

Tsai, C. -C. , Kuo, W. -J. , Hung, D. L. , & Tzeng, O. J. L. , "Action Co-representation is Tuned to Other Humans", *Journal of Cognitive Neuroscience*, Vol. 20, No. 11, 2008, pp. 2015–2024.

van der Weiden, A. , Porcu, E. , & Liepelt, R. , "Action prediction modulates self-other integration in joint action", *Psychological Research*, 2022, pp. 1–16.

van Schie, H. T. , van Waterschoot, B. M. , & Bekkering, H. , "Understanding action beyond imitation: Reversed compatibility effects of action observation in imitation and joint action", *Journal of Experimental Psychology: Human Perception and Performance*, Vol. 34, No. 6, 2008, pp. 1493–1500.

Vesper, C. , van der Wel, R. P. R. D. , Knoblich, G. , & Sebanz, N. , "Making oneself predictable: Reduced temporal variability facilitates joint action coordination", *Experimental Brain Research*, Vol. 211, No. 3, 2011, pp. 517–530.

Washburn, A. , Adeleye, A. , An, T. , & Riek, L. D. , "Robot Errors in Proximate HRI: How Functionality Framing Affects Perceived Reliability and Trust", *ACM Transactions on Human-Robot Interaction*, Vol. 9, No. 3, 2020, pp. 1–21.

Welsh, T. N. , "When 1+1 = 1: The unification of independent actors revealed through joint Simon effects in crossed and uncrossed effector conditions", *Human Movement Science*, Vol. 28, No. 6, 2009, pp. 726–737.

Wenke, D. , Atmaca, S. , Holländer, A. , Liepelt, R. , Baess, P. , & Prinz, W. , "What is Shared in Joint Action? Issues of Co-representation, Response Conflict, and Agent Identification", *Review of Philosophy and Psychology*, Vol. 2,

No. 2, 2011, pp. 147-172.

Wish, M., Deutsch, M., & Kaplan, S. J., "Perceived dimensions of interpersonal relations", *Journal of Personality and Social Psychology*, Vol. 33, No. 4, 1976, pp. 409-420.

Wu, S., Cai, S., Xiong, G., Dong, Z., Guo, H., Han, J., & Ye, T., "The only-child effect in the neural and behavioralsignatures of trust revealed by fNIRS hyperscanning", *Brain and Cognition*, Vol. 149, 2021, p. 105692.

Cheng, X., Pan, Y., Hu, Y., & Hu, Y., "Coordination elicits synchronous brain activity between co-actors: frequency ratio matters", *Frontiers in Neuroscience*, Vol. 13, 2019, p. 1071.

Yang, Q., Song, X., Dong, M., Li, J., & Proctor, R. W., "The Underlying neural mechanisms of interpersonal situations on collaborative ability: A hyperscanning study using functional near-infrared spectroscopy", *Social Neuroscience*, Vol. 16, No. 5, 2021, pp. 549-563.

Zhou, X., Pan, Y., Zhang, R., Bei, L., & Li, X., "Mortality threat mitigates interpersonal competition: An EEG-based hyperscanning study", *Social Cognitive and Affective Neuroscience*, Vol. 16, No. 6, 2021, pp. 621-631.

Zhu, Y., Zhou, Q., & Dong Ye, X., "Competing with visible and invisible competitors in flanker tasks", *Social Behavior and Personality: An International Journal*, Vol. 44, No. 11, 2016, pp. 1815-1823.

第八章　注意对空间相容性的影响

人和环境交互时内外不同因素对相容性会产生一定的影响。当我们讨论人环界面时发现，人是所有讨论问题的起点和核心，而注意这一人的自然倾向和本能，不可避免会对相容性效应产生影响。在这一章中，我们主要通过讨论人对空间位置注意与否与空间相容性的关系，注意在空间相容性效应和 Simon 效应中的作用，并对注意影响该效应的认知和神经机制及具体应用做进一步的探讨，希望通过一些具体研究和经典实验阐述这些内容，为读者带来启发。

第一节　注意在空间相容性效应中的作用

一　注意与空间相容性加工

注意是人的心理活动对一定事物的指向和集中，是心理活动的一种积极状态，总是与心理活动过程紧密联系在一起。因此，注意是伴随所有心理活动而产生的现象。人的感觉、知觉、记忆、思维等心理活动过程离不开注意的参与。在日常生活中，人们会接触到各种来源的信息，但是由于人的心理容量有限，因此只能感知到外界环境中的部分信息，而不可能对作用于感觉器官的所有刺激都做出反应。如果要对外界刺激产生清晰、完整的映象，心理活动必须要选择特定的刺激作为对象，这就是注意的功能。Posner 和 Petersen（1990）概述了注意的三个组成部分，即警觉、定向和执行控制。警觉是指产生和维持一种警醒和警觉的状态：一种感知和行动的准备状态。定向是指将处理资源分配给一个信息处理通道，如所处环境中的位置、对象或事件。执行控制是指对感知、行动和情绪状态之间冲突的监测和解决。

相容性与注意关系密切。相容性是指当刺激的位置与反应的位置相对应时，人的反应时间更快，准确性更高（Fitts & Seeger，1953；Ghozlan，1997；Chan & Chan，2003）。当空间位置的编码有注意参与时，亦即空间位置是相关维度，产生的效应就是前面所说的空间相容性效应；而当对空间位置的编码没有注意参与时，例如刺激空间位置无关或颜色等其他维度相关，仍然会出现 S-R 空间位置一致条件下的反应时间比不一致条件更快的现象，此效应为 Simon 效应（Simon，1990）。S-R 相容性效应和 Simon 效应也出现在听觉 S-R 任务中（Roswarski & Proctor，2000），说明注意并非视觉效应产生的必要条件，也会对听觉效应产生一定的影响。因此，了解注意在这些效应中的影响，可以更好地探究此效应对我们工作生活的帮助。

空间相容性有四个注意特点。第一，以往研究表明空间相容性会导致响应选择和响应执行机制的改变（Veltman & Keele，1986）。第二，心理不应期指出反应选择需要注意的参与。第三，选择反应时间（RT）任务的空间不相容性的增加导致 RT 大幅和可靠地增长。第四，空间不相容增加了被试内部 RT 的变异性，甚至解释了平均 RT 的增加（Grosjean & Mord-koff，2001）。空间相容性的实验任务就使用到了选择性注意的相关作用。先前的研究表明，当刺激物的位置被标记在屏幕上时，将空间分成左右两半的做法与指导被试集中选择性注意的点是一致的。在一个经典实验中，研究者检验了在没有具体指示的情况下，被试是否能够在没有标记出现的刺激位置之间集中选择性注意，结果表明，在没有视觉线索标记刺激位置的情况下，注意在刺激出现之前保持在游离状态。在这种游离状态下，所有视野范围内都出现了一种注意明显倾向于显示器最右边的强大趋势（Anzola & Frisoni，1992）。这与空间相容性的功能可见性也有一定的关系，我们多数人属于右利手，对右边的事物更容易注意到，也会有更积极的评价。

Mooshagian（2008）使用空间 S-R 相容性效应作为范式案例来研究注

意在其中的作用。他进行了一系列实验，旨在阐明空间注意对与感觉运动整合相关的环境影响以及这些效应的神经相关性。实验 1 结果表明双臂交叉对反应时间没有影响。实验 2 表明，当被试的手臂的位置不同时，手臂交叉对反应时间有显著的影响。实验 3 使用功能磁共振成像（fMRI）检查了空间相容性效应的神经相关性，揭示了背侧前运动皮层（dorsal premotor cortex）和后顶叶皮层（posterior parietal cortex）的双边激活。实验 4 使用 TMS 显示了后顶叶皮层在介导空间相容性效应中的功能相关性。结果表明，左顶叶小叶选择性地参与了介导关联 S-R 相容性。最后，实验 5 使用事件相关的功能磁共振成像来考虑注意对感觉运动整合的另一种神经效应，即在简单反应时间内并行处理多余的感觉刺激（注意分散）时发生的神经共激活。结果表明，后顶叶是一个经典的注意区域，在双侧的情况下能够快速处理冗余的视觉目标。总的来说，Mooshagian 的一系列实验得出了三个重要结论：（1）空间注意的影响无处不在，即使在最简单的实验任务中也会发生这种情况；（2）相容和不相容的 S-R 映射的神经结构不同；（3）强调了顶叶上、下小叶在调节视觉空间和分散注意方面的不同作用。

综上可知，注意在我们的日常心理活动中无时无刻不在参与，它也在空间相容性中起到了非常重要的作用。相容性效应的产生，首先是被试的注意进行了参与，接着才是其他心理机制和脑神经机制的参与。

二　注意影响空间编码

成功的行动可能依赖于刺激和反应相关的关系空间编码（将一个人的行为编码为备选事件的左或右），这意味着其他事件的存在使空间刺激—反应相容性效应的出现更为可能（Dolk，Hommel et al.，2013）。视觉注意在空间相容性研究中发挥了重要的功能作用，视觉注意力焦点的位置作为空间参考点（水平面和垂直面上的中性位置），影响空间刺激—反应相容性。根据相对空间编码的注意力模型，注意也影响着 Simon 效应的发生。基于该模型，学者们通过两个实验研究了 Simon 效应中的相对空间编码，特别是注意力焦点的作用（Stoffer & Yakin，1994）。在这个研究中，注意力焦点指当前空间位置的中心（如屏幕中心的注视点位置），也是被用作表示空间参考系零点的参考点。假设相对空间编码是根据视觉注意焦点的位置进行的，精确呈现在焦点注意位置的命令刺激的空间代码在水平面上应该是中性的，因此不应观察到 Simon 效应；而当命令性刺激呈现在焦点注意力当前位置的左侧或右侧时（相对于注视点的屏幕上的左侧或右侧位置），空间代码不应是中性的，从而产生 Simon 效应。在实验任务中，焦点注意力要么由外围呈现的起始前置线索控制，要么由中心呈现的符号前置线索控制。结果表明，当一个有效的前置线索恰好在命令性刺激之前及时结束，将注意力重新聚焦到命令性刺激出现之前的位置时，Simon 效应显著降低。然而，具有中性前置线索的条件产生了正常大小的 Simon 效应。起始前置线索和符号前置线索的不同并不会影响 Simon 效应，但当前置线索有效时，Simon 效应随着线索与目标之间的时间间隔的增长而减小。这些结果表明个体对刺激的空间编码与注意力焦点位置相关。

综上，焦点注意力在 Simon 效应中起到了非常大的作用。我们为了确保视觉信息与动作相关选择的最大效率，系统会表征物体相对于当前注意力焦点的距离，接下来要聚焦的物体的位置，这个过程中注意都需要进行深度的参与表征。

第二节　注意定向理论

一　注意定向理论的提出

人类接收的绝大部分（80%）信息都是通过视觉通道获取的（张莉，2021）。个体对刺激做出反应的一个前提条件是注意力资源的分配。注意的主要功能是选择一定的刺激并将之纳入当前的注意范围内进行加工。注意具有指向性和集中性的特点，同时个体注意力又受到注意广度和注意分配的影响（彭聃龄，2010），因此在个体认知加工过程中会出现注意的视觉定向（visual orienting）。

注意定向指由于注意资源和注意范围的有限性，个体为了流畅地进行认知加工，会将注意定向到环境中的特定事物上，进而对刺激的相关信息进行深入加工（Posner，1980）。视觉定向使人类将处理能力集中在环境中最显著或与行为相关的特征上。在视觉上，这种视觉定向可以通过眼睛的运动来实现：眼睛经常快速移动（扫视），在每两次扫视之间，眼睛将休息并在被称为注视的时间段提取视觉信息。通过大量复杂且相互竞争的视觉信息，扫视和注视的引导方式可以促进行为目标的实现（Atkinson et al.，2018）。在我们的日常生活中，我们需要完成一件事情，就需要将注意力集中在具体的事件中，比如上课时候将注意力集中在老师的讲授内容上，画画时将注意力集中在画板上，这些过程均使用到了注意定向的相关内容。

波斯纳最早提出视觉定向理论（visual orienting theory，又称聚光灯模型）来解释注意如何分配给刺激和反应的加工（Posner，1984）。根据该理论的观点，在对空间刺激进行反应时，产生视觉定向的原因可以用聚光灯原理解释。视觉定向理论属于聚光灯模型理论，由于注意力分配基于特定的空间位置或区域，因此个体在执行任务时，注意力焦点就像聚光灯一样移动，注意范围就像变焦镜头一样可以缩放，注意力首先集中于聚焦点，之后向四周扩散并减弱（房慧聪、周琳，2012）。视觉感知基于注意力可以集中在视觉空间的一个受限区域，以便对该位置的刺激进行加工，由于注意力聚光灯的空间范围有限，因此必须连续对多个位置进行依次反应（Trick & Enns，1998）。例如，个体对多个方位位置的视觉定向存在先后顺序，即物体搜索的方位效应存在视觉定向效应。在故事阅读产生的想象场景中，位于场景中的观察者对身体四周物体的搜索应分为两个阶段。首先是目标方位的判断，认知加工时间的方位先后顺序是从前到后，再从左到右。其次是注意指向目标方位，从而辨别目标物体，认知加工时间的方位先后顺序是注意点、注意对面、注意点左侧、注意点右侧。物体查找的反应时模式取决于这两个阶段的共同影响（牟炜民等，1999）。

综上，人类接收信息的过程中需要使用到注意，在这个过程中会将注意定向在具体的事物中，对这一现象的解释，可以使用到注意定向理论。

二 注意定向理论在相容性研究中的应用

(一) 注意定向相容性与视野相容性原则

视觉定向理论在相容性研究中的一个应用是视觉上的刺激—反应相容性。刺激—反应相容性是指控制个体运动方向（从两个或多个可能性中选择）与相应系统或显示运动方向之间的一致程度。有学者提出，视野相容性（visual field compatibility）是视觉定向相容性的通用原则，与观察和肢体位置无关（Worringham & Beringer，1998）。视野相容性指的是操作员相关肢体段的运动方向与视野中的"受控元件"或"显示器"的运动方向相同。通常，操纵控制装置的操作员肢体部分与显示屏大致对齐，如在正常坐姿下，手臂和手放在身体前方。Worringham 和 Beringer 使用一项任务研究了定向刺激—反应相容性的基础，类似于某些工业和建筑设备的操作，在该任务中参与者需要使用操纵杆将光标移动到目标位置。结果发现光标和控制肢体的运动在视野中的方向相同，即存在视野相容性。这一研究证实了视野相容性是一种稳健的空间相容性原则，既不受操作员肢体或头部的方向影响，也不受执行任务时使用的肌肉协同作用的影响。它不仅提供了更快的性能，而且显著降低了潜在危险的方向错误率（Worringham & Beringer，1998）。刺激—反应相容性多使用于人机系统迫使操作员对控制和显示设备采用各种方向进行操作，使得操作员方向成为影响绩效的关键因素。

(二) 注意定向的一致性效应

在空间变换后识别对象时仍存在注意定向一致性效应（orientation congruency effects）。最近的神经计算模型提出，物体识别是基于协调记忆和刺激表征的坐标变换。如果通过调整坐标系（或参考系）来识别方向错误的物体，那么当物体前面有同一方向的不同物体时，应便于识别。研究者将两个物体以短暂的遮罩显示，时间上紧密相连以避免较长的刺激时间间隔对一致性效应的干扰；在实验中让参与者按照呈现顺序依次命名两个物体，其中两个物体处于一致或不一致的图像平面方向。结果表明，相容定向的命名准确率高于不相容定向。相容性效应与上级类别隶属度无关，并且在具有不同延伸主轴的对象中都存在该效应。对于常见的熟悉对象，即使它们具有不同的形状，也会产生定向相容性效应（Graf et al.，2005）。

在图形用户界面（graphical user interface，GUI）中，用户常常通过操纵控制设备（如鼠标、操纵杆）来实现界面交互。研究发现，系统中的相容性程度往往是从性能的速度和准确性来推断的，控制器和显示器之间的间接关系导致刺激—反应不相容，不相容的显示控制关系会导致操作员更长的反应时和更高的错误率，从而增加操作员的操作风险（Phillips et al.，2005）。例如，图形用户界面通常涉及使用带有间接作用点的光标控制设备（如鼠标），控制器的移动用于更新计算机屏幕上光标的坐标，从而显示用户的实时选择。大多数光标控制设备相对于计算机屏幕的垂直方向具有水平方向，虽然这对用户的左/右运动几乎没有影响，但光标的上/下运动需要光标控制设备的向前/向后运动，因此用户操纵控制设备时，相对于左/右运动，上/下运动会出现更大的问题。在图形用户界面中，当鼠标向前移动编码光标向上移动时，显示和控制之间的间接关系可能导致方向不相容。但是，对于左/右移动或直接光标控制器（例如触摸屏），不应出现这种情况。控制器方向和光标运动之间的不相容不会影响反应延迟，这可能是因为向前和向上运动都远离中线，并向上移动视野。然而，显示器和控制器之间的方向不相容会导致运动较慢，加速阶段延长。因此，显示和控制之间的间接关系影响终端引导，而与操纵器方向相关的方向不相容影响光标运动的加速阶段，这启示研究人员快速应用寻求显示和控制之间更直接的映射。

（三）社会互动中的视觉定向相容性

在与他人进行社会互动的过程中，他人的行动以多种方式影响我们的注意力和视觉定向。例如社会互动会产生对话，个体必须理解说话者可能用来表示其社会注意力焦点的各种社会信号，这些信号快速而有效地转移自己的注意力焦点（Langton & Bruce，1999）。

在观察他人目标导向行为后个体也会产生注意力定向，动作是视觉系统中一种非常重要的定向线索（Atkinson et al.，2018）。研究人员让成对参与者在共享工作界面的同时，轮流到达目标位置，其中每个参与者的任务包括两个目标位置，可以随机出现在中央注视的左侧或右侧，对每个参与者在自己之前的反应之后启动反应的反应时以及在另一个共同参与者的反应之后启动反应的反应时进行分析，结果表明参与者在完成自己最后一个动作的情况下，反应时在到达相同位置的情况比到达不同位置的情况更慢，而参与者对与其合作者之前的反应相同位置的反应也会减慢。这一新发现被解释为他人行为引起的返回抑制（inhibition of return，IOR）（Welsh & Pratt，2006）。Welsh 等人的研究表明，在参与者自己反应后的试次和指导者的试次后的实验结果中，社会返回抑制的幅度没有发现差异。这种社会返回抑制可能是由于感觉瞬变引起的，当辅助者的目标出现在外围位置时，会发生这种瞬变，因此会产生"标准"返回抑制效应（Cole et al.，2012）。这表明在联合行动中，注意力更容易集中于个体易于反应的位置，即刺激与反应之间存在相容性，也就是说指向他人社会注意力方向的线索会产生观察者视觉注意力的反射定向（reflexive orienting）。

社会注意信号也影响视觉定向。参与者被要求对可能出现在视觉显示器上四个位置之一的目标字母做出简单的检测反应。在呈现目标之前，这些可能的位置之一是由显示中心固定时出现的数字化他人头部刺激的方向提示的，结果发现仅当提示出现在目标开始前 100 毫秒时，非信息性和可忽略的提示刺激在提示位置相对于未提示位置产生更快的目标检测潜伏期，该效应不受"待注意"和相对信息提示的引入影响，但受到他人头部提示反转的干扰（Langton & Bruce，1999）。

因此，我们在与他人互动的过程中，他人的行动以多种方式影响我们的注意力和视觉定向，比如通过观察他人目标、注意到其他的社会信号等。

三　注意定向理论对相容性研究的意义

视觉定向相容性在人机工程学中至关重要。许多人机系统要求控制装置（如操纵杆、操纵手柄、旋转手柄等）应与受控元件或"显示器"（可能是真实物体，如起重机吊臂，或虚拟物体，如屏幕上的光标）的移动方向相对应，即刺激和反应需要在视觉方向上具有一致性（相容）。因此，注意视觉定向的视野相容性原则可以应用于人机系统设计。视野相容性原则是一个独立于人类操作员在控制和显示方面的物理方向的原则（Worringham & Beringer，1989）。前文已对该原则进行介绍。相比于视野不相容的条件，视野相容的系统具有独特优势：在视野相容性下产生的极少数错误可以被快速纠正，因为它们可以被快速检测到。简而言之，与不遵守视野相容原则的等效系统相比，遵守视野相容性原则的人机系统在最小化错误、事件和事故方面具有压倒性优势（Worringham & Beringer，1998）。因此，将注意的视觉定向理论应用于人机系统的设计具有必要性和重要性。

将视觉定向应用于相容性研究时需要注意，在视野相容系统中要考虑反向误差数据对系统的影响，如错误的运动方向可能会导致重大伤害或损坏（例如，起重机悬挂的负载被导向远离而不是朝向其目的地），这样的错误虽然不常发生，但一旦出现后果就非常严重。考虑到上述情况，视野相容系统的操作应该更注重安全而非追求操作速度和操作上的便捷（Worringham & Beringer，1989）。

因此，注意定向理论的探索，不仅有利于空间认知领域理论层面的研究，也有助于向实践层面的延伸和拓展，科学指导实践。

第三节　注意与 Simon 效应

本节主要关注 Simon 效应的研究以及注意在其中的作用。通过本节内容，我们可以明确了解 Simon 效应、Simon 反转效应、Simon 效应的机制和注意在其中起到的作用，为后续实践领域的应用奠定基础。

一　Simon 效应及机制解释

（一）Simon 效应

如前所述，Simon 效应也是一种空间相容性效应，但我们对空间位置的编码没有注意参与，例如刺激空间位置为无关变量，颜色为相关变量，仍然会出现 S-R 空间位置一致条件下的反应时间仍比不一致条件更快的现象，此效应为 Simon 效应（Simon，1990）。所以说注意并非空间相容性或

Simon 效应的必要条件，但却对该效应产生重要影响。Simon 效应与其他空间相容性效应一样，也存在直接和间接两种反应选择过程（Kornblum et al.，1990）。直接的、自动的反应选择过程是长期的、过度习得的 S-R 映射（如对右侧刺激的右反应）的表达，而间接的（或有意的）任务依赖过程是基于任务指令定义的短期 S-R 映射（Hommel & Prinz，1997）。在相容反应条件下，长期和短期的 S-R 映射是一致的，而在不相容反应条件下，短期 S-R 映射（如左侧对右侧刺激的反应）与长期 S-R 映射（如右侧对右侧刺激的反应）是相反的。当相容反应和不相容反应在同一区组中混合时，被试会在前一个试次的基础上被提示当前试次是相容反应还是不相容反应，相容反应会变慢，这样相容效应就会消失或大大降低。对于这一现象，一个被广泛接受的解释是，当相容试验和不相容试验混合时，基于长期 S-R 转换的自动直接反应选择过程会确定不相容试验的大量错误，从而被积极抑制。因此，只有短期的、任务依赖的 S-R 转换可用于反应选择。

（二）Simon 效应的反转现象

在 Simon 现象提出之后，Hedge 和 Marsh（1975）提出了 Simon 效应的反转现象，并把此现象归因于逻辑再编码：对无关刺激维度的编码遵循与任务要求相同的编码逻辑。此研究吸引了许多研究者兴趣，因为它违反了当刺激与反应位置对应时反应更快的原则。然而，Simon 等的研究与 Hedge 和 Marsh 提出的反转现象相矛盾，并认为"显示—控制排列对应性"（颜色刺激位置和相同颜色反应键位置之间的对应性关系）是产生 Simon 效应反转的关键。在 Simon 效应的反转中决定反转发生的条件不仅对说明这一现象是重要的，而且对理解整个反应选择也是重要的。国内有课题组在 2006 年开展了一系列实验，对 Simon 效应及其反转现象的机制进行了研究（宋晓蕾、游旭群，2006）。实验 1 旨在确定当相关维度是刺激位置，无关维度是左右耳声音时，能否出现 Simon 效应及其反转。实验 2 改变刺激呈现和任务反应模式，以中央呈现的颜色刺激作为相关维度，无关维度仍是左右耳声音，旨在进一步确定刺激与反应位置之间的对应性关系是不是产生 Simon 效应反转的关键。实验 3 旨在确定当颜色信息在左右位置呈现并随机变换反应键颜色时，能否出现 Simon 效应的反转。结果中并没有出现

Simon 效应的反转，是因为被试不是按指导语说明的通过颜色编码反应，而是按左右位置编码反应。而当明显标记反应键时（实验4），则出现显著的 Simon 效应反转。说明 Simon 效应的反转主要由显示—控制排列对应性引起，这种情况下，没有出现大量的 Simon 效应的反转是因为刺激颜色与对应的反应颜色指示不同位置。此结果和 Hedge 和 Marsh 的刺激与反应颜色不相容匹配条件下 Simon 效应反转的出现一致，但前提是必须明确标出反应键的颜色。正如显示—控制排列对应性假说所言，对不相容条件下的颜色刺激，Simon 效应反转发生的条件是明显标记无关位置信息和反应键位置。总的来说，当相关刺激—反应匹配不相容时，颜色刺激在左、右位置出现，当明显标记反应键时，出现 Simon 效应的反转。当手指遮住反应键的标记时，没有反转。当颜色刺激在中心，声音在左、右耳发生时，没有反转。这些结果表明显示—控制排列对应性是引起 Simon 效应反转的最重要因素，逻辑再编码只起到次要的作用。

（三）Simon 效应的机制研究

我们研究一种效应并不只是提出或者发现一种现象，如何阐明它的机制并且运用才是更重要的。在 Simon 效应发现几十年来，针对 Simon 效应理论解释的研究也层出不穷。下面我们将讨论其中一些理论解释。

1. **空间信息对其机制的解释**

在空间条件中，刺激的无关位置是不同的，可以与反应位置相容或不相容。在非空间条件下，刺激的位置不变，但刺激的颜色有所变化，与正确反应按钮的颜色相同或相反，导致非相应条件下的干扰。空间 Simon 效应和非空间 Simon 效应在不同时间重叠程度下表现出不同的动态：空间 Simon 效应随着与主任务时间重叠程度的增加而显著降低。与此相反，非空间 Simon 效应的大小与主任务的时间重叠无关。虽然空间信息在双任务中发挥着特殊的作用，但空间信息和非空间信息在双任务中的不同作用机制仍有待进一步研究。一些研究表明，当 Simon 任务与其他高优先级任务存在时间重叠时，空间相容效应会显著减弱。相比之下，Simon 任务的非空间变体似乎不受任务重叠的影响。

2. **双任务范式对其机制的解释**

Lehle 等人（2011）利用双任务设计中的侧化准备电位（LRP）来阐

明颜色和 Simon 任务空间变体差异效应背后的动态机制。研究采用双重任务或心理不应期范式（PRP）与事件相关电位（ERPs）记录相结合的方法，探讨空间与非空间相容效应的动态差异。在 PRP 范式中，两个任务紧密地连续执行。主要任务和次要任务的刺激之间的间隔是不同的（刺激开始的异步性），以检查两个任务之间干扰的动态。如果两个任务同时访问中央处理阶段，则会观察到干扰。在大多数情况下，次要任务的中央处理阶段被推迟，直到主要任务的中央处理阶段完成。反应选择是公认的核心过程之一。相反，知觉和反应执行等中心阶段之前和之后的过程可能在不受干扰的情况下重叠两个任务。Lehle 等人（2011）预测，绩效上的 Simon 效应可能与 SOA 的交互不足。关于 LRP，研究者预测，首先，空间对应反应的刺激相关反应激活可能出现在所有 SOA 中，应该在 LRP 中发现大量的早期错误激活，其幅度和延迟与 SOA 无关。这可以通过激活重置假说和空间注意假说来预测。其次，启动本身的强度或时间也可能因 SOA 变体而改变。在这种情况下，可以预期 LRP 中与早期刺激相关的反应启动的 SOA依赖调制。后者的结果支持有限资源阻碍启动假说。在双任务情境下研究非空间 Simon 任务，根据前人研究的结果，非空间 Simon 效应预计将与SOA 一起增加。这方面主要的兴趣在于，早期刺激驱动的 LRP 激活是否会像空间版本一样出现在 ERP 中。激活重置假说和反应判别假说都没有对非空间冲突做出具体的预测。资源有限阻碍启动假说认为刺激驱动的反应启动仅限于位置等与行动相关的信息。相比之下，在非空间任务中，没有刺激驱动启动，因此 LRP 中没有预期的早期偏转。最后，空间注意消解假说假设空间注意可以在空间任务中特异性地化解冲突，但在 Simon 任务的两个变体中，反应启动和 LRP 中的相应偏转的发生强度相等。

在双任务情境下考察空间和非空间的 Simon 任务的结果表明，在彩色（非空间）版本中，没有迹象表明 LRP 中不相关的刺激特征会引起早期反应启动。颜色相容效应与任务重叠无关，并反映在 LRP 起始延迟上。与此相反，在空间版本中，不相关刺激位置的启动被早期 LRP 激活所反映。然而，反应启动和相应的 Simon 效应只在与主任务时间重叠较少的情况下出现。在强时间重叠条件下，空间相容效应的缺失表明，刺激相关启动引起的反应冲突依赖于加工资源的可用性。在这种情况下，可以预期 LRP 中与早期刺激相关的反应启动的 SOA 依赖调制。后者的结果支持有限资源阻碍启动假说。在双任务情境下研究非空间 Simon 任务，根据前人研究的结果，非空间 Simon 效应预计将与 SOA 一起增加。这方面主要的兴趣在于，早期刺激驱动的 LRP 激活是否会像空间版本一样出现在 ERP 中。

3. 神经生理学方面的解释

为了测试背侧运动前区和顶叶上区在 S-R 转换认知机制中的作用，Koski 等人（2005）用 TMS 对先前由 fMRI 显示在个体受试者中被激活的背侧运动前区和后顶叶区进行了研究。利用单脉冲经颅磁刺激精细的时间分辨率，在刺激呈现的不同时间点对背侧运动前区和顶叶上区应用经颅磁刺激，以绘制直接、长期和间接、短期 S-R 转换的时间展开。

TMS 功能性脑成像研究表明，在执行空间刺激—反应相容性任务（SRC）时，背侧前运动皮层和后顶叶皮层的活动增加。使用单脉冲经颅磁刺激（TMS）测试了这些区域在刺激反应映射中的具体作用。在进行 TMS 之前，研究人员对受试者进行了功能磁共振成像（fMRI）扫描。在相容或不相容试验期间，以及在真实 TMS 或假刺激期间，测量任务准确性和反应时间（RT）。在每次试验中，在刺激开始后的 50 毫秒、100 毫秒、150 毫秒或 200 毫秒向左侧或右侧视野发送一次 TMS 脉冲。根据刺激时间的不同，左运动前皮层的经颅磁刺激产生了不同的促进作用。在短时间间隔内，经颅磁刺激似乎启动了左背侧运动前皮层，以更快地选择右反应，而不考虑刺激—反应相容性。然而，刺激的最强效果出现在 200 毫秒间隔，当 TMS 促进不相容条件下的左反应，在刺激顶叶位置时，观察到对侧半视野的注意促进。该研究发现了三种不同的 TMS 诱导的促进：左前运动皮层对右侧反应的早期运动促进，两个顶叶部位的注意促进，以及短期 S-R 映射的晚期认知促进。因此，经颅磁刺激诱导的促进作用似乎可以在多种功能域内观察到。研究者强调了非特异性因素在调节对刺激的行为反应中的重要性。第一，左背侧前运动皮层是一个与短期 S-R 映射相关的皮质区域；第二，短期 S-R 映射似乎有一个相对缓慢的时间过程，因为 TMS 只在刺激的一个时间点对它们有效。

二 注意在 Simon 效应中的影响作用

几十年来，研究者对冲突干扰效应的影响因素进行了大量的研究，发现了注意是此类效应的影响因素之一。基于以往的研究基础，下面我们以 Simon 效应为代表重点阐述注意对 Simon 效应的影响。

（一）注意过程对 Simon 效应的影响

注意分为警觉、定向和执行控制三个部分，在 Simon 效应中，三个部分均有注意的参与。Lamberts 等人（1992）研究了被试对视觉刺激的反应，这些视觉刺激在半步（即给定显示中的绝对位置）、半场（相对于中央凹的位置）和相对位置（相对于其他刺激位置的位置）方面随机变化。所有三个参考系都是正交变化的，因此它们的贡献可以独立评估。结果表明，这三种在刺激—反应相容性中都起着一定的作用：如果它们对应于任何的刺激位置，相应的反应就会更容易。这表明认知系统不是只计算一个刺激点的位置而是计算多个，因此每个刺激点同时被编码在不同的空间地图中，这些地图可能服务于不同的计算目的（Rizzolatti et al.，1994）。显然，在这些地图中计算的编码可以与响应的表征进行交互，至少可以与对应位置的表示编码进行交互。

Klein 和 Ivanoff（2011）研究认为，定向会影响与任务相关的或与任务无关的代码的时间进程，另外警觉性和执行控制的影响通过不同的机制发挥作用，向刺激方向反应倾向的自动激活强度可能与被试的警觉性或反应准备状态直接相关。在不警觉或无准备状态下，这种倾向只会被弱激活。执行控制可以用来过滤掉对刺激做出反应的自动激活倾向。当这种控制形式有效时，Simon 效应会减少，当控制形式无效时，Simon 效应可能会急剧增加。人脑似乎可以对刺激事件的各种空间方面进行编码，而且有证据表明，所有这些编码都能与针对某一特定刺激的行动或与由该刺激引发的行动的空间表述相互作用。此外，行动的空间表征似乎也包括几个空间编码，正如观察到的，实验中所使用刺激的空间特征、所进行的运动和所实现的目标对整个 Simon 效应的单独贡献表明的那样（Hommel，1993）。毫无疑问，这些发现对于理解 Simon 效应是有意义的，但它们远远超出了这

个特定的效应，从而证明了 Simon 效应如何可以作为一个实验工具来研究
更广泛意义上的空间再现。综上所述，以往研究普遍认为，注意的三个过
程可以对 Simon 效应的内在机制做出解释。

（二）注意理论对 Simon 效应的解释

在注意对 Simon 效应的解释过程中，Bernhard 和 Hommel（2011）考虑
了事件编码理论（theory of event coding，TEC）和前运动注意理论（pre-
motor theory of attention，PMTA）对 Simon 效应的作用。

关于事件编码理论对 Simon 效应的解释，具体而言，研究者认为 TEC
在处理认知或基于记忆的 Simon 效应，但在解释一系列其他研究结果时却
很有限。同时，他们也不认为注意的转移是对 Simon 效应表现的所有影响
的原因。但是他们依然强调，在目前的基础上，研究者没有理由拒绝这样
的想法，即注意转移编码与各种刺激相关的编码平行工作。关于 Simon 效
应的新的和明确的理论应该考虑到，较低层次的注意代码和较高层次的认
知代码编码，都是一个整体的包含性理论的必要成分。总的来说，目前关
于 Simon 效应的理论普遍认为，这是一种与编码有关的现象，虽然具体的
研究有一定的差异，比如注意理论能在多大程度上解释 Simon 效应就有不
同的理解。

Hommel 对 PMTA 进行了研究，他认为注意定向可以被看作对某一特
定位置进行扫视的准备，根据前运动理论，先将注意向左移动再向右移动
需要改变方向参数。换句话说，如果一个人假设一个空间参照点，它的起
源在当前的位置，那么前运动理论不再有效。相反，前运动理论需要的是
一个与当前固定位置保持一致的参照点，也就是说，与没有移动的眼睛保
持一致，因此就没有转移注意。这可以归结为前运动理论和 Simon 任务中
空间刺激编码注意转移方法之间的结构不相容。因此，尽管人们可能会怀
疑 Simon 效应的注意转移方法是否能进一步洞察空间刺激码形成的原因，
但相关的研究已经为多种空间刺激码的同时编码提供了广泛的证据，这些
空间刺激码编码了一个刺激的各种空间方面和特征，以及它与其他刺激和
一般环境的关系。这支持了灵长类动物的大脑由不同的空间地图组成的观
点，这些地图服务于不同的计算目的（Rizzolatti et al.，1994）。

在 TEC 和 PMTA 框架中隐含的第一个要求是，需要为（相关）刺激和（相关）反应的内部编码提供一个共同的表征级别，允许任何干扰。第二个要求是，注意的作用需要更精确地指定为注意选择，而这种选择的时刻似乎是 Simon 效应的先决条件。从 PMTA 的角度来看，Simon 效应的注意作用是显而易见的：由于刺激和反应位置的共享空间表征，对位置的注意选择意味着对同一位置的行动在时间上是容易的。因此，空间编码的生成是时间锁定的，用以注意选择刺激。也就是说，注意轨迹至少是最重要的参考系之一，注意选择决定了与特定刺激相关的空间编码将发挥作用，其形成时刻也与注意选择时刻重合。此外，TEC 的进一步规范似乎使 PMTA 和 TEC 几乎无法区分。第三个要求是似乎需要整合更高层次的认知代码，因为 Simon 效应依赖于有意义的背景，比如旋转的面孔（Hommel & Lippa，1995）。显然，这个要求超出了 PMTA 的范围，而 TEC 有足够的自由度。如果确实存在低空间水平和高认知水平两种不同的表征水平的贡献，那么对于两种类型的干扰（低水平和高水平），刺激和反应信息也需要一种共同的表征形式。例如，一个选择的刺激和一个特定的反应可能涉及共享空间地图中的相同位置，它们可能都包含相同的语义标签"左或右"。

Lubbe 等人（2012）则考虑了 PMTA 的一个更近期和更广泛的概念，将这种方法与 TEC 进行了比较，并用两种方法进行了一些关注空间注意对 Simon 效应的作用的研究。他们认为，PMTA 可以更容易地解释空间注意对 Simon 效应的影响的各种研究，关于 Simon 效应的全面理论应该包含另一些元素。在一些研究者看来，PMTA 暗示了空间注意在 Simon 效应中的核心作用。总的来说，PMTA 暗示了一种对参与地点的行动的促进，因为对地点的注意导向（几乎）等同于对该地点的行动的一般准备。事实上，这与 Simon（1969）最初的观点非常接近，即人们会对刺激源产生自然反应。这种观点也可以很容易地与注意的观点联系起来，后者可以被解释为行动的选择。例如，在考虑视觉中的选择性注意功能时，Vander Heijden（1992）认为，注意选择的主要功能本身并不是由于假定的处理能力有限而减少输入信息，而是根据特定的刺激选择适当的行为。将一个人的反应建立在一个刺激上意味着选择这个刺激的位置，并将这个刺激的各个方面与一个特定的行动联系起来。这一观点意味着，一个刺激要被用来控制行为，它必须通过注意来选择，这种通过注意来选择一个位置是对该位置的任何后续影响的先决条件，就像 Simon 效应一样。

三　Simon 效应与特定刺激显著性特征

Lu 和 Proctor（1995）研究发现，Simon 效应可能是由于刺激在非对应位置显示时反应变慢，而不是在对应位置显示时反应加快。Simon 效应是一个短暂的现象，即在选择 RT 任务中，RTs 会在 500 毫秒内消失。这种反应受到刺激点和反应点之间对应关系的影响，这表明参与感知和行动的共享系统。根据注意前运动理论（Rizzolatti et al.，1987），存在一种连接知觉和运动空间的超模态空间表征（Van der Lubbe et al.，2012）。这种表现很可能基于顶叶（Andersen & Buneo，2002）。Abrahamse 和 Van der Lubbe（2008）认为是空间注意的引导导致了 Simon 效应，因为在已经有人参与的位置出现的刺激会减少或没有 Simon 效应。这表明 Simon 效应是由刺激显著性自动吸引空间注意引起的。有研究在顺序按键任务中探索了 Simon 效应，结果显示了由单词的显示位置引起的对第一个按键的 Simon 效应。随后的按键没有显示出这种效果，这是由于在按下第一个键后，单词位置码会迅速衰减（Eimer et al.，1995），因此 Simon 效应可以指示是否使用了键特定刺激。

对练习离散的按键序列是否导致忽视特定按键刺激的研究表明，与序列学习模型所述一致；或者，是否因为相关的亮度的增加吸引了视觉空间的注意，人们才会继续依赖这些刺激。在一个实验中，被试通过对两个固定序列的七个字母刺激做出反应来练习两个序列，每个字母刺激显示在一个与所需反应位置相对应或不相对应的位置。刺激物的使用是通过 Simon 效应来表示的，即当刺激物和键的位置不一致时，按键的速度会减慢。当 Simon 效应发生在每个序列元素上时，字母刺激继续被使用，且这种情况在整个实践中相当稳定。即使刺激无意义甚至有害时，Simon 效应仍然存在。即使在没有特定元素刺激的运动序列中，注意的吸引也会强制执行刺激的使用。这些数据进一步支持了这样的假设：S-R 转换和排序系统竞速触发的个体反应，而明确的序列表征包括空间和语言知识。尽管在离散键控序列中发展了强序列表征，特定刺激键的显示会吸引视觉空间注意，并在相应的位置启动反应。不同被试对已练习序列的意识差异很大，涉及空间和语言序列知识，但意识对序列执行的贡献不大，这可以归因于从显式序列表示中提取单个响应的速度较慢。这种意识差异表明，在经过合理的练习后，可以通过去除一些刺激来促进外显序列知识的发展。总之，顺序运动技能的练习将助益于呈现不吸引视觉空间注意元素的特定刺激。

第四节　注意在空间相容性中的应用

自从空间相容性效应被发现以来，研究者对其现象和机制进行了大量的研究。近些年来，对空间相容性及 Simon 效应的应用研究也层出不穷，比如跨研究领域的应用、对 Simon 效应的变式以及多通道感官的研究等。本书后面将讲述的相容性与人因失误中，我们也将看到 Simon 效应的身影。

一　三维空间实验的相容性应用

以往大多数空间相容性的相关研究都将信号和控制的位置限制在二维平面上相互平行或正交，比如大多数使用经典实验室任务的研究（Chan & Chan，2009）。但如果我们将情境放到三维空间中，情况又会如何呢？俗话说"耳听六路，眼观八方"，我们在生活中本身就会注意到身边各个方向的刺激，近些年来，研究者开始研究注意在三维空间相容性中起到的作用。研究发现，在飞行模拟实验中，使用目视鸟眼雷达显示器和三维听觉显示器的飞行员搜索时间明显快于使用战术显示器的飞行员。此外，当两个额外的显示器同时显示时，反应时间被发现进一步加快（Bronkhorst et al.，1996）。对车辆声学用户界面（AUI）的研究表明，与其他单方向声音设计相比，发送空间 3D 声音以提供不同空间位置的能力使 AUI 有利于驾驶员的响应时间。此外，整体绩效层面的相容效应不仅发生在刺激物的物理位置不同时，也发生在空间信息以象征方式（例如，左或右指向的箭头）或口头方式（例如，说左或右的词）传递时（Vu & Proctor，2004）。

通过这些研究我们可以看到，除了经典的二维上下左右方向，在三维空间中，利用空间相容性原则也会提高任务绩效和反应速率。

空间相容效应对注意、空间表征和执行控制具有重要意义（Hommel，2011），心理生理测量有助于理解这种影响。Chan 等（2010）利用侧化准备电位（LRP）和肢体选择电位（LSP）两个四选择反应时间（RT）实验评估了空间相容性对运动过程的影响，也就是在涉及手和脚反应的任务中检查空间相容性对运动过程的影响。在实验中，研究者直接使用 LSP 和 LRP 评估运动效应，LSP 和 LRP 分别分离手足和左右效应器的制备，记录了 24 名被试在 8 个三维空间 S-R 相容条件下的反应时间和手脚的反应。根据一般假设，非运动性对 RT 的影响对于这两种肢体系统应该是相等的。在整个研究中，通过两个实验考察了当刺激位置与反应相关时的空间相容效应和当刺激位置与反应无关时的类似效应。个体刺激被呈现在以固定为中心的正方形的一角，每一个反应都是用左手或右手或脚做出的。正确的反应是由刺激位置决定或是由刺激同一性决定的。LRP 和 LSP 结果表明，横向和纵向配型对运动过程持续时间的影响很小或没有直接影响。在相容性条件下，被试有相对更快的反应时间和更低的错误率。上下维度的空间协调效应最强，且左维度的空间协调效应强于前维度。从结果中我们可以发现，对于习惯使用右手/右脚的操作人员，关键和立即行动的响应设备应该用右手操作，并放置在右手边的主要位置。为了获得较快的响应速度和较高的精度，视觉信号和响应装置的位置应在空间上具有相容性，以达到最佳人机系统绩效。兼容三个方向的控制显示配置将在响应时间和响应错误方面产生最佳绩效。对于手脚反应的八种选择的三维空间相容性任务，上下方向的兼容效应最强。左取向比前取向的相容性效应更强。这些结果表明，双手和双脚的反应，以及在三个方向不能同时建立空间兼容性的情况下，对上下方向的兼容性应给予最高的优先考虑。如果兼容性只能在两个方向上构建，那么应该选择上下方向和左右方向。此外，结果表明，相对较新的 LSP 测量方式是一个有用的指标的运动激活过程。它对水平刺激伪影的不敏感性使得它特别适用于研究水平空间相容性的影响。

随着人机系统复杂性的增加，需要操作人员处理的视觉信号和控制设备的数量普遍增加。研究人员已经变得更加关注互动和关系，特别是在这类任务中显示和控制之间的相容性。他们认为如果在人机界面中建立适当的控制和显示组件之间的空间相容关系，可以达到学习更快、反应时间更快、误差更少、用户满意度更高的优点。

二　汽车驾驶中相容性的应用

（一）车载预警信息中的应用

交通事故的主要原因之一是驾驶员在道路上驾驶时没有注意到危险因素。这些突发事件可能发生在车辆内部（例如，车辆和司机的状况）或在道路周围（例如，道路和交通状况）。由于车载预警信息系统的技术进步，提供的危险提示和道路信息对驾驶员的安全大有裨益。我们知道，当空间相容的时候，人的反应会更快；那么将空间相容性运用到预警信息系统时，是否可以提高人的反应速度和绩效呢？

Proctor 和 Reeve（1990）将相容性原则确定为评估设备和设施安全性的重要考虑因素之一，因此，这些原则对人机界面设计有很大的影响。车内的警告资讯系统，旨在加强驾驶者的安全。不良的车载预警信息接口会使驾驶员或操作员无法接收到准确、及时的信息，这可能会严重危及驾驶员的安全。为了减少视觉负荷，车载信息系统经常使用声学界面来显示信息。在防撞警告应用中使用声学可以促进驾驶员提高对道路的注意。来自危险方向的听觉预警信息能够准确、及时地提醒驾驶员可能受到的威胁。特别是，对来自两个方向（左或右）的警告声音的反应比同时对两个方向的听觉警报的反应要快。与同时进行的双侧听觉警告相比，与位置相关的单侧警报在换道场景中减少了 0.24 秒的响应时间，在遇到任意一条路边横穿马路的行人时减少了 0.09 秒的响应时间。这些发现表明，来自危险方向的声音警告可以加快司机的反应速度。在车辆预警系统中这样的声学警报设计当然符合空间相容性的概念。Liu 和 Jhuang（2012）通过驾驶模拟器研究，评估了 5 种车载预警信息显示对驾驶员应急响应和决策绩效的影响。研究人员招募了 30 名志愿司机，让他们执行各种任务，包括驾驶、刺激反应、分散注意和压力评级。一般来说，符合 S-R 相容性应该有助于反应更快、更准确。然而，当司机对车内的警告信号（例如，车道偏离、碰撞）做出反应时，偏离（对侧方向）而不是驶向（同侧方向）危险似乎是合乎逻辑的。因此，引起的反应将不同于预期的 S-R 相容的反应。此外，大多数车辆驾驶员（73%）更喜欢从组合界面接收信息，而不是单模态界面。特别是复杂预警系统中的音频接口，在危险源不在视野范围内的情况下，可以有效地对操作人员进行预警，同时降低视觉负荷。

结果表明，对于单模态显示，在空间相容条件下，驾驶员在处理警告信息视觉显示时比处理警告信息听觉显示时获益更多；而具有空间相容性的听觉显示显著提高了驾驶员对分散注意任务的反应能力和对 S-R 任务的准确决策能力。具有空间相容性的混合显示条件获得了最佳的驱动绩效结果。混合显示使驾驶员在 S-R 和分散注意任务中反应速度最快，准确率最高。具有空间相容性的界面可以提高用户的响应效率，使其更加人性化。

（二）驾驶任务中的应用

除预警信息系统的界面设计，在汽车驾驶的其他方面，空间相容性的应用也不可或缺。在驾驶系统中，驾驶员常常需要通过操纵杆完成任务。Burgess-Limerick 等（2010）区分了操作杆方向（垂直或水平）和位置（侧面和正面）是否影响定向刺激（控制）—反应关系之间的方向错误率。结果发现，位于参与者右侧的垂直杠杆与方向关系配对，推动杠杆会导致车辆向右回转，这与较少的方向错误相关。类似地，当位于参与者左侧的垂直杆与方向关系配对时，推动杠杆会导致车辆向左旋转，因此也很少发生方向错误，其效果符合定向刺激—反应相容性的原则。在使用向左或向右的垂直控制装置直接朝向或远离操作员提升或按下设备的情况下，向操作员拉动操纵杆导致提升的方向控制反应会保证错误更少。这些结果证实了一致方向原则和视野相容性原则的普遍适用性。无论方向控制反应关系如何，当回转运动方向（左或右）与控制方向垂直时（所有前向和所有水平操纵杆方向），方向错误率较高。因此，应避免这些情况。此外，当参与者面前的垂直控制装置朝着参与者移动或远离参与者时，用于控制正向平面的顺时针或逆时针升降，两种方向控制反应关系都没有优势，方向误差率始终相对较高。在这种情况下，两种方向关系都不相容，应该避免这种情况。特别是，当水平杆向上移动导致受控设备向上移动时，方向错误率最小化。这表明自我报告的方向性期望不一定能够预测行为或学习不同方向控制—反应关系的难易程度。

三 键盘设计中相容性的应用

Kozlik 和 Neumann （2013）探讨了在不同任务设置下，刺激特征字母还是键盘位置对字母加工的主要影响。首先，在字母位置判断任务中，字母位置作为任务相关刺激特征可以观察到反应副作用（字母在字母表内或键盘上的位置映射到反应手时反应更快）。当被试需要对非空间刺激特征（大写小写分类）做出反应时，这两个属性都可以被描述为与任务无关。该模式表明，键盘位置的手对应效应出现独立于时间窗口（刺激开始后）的反应。然而，只有当被试被迫延迟反应 450 毫秒时，才会出现按字母顺序排列的手对应效应。总体模式表明，尽管这两个特征都被处理并转化为空间代码，从而反映它们在字母表中的位置和在键盘上的位置，但这些特征与任务的相关性以及刺激开始后所经过的时间都决定了字母的哪个属性能够有效地产生 S-R 相容效应。

在考察空间知识编码和检索中知觉—运动的关联的实验中，被试通过研究地图或在真实环境中导航来学习空间信息，然后根据自我中心或基本方向术语来验证空间描述。被试将鼠标移动到"是"或"否"按钮上，以验证每个语句，通过跟踪鼠标光标轨迹来检查空间知识中的感知—运动关联。对于知觉—运动关联的解释，编码假说预测，无论空间知识如何被使用，知觉—运动关联依赖于编码过程中知觉和行动的参与，而检索假说预测，无论习得方式如何，知觉—运动关联随检索需求的变化而变化。实验结果支持了检索假设，即无论空间信息是如何习得的，被试在自我中心检索中表现出行动相容效应。在空间知识发达的情况下，自我中心检索出现了可靠的匹配效应，而基数检索不出现或出现有限的匹配效应。在知识不发达的情况下，基本检索中的相容性效应暗示存在着一个自我中心编码的过程。其他环境学习的因素，如位置的邻近性和方向的变化，也会影响相容性效应，这在鼠标移动的时间动态中得到了揭示。在长期空间知识中，检索需求不同程度地依赖于知觉—运动关联。这种效应还受环境经验、学习地点的邻近性和经验取向的调节。

在字母处理过程中形成了两个空间刺激码（字母位置和键盘位置），但特征与任务的相关性以及刺激开始后所经过的时间决定了哪个属性能有效地产生位置手对应效应。字母位置在与任务相关的刺激特征中产生反应副作用，而在要求被试对非空间刺激特征（两个属性都与任务无关）的任务中，只有在反应延迟450毫秒时才出现反应副作用。然而，键盘位置产生的反应副作用独立于时间过去的刺激开始。总之，研究结果表明，键盘位置似乎是影响字母反应选择的主要任务无关特征。因此，通过感觉运动模拟的感知动作关联似乎更强，因为它在信息处理过程中的激活比通过空间刺激和反应特征重叠的感知动作关联的激活更快。

综上所述，我们可以看到，在空间相容性及Simon效应被发现的几十年来，研究者对其进行了大量的研究。在早期的时候，研究者的目光主要集中在这种效应不同的表现和现象上。随着时间的推移，越来越多的研究将目光放在了空间相容性的应用上以及跨研究领域的迁移上，特别是对在三维空间中、汽车驾驶中和键盘设计中的使用等。在本书接下来的内容里，我们还将分别讨论相容性在人因学、人机界面等领域的应用研究。

本章小结

1. Simon效应作为一种本能的反应，也是空间相容性效应中非常典型的一种效应。Simon效应的反转现象，即对无关刺激维度的编码遵循与任务要求相同的编码逻辑。

2. 注意是人的心理活动对一定事物的指向和集中，是心理活动的一种积极状态，总是与心理活动过程紧密联系在一起。

3. 空间相容性的应用研究主要集中在跨研究领域的迁移上，特别是对在三维空间中、汽车驾驶中和键盘设计中的使用等。

4. 视觉定向指由于注意资源和注意范围的有限性，个体为了流畅地进行认知加工，会将注意定向到环境中的特定事物，进而对刺激的相关信息进行深入加工。

5. 视觉定向理论（又称聚光灯模型）可以解释注意如何分配给刺激和反应的加工。根据该理论的观点，由于注意力分配基于特定的空间位置或区域，因此个体在执行任务时，注意力焦点就像聚光灯一样移动，注意范围就像变焦镜头一样可以缩放，注意力首先集中于聚焦点，之后向四周扩散并减弱。

6. 视觉定向理论在相容性研究中的一个应用是视觉上的定向相容性。定向相容性是指控制个体运动方向（从两个或多个可能性中选择）与相应系统或显示运动方向之间的一致程度。

7. 视野相容性是定向相容性的通用原则，与观察和肢体位置无关。视野相容性指的是操作员相关肢体段的运动方向与视野中的"受控元件"或"显示器"的运动方向相同。

8. 定向相容性在人机工程学中至关重要。视野相容性原则可以应用于人机系统设计，这是一个独立于人类操作员在控制和显示方面的物理方向的原则。在许多情况下，视野相容系统的操作应该更注重安全而非追求操作速度和操作上的便捷。

参考文献

房慧聪、周琳：《内源性注意定向对立体视觉加工影响的 ERP 研究》，《心理科学》2012 年第 4 期。

牟炜民、杨姗、张侃：《想象空间中物体搜索的方位效应和注意效应》，《心理学报》1999 年第 3 期。

彭聃龄主编：《普通心理学》，北京师范大学出版社 2010 版。

宋晓蕾、游旭群：《Simon 效应及其反转现象作用机制的研究》，《心理科学》2006 年第 2 期。

张莉：《面孔信息对自闭症幼儿注意定向过程影响的眼动研究》，博士学位论文，天津师范大学，2021 年。

Abrahamse, E. L., & Van der Lubbe, R. H. J., "Endogenous orienting modulates the Simon effect: Critical factors in experimental design", *Psychological Research*,

Vol. 72, No. 3, 2008, pp. 261-272.

Andersen, R. A. , & Buneo, C. A. , "Intentional maps in posterior parietal cortex", *Annual Review of Neuroscience*, Vol. 25, No. 1, 2002, pp. 189-220.

Anzola, G. P. , & Frisoni, G. B. , "The spatial distribution of attention in s-r compatibility", *Behavioural Brain Research*, Vol. 49, No. 2, 1992, pp. 189-96.

Atkinson, M. A. , Simpson, A. A. , & Cole, G. G. , "Visual attention and action: How cueing, direct mapping, and social interactions drive orienting", *Psychonomic Bulletin & Review*, Vol. 25, No. 5, 2018, pp. 1585-1605.

Bernhard, Hommel. , "The Simon effect as tool and heuristic", *Acta Psychologica*, Vol. 136, No. 2, 2011, pp. 189-202.

Bronkhorst, A. W. , Veltman, J. A. , Van Breda, L. , "Application of a three-dimensional auditory display in a flight task", *Human Factors: The Journal of Human Factors and Ergonomics Society*, Vol. 38, No. 1, 1996, pp. 23-33.

Burgess-Limerick, R. , Krupenia, V. , Wallis, G. , Pratim-Bannerjee, A. , & Steiner, L. , "Directional control-response relationships for mining equipment", *Ergonomics*, Vol. 53, No. 6, 2010, pp. 748-757.

Chan, A. H. S. , Chan, K. W. L. , "Three-dimensional spatial stimulus-response (S-R) compatibility for visual signals with hand and foot controls", *Appl. Ergon.* , Vol. 41, No. 6, 2010, pp. 840-848.

Chan, K. W. L. , Chan, A. H. S. , "Spatial stimulus-response (S-R) compatibility for foot controls with visual displays", *Int. J. Ind. Ergon*, Vol. 39, No. 2, 2009, pp. 396-402.

Chan, W. H. , Chan, A. H. S. , "Movement compatibility for rotary control and circular display-computer simulated test and real hardware test", *Appl. Ergon.* , Vol. 34, No. 1, 2003, pp. 61-71.

Cole, G. G. , Skarratt, P. A. , & Billing, R. C. , "Do action goals mediate social inhibition of return?" *Psychological Research*, Vol. 76, No. 6, 2012, pp. 736-746.

Eimer, M. , Hommel, B. , & Prinz, W. , "S-R compatibility and response selection", *Acta Psychologica*, Vol. 90, No. 1-3, 1995, pp. 301-313.

Fitts, P. M. , Seeger, C. M. , "S-R compatibility: spatial characteristics of stimulus and response codes", *J. Exp. Psychol.* Vol. 81, 1953, pp. 199-210.

Ghozlan, A. , "Simon's experiments and stimulus-response compatibility: hypothesis of two automatic responses", *Percept. Mot. Skills*, Vol. 84, No. 1, 1997, pp. 35–45.

Graf, M., Kaping, D., & Bülthoff, H. H., "Orientation congruency effects for familiar objects: Coordinate transformations in object recognition", *Psychological Science*, Vol. 16, No. 3, 2005, pp. 214–221.

Grosjean, M., & Mordkoff, J. T., "Temporal stimulus-response compatibility", *Journal of Experimental Psychology: Human Perception and Performance*, Vol. 27, 2001, pp. 870–878.

Hedge, A., & Marsh, N. W. A., "The effect of irrelevant spatial correspondences on two-choice response-time", *Acta Psychologica*, Vol. 39, No. 6, 1975 pp. 427–439.

Hommel, B., & Lippa, Y., "S-R compatibility effects due to context-dependent spatial stimulus coding", *Psychonomic Bulletin & Review*, Vol. 2, No. 3, 1995, pp. 370–374.

Hommel, B., & Prinz, W., "Theoretical issues in stimulus-response compatibility", *Advances in Psychology*, Vol. 118, 1997, pp. 3–8.

Hommel, B., "Inverting the Simon effect by intention: Determinants of direction and extent of effects of irrelevant spatial information", *Psychological Research*, Vol. 55, 1993, pp. 270–279.

Hommel, B., "Interactions between stimulus-stimulus congruence and stimulus response compatibility", *Psychological Research*, Vol. 59, 1997, pp. 248–260.

Hommel, B., "The relationship between stimulus processing and response selection in the Simon task: Evidence for a temporal overlap", *Psychological Research*, Vol. 55, 1993, pp. 280–290.

Veltman K. H. & Keele. K. D. (Eds.), *Linear Perspective and The Visual Dimensions of Science and Art*, München: Deutscher Kunstverlag, 1986.

Klein, R. M., & Ivanoff, J., "The components of visual attention and the ubiquitous Simon effect", *Acta Psychologica*, Vol. 136, No. 2, 2011, pp. 225–234.

Kornblum, S., Hasbroucq, T., & Osman, A., "Dimensional overlap: cognitive basis for stimulus-response compatibility-a model and taxonomy", *Psychological Review*, Vol. 97, No. 2, 1990, pp. 253–270.

Koski, L., Molnar-Szakacs, I., & Iacoboni, M., "Exploring the contributions of premotor and parietal cortex to spatial compatibility using image-guided tms", *Neuroimage*, Vol. 24, No. 3, 2005, pp. 296–305.

Kozlik, J. , & Neumann, R. , "Gaining the upper hand: comparison of alphabetic and keyboard positions as spatial features of letters producing distinct s-r compatibility effects", *Acta Psychol*, Vol. 144, No. 1, 2013, pp. 51-60.

Lamberts, K. , Tavernier, G. , & D'Ydewalle, G. , "Effects of multiple reference points in spatial stimulus-response compatibility", *Acta Psychologica*, Vol. 79, No. 2, 1992, pp. 115-130.

Langton, S. R. , & Bruce, V. , "Reflexive visual orienting in response to the social attention of others", *Visual Cognition*, Vol. 6, No. 5, 1999, pp. 541-567.

Lehle, C. , Cohen, A. , Sangals, J. , Sommer, W. , & B Stürmer. , "Differential dynamics of spatial and non-spatial stimulus-response compatibility effects: a dual task lrp study", *Acta Psychologica*, Vol. 136, No. 1, 2011, pp. 42-51.

Liu, Y. C. , & Jhuang, J. W. , "Effects of in-vehicle warning information displays with or without spatial compatibility on driving behaviors and response performance", *Applied Ergonomics*, Vol. 43, No. 4, 2012, pp. 679-686.

Lu, C. H. , & Proctor, R. W. , "The influence of irrelevant location information on performance: A review of the Simon and spatial Stroop effects", *Psychonomic Bulletin & Review*, Vol. 2, No. 2, 1995, pp. 174-207.

Lubbe, R. H. J. V. D. , Abrahamse, E. L. , & Kleine, E. D. , "The premotor theory of attention as an account for the Simon effect", *Acta Psychologica*, Vol. 140, No. 2, 2012, pp. 25-34.

Mooshagian, E. F. (Ed.), *Behavioral and Physiological Examination of Spatial Attention in Visuomotor Integration*, Umi Dissertations Publiching, 2008, pp. 1-146.

Mordkoff, J. T. , & Grosjean, M. , "The lateralized readiness potential and response kinetics in response-time tasks", *Psychophysiology*, Vol. 38, 2001, pp. 777-786.

Phillips, J. G. , Triggs, T. J. , & Meehan, J. W. , "Forward/up directional incompatibilities during cursor placement within graphical user interfaces", *Ergonomics*, Vol. 48, No. 6, 2005, pp. 722-735.

Posner, M. I. , "Orienting of attention", *Quarterly Journal of Experimental Psychology*, Vol. 32, 1980, pp. 3-25.

Posner, M. I. , & Cohen, Y. , "Components of visual orienting", In Bouma, H. & Bouwhuis, D. G. (Eds.), *Attention and Performance X*, Hillsdale, NJ: Lawrence Earlbaum Assoc, 1984, pp. 531-556.

Posner, M. I. , & Petersen, S. E. , "The attention system of the human brain", *Annual Review of Neuroscience*, Vol. 13, No. 1, 1990, pp. 25–42.

Proctor, R. W. , Reeve, T. G. (Eds.), *Stimulus-response Compatibility: An Integrated Perspective*, North-Holland, Amsterdam, 1990.

Rizzolatti, G. , Riggio, L. , Dascola, I. , & Carlo Umiltá, "Reorienting attention across the horizontal and vertical meridians: evidence in favor of a premotor theory of attention", *Neuropsychologia*, Vol. 25, 1987, pp. 31–40.

Rizzolatti, G. , Riggio, L. , & Sheliga, B. M. , "Space and selective attention", *Attention & Performance XV*, Vol. 15, 1994.

Roswarski, T. E. , & Proctor, R. W. , "Auditory stimulus-response compatibility: is there a contribution of stimulus-hand correspondence?" *Psychological Research*, Vol. 63, No. 2, 2000, pp. 148–158.

Simon, J. R. , "The effects of an irrelevant directional cue on human information processing", In Proctor, R. W. , Reeve, T. G. (Eds.), *Stimulus-response Compatibility: An Integrated Perspective*, North-Holland, Amsterdam, 1990, pp. 31–86.

Simon, J. R. , Rudell, A. P. , "Auditory S-R compatibility: the effect of an irrelevant cue on information processing", *J. Appl. Psychol.* , Vol. 51, No. 3, 1967, pp. 300–304.

Trick, L. M. , & Enns, J. T. , "Lifespan changes in attention: The visual search task", *Cognitive Development*, Vol. 13, No. 3, 1998, pp. 369–386.

Vander Heijden, A. H. C. , ed. , *Selective Attention in Vision*, London, New York: Routledge, 1992.

Vu, K. P. L. , Proctor, R. W. , "Mixing compatible and incompatible mappings: elimination, reduction, and enhancement of spatial compatibility effects", *Q. J. Exp. Psychol.* , Vol. 57, No. 3, 2004, pp. 539–556.

Welsh, T. N. , & Pratt, J. , "Inhibition of return in cue-target and target-target tasks", *Experimental Brain Research*, Vol. 174, No. 1, 2006, pp. 167–175.

Worringham, C. J. , & Beringer, D. B. , "Directional stimulus-response compatibility: A test of three alternative principles", *Ergonomics*, Vol. 41, No. 6, 1998, pp. 864–880.

Worringham, C. J. , & Beringer, D. B. , "Operator orientation and compatibility in visual-motor task performance", *Ergonomics*, Vol. 32, 1989, pp. 387–399.

第九章　情绪对相容性的影响

在生活中，我们总会有这样那样的情绪。当受到不同情绪影响时，我们的认知常常也会受到影响，比如我们常说的"心烦意乱""失魂落魄""人逢喜事精神爽"等。认知与情绪之间存在着相互作用，二者的关系一直是认知神经科学领域的研究热点。情绪能否影响以及如何影响执行控制被广泛研究。空间相容性对行为的影响是抑制控制能力的体现，因此当我们谈论相容性时，我们不可避免地要讨论到情绪的作用。

那么情绪和执行控制之间是什么样的关系，情绪各维度如何影响空间相容性？本章将讨论情绪对相容性的影响，分三节讲述个体情绪对空间相容性的影响，情绪对联合行动相容性的影响，以及具身认知视角下对情绪空间相容性的研究。

第一节　情绪对空间相容性的影响

本节主要从情绪与认知的关系、情绪效价对空间相容性的影响、情绪唤醒度对空间相容性的影响、动机对空间相容性的影响和应用展望等角度，论述情绪对空间相容性的影响。

一　情绪与认知

每个人都会有情绪体验，且不论何时何地。人的情绪多种多样，比如高兴、兴趣、痛苦、悲伤、愤怒、恐惧、厌恶等。从很早开始，心理学家就对情绪进行了各方面的研究。

（一）情绪的维度理论

情绪既是生理层面也是心理层面的现象，是个体内部产生的生理现象和外在的环境因素影响的综合产物。情绪以及它和注意、思维、决策与记忆等的关系一直以来都被心理学家关注和研究。根据心理学家的研究总结，针对情绪有不同的理论解释，常见的有基本情绪理论、情绪维度理论以及情绪动机维度理论三种。

人的情绪可以分为积极情绪和消极情绪两种，这是根据情绪的愉悦度进行划分的。过去研究者普遍认为情绪可通过两个主要维度进行描述，即愉悦度和唤醒度。愉悦度反映了情绪的积极或消极程度，而唤醒度则表示了情绪从平静到兴奋的生理激活程度。后来 Bradley 和 Lang 等人（2001）提出了动机模型，认为情绪愉悦度和唤醒度可以反映出动机的激活程度，其中愉悦度代表动机的方向（趋向或回避），唤醒度代表动机激活的强度。

近年来，Larsen 和 Steuer（2009）指出动机相关性也是一个可能调节情绪的变量，而 Gable 和 Harmon-Jones（2010）更是提出了情绪的动机维度模型。该模型认为，动机维度具有两种属性：动机方向和动机强度。前者是指对目标或客体的回避或者趋近；后者是这种回避或趋近动机的强度大小，由低到高变化。情绪处于低动机强度时，可以拓宽认知加工的范围，高动机下则会使认知窄化。张光楠和周仁来（2013）的研究还发现，高动机会限制注意范围，而低动机则会使注意范围扩大。因此情绪与认知的相互影响，还应综合考虑到唤醒度、效价和动机维度。马元广和李寿欣（2014）的研究结果显示，相对于低动机强度和中性情绪，高动机强度会降低个体的注意灵活性。大量实证研究发现，情绪的激活与趋近动机系统和回避动机系统密切相关，这一研究对最初提出的情绪二分模型提出了疑问。

情绪动机维度理论需要注意动机的方向和愉悦度，虽然二者有紧密的关联，但积极情绪、消极情绪和趋近动机、回避动机并非直接对应，而是相互独立的，比如生气是一种消极的情绪，但却属于趋近动机，怒气会使人做出攻击行为（李梦婕，2018）。此外动机强度并不等同于唤醒度所反映出的生理激活程度，比如痛苦唤醒度较高，但它的动机趋近强度却是低的，并没有强烈地推动个体趋近某个目标或客体。国内研究者邹吉林等人将模型的具体内容整理成表9-1，可以更加明了地理解情绪动机维度理论。

表 9-1 情绪动机维度理论模型

理论模型	进化适应意义	代表情绪
高动机强度的情绪窄化（narrow）认知加工	高动机强度的积极情绪： 有助于机体集中注意于想要获得的物体或目标；鼓励个体执着地追求目标。	渴望 热情 兴奋
	高动机强度的消极情绪： 注意焦点窄化有助于机体评估并回避令人紧张或厌恶的物体或情境。	厌恶 恐惧 焦虑
低动机强度的情绪扩展（broaden）认知加工	低动机强度的积极情绪：注意焦点扩展有助于机体整合更广泛的环境线索，促进探索行为或嬉戏行为，从而可能产生更加富于创造性的方法。	搞笑 安详 宁静
	低动机强度的消极情绪： 注意广度增加有助于机体从失败中走出，并鼓励其发展具有创造性的新解决方法。	悲伤 抑郁

（二）情绪与认知的关系

人们的各种认知加工活动都会受到情绪的调节，不论阈限之上还是阈限之下。例如 Richard Lazarus（1991）提出的情绪认知评价理论认为，情绪经过了认知和评价，是对情绪事件意义的评估与反应（傅小兰，2016）。情绪的产生经过了认知上的唤醒，个体在认知层面上对事情进行评价；接着是生理上的变化，比如心跳加快、肾上腺素分泌；最后产生行动，个体感受到了自身的情绪并做出相应的行为反应。在这个过程中认知会调节对个体情绪体验的强度（李梦婕，2018），个体评价自身和外部环境之间的关系判断应该做出何种情绪反应，比如看见老虎但是关在笼子里，就不会产生过度的害怕情绪。情绪的概念在不同的领域和研究中界定不同，情绪的理论也存在不同的争议，许多学者也提出了不同的观点和见解，但是实际上这些观点并不矛盾，只是针对不同现象进行了揭示。

根据情绪动机维度理论，低动机的积极情绪会使认知范围变广，而高动机下的积极情绪则会使人们对特定环境刺激的注意力更加集中，使得认知狭窄化，来避免无关信息的干扰，以更好地实现目标。这与 Fredrickson 等学者的观点（Fredrickson & Branigan，2005；Gasper & Clore，2002；Talarico 等，2009）不同，他们认为积极情绪对认知加工起到了拓展的作用，而消极情绪则使认知加工变得狭窄。过去的这些研究引发的积极和消极情绪的动机程度不同，比如分别观看搞笑视频和恐怖视频，引发的分别是低动机和高动机。这并没有对动机强度进行控制，为了解决这个问题，他们尝试了多种新的情绪调控方法。例如，他们采用了延迟金钱奖励的范式（Gable & Harmon-Jones，2010b，2011），或者呈现一些诱发食欲的美味甜点（Gable & Harmon-Jones，2008，2010b），以期激发被试者的兴奋和兴趣。研究结果表明，这些操作激发的高动机强度积极情绪，减小了被试对周围信息的关注范围，使得他们对周边视野的记忆力下降，出现了认知窄化。由此发现，高动机强度积极情绪确实导致整体认知资源的收敛。

（三）情绪对行为生理反应的影响

1. 负性情绪行为偏向

不同的情绪下人们会有不同的行为反应，尤其是负性情绪具有一定的行为偏向。相对于正性和中性刺激，个体对负性情绪信息更加敏感，负性事件具有认知加工上的优先权，这就是情绪的负性偏向（Cacioppo & Gardner，1999）。正如人们可以快速度地从愉快面孔中挑出愤怒面孔，比人们从愤怒面孔中找愉快面孔要快得多。

从进化的角度解释，负性刺激会对自身的安全产生威胁，因此快速加工有利于生存和繁衍。同时，大脑中生理研究表明，负性情绪加工过程中存在双通路，杏仁核会对负性信息自动进行优先加工，它可以在注意缺失或阈下条件下发生；梭状回对负性情绪的加工需要大脑调控的，即会受到注意的影响。并且杏仁核和梭状回、海马旁回等结构分别对恐惧、愤怒等负性表情以及对含有威胁性刺激的场景敏感。

2. 正性情绪和负性情绪不同的认知加工机制

正性和负性情绪对行为反应由于认知加工系统、大脑半球、频谱等的差别而有所不同（尚倩，2013）。

大脑中的行为趋近系统（BAS）对奖励相关刺激做出趋近的反应；而行为抑制系统（BIS）使个体对惩罚或厌恶的刺激做出回避和逃离的反应。同时 EEG 研究发现正性情绪主要激活左半球额区，大脑左前额激活程度高的个体更容易从消极或负性情绪状态中恢复。频谱 α 波段的研究也表明左脑与正性情绪的密切联系，具有积极行为倾向的个体以左半脑激活为主，有消极倾向的个体主要激活右半脑。Delta 和 Theta 波段与情绪经验和动机相关，且主要表现在左脑。

二 情绪效价与空间相容性

情绪有积极和消极之分，在中国传统文化中，空间也有"好""坏"之别。左右水平空间的概念就有丰富的寓意，它代表着好与坏的情感效价和权力水平以及位置。同样的表达也出现在英语中，比如"right"也有"correct"的意思。人们常常会用左右空间来表达积极和消极的情绪。积极情绪反应与右边空间位置相一致时，就会产生空间相容性，反之亦然。

Wilson 和 Nisbett（1978）发现，当参与者被要求从四种相同的丝袜中选择一种质量最好的丝袜时，丝袜的位置对他们的评价有很大的影响。参与者选择袜子放在右边的两个位置中的一个比选择袜子放在左边的两个位置中的更多。Natale 等（1983）也发现了类似的现象，参与者对屏幕右侧的脸给出的评价比左侧的更积极。这些结果表明，左右空间与情绪效价之间的关联不仅存在于语言表达中，也存在于认知选择和判断过程中。研究者们将右空间与正效价、左空间与负效价相关联的现象称为空间位置到情绪效价的映射（Casasanto，2009）。

关于空间相容性效应（spatial compatibility effect）的研究大都从纯认知的角度展开，而很少考虑情绪因素在其中的作用（宋晓蕾，2017）。实际上，个体进行认知任务时是离不开情绪的，相同的任务在不同的情绪下完成效率会不同，所以个体的情绪状态会在一定程度上影响人的认知加工。所以同样地，当目标刺激具有情绪效价时，也会对空间认知任务产生影响。近年来的研究也确实表明，空间相容性加工会受到情绪的调节（Conde et al.，2014，2011；Proctor，2013；Damjanovic & Santiago，2016）。

（一）常见任务范式

1. 情感 Simon 任务

情感 Simon 任务（Affective Simon Task）是改编的空间 Simon 任务，常用来研究情绪的自动加工（石杰，2015）。被试需要对刺激的非情绪维度（如词性）做"积极"或"消极"口头报告反应，忽略情绪效价。参与者对积极效价的刺激回答更快，这种现象被称为情感 Simon 效应。

2. 情绪效价对空间 Simon 任务的影响

人们对空间位置的认知在潜意识上往往是具有好坏之分的，如右利手的人会倾向于右边更积极，左边则与消极相联系，而对左利手的人则正好相反（Casasanto & Henetz，2012；de la Fuente，Casasanto，Román，& Santiago，2015；Milhau，Brouillet，& Brouillet，2015）。这是因为情绪效价与水平空间存在不同模式的内在关联（Casasanto，2009；Casasanto & Henetz，2012）。在 Lynott 和 Coventry（2014）的研究中，被试被要求根据上下呈现的快乐或悲伤图片的效价进行左右按键反应，发现快乐图片在上方呈现时，反应时间明显短于其在下方呈现时。

（二）相关理论

1. 极性编码一致性假说

Proctor 和 Cho 2006 年首次提出了"极性编码一致性假说"（Polarity Coding Correspondence Hypothesis），Lakens 在前人研究的基础上提出情绪可能通过水平空间与情绪效价的极性编码一致性来影响空间编码（Lakens，2011，2012）。在两极分类任务中，对象的情感极性与刺激和反应的编码一致时，反应速度更快。Lakens（2011）在 Simon 效应的任务中发现，如果将"积极情绪"和"右"编码为正极，那么被试对于积极刺激回答"右"时的反应会比回答"左"时更快。

根据人们对维度信息的加工偏好，正极维度比负极维度有内在加工优势（Proctor & Cho，2006）。比如当被试被要求对积极和消极两类名词进行分类时，对积极词右手反应更快，对消极词左右手反应差别不明显（delaVega，Dudschig，DeFilippis，Lachmair & Kaup，2013）。

2. 躯体特异性假说

躯体特异性假说是具身认知理论的一种。个体之间有不同的心理表征，这种心理表征会影响人们的空间表征和情绪体验。躯体特异性假设（body specificity hypothesis）认为，不同的个体有不同的身体特点，他们以不同的方式与周围的物理环境相互作用，产生不同的感知运动经验（Casasanto，2009）。

不仅仅身体本身的特征会影响空间表征与情绪体验，如优势手不同。个人在与刺激物互动时如果获得了流畅的运动经验，产生积极的感受和评价也会影响人们的心理表征（Beilock & Holt，2007；Oppenheimer，2008；Ping，Dhillon & Beilock，2009）。后者也可以解释优势手的表征来源，当使用优势手时，因为可以获得流畅的体验，所以人们容易把优势手与积极效价联系起来。这种由于手的优势不同而形成的左右位置空间效应，可能是情绪对空间 Simon 效应产生影响的原因（Casasanto，2009；Casasanto & Henetz，2012）。

Scharine 和 McBeath（2002）的研究发现，人们在选择拐弯方向时，优势手具有很好的预测效果。研究表明（De la Vega，Filippis，Lachmair & Dudschig，2012），当被试面对积极刺激时，更习惯用优势手反应，而面对消极刺激时，则倾向用非优势手。Casasanto 和 Henetz（2012）对儿童进行研究时也发现，让儿童在书柜两端放置他们喜欢的和讨厌的玩具，对于右利手，大部分孩子会将喜欢的玩具放在右边，讨厌的玩具放在左边，左利手与之相对。而当孩子判断图片左右两侧的卡通动物所具有的品质时，孩子们也更倾向于认为利手侧的动物有更积极的品质。殷融、曲方炳、叶浩生等学者（2012）的相关研究也证明，在水平空间上存在左右空间情感效价（affective valence）。左利手的人会产生"左好右坏"空间情感效价关联，右利手则相反。

3. 空间概念隐喻

情绪与空间相容性的关系还可以通过空间概念隐喻的视角来解释。具体来说，"上""下""左""右""前""后"等方位词在我们的文化和生活中，经常与积极或消极的抽象概念联系起来，像"无出其右""虚左以待""旁门左道""拔尖""天才""下流""垫底""高大威猛""出类拔萃"，形成了很多与情绪相关的具有空间感的概念，反映了空间位置和情感价值之间的相关性。

前文已经讨论过空间动作在改善或损害情绪记忆方面发挥的关键作用，静态的身体姿势或执行相应的动作都会影响对情绪记忆的加工。这里再简要补充几个情绪影响处于不同空间位置的刺激加工的实例。积极和消极概念都存在垂直方向上的空间隐喻，其中积极概念的空间隐喻程度更强。Meier 和 Robinson（2004）发现在屏幕上半部分呈现积极词汇（如"高兴"），或者在屏幕下方呈现消极词汇（如"悲伤"）时，参与者都做出更快的反应，反应也更准确。这是由于在加工词汇时，实际空间位置与词的效价之间形成的联结被自动激活了。在中国被试中用英语情绪词作为刺激材料，也发现了在情绪概念理解中，存在垂直空间隐喻且比水平位置更强，并且积极词汇比消极词汇对空间隐喻的影响更强（沈曼琼，2014）。

（三）相关研究

1. 情绪效价对空间 Simon 任务的影响研究

情绪效价存在空间性，对空间相容性的研究中，Simon 范式最具有普遍性和代表性。Sommer 等人（2008）研究发现当刺激—反应不相容时，消极情绪下产生了更多错误，而积极情绪和中性情绪则没有差异；空间反应相容时就不存在上述情况。情绪对 Simon 效应的调节效应还体现在启动—靶范式中（马庆国、尚倩，2013）。实验中，参与者需要判断棋盘格的颜色，先呈现正性、中性和负性图片作为启动刺激，目标刺激水平或垂直呈现。结果发现，在水平方向上，负性情绪条件下对 Simon 效应更小，正性情绪和中性情绪条件下差异不显著；而垂直方向上不存在这种现象。

宋晓蕾等人（2017）进行了一系列实验探讨了口头报告反应方式下，情绪效价对空间 Simon 效应产生的影响及机制。研究者通过三个实验来进行研究，第一个实验中，被试在进行颜色判断时，需要口头报告"左""右"代替传统的按键，即回答"左""右"分别代表红色、绿色。研究发现空间 Simon 效应的产生不受反应方式的影响，语音条件下也可以产生。第二个实验则选择了带有效价的颜色图片（红色或绿色的笑脸或哭脸）作为刺激材料对颜色做判断，情绪作为不需要被试注意的部分仍然被被试注意到了，结果发现与中性情绪相比，积极情绪会削弱空间 Simon 效应，促进认知抑制；而消极情绪则没有产生影响。那么，情绪效价对空间 Simon 效应的调节作用是如何实现的，是否与情绪空间联结有关，研究者接着进行了第三个实验，仍然要求进行口头颜色判断任务，但是控制刺激呈现的空间位置都在中心呈现。结果发现部分的情绪效价与空间的联结效应，积极情绪和"右"相关，但未出现消极情绪与"左"的关联，支持了极性编码理论。实验一和实验二的实验流程如图 9-1、图 9-2 所示。

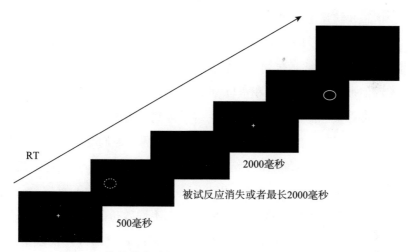

图 9-1　情绪效价对空间 Simon 效应的影响实验一流程图

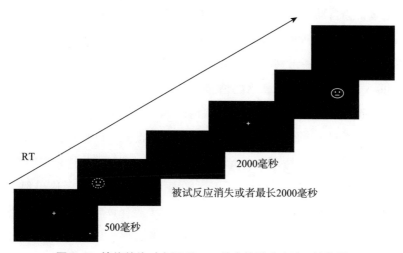

图 9-2　情绪效价对空间 Simon 效应的影响实验二流程图

2. 其他因素对情感 Simon 效应的影响

情感 Simon 效应会受到多种因素影响，比如情绪刺激所占比例、反应词的类属标签、判断任务的设置和评价任务混合等（石杰，2015）。

Katia、Daniel 和 Esther（2008）在实验中增加了一组词语中性词的数量（75%），另一组则都为情感词汇，通过控制积极、消极词汇的数量控制情感强烈程度。结果发现，研究者增加中性词后情感 Simon 效应不再显著。这可能是由于刺激反应之间增加了中性词，使得个体对情感词的觉察变弱，情感联结强度变弱。

De Houwer 和 Eelen（1998）采用不同的类属词进行了研究。被试需要对词汇的词性做判断（名词、形容词）并口头回答"positive"和"negative"，词汇类属不同，包括积极（如朋友、忠诚）、中性（如纸张、正常）和消极（如癌症、愚蠢）三种词语，结果得到了情感 Simon 效应。考虑到被试可能忽略了词义但没有忽略词语的情感内涵。他们在实验二的指导语中要求被试忽略词语的情感，结果还是产生了情感 Simon 效应。这可能是"positive"和"negative"作为形容情感的形容词产生了影响。研究者通过另一个实验，把口头报告词换成了具有不同效价的名词"cancer"和"flower"，结果还是产生了情绪 Simon 效应。Tipples（2001）发现情感 Simon 效应会随着反应词标签的强弱而变化。这在一定程度上表明反应隐含的情绪效价会自动影响带有情绪的反应，产生 Simon 效应。

当进行不同的判断任务时情感 Simon 效应也会受到影响，例如一组是词性判断任务，另一组判断字母大小写（De Houwer，Crombez，Baeyens & Hermans，2001）。词性判断组的情感 Simon 效应比字母判断大。研究者在之后的实验中发现判断任务也会影响情感 Simon 效应，当任务需要激活语义表征时，情感维度的激活会更强烈。在该实验中一组被试判断物体颜色（黑白、彩色），发现情感 Simon 效应不显著，判断图片中的物体的性质（人造物、自然物）时，由于激活了语义表征，情感 Simon 效应出现。

Proctor 和 Zhang（2008）采用混合任务（混合评价任务和情感 Simon 任务）进行研究，探讨了情绪效价为相关维度的评价任务对情感 Simon 效应的影响。评价任务中，参与者需要判断情感效价，但存在两种相容性条件：相容匹配（积极情感刺激——"positive"，消极情感刺激——"nega-tive"），不相容匹配则相反。结果发现，与相容条件的评价任务混合时情感 Simon 效应增大，而与不相容条件情感 Simon 效应大小相对的单纯的情感 Simon 任务未发生改变。实验中由于情感维度变得更加突出，刺激的情绪效价更容易被自动激活，使得情感 Simon 效应变大。

三　情绪唤醒度与空间相容性

情感通常被假设跨越多个维度，效价和唤醒度被认为是情绪信息的最基本维度。唤醒度指的是一个从平静到兴奋的连续体，而效价指的是一个从愉快到不愉快的连续体。在情感 Simon 效应的研究中除了需要考虑了情绪刺激的无关效价维度对反应的影响，已有研究表明唤醒度也会对认知任务产生影响。

宋晓蕾等（2014）考察了情绪唤醒度对情感 Simon 效应产生的影响。研究者采用了两个实验来验证，实验 1 验证了仅考虑效价时会产生情感 Simon 效应。实验中，正性及负性的中文双字情绪词在电脑屏幕中央呈现，被试需要对情绪词的词性（名词、形容词）做口头回答"积极的"或"消极的"的反应。结果得到了显著的情感 Simon 效应，即词性判断任务受到了效价的干扰，说明正负性情绪词都引起了个体的自动化加工；正性情绪词的反应时大于负性情绪词的反应时，表明负性情绪词更能引起人们的注意偏向。在实验 2 中，研究者控制了效价后考察唤醒度对情感 Simon 效应产生的影响，选取了正性高唤醒度、正性低唤醒度、负性高唤醒度和负性低唤醒度四类情绪词，其余过程同实验 1。研究通过 2（一致性：一致、不一致）×2（唤醒度：高唤醒、低唤醒）重复测量方差分析（其中一致指在词性判断任务中情绪词的效价和口头报告的效价恰好同为正性或同为负性，不一致则是指情绪词的效价和口头报告的效价相反），结果发现：一致性主效应显著，产生情感 Simon 效应；唤醒度与一致性交互作用显著，高唤醒度情绪词产生的情感 Simon 效应显著大于低唤醒度情绪词产生的情感 Simon 效应。因此，在情感 Simon 效应产生过程中情绪词的唤醒度也起重要作用。

情绪的唤醒维度在认知加工上也有一定影响，根据 Desimone 和 Duncan（1995）的唤醒的竞争偏向理论（arousal-biased competition），高唤醒度会增强对显著刺激的加工。在 Kuhbandner 等（2010）的研究中，参与者在诱发不同的情绪之后进行单人或联合 Go/No Go 任务，发现积极情绪对个体的联合 Simon 效应有促进作用，消极情绪下则降低甚至消失。但是该实验积极情绪（高兴）组的唤醒度水平显著高于中性组和消极情绪（悲伤）组，那么积极情绪组使得联合 Simon 效应提高可能也与其积极情绪的唤醒度更高有关。

四　动机与空间相容性

根据情绪动机维度理论，刺激效价与回避和接近行为相关联（Alves，fukushima，& Aznar-Casanova，2008；Markman & Brendl，2005；Proctor & Zhang，2010）。例如，与相反的映射相比，人们对积极刺激的回应更快，对消极刺激的回避更快（Chen & Bargh，1999；Zhang & Proctor，2008；De Houwer，Crombez，Baeyens，& Hermans，2001）。

刺激效价与回避和接近行为相关联（Alves，Fukushima，& Aznar-Casanova，2008；Markman & Brendl，2005；Proctor & Zhang，2010）。例如，与相反的映射相比，人们对积极刺激的回应更快，对消极刺激的回避更快（Chen & Bargh，1999；Zhang & Proctor，2008；De Houwer，Crombez，Baeyens，& Hermans，2001）。Chen & Bargh（1999）发现，当被试被要求通过将杠杆移离身体（回避）或移向身体（接近）来评价消极和积极词汇时，正面词汇的拉式动作比推式动作快，负面词汇的拉式动作则相反（推式动作比拉式动作快）。作者由此提出，积极评价（积极刺激）产生接近倾向，而消极评价（消极刺激）产生回避倾向。Müsseler、Aschersleben、Arning 和 Proctor（2009）研究了自然场景中空间刺激—反应兼容性的影响。在一段司机视角的短视频中，一名行人从左侧或右侧进入街道。参与者被要求转向一个正在叫出租车的人，远离一个不小心进入街道的人。他们观察到，在自然场景的危险情况下（一个人不小心走到马路上），会出现反向相容效应。更具体地说，他们发现空间不相容反应（远离负效刺激）比相容反应（转向正效刺激）更快。他们认为，这种反向相容效应的发生是因为基于位置的激活涉及参与者的意图和目标。因此，观察到的效应可能反映了直接运动激活以外的过程（Müsseler et al.，2009）。

　　Conde 等（2011）在一项实验中使用了参与者喜欢或讨厌的球队的图片作为实验刺激，要求被试对队员的队服进行空间相容性任务。即根据具有不同效价内涵队服出现的空间位置进行左右按键反应。结果表明，情绪效价对任务成绩有显著影响。对于喜欢的球队，个体出现了一定的空间相容性效应，即相容一致的反应时间明显短于不相容不一致的反应时间；而对于讨厌的球队，则出现了反转的空间相容性效应（见图 9-3）。Cavallet 等（2016）还对注意力缺陷多动障碍（ADHD）被试参与者和健康被试进行了相同任务的比较，结果发现 ADHD 被试的结果与 Conde 等（2011）的结果一致，但是健康被试无论是对喜欢还是讨厌的球队，均没有表现出空间相容性效应。

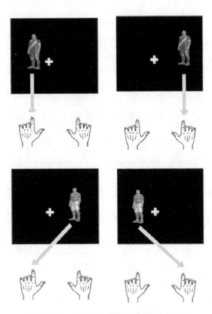

图 9-3　Conde 等实验操作图示

五 实际应用

首先，空间相容性一直以来都被广泛应用于生产和生活实践中。比如，在游戏设计中，Simon 效应被广泛应用于提高玩家的游戏体验。在射击游戏中，设计师会根据 Simon 效应调整游戏中的按键布局，使得玩家可以快速地瞄准目标并进行射击，以减少玩家在瞄准和射击之间的反应时间。在驾驶过程中，驾驶员需要快速反应以应对各种突发情况。汽车制造商在设计汽车时，会考虑到驾驶员的反应速度和驾驶舒适度。例如，在方向盘的设计上，汽车制造商会考虑到空间相容性，尽量减少驾驶员在转向过程中的反应时间，以提高驾驶安全性等。合理利用空间相容性，通过优化操作过程中的反应时间和舒适度，可以帮助我们提高工作效率、提升运动表现、增强游戏体验和保障驾驶安全。

其次，情绪在其中也发挥重要作用。例如在用户界面设计中，空间相容性可以指导用户界面的设计。在设计网页或应用程序时，对于右利手的用户，将积极的操作或功能与向右移动的手势相关联，而将消极的操作或功能与向左移动的手势相关联，可以提高用户的操作效率和满意度。或者在广告和营销中，根据 Simon 效应，将积极的情感刺激与特定产品或品牌 Logo 呈现的位置联系起来，可以通过刺激消费者的积极情绪来促进购买欲望。在产品包装设计上也可以借鉴使用，通过使用积极的颜色、图像和字体样式和位置，将产品与正面的情感和价值联系起来，这可以有效吸引消费者的注意力并增加购买意愿。在上述实际应用中，情绪起着至关重要的作用。情绪对于人们的行为和决策具有重要影响，能够影响感知、注意力、记忆和情感体验。因此，在利用 Simon 效应进行设计和营销时，情绪的引导和激发是至关重要的。

随着科学和人们思想的进步，在生产系统中除了提高生产效率，人们的心理关怀也至关重要。员工的情感或疲劳等心理因素均会影响其外在行为表现，不利于生效效率的提高和人文主义关怀，比如近年来层出不穷的员工不堪工作压力自杀的案件。我们在生产和生活实践中也应考虑情绪情感的话题。

第二节　情绪对联合 Simon 效应的影响

一　情绪与联合行动

在生活和工作中，我们不可避免地需要与身边的人共同完成一项工作或者一起行动，比如大到航天飞行的联合操纵，小到一起玩竞技、游戏，一起搬东西等。要完成这些任务，需要时间和空间上的精细协调，而行动者本身则需要对联合动作形成心理表征，包括形成联合动作目标、任务共同表征以及对任务完成情况的监控（Vesper，2016）。其中共同表征能力在这其中发挥着重要的作用。

在人与人之间的交流合作中，良好的共同表征有利于配合和协作，将他人的空间行动与自己的空间行动知觉为一体，有利于任务的进行。在这之中，情绪发挥着不可估量的作用，对人的认知表征会产生很大的影响。如前文所述，情绪效价会与空间位置产生相容或冲突，情绪也会影响人与人之间的信任与配合，那么情绪对联合 Simon 效应是否会产生相应的影响，有待进一步考量。

二　情绪在联合行动中作用的理论解释

（一）情绪的扩展建构理论

情绪的扩展建构理论（Fredrickson，2001，2003；Fredrickson & Branigan，2005）认为，积极情绪（如高兴）比中性情绪更能增强认知灵活性，拓宽个体注意的范围和思维活动，而消极情绪（如悲伤）则与此相反。可见，情绪会影响认知状态。

在联合行动任务中，自我—他人整合是一种特定的认知状态，这种认知状态会受到情绪的影响，同时由于情绪还会影响社会情境中的社会互动（Lyubomirsky，King & Diener，2005）。个体在积极的情绪下更容易向陌生人表达好感和亲社会行为，增加人际信任（Baron，1987；Forgas，1998；Dunn & Schweitzer，2005），同时感知自我—他人的重叠的程度也更深

（Waugh & Fredrickson，2006），这充分说明情绪对社会化认知加工的影响，个体的情绪状态可能会影响在完成联合任务过程中对他人动作表征的激活程度。因此，在完成社会化的联合行动任务中，不同的情绪状态会对任务完成产生影响。

在联合 Simon 任务中，对空间特征的注意是区别自己与他人动作的基础，而情绪对认知的影响中也多涉及对注意的影响。因此，不同的情绪状态在联合任务中会通过调节注意的范围和焦点，进而影响对共同行动者的动作表征（宋晓蕾，2020）。

（二）情绪不同维度对联合行动的影响

根据情绪的动机维度模型，我们从效价、唤醒度、动机三个因素，梳理以往研究来总结情绪的不同维度对联合行动的影响。

首先对于情绪的不同效价对 Simon 效应的影响，上文中提到的多数均为此情况，这里不做赘述。值得一提的是，Kuhbandner、Pekrun 和 Maier（2010）对于联合行动的研究。他们让参与者在诱发不同的情绪之后进行单人或联合 Go/No Go 任务，发现积极情绪对个体的联合 Simon 效应有促进作用，消极情绪下则降低甚至消失。说明积极效价促进了联合动作表征，而消极效价抑制了这一表征（赵媛，2018）。

情绪的唤醒度也会影响到空间 Simon 效应，而以往的实验较少控制唤醒度，对此宋晓蕾等人（2020）在上述 Kuhbandner 等人（2010）基础上做了相关研究，控制了唤醒度，采用联合 Simon 任务范式考察高、低唤醒度水平下不同效价对联合 Simon 效应的影响。实验通过不同的音乐选段来诱发不同情绪，实验 1a 采用高唤醒度，实验 1b 为低唤醒度条件，在相应情绪诱发后进行联合 Simon 任务，共同探究效价和唤醒度对联合行动的作用。他们发现个体的共同表征能力，无论效价高低，在高唤醒条件下均得到有效提高；而在低唤醒条件下，低效价组的联合 Simon 效应降低，而积极效价组没有差别，保护了个体共同表征水平。

根据情绪的动机维度模型，情绪的动机强度会影响认知加工（窄化或扩展），比如积极情绪只有在低动机强度时才能扩展注意范围。是否低动机强度下有比高动机强度更高的联合 Simon 效应？宋晓蕾等人（2020）在前文所述实验1a的基础上进行了实验2，将高效价高唤醒度进一步细分为高、低强度动机。他们最终发现确实只有在低动机水平下，高唤醒高效价会提高个体的动作表征水平，在高动机情况下并未观察到提高的效应，说明了动机维度在情绪影响联合任务中表征共同行动者动作的调节作用。

第三节　具身特征对相容性的影响

一　具身认知与情绪

（一）具身认知理论

近年来，具身认知理论兴起。具身认知（Embodied cognition），又被称为"具身化"（embodiment），具身认知理论认为生理与心理之间是密切相关的，生理反应会影响心理感受，心理感受也会影响生理状态。具身理论的出现为我们提供了一种新的研究情绪的思路，即具身情绪。具身情绪观（embodying emotion）认为，身体的姿态、情绪性的表达等与情绪信息的加工和理解之间存在相互作用。个体体验到的情绪不仅仅来自环境，内外部躯体的感受和运动也会对其产生重要的影响。比如即使我们在平静甚至悲伤时，当我们嘴角上扬，情绪就容易变得积极起来。

（二）具身情绪

正如上文所说，仅仅面部表情的改变就会对情绪体验和情绪理解产生影响。1988年，Strack、Martin和Stepper使用行为控制范式来研究情绪的具身性。他们让一部分被试用牙齿咬住筷子（强制做出了微笑的表情），一部分被试用嘴唇含住筷子（抑制了微笑表情），让参与者对卡通图片的幽默程度评分，见图9-4。结果发现微笑组比不笑组评分更高。另外，有研究者进一步研究得到了皱眉比不皱眉的被试对消极情绪图片评分中悲伤情绪更高的结果（Larsen，Kasimatis，& Frey，1992）。国内学者孙绍邦和孟昭兰（1993）也做了相关的研究，他们直接检验了表情操作对情绪体验的影响，让被试按照录像带内容做相应的表情，同时测量他们的情绪变化，发现做相关情绪表情管理能增强对应的情绪体验。除了情绪体验的不同，面部表情对内隐情绪调节也存在影响，诱发消极情绪后不笑组，相比微笑组与对照组，内隐消极情绪恢复得更多。

（a）微笑组：牙齿咬筷子　　　　（b）不笑组：嘴唇含筷子

图9-4　具身表情实验图解

不仅面部表情、身体姿势、动作等都会对情绪、态度、认知产生影响。Riskind（1984）做了躯体姿势的相关研究，发现对于失败，低头耷肩的被试抑郁得分低于抬头挺胸组。同样地，诱发消极情绪后，低头耷肩组消极情绪恢复得最少（Veenstra，Schneider & Koole，2017）。

二　优势反应与空间相容性

我们在第一节中提到了空间位置到情绪效价的映射，左右水平空间常常与积极和消极的情绪相联系，那么，为什么会产生这样的现象呢？

（一）躯体特异性假设

1. 理论假设

研究者发现空间效价映射具有身体特异性的特征。右利手的人一般倾向于将右边与积极相联系、左边与消极相联系，研究证明左利手则正好相反。Casasanto（2009）使用不同类型的实验材料来研究空间效价的关联，发现对于几种材料，右利手和左利手做出了相反的选择：右利手显示了右好和左坏的模式，而左利手则偏好左好和右坏的映射。在其他采用不同范式的研究中也发现了这些关系。Kong（2013）让中国的左、右利手大学生通过左右按键来判断情绪词汇（实验1）和情绪图片（实验2）是积极的还是消极的。右利手将积极的单词或图片映射到右键，将消极的单词或图片映射到左键的反应速度比其他映射方式更快，但左利手显示出相反的结果模式。de la Vega、Dudschig, de Filippis、Lachmair 和 Kaup（2013）让参与者在键盘上交叉双手，然后判断屏幕中间出现的单词的正负价码。他们的结果提供了证据，效价与反应的手而不是反应的位置有关。

具身认知理论的躯体特异性假设对此的解释是，身体及其与外界的互动对大脑的认知有着重要作用，身体的体验和感觉运动系统尤为重要。一个主要的身体特征是惯用手，因为右利手和左利手的行动方式是不同的，在活动中左边和右边体验到的流畅性是不同的，这种体验主要来自身体优势侧和优势手。由于个体和物理环境的互动方式不同，会产生不同感知运动经验，人们会将积极和消极的情绪效价与左手或右手反应的相对流利性联系起来，从而形成不同的心理表征，进而影响情绪与空间表征，造成左右利手形成不同的空间效价联结，即人们将优势手和积极情绪相联系（Beilock & Holt，2007；Oppenheimer，2008；Ping, Dhillon & Beilock，2009）。

先前的研究结果与这一观点一致，即个体在与刺激的交互过程中获得平滑的运动经验时，会产生更多积极的感受和评价（Jasmin & Casasanto，2012；Milhau, Brouillet, Dru, Coello & Brouillet，2017）。右利手倾向于将右空间与正价联系在一起，而左利手则将左空间与正价联系在一起（Casasanto & Henetz，2012；de la Fuente, Casasanto, Román & Santiago，2015；de la Vega et al.，2013；Kong，2013）。对于这一观点许多学者设计了多个其他精巧的实验来验证该理论假说。

2. **具身特征与相容性**

根据具身认知理论，身体体验会对认知加工产生影响，同时由于身体的结构和功能，我们往往会产生一些优势反应，比如右利手的人右手比左手灵活，这种优势给我们带来的体验也会在我们的认知中形成"优劣"之分，如果因为不可抗力因素改变，此时空间的积极消极效价就会随之改变，从而产生不同的空间相容现象。

根据身体特异性假说，由于惯用手的流畅性是影响空间效价关联的关键因素，当个体的流畅性发生变化时，其空间效价映射也会发生变化。因此改变流畅性是验证该理论的关键。Casasanto 和 Chrysikou（2011）发现左侧偏瘫患者（100%）将"好"的动物放在右边的盒子里，将"坏"的动物放在左边的盒子里。相反，那些右侧偏瘫患者（88%）更喜欢把好的动物放在左边的盒子里，就像典型的左利手一样。在 Casasanto 和 Chrysikou 的实验中，右侧偏瘫患者的右手受到损伤，左手体验比右手更流畅。之后，Casasanto 和 Chrysikou 进行了一项任务，要求惯用右手的参与者在他们的右手或左手戴上笨重的滑雪手套，并在一个特殊的桌子上尽快放置多米诺骨牌，持续 12 分钟，以诱导运动流畅度的时间不对称。结果显示，大多数左手被阻碍的参与者仍然把好的动物放在右边的盒子里，而右手被阻碍的参与者，左手的体验会比右手更流畅，他们则像左利手的人一样，把好的动物放在左边的盒子里。随后，Fuente 等人（2017）进行了进一步的实验，要求参与者想象他们一只手的运动能力在任务中减弱。惯用右手的参与者们在想象自己的右手受损时，表现出了一种非典型的"左边是好的"的模式。这个很有意思的结果表明，仅仅是想象的流畅性和不流畅性就能改变空间和情绪效价之间的内隐关联。这进一步证实了运动流畅性在空间效价映射中起着关键作用的假设。

（二）具身模拟理论

1. 理论假设

研究人员还发现，动作训练并不是改变手的流畅性的唯一方法：仅仅通过观察他人的动作也可以达到类似的效果。神经生物学中镜像神经元的研究为动作观察和观察学习中的动作感知和执行匹配机制提供了思路。在此基础上，Gallese（2005）也提出了基于镜像机制的具身仿真理论。根据该理论，个体对自身和他人的运动经验都有认识，镜像神经元机制通过配对过程将两种运动经验匹配起来。Gallese（2014）假设具身模拟是一个包含并统一多种高级社会认知功能的系统。人们不仅可以通过动作观察、运动模拟和想象，直观地感知他人的动作和情感感受，还能引起个体的体验和与此相关的身体状态的内在表征，使观察者与行动者产生共鸣。这种模拟被认为是镜像神经元系统无意识的前反射过程（Gallese，2014），而且似乎是高度自动化的（de la Fuente et al.，2015）。

2. 具身模拟与相容性

de la Fuente、Casasanto 和 Santiago（2015）招募了一些右利手被试，他们被随机分为两组——行动者和观察者。实验中，行动者需先完成 Casasanto 和 Chrysikou（2011）描述的运动任务，使右利手暂时变成左利手，此时观察者观察行动者的行为。然后两人需完成空间情感效价的判断任务。结果表明，观察者和行动者的空间效价映射是反向的，这表明即使没有动作训练的直接经验，参与者的映射也可以通过观察他人的动作而改变。这种变化的原因仍存在争议。另一种可能性是，参与者观察反应结果发生的空间，然后将积极评价与空间联系起来，得到积极的结果；将消极评价与空间联系起来，得到消极的结果，从而影响自己的任务。Song、Li、Yang 和 You（2018）做了一项研究，该研究探索了在参与者的手被绑在他们面前的条件下的观察学习，结果显示观察学习消失。因此，我们假设当观察时观察者的手被绑在身前或身后，观察者无法进行身体模拟。在这种情况下，观察者和行为者的空间价差映射将会分离，这说明具身模拟可能是观察情况下空间价差关联的主要机制。或者，如果绑住观察者的手不影响他们对动作执行结果的观察，他们仍然可以根据动作的结果将空间与情感效价联系起来，那么关联模式应该与行动者的关联模式相同。

对于上述理论，在中国文化背景下，宋晓蕾等（2019）在前人研究的基础上设计了多个实验探讨水平空间与情感效价的关联机制。实验一使用了修改的"鲍勃去了动物园"（"Bob goes to the zoo"）范式，验证在中国背景下右利手空间效价关联的存在，参与者完成"小明去动物园"的任务：在卡通人物小明面前，左右分别有两个盒子（如图 9-5）。任务场景为小明计划参观动物园，参与者被告知，小明认为斑马友好、善良，但长颈鹿不友好、坏。参与者需要选择左框或右框，从小明的角度指定其中一只动物，并在盒子里写上它的名字，然后在另一个盒子里写上另一只动物的名字，结果发现中国被试也具有相同的右—好/左—坏模式。接着在实验二中，两名参与者一名作为行动者一名作为观察者。右利手的行动者在他们的右手或左手戴上笨重的滑雪手套进行 12 分钟的多米诺骨牌放置任务，同时观察者需要坐在对方身后观察行动者的行动，并记录行动者的犯错次数（这是为了保证观察者集中注意力），并且这个次数必须与实验者的记录一致，实验形式图解见图 9-5（a 为实验 1，b 为实验 2）。在测试阶段，取下行动者手上的手套，将行动者和观察者带到另一个房间，分别完成"小明去动物园"的任务，在暂时降低了右手流畅性之后发现，两类被试对空间与情感效价的联系被逆转。

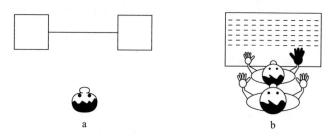

图 9-5　实验形式图解

　　前两个实验表明运动流利性对空间—效价关联有深刻的影响，支持了躯体特异性假说。观察者产生这种现象的原因有两种解释：一是在训练阶段，观察者潜在地模仿行动者的行为，然后推导行动者的行为；二是存在空间选择，观察者会将观察中获得的负面效果与"右"相联系，将正面结果与"左"联系，进而进行判断左右空间效价（张俊婷，2017）。以往的证据表明，观察者的运动能力在处理他人的运动和行动结果时至关重要。当观察者自身特定的行动能力受到约束时，其他人的行动就不能得到最有效的处理（Ambrosini，Sinigaglia & Costantini，2012）。如果能力有限，观察者就无法模拟行动者的动作，这可能导致动作观察的消失。因此，如果观察者的手被绑住，那么观察者应该将正效价与自己的优势手联系起来，这说明动作观察产生的空间情绪效价联想是由身体模拟产生的。否则，如果观察者将正价与他自身的非优势手联系起来，这意味着观察者将在观察中获得的负结果与右空间联系起来，那么就会出现左"好"模式。实验 3 的实验过程与实验 2 相似，唯一不同的是在实验 3 中，观察者的手在观察行动者的动作之前是被绑在后面的。而与实验 2 相比，实验 3 中的双手反绑至少同时改变了另一个因素。除了与将手绑在背后相关的手部动作受限，将手放在背后的身体姿势本身可能会影响情绪反应和认知过程。前后空间效价与前向良好和后向不良存在关联（Hao，Xue，Yuan，Wang & Runco，2017），因此实验 4 将被试的手绑起来放在被试的前面，将被绑的手与手放在背后的身体姿势分离开来。结果表明，当被试的潜在运动能力被限制时，被试将积极情绪与惯用右手联系在一起，而不是左手，而实验 4 的被试仍表现出与实验 2 相同的关联模式，这表明，在观察者中，交替运动流畅性对空间效价关联的影响主要是由结果与手的空间位置之间的联系调节的。该研究进一步证明，运动流畅性对空间—效价关联的影响主要由结果与空间之间的联系所调节，身体姿势也会影响空间—效价关联。上述实验具体结果见图 9-6。

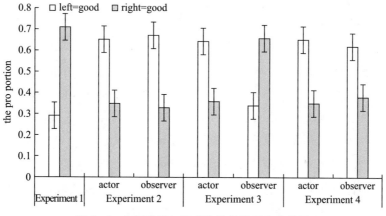

图 9-6　水平空间与情感效价的关系实验结果

三　躯体运动与空间相容性

人们身体的空间运动也与相容性息息相关。比如向前推动飞机操纵杆，机身俯冲下降，向后拉杆，机头抬起攀升，这样的操作效率会大大提高。同样地，当涉及情绪相关的材料时，参与者需要根据情绪图片移动胸前的杠杆（推开或拉近）。结果发现推杠杆的被试对消极图片反应更快，拉杠杆的被试对积极图片反应更快。由此我们可以看出躯体的空间运动与情绪状态紧密相关。

我们在产品设计中不仅要考虑到材料或操作任务的情绪性质，还应该考虑到被试的身体状态。有研究表明人们在不同的姿态下完成一项复杂任务，对于任务的成就感知也会有不同。实验中被试一半被要求腰背挺直、抬头挺胸，另一半则在人为的环境下低头、耸肩，分别来完成任务。任务完成之后，被试需要报告任务成功的消息之后的自豪程度，结果发现正常工作姿势的被试有更多的自豪感（Daniel & Niedenthal，2006）。

身体在情绪形成过程中有着重要的作用，它也会影响到我们的工作绩效和体验。

本章小结

1. 情绪理论的分类有基本情绪理论、情绪维度理论、情绪动机维度理论等。其中 Gable 和 Harmon-Jone 提出的情绪动机维度模型认为情绪维度有愉悦度与唤醒度，还包括动机维度，动机维度具有两种属性：一是动机方向，二是动机强度。

2. 宋晓蕾等研究者采用语音报告范式，发现了正性情绪和"右"空间的联结效应，而未出现负性情绪与"左"空间的联结效应，即得到了部分的情绪效价与空间的联结效应，支持了极性编码理论。

3. 情感 Simon 任务是在空间 Simon 任务基础上发展而来的一种研究情绪自动加工的范式，在该范式中要求被试忽略情感刺激的效价，而依据刺激的非情绪维度（如颜色、词性）做"积极的"或"消极的"口头报告反应。

4. 情绪唤醒度会对情感 Simon 效应产生影响，高唤醒度情绪词产生的情感 Simon 效应显著大于低唤醒度情绪词产生的情感 Simon 效应。

5. 情绪的动机方向会影响空间相容性。

6. 情绪的不同维度会对联合 Simon 任务产生影响。

7. 在具身认知理论视角下，优势反应、躯体运动均会影响空间相容性。

参考文献

鲍婧、傅纳：《具身的情绪调节：面部表情对内隐情绪的影响》，《心理与行为研究》2018 年第 6 期。

傅小兰：《情绪心理学》，华东师范大学出版社 2016 年版。

李梦婕：《不同动机维度情绪对乒乓球大学生运动员执行功能的影响研究》，硕士
学位论文，武汉体育学院，2018 年。

马庆国、尚倩：《情绪对 Simon 效应的调节作用》，《应用心理学》2013 年第 19 期。

马元广、李寿欣：《高趋近动机积极情绪对注意灵活性的影响》，《心理学探新》
2014 年第 6 期。

彭聃龄：《普通心理学》，北京师范大学出版社 2003 年版。

尚倩：《基于心理负荷的生产效率研究》，硕士学位论文，浙江大学，2013 年。

石杰：《情绪效价影响空间 Simon 效应的认知加工机制》，硕士学位论文，陕西师
范大学，2015 年。

宋晓蕾、贾筱倩、赵媛、郭晶晶：《情绪对联合行动中共同表征能力的影响机制》，
《心理学报》2020 年第 3 期。

宋晓蕾、游旭群：《国外关于 Simon 效应及其反转现象的研究述评》，《应用心理
学》2007 年第 13 期。

宋晓蕾、张俊婷、石杰、游旭群：《语音反应方式下情绪效价对空间 Simon 效应的
影响》，《心理学报》2017 年第 8 期。

宋晓蕾：《Hedge 和 Marsh 任务条件下的 Simon 效应的反转作用机制的研究》，硕士
学位论文，陕西师范大学，2004 年。

宋晓蕾：《Simon 效应及其反转现象作用机制的研究》，《心理科学》2006 年第
29 期。

孙绍邦、孟昭兰：《"面部反馈假设"的检验研究》，《心理学报》1993 年第 3 期。

王力、张栎文、张明亮、陈安涛：《GONO-GO 范式中非反应手状态对 Simon 效应
性质的影响》，《心理科学》2013 年第 1 期。

王力、张栎文、张明亮、陈安涛：《视觉运动 Simon 效应和认知 Simon 效应的影响
因素及机制》，《心理科学进展》2012 年第 5 期。

王力、张明亮、张栎文、陈安涛：《Simon 效应源于反应选择阶段：基于知觉负荷
对 Simon 效应的影响》，《西南大学学报》（自然科学版）2012 年第 4 期。

王力：《上—左/下—右优势效应的文化差异》，硕士学位论文，西南大学，2012 年。

魏毅：《情绪对执行控制能力影响的探索》，《太原理工大学学报》（社会科学版）
2013 年第 31 期。

吴可慧：《不同任务难度及刺激时长对基于物体和基于空间的西蒙效应的影响》，

硕士学位论文，苏州大学，2014 年。

殷融、曲方炳、叶浩生：《"右好左坏"和"左好右坏"——利手与左右空间情感效价的关联性》，《心理科学进展》2012 年第 20 期。

张光楠、周仁来：《情绪对注意范围的影响：动机程度的调节作用》，《心理与行为研究》2013 年第 1 期。

张俊婷：《动作观察对左右空间情感效价联结效应的影响机制》，硕士学位论文，陕西师范大学，2017 年。

赵媛：《情绪对联合任务中动作表征的影响机制》，硕士学位论文，陕西师范大学，2018 年。

Ambrosini, E., Sinigaglia, C., & Costantini, M., "Tie my hands, tie my eyes", *Journal of Experimental Psychology: Human Perception and Performance*, Vol. 38, No. 1, 2012, pp. 263–266.

Bandura, A., & Walters, R. H., *Social Learning Theory*, Englewood Cliffs, NJ: Prentice-Hall, 1977.

Barsalou, L., "Perceptual symbol systems", *Behavioral and Brain Sciences*, Vol. 22, 1999, pp. 577–609.

Bedwell, W. L., Pavlas, D., Heyne, K., Lazzara, E. H., & Salas, E., "Toward a taxonomy linking game attributes to learning: An empirical study", *Simulation & Gaming*, Vol. 43, No. 6, 2012, pp. 729–760.

Bradley, M. M., Codispoti, M., Cuthbert, B. N., & Lang, P. J., "Emotion and motivation: Defensive and appetitive reactions in picture processing", *Emotion*, Vol. 1, 2001, pp. 276–298.

Brookshire, G., Ivry, R., & Casasanto, D., "Modulation of motor-meaning congruity effects for valence words", In Ohlsson, S., & Catrambone, R. (Eds.), *Proceedings of the 32nd annual conference of the cognitive science society*, 2010, pp. 1940–1945.

Brouillet, D., Milhau, A., & Brouillet, T., "When 'good' is not always right: Effect of the consequences of motor action on valence-space associations", *Frontiers in Psychology*, Vol. 6, p. 237.

Buetti, S., & Kerzel, D., "Time course of the Simon effect in pointing movements for horizontal, vertical, and acoustic stimuli: Evidence for a common mechanism", *Acta Psychologica*, Vol. 129, No. 3, 2008, pp. 420–428.

Buhlmann, I. , Umilto, C. , & Wascher, E. , "Response coding and visuomotor transformation in the Simon task: The role of action goals", *Journal of Experimental Psychology: Human Perception and Performance*, Vol. 33, No. 6, 2007, pp. 1269 – 1282.

Casasanto, D. , & Chrysikou, E. G. , "When left is 'right': Motor fluency shapes abstract concepts", *Psychological Science*, Vol. 22, 2011, pp. 419–422.

Casasanto, D. , "Different bodies, different minds: The body-specificity of language and thought", *Current Directions in Psychological Science*, Vol. 20, No. 6, 2011, pp. 378–383.

Casasanto, D. , & Dijkstra, K. , "Motor action and emotional memory", *Cognition*, Vol. 115, 2010, pp. 179–185.

Casasanto, D. , "Embodiment of abstract concepts: Good and bad in right-and left-handers", *Journal of Experimental Psychology: General*, Vol. 138, No. 3, 2009, pp. 351–367.

Casasanto, D. , & Henetz, T. , "Handedness shapes children's abstract concepts", *Cognitive Science*, Vol. 36, 2012, pp. 359–372.

Castel, A. D. , Balota, D. A. , Hutchison, K. A. , Logan, J. M. , & Yap, M. J. , "Spatial attention and response control in healthy younger and older adults and individuals with Alzheimer's disease: Evidence for disproportionate selection impairments in the Simon task", *Neuropsychology*, Vol. 21, 2007, pp. 170–182.

Chajut, E. , Schupak, A. , & Algom, D. , "Emotional dilution of the Stroop effect: A new tool for assessing attention under emotion", *Emotion*, Vol. 10, 2010, pp. 944–948.

Clark, H. H. , "Space, time, semantics and the child", In Moore, T. E. (Ed.), *Cognitive Development and The Acquisition of Language*, New York: Academic Press, 1973, pp. 27–63.

Clore, G. L. , & Huntsinger, J. R. , "How the object of affect guides its impact", *Emotion Review*, Vol. 1, No. 1, 2009, pp. 39–54.

Colzato, L. S. , de Bruijn, E. R. A. , & Hommel, B. , "Up to 'me' or up to 'us'? The impact of self-construal priming on cognitive self-other integration", *Frontiers in Psychology*, Vol. 3, 2012, p. 341.

Colzato, L. S. , Zech, H. , Hommel, B. , Verdonschot, R. , van den Wildenberg,

W. P. M. , & Hsieh, S. , "Loving-kindness brings loving-kindness: The impact of Buddhism on cognitive self-other integration", *Psychonomic Bulletin and Review*, Vol. 19, No. 4, 2012, pp. 541–545.

Corballis, M. C. , & Beale, I. L. , *The Psychology of Left and Right*, Hillsdale, NJ: Lawrence Erlbaum, 1976.

Corson, Y. , & Verrier, N. , "Emotions and false memories: valence or arousal?" *Psychological Science*, Vol. 18, No. 3, 2007, pp. 208–211.

Cousineau, D. , "Confidence intervals in within-subject designs: A simpler solution to Loftus and Masson's method", *Tutorials in Quantitative Methods for Psychology*, Vol. 1, 2005, pp. 42–45.

Cretenet, J. , & Dru, V. , "The influence of unilateral and bilateral arm flexion versus extension on judgments: An exploratory case of motor congruence", *Emotion*, Vol. 4, 2004, pp. 282–294.

Cunningham, M. R. , "What do you do when you're happy or blue? Mood, expectancies, and behavioral interest", *Motivation and Emotion*, Vol. 12, No. 4, 1988, pp. 309–331.

Dehaene, S. , Bossini, S. , & Giraux, P. , "The mental representation of parity and number magnitude", *Journal of Experimental Psychology: General*, Vol. 122, 1993, pp. 371–396.

De Houwer, J, Crombez, G, Baeyens, F. , & Hermans, D. , "On the generality of the affective Simon effect", *Cognition and Emotion*, Vol. 15, 2001, pp. 189–206.

De Houwer, J, & Eelen, P. , "An affective variant of the Simon paradigm", *Cognition and Emotion*, Vol. 12, No. 1, 1998, pp. 45–61.

de la Fuente, J. , Casasanto, D. , Martínez-Cascales, J. I. , & Santiago, J. , "Motor imagery shapes abstract concepts", *Cognitive Science*, Vol. 41, 2017, pp. 1350–1360.

de la Fuente, J. , Casasanto, D. , Román, A. , & Santiago, J. , "Can culture influence body-specific associations between space and valence?" *Cognitive Science*, Vol. 39, 2015, pp. 821–832.

de la Fuente, J. , Casasanto, D. , & Santiago, J. , "Observed actions affect body-specific associations between space and valence", *Acta Psychologica*, Vol. 15, 2015, pp. 632–636.

de la Vega, I. , Dudschig, C. , De Filippis, M. , Lachmair, M. , & Kaup, B. , "Keep your hands crossed: The valence-by-left/right interaction is related to hand, not side, in an incongruent hand-response key assignment", *Acta Psychologica*, Vol. 142, 2013, pp. 273-277.

Desimone, R. , Duncan, J. , "Neural mechanisms of selective visual attention", *Annual Review of Neuroscience*, Vol. 18, No. 1, 1995, pp. 193-222.

Dolk, T. , Hommel, B. , Colzato, L. S. , Schütz-Bosbach, S. , Prinz, W. , & Liepelt, R. , "How 'social' is the social Simon effect?" *Frontiers in Psychology*, Vol. 2, No. 84, 2011, p. 84.

Dolk, T. , Hommel, B. , Colzato, L. S. , Schütz-Bosbach, S. , Prinz, W. , & Liepelt, R. , "The joint Simon effect: A review and theoretical integration", *Frontiers in Psychology*, Vol. 5, No. 974, 2014, pp. 1-10.

Dolk, T. , Hommel, B. , Prinz, W. , & Liepelt, R. , "The (not so) social Simon effect: A referential coding account", *Journal of Experimental Psychology: Human Perception and Performance*, Vol. 39, No. 5, 2013, pp. 1248-1260.

Dru, V. , & Cretenet, J. , "Influence of unilateral motor behaviors on the judgment of valenced stimuli", *Cortex*, Vol. 44, 2008, pp. 717-727.

Dunn, J. R. , & Schweitzer, M. E. , "Feeling and believing: The influence of emotion on trust", *Journal of Personality and Social Psychology*, Vol. 88, No. 5, 2005, pp. 736-748.

Duscherer, K. , Holender, D. , & Molenaar, E. , "Revisiting the affective Simon effect", *Cognition and Emotion*, Vol. 22, No. 2, 2008, pp. 193-217.

Feldman, J. , *From Molecules to Metaphor: A Neural Theory of Language*, Cambridge, MA: MIT Press, 2006.

Fenske, M. J. , & Eastwood, J. D. , "Modulation of focused attention by faces expressing emotion: Evidence from Flanker tasks", *Emotion*, Vol. 3, 2003, pp. 327-343.

Fitts, P. M. , "The information capacity of the human motor system in controlling the amplitude of movement", *Journal of Experimental Psychology*, Vol. 47, No. 6, 1954, p. 381.

Forgas, J. P. , "On feeling good and getting your way: Mood effects on negotiator cognition and bargaining strategies", *Journal of Personality and Social Psychology*, Vol. 74, No. 3, 1998, pp. 565-577.

Fredrickson, B. L. , & Branigan, C. , "Positive emotions broaden the scope of attention and thought-action repertoires", *Cognition and Emotion*, Vol. 19, 2005, pp. 313-332.

Gable, P. A. , & Harmon-Jones, E. , "Approach-motivated positive affect reduces breadth of attention", *Psychological Science*, Vol. 19, 2008, pp. 476-482.

Gable, P. A. , & Harmon-Jones, E. , "The effect of low versus high approach-motivated positive affect on memory for peripherally vs. centrally presented information", *Emotion*, Vol. 10, 2010, pp. 599-603.

Gable, P. A. , & Harmon-Jones, E. , "The motivational dimensional model of affect: Implications for breadth of attention, memory, and cognitive categorization", *Cognition and Emotion*, Vol. 24, 2010a, pp. 322-337.

Gallese, V. , "Bodily selves in relation: Embodied simulation as second-person perspective on intersubjectivity", *Philosophical Transactions of the Royal Society B*, Vol. 369, No. 1644, 2014, pp. 1-7.

Gallese, V. , "Embodied simulation: From neurons to phenomenal experience", *Phenomenology and the Cognitive Sciences*, Vol. 4, 2005, pp. 23-48.

Gasper, K. , & Clore, G. L. , "Attending to the big picture: Mood and global versus local processing of visual information", *Psychological Science*, Vol. 13, 2002, pp. 34-40.

Gilet, A. L. , & Jallais, C. , "Valence, arousal, and word associations", *Cognition and Emotion*, Vol. 25, No. 4, 2011, pp. 740-746.

Goldstone, R. , & Barsalou, L. , "Reuniting perception and conception", *Cognition*, Vol. 65, 1998, pp. 231-262.

Gozli, D. G. , Lockwood, P. , Chasteen, A. L. , & Pratt, J. , "Spatial metaphors in thinking about other people", *Visual Cognition*, Vol. 26, 2018, pp. 313-333.

Hao, N. , Xue, H. , Yuan, H. , Wang, Q. , & Runco, M. A. , "Enhancing creativity: Proper body posture meets proper emotion", *Acta Psychologica*, Vol. 173, 2017, pp. 32-40.

Harl, S. J. , Green, S. R. , Casp, M. , & Belger, A. , "Emotional priming effects during Stroop task performance", *Neuropsychologia*, Vol. 49, No. 3, 2010, pp. 2662-2670.

Harmon-Jones, E. , & Peterson, C. K. , "Supine body position reduces neural response to anger evocation", *Psychological Science*, Vol. 20, 2009, pp. 1209-1210.

Harmon-Jones, E., Price, T. F., & Harmon-Jones, C., "Supine body posture decreases rationalizations: Testing the action-based model of dissonance", *Journal of Experimental Social Psychology*, Vol. 56, 2015, pp. 228-234.

Hedge, A., & Marsh, N. W., "The effect of irrelevant spatial correspondences on two-choice response time", *Acta Psychologica*, Vol. 39, No. 6, 1975, pp. 427-439.

Heyes, C., "Submentalizing: I am not really reading your mind", *Perspectives on Psychological Science*, Vol. 9, No. 2, 2014, pp. 131-143.

Hommel, B., "*Feature integration across perception and action: Event files affect response choice*", Manuscript Submitted for Publication, 2003.

Hommel, B., & Lippa, Y., "S-R compatibility effects due to context-dependent spatial stimulus coding", *Psychonomic Bulletin & Review*, Vol. 2, No. 3, 1995, pp. 370-374.

Hommel, B., "Responding to object files: Automatic integration of spatial information revealed by stimulus-response compatibility effects", *The Quarterly Journal of Experimental Psychology: Section A*, Vol. 55, No. 2, 2002, pp. 567-580.

Hommel, B., "The relationship between stimulus processing and response selection in the Simon task: Evidence for a temporal overlap", *Psychological Research*, Vol. 55, No. 4, 1993, pp. 280-290.

Hommel, B., "The role of attention for the Simon effect", *Psychological Research/Psychologische Forschung*, Vol. 55, 1993, pp. 208-222.

Hommel, B., "The Simon effect as tool and heuristic", *Acta Psychologica*, Vol. 136, No. 2, 2011, pp. 189-202.

Horstmann, G., Borgstedt, K., & Heumann, M., "Flanker effects with faces may depend on perceptual as well as emotional differences", *Emotion*, Vol. 6, No. 1, 2006, pp. 28-39.

Iani, C., Rubichi, S., Ferraro, L., Nicoletti, R., & Gallese, V., "Observational learning without a model is influenced by the observer's possibility to act: Evidence from the Simon task", *Cognition*, Vol. 128, 2013, pp. 26-34.

Ivanoff, J., & Klein, R. M., "The presence of a nonresponding effector increases inhibition of return", *Psychonomic Bulletin & Review*, Vol. 8, No. 2, 2001, pp. 307-314.

Jasmin, K. , & Casasanto, D. , "The QWERTY effect: How typing shapes the meanings of words", *Psychonomic Bulletin & Review*, Vol. 19, 2012, pp. 499–504.

Kandel, E. R. , Schwartz, J. H. , & Jessell, T. M. , *Principles of Neural Science* (4th ed.), New York: McGraw-Hill, 2000.

Kanske, P. , & Kotz, S. A. , "Modulation of early conflict processing: N200 responses to emotional words in a flanker task", *Neuropsychologia*, Vol. 48, No. 12, 2010, pp. 3661–3664.

Keus, I. M. , & Schwarz, W. , "Searching for the functional locus of the SNARC effect: evidence for a response-related origin", *Memory & Cognition*, Vol. 33, 2005, pp. 681–695.

Kong, F. , "Space-valence associations depend on handedness: Evidence from a bimanual output task", *Psychological Research Psychologische Forschung*, Vol. 77, 2013, pp. 773–779.

Kormblum, S. , Hasbroucq, T. , & Osman, A. , "Dimensional overlap: Cognitive basis for stimulus-response compatibility-a model and taxonomy", *Psychological Review*, Vol. 97, No. 2, 1990, pp. 253–270.

Lakens, D. , "High skies and oceans deep: Polarity benefits or mental simulation?" *Frontiers in Psychology*, Vol. 2, 2011, p. 21.

Lakens, D. , "Polarity correspondence in metaphor congruency effects: Structural overlap predicts categorization times for bipolar concepts presented in vertical space", *Journal of Experimental Psychology: Learning, Memory, and Cognition*, Vol. 38, 2012, pp. 726–736.

Lakoff, G. , & Johnson, M. , *Philosophy in the Flesh: The Embodied Mind and its Challenge to Western Thought*, Chicago: University of Chicago Press, 1999.

Larsen, R. J. , Kasimatis, M. , & Frey, K. , "Facilitating the furrowed brow: An unobtrusive test of the facial feedback hypothesis applied to unpleasant affect", *Cognition & Emotion*, Vol. 6, No. 5, 1992, pp. 321–338.

Larson, M. J. , Gray, A. C. , Clayson, P. E. , Jones, R. , & Kirwan, B. C. , "What are the influences of orthogonally-manipulated valence and arousal on performance monitoring processes? The effects of affective state", *International Journal of Psychophysiology*, Vol. 87, No. 3, 2013, pp. 327–339.

Lazarus, R. S. , *Emotion Theory and Psychotherapy*, New York: The Guilford Press,

1991, pp. 290-301.

Liepelt, R., Klempova, B., Dolk, T., Colzato, L. S., Ragert, P., Nitsche, M. A., & Hommel, B., "The medial frontal cortex mediates self-other discrimination in the joint Simon task: A tDCS study", *Journal of Psychophysiology*, Vol. 30, No. 3, 2016, pp. 87-101.

Li, J. J., "*The relationship among emotional valence, time and left-right space*", Doctoral Dissertation, Shanxi Normal University, 2014.

Lu, C. H., & Proctor, R. W., "The influence of irrelevant location information on performance: A review of the Simon and spatial Stroop effects", *Psychonomic Bulletin & Review*, Vol. 2, No. 2, 1995, pp. 174-207.

Lu, C. H., & Proctor, R. W., "The influence of irrelevant location information on performance: A review of the Simon and spatial Stroop effects", *Psychonomic Bulletin & Review*, Vol. 2, 1995, pp. 174-207.

Marble, J. G., & Proctor, R. W., "Mixing location-relevant and location-irrelevant trials in choice-reaction tasks: Influences of location mapping on the Simon effect", *Journal of Experimental Psychology: Human Perception and Performance*, Vol. 26, 2000, pp. 1515-1533.

Mccann, R. S., & Johnston, J. C., "Locus of the single-channel bottleneck in dual-task interference", *Journal of Experimental Psychology: Human Perception and Performance*, Vol. 18, 1992, pp. 471-484.

Meier, B. P., & Robinson, M. D., "Why the sunny side is up associations between affect and vertical position", *Psychological Science*, Vol. 15, No. 4, 2004, pp. 243-247.

Milhau, A., Brouillet, T., & Brouillet, D., "Valence-space compatibility effects depend on situated motor fluency in both right-and left-handers", *Quarterly Journal of Experimental Psychology*, Vol. 68, 2015, pp. 887-899.

Milhau, A., Brouillet, T., Dru, V., Coello, Y., & Brouillet, D., "Valence activates motor fluency simulation and biases perceptual judgment", *Psychological Research Psychologische Forschung*, Vol. 81, 2017, pp. 795-805.

Natale, M., Gur, R. E., & Gur, R. C., "Hemispheric asymmetries in processing emotional expressions", *Neuropsychologia*, Vol. 21, 1983, pp. 555-565.

Nicholas, B., Stuart, J. J., & Steven, J. R., "Varying task difficulty in the Go/No-go task: The effects of inhibitory control, arousal, and perceived effort on ERP components", *International Journal of Psychophysiology*, Vol. 87, 2013, pp. 262–272.

Niedenthal, P. M., Winkielman, P., Mondillon, L., & Vermeulen, N., "Embodiment of emotion concepts", *Journal of Personality and Social Psychology*, Vol. 96, No. 6, 2006, pp. 1120–1136.

Ochsner, K. N., Hughes, B., Robertson, E. R., Cooper, J. C., & Gabrieli, J. D., "Neural systems supporting the control of affective and cognitive conflicts", *Journal of Cognitive Neuroscience*, Vol. 21, No. 9, 2009, pp. 1841–1854.

Oldfield, R. C., "The assessment and analysis of handedness: The Edinburgh inventory", *Neuropsychologia*, Vol. 9, 1971, pp. 97–113.

Oppenheimer, D. M., "The secret life of fluency", *Trends in Cognitive Sciences*, Vol. 12, 2008, pp. 237–241.

Pecher, D., Boot, I., & Van Dantzig, S., "Abstract concepts: Sensory-motor grounding, metaphors, and beyond", *Psychology of Learning and Motivation*, Vol. 54, 2011, pp. 217–248.

Price, T. F., Dieckman, L. W., & Harmon-Jones, E. "Embodying approach motivation: Body posture influences startle eyeblink and event-related potential responses to appetitive stimuli", *Biological Psychology*, Vol. 90, 2012, pp. 211–217.

Prinz, J., *Furnishing the Mind: Concepts and Their Perceptual Basis*, Cambridge, MA: MIT Press, 2002.

Proctor, R. W., & Cho, Y. S., "Polarity correspondence: A general principle for performance of speeded binary classification tasks", *Psychological Bulletin*, Vol. 132, 2006, pp. 416–442.

Proctor, R. W., & Lu, C. H., "Processing irrelevant information: Practice and transfer effects in choice-reaction tasks", *Memory & Cognition*, Vol. 27, 1999, pp. 63–77.

Riskind, J. H., "They stoop to conquer: Guiding and self-regulatory functions of physical posture after success and failure", *Journal of Personality and Social Psychology*, Vol. 47, No. 3, 1984, pp. 479–493.

Scharine, A. A., & McBeath, M. K., "Right-handers and Americans favor turning to the right", *Human Factors: The Journal of Human Factors and Ergonomics Society*,

Vol. 44, No. 2, 2002, pp. 248-256.

Schimmack, U., "Attentional interference effects of emotional pictures: Threat, negativity or arousal?" *Emotion*, Vol. 5, 2005, pp. 55-66.

Seibert, P. S., & Ellis, H. C., "Irrelevant thoughts, emotional mood states, and cognitive task performance", *Memory and Cognition*, Vol. 19, 1991, pp. 507-513.

Simon, J. R., Acosta, E., Mewaldt, S. P., & Speidel, C. R., "The effect of an irrelevant directional cue on choice reaction time: Duration of the phenomenon and its relation to stages of processing", *Perception & Psychophysics*, Vol. 19, No. 1, 1976, pp. 16-22.

Simon, J. R., & Rudell, A. P., "Auditory S R compatibility: The effect of an irrelevant cue on information processing", *Journal of Applied Psychology*, Vol. 51, No. 3, 1967, pp. 300-304.

Simon, J. R., & Small Jr, A. M., "Processing auditory information: Interference from an irrelevant cue", *Journal of Applied Psychology*, Vol. 53, No. 5, 1969, pp. 433-435.

Sommer, M., Hajak, G., Dohnel, K., Meinbardt, J., & Muller, J. L., "Emotion-dependent modulation of interference processes: An fMRI study", *Acta Neurobiologiae Experimentalis*, Vol. 68, No. 2, 2008, pp. 193-203.

Song, X. L., Li, Y. Y., Yang, Q., & You, X. Q., "The influence of different status of the observer's responding hands on observational learning in the joint task", *Acta Psychologica Sinica*, Vol. 50, 2018, pp. 975-984.

Song, X., Yi, F., Zhang, J., & Proctor, R. W., "Left is 'good': Observed action affects the association between horizontal space and affective valence", *Cognition*, Vol. 193, 2019, p. 104030.

Strack, F., Martin, L. L., & Stepper, S., "Inhibiting and facilitating conditions of the human smile: A nonobtrusive test of the facial feedback hypothesis", *Journal of Personality and Social Psychology*, Vol. 54, No. 5, 1988, pp. 768-777.

Talarico, J. M., Berntsen, D., & Rubin, D. C., "Positive emotions enhance recall of peripheral details", *Cognition and Emotion*, Vol. 23, 2009, pp. 380-398.

Veenstra, L., Schneider, I. K., & Koole, S. L., "Embodied mood regulation: The impact of body posture on mood recovery, negative thoughts, and mood-congruent recall", *Cognition and Emotion*, Vol. 31, 2016, pp. 1361-1376.

Wilson, T. D. , & Nisbett, R. E. , "The accuracy of verbal reports about the effects of stimuli on evaluations and behavior", *Social Psychology*, Vol. 41, 1978, pp. 118 - 131.

Witt, J. K. , Kemmerer, D. , Linkenauger, Sally, A. , & Culham, J. , "A functional role for motor simulation in identifying tools", *Psychological Science*, Vol. 21, 2010, pp. 1215-1219.

Yan, P. , "The study of left-right space and emotional valence: Based on the polarity difference hypothesis", *Doctoral Dissertation*, Qufu Normal University, 2015.

第十章　环境对相容性的影响

人总是处在一定的空间场所中，这样的空间场所称为环境，包括物理环境和社会环境两个大的方面。环境对人的心理和行为有着重要影响，人的心理变化可以改变其行为，同时也会影响人对环境的主观感知。环境与人的关系是共生的关系。"二战"时期制造的一种战斗轰炸机，风门和着陆控制杆的设置就涉及接下来会讲到的空间位置相容性。人和机器在同处于一定环境中时，环境对机器效能和人的心理、生理状态都产生影响，进而影响工作效率和工作状态。

第一节　物理环境对相容性的影响

物理环境是自然环境的一部分，包括广义的物理环境和狭义的物理环境。广义的物理环境主要从视觉、听觉和嗅觉进行描述。狭义的物理环境主要从空间位置、空间标识和空间场景进行描述。

一　广义的物理环境

广义的物理环境主要包括光环境、声音环境和嗅觉环境。光环境包括自然光环境和人工光环境。光环境控制要素的心理反应包括照度环境相容、光色环境相容和显色性环境相容。听觉感知对我们的信息感知具有重要的作用，不仅仅是在语义上会存在相容性的影响，同时在音色等其他方面也会和其他的感官产生联觉，所以在此方面，需要注意听觉感知的相容性，以达到更好的工作绩效或用户体验。嗅觉和记忆、情感相互关联。相对于不一致的感官属性匹配，当感官属性相匹配（一致）时，人们的反应速度更快。所以在环境设计时，可以利用嗅觉来加强个体对于事件或者物体的感知，达到一致性效应，增强其感知能力和反应速率。

（一）光环境

光环境是由光与颜色在室内建立的、同房间形状有关的生理和心理环境，是光照射于其内外空间所形成的环境。光环境也是满足个体生理、心理、工效学及美学各方面需求的综合。光环境对人的精神状态和心理感受也产生积极的影响。例如对于生产车间，适宜的光环境可以使工人提高作业效率，提升产品质量；对于休闲娱乐场所，适宜的光环境可以营造出生动活泼的环境氛围。

1. 光环境的种类及对相容性的影响

光环境包括自然光环境和人工光环境。自然光环境主要指建筑物相关的自然光环境。建筑自然光环境主要涉及光线和空间的关系。光线对空间知觉有着重要的影响。在实际生活中，我们通过利用光源来调节空间感知，从而研究具体的空间特性。建筑自然光环境的特点受到建筑形态、朝向、窗户设计、遮阳设施以及周围环境的影响。在建筑设计中，建筑师会充分考虑邻近性、相似性、对称性、良好连续、共同命运等知觉特性原则，通过合理的建筑设计和布局，使自然光能够充分进入室内，提供良好的照明条件和视觉舒适性，减少对人工照明的依赖，在建筑内部营造出温暖、舒适和有利于人们的工作、学习和生活的环境。如在墙面上设计连续的狭长形窗户，阳光从缝隙中倾泻而入，重复交错的光影仿佛生成一个极具律动的序列，建筑空间也被赋予鲜活的生命。这里充分体现了光环境的相容性的影响。在考虑想要呈现的视觉感觉和心理感觉的前提下，建筑设计要充分考虑光环境的影响，以达到物理环境和心理环境的相容性。

人工光环境包括灯光的颜色、亮度等因素。灯光的颜色会影响人们的情绪、注意力、认知甚至生理与心理健康。例如，红色传递出热情和活力，蓝色让人感受到放松与冷静。光是色彩的来源，反映色彩的光给予了光线一种不同的气氛。光作为色彩的源头，赋予了环境不同的氛围和感觉。除了色彩还有光的亮度的呈现，环境亮度作为一种外部物理环境要素，也会影响个体的情绪与认知。这些影响主要表现为以下三个方面。首先，个体会对环境因素进行隐喻联想，明亮的光会让人联想到阳光、光明、快乐等；而黑暗则与失明、寒冷、恐惧等相关联，进而影响个体的感知判断。其次，根据最佳刺激水平理论（optimal stimulation level），不同的外部环境刺激会影响个体的行为反应，主要是由于个体的最佳刺激水平有所不同，高明亮度环境会提高个体的大脑灵敏度以及警觉度（吴婧，2005）；然而，在低明亮度的环境下，由于大脑处理的外界信息绝大部分都来自视觉，能见度变小，可辨识距离缩短，视觉信息缺失，使得视觉加工极度受限。此时光环境会给个体带来心理上的不安全和不可控感，增加个体焦虑情绪体验，且倾向于通过逃避的方式解决问题，对外界事物表现得更有敌意。同时，低明亮度的环境会减少外界对自身的注意，使得个体不用更多地思考，进而激发舒适、安逸的心理状态，并产生思维惰性，更多地进行自我保护，激发个体的防御动机。低明亮度的环境也给人一种匿名感，因此，个体会表现出更多的不道德行为。个体的心理感知也会影响对光环境的感知。感知未来希望渺茫的个体会认为房间的灯光更暗，更喜欢待在高明亮度的房间；而在低明亮度的房间里，被试也会认为未来的经济前景将变差，自己获得工作机会的可能性降低。高明亮度环境会提高个体的能量水平，进而影响唤醒度（郝石盟等，2020）。最后，也有学者关注到了环境明亮度对消费决策的影响，高明亮度环境会加强个体的情绪系统（吴婧，2005），个体会选择刺激性强的物体，例如辛辣的食品。同时，高明亮度环境会增加个体的警觉性，进而促使消费者选择更加健康的食物（张宇、杜建刚，2022）。

2. 光环境控制要素的心理反应种类与相容性的关系

光环境控制要素的心理反应包括以下三种相容关系。

一是照度环境心理相容。照度作为光环境控制的重要因素之一，能决定被照物体和空间中被照平面的明亮程度，合适的照度环境能够在增强空间活动效率、保护人们视力等方面产生积极影响。根据调节聚焦理论，个体存在两种性质的聚焦方式，即促进聚焦（promotion focus）与防御聚焦（prevention focus）两种类型。高明亮度环境下，个体精力充沛，积极乐观，会进行更多的探索性行为，启动个体的促进聚焦。然而，低明亮度的光环境会降低个体的唤醒度，更多地进行自我保护，启动个体的防御聚焦。所以，在需要提高个体注意力的场景中，使用高明亮，效果会达到最优，而对于需要个体放松的环境下，使用低明亮度光，效果会比较好（王子莹等，2021）。

二是光色环境心理感应。光色是影响室内空间光环境心理的基础性因素之一，光的色彩感应和平面色彩感应在环境中人的心理方面具备相似性，是空间立体化高维度化的平面色彩感应的体现。人处于不同的光色环境的空间当中，会感受到来自空间光色不同的环境氛围。没有改变空间的构成形式，也没有改变空间的明亮程度，仅仅光色的差异也可以让环境当中的人直观地感应到空间光环境的区别。白色光调能够给空间中的人带来明净、轻松的感觉，暖色调能够带来温暖、安详的感觉，冷色光调能够营造严肃、具有气势的感觉（王泓，2021）。将不同光色合理应用到适应类型的空间，在影响环境中人的心理使之达成和环境空间的共情方面具有重要的意义。例如：暖色光可以营造出放松舒适的环境，适用于客房、卧室和酒吧等场合；中性光可以营造出空间的自然感，常用于办公室、教室、阅览室等场合；冷色光常用于高加热空间、高照度场所，有利于工人集中精力，提高警觉度。另外，照度与色温应该保持适应的状态，否则就会带来负面的感觉。在照度和色温的搭配上，应采取高低相对原则。在不同的环境当中，采取合适的颜色，更有利于心理相容性的发展。

三是显色性环境心理感应。室内空间显色性的心理感应反映在经过室内控制光源的照射下各种颜色在视觉上的失真程度带给人的心理影响。高显色性给人贴合自然的感觉，低显色性更易产生空间环境的渲染。跟照度和光色相比，显色性带给空间中的人的心理感应并不十分强烈，显色性很大程度上受到照度环境和光色环境的影响。

光在生活中是无处不在的。在日常视觉环境设计中，应该充分考虑光环境相容性的影响，以提高工效、保证安全、健康和视觉舒适为原则。合理利用光环境的相容性原则有助于满足人们的心理和生理需求，减少工作环境对人的不利影响，提高环境的适宜性，以确保人员的安全、健康和高效，并有助于提升系统的综合效能。

（二）声音环境

听觉是仅次于视觉的人类的第二大感觉。听觉概念包含两个层次的意义。第一层是对声音的感知（Sensation of sound），即通过人耳感受器官对刺激的感知。声音感知是基于基本生理结构的，这种能力先天具有，与听觉系统发育是否完整和健全有关。第二层意义是对声音的认知，即对声音的理解能力。这种能力基于感知，包括理解、记忆等复杂的心理过程，属于后天习得性能力。环境声音是人类对一个地方的体验的关键组成部分，因为它们承载着意义和上下文信息，同时提供了态势感知。环境声音有可能支持或破坏特定的活动，以及触发、抑制或简单地改变环境中的人类行为。

根据听觉注意的研究，在复杂的声音环境中，人类的听觉神经系统能够使用合理的策略从混合声波中提取有价值的信息并进行进一步加工，同时忽略其他声源的干扰，甚至能够轻松地在多个声源之间切换（Schafer & Moore，2011）。这种能力被称为"鸡尾酒会效应"（cocktail party effect, CPE），用于描述在有多个声音刺激的嘈杂环境中，个体能够集中注意力并分辨出自己感兴趣的声音，即听觉的选择性注意。鸡尾酒会效应的研究对于理解听觉感知、人类沟通和信息处理具有重要意义，并在语音识别、噪声过滤等技术领域有广泛的应用。例如，汽车的提示音向驾驶员传递功能提醒信息，这种在安全驾驶过程中的提醒非常重要，提示音的警示性可以与驾驶员的快速反应和安全行驶直接相关。声音信号具有比视觉信号更快的反应速度，是驾驶过程中非常重要的信息传递方式，同时也是视觉交互的有益补充。特别是在自动驾驶或半自动驾驶的情境下，当驾驶员的视线离开道路时，警示性声音的作用尤为重要。警示性声音通常是短促的提示音，与驾驶过程中播放的音乐不同，它们传递的信息意义直接明确，旨在使驾驶员能够第一时间接收、理解并做出快速决策和反应。了解警示性提示音的客观声音物理参数与主观感知紧迫性参数之间的关系对于更好地设计警示性提示音具有重要的应用意义。

在日常生活中，当听觉信息和注意资源之间存在不一致现象时，可能会导致个体对获取的信息出现误判或者遗漏。我们经常使用声音来传递信息，并帮助人们记住这些信息。声音描述了我们所处的空间，并描述了我们所处空间当中的绝大多数事情，比如：时钟的嘀嗒声、发动机的轰鸣声。在这类声音中，声音添加了额外的感官信息来确认事件，以及我们在该事件中执行的动作。对于特殊人群而言，声音环境是获取信息的重要来源，声音可以帮助特殊人群引导空间路线、辨识空间位置，同时还可以帮助他们获取环境信息。除此之外，听觉也可以与其他感觉通道结合，营造空间环境的氛围。例如愉悦舒缓的音乐能够让病人缓解压力，有律动感的伴奏增强了舞蹈的动感和活力；超市播放的背景音乐更有助于提高顾客的购物热情。这都体现了我们声音环境的相容性，如果在商场播放哀伤的音乐会激起顾客悲伤的情绪，就会降低顾客的购物热情；在心理咨询的过程中，播放欢快的音乐，则不利于来访者心情保持平静，阻碍咨询进程的开展。

听觉感知对我们的信息感知具有重要的作用，不仅仅是在语义上会存在相容性的影响，同时在音色等其他方面也会和其他的感官产生联觉，所以在此方面，需要注意听觉感知的相容性，以达到更好的工作绩效或用户体验。

（三）嗅觉环境

嗅觉属于化学感觉，是通过长距离感受化学刺激的感觉。相对于通过视觉检测到一个对象的时间，大脑对气味的处理时间较长，嗅觉所需的处理时间是视觉的 10 倍（Herz & Engen，1996），但一旦气味得到了识别，就会在大脑中长时间停留。由于嗅觉与记忆相关的神经系统在生理上接近，因此嗅觉与记忆有着紧密联系，如气味可以存储在长期记忆中，已有研究表明人们平均能记忆 10000 个气味，即使在一年后，仍能记起 65%的气味（Buck & Axel，1991）；由于嗅觉神经和杏仁核（Amygdala，大脑的情绪反应中心）之间只存在两个突触，嗅觉通常被认为可以影响情绪，并在决定情绪记忆方面起着重要作用（Cahill et al.，1995），气味能够触发与特定情绪和情感相关的记忆和体验。某种特定的气味可以唤起过去的情感状态和经历，让人们重温过去的情感体验。例如，某种花香可能会让人们回忆起童年时的快乐时光，而某种气味可能会引发与创伤事件相关的负面情绪；具有特别香味的产品更容易被消费者记忆（Krishna et al.，2010）。

在现实生活中，气味对个人的意识有调节作用，更重要的是气味对情绪具有调节作用（Thaploo et al.，2021）。气味是成功实现感官体验的最佳手段，例如大型连锁店和奢侈品店在特定的地点和情境中，利用特殊气味为顾客创造嗅觉体验，增加商品的盈利。当我们走进饭店或小吃街时，周围会充斥着各种各样的美食气味。有的气味会增加我们的食欲，比如孜然和辣椒的味道会引诱我们品尝热气腾腾的烤肉。另外一些气味例如花朵、香草香气和柑橘类气味常被认为具有放松和愉悦的效果，可以帮助缓解压力、焦虑和抑郁情绪。嗅觉和味觉会整合和互相作用。气味也可以与特定的情境产生联结。某些场景或地点常常伴随着特定的气味，例如家庭中的烤面包香气或海滩上的海风气味。当我们闻到这些气味时，会立即将其与相关的情境联系起来，唤起对应的情绪和体验。

现实生活中的气味，除了物体本身散发出来的气味之外，还存在某些环境中的气味，Spangenberg（1996）将其称为环境气味（Ambient Scent）。研究结果表明，宜人的环境气味对产品评估的影响可能会强于其他外界环境刺激或情感线索（Bosmans，2006）。同时在有气味和无气味的环境对比中，无论是产品评估还是实际消费行为之间均存在显著的差异。在有气味环境中，消费者感知到的时间变得更短暂，感知时间小于实际时间；而在无气味的环境下则是相反的。具有愉悦气味的环境可以提高人们的购物欲望和消费意愿，增加逗留时间和购买量。市场营销者可以合理应用嗅觉的知识提升顾客对商品的消费潜力。实验研究表明，消费者在单纯气味情境下会投入更多的金钱进行购物，而在复杂气味情境和完全无气味情境下，则不存在显著差异（Friederike et al，2010）。环境气味对人的意识、情绪和行为产生重要影响。适当管理和利用环境气味可以为商店、办公场所和其他场景提供更好的体验，并影响人们的消费决策、行为表现和情感体验。然而，个体对气味的感知和反应存在差异，因此在设计环境气味时需要考虑个体的偏好和敏感性。

嗅觉和记忆、情感相互关联。相对于不一致的感官属性匹配，当感官属性相匹配时，人们的反应速度更快。所以在设计空间环境时，设计师可以利用嗅觉来加强个体对于事件或者物体的感知，达到一致性效应，增强其感知能力和反应速度。

二 狭义的物理环境

狭义的物理环境包括空间位置、空间形状、空间场景和空间标识，它们都可以形成对应的相容性。空间位置相容性，是指当刺激位置和反应位置一致时比不一致时反应更快、正确率更高。空间形状相容性，涉及空间的布局、物体的形状、结构的设计等方面，会对人的行为、认知和情感产生影响，匹配一致的刺激可提升被试的反应速度。空间场景相容性，是指采用颜色一致的局部区域，在提取搜索过程中的搜索效率要高于颜色混杂的场景。空间标识相容性，则指进行导向设计时必须充分考虑标牌的大小尺度、在空间中的位置关系、行人的观看视角、导向设施所采用的色彩及材料的选择等对于导向设计醒目性的重要因素，以保证可以让个体快速识别和理解。

（一）空间位置

空间位置相容性效应（具体内容见第二章的空间编码理论和功能可见性理论小节）既体现在物体方面，也体现在执行任务过程中。一项通过屏幕中左右按键操作手柄的实验研究表明，当目标刺激的手柄朝向和反应位置相容时比不相容时反应更快，正确率更高。这意味着，对于物体的相容性效应而言，当空间位置相容一致时，反应时会更快；当空间位置不相容时，反应时较慢。执行任务过程也会存在空间位置的优势效应。如果按照空间位置相容性执行任务操作，例如在大小比较任务和奇偶比较任务中，研究者们发现左手对小数字按键反应快，而右手对大数字按键反应快，即存在空间—数字联合反应编码效应（spatial-numerical association of response codes，SNARC）。人们将数字表征在一条自左向右的心理数轴上，小数字位于左侧，大数字位于右侧（李露、丁锦红，2019）。

根据空间位置的相容性，人们在水平位置和数量之间保持心理关联（左边的数量少，右边的数量多）。在数量的基础上继续探讨，相关研究发现，空间位置与情感存在一定的相容性，并影响个体的感情评估。由于受到身体结构和地球引力等因素的限制，人们对空间垂直概念的理解尤为深刻（王敏洁，2013）。Meier 和 Robinson（2004）采用空间范式对抽象概念的上下空间表征进行研究，证明了对词汇的主观评价具有空间体验性。其他的研究者使用权利、道德甚至宗教神魔等抽象概念作为实验材料也都发现，个体对具有褒贬意义词汇的加工会受到空间刺激的影响（于书亚，2018）。Meier、Sellbom 和 Wygant（2007）采用 IAT 范式，分别选取了英语中的 5 个道德词和 5 个非道德词作为实验材料，探讨道德概念与垂直空间方位之间的隐喻联结关系。结果发现，道德词与垂直空间存在内隐联结关系，也就是"道德为上、不道德为下"。高位置空间的身体体验能够促进人们的美德行为，对空间位置在上面的事物评价为"好"的，对空间位置在下面的事物评价为"坏"的。这充分反映了空间位置与情绪的空间相容性所产生的影响。

（二）空间形状

空间的形状特征可以分为局部特征和全局特征。局部特征仅来源于形状的一部分，如形状的单个边缘的方向、凹度或凸度。全局特征源于整体形状，例如形状的整体轮廓。形状常常存在于不经意之处，对我们的影响更是无处不在。

相关研究发现，由于进化的恐惧反应，人们通常更喜欢圆形（Bar，2006）。圆形会引起人们的积极的情绪反应，圆形比棱角分明的其他形状有更多积极情绪唤起，人类更喜欢弯曲的形状而不是棱角分明的形状。Silvia（2009）有几项研究已经表明，曲线和对称的形状是首选，因为它们对幸福的表达和婴儿脸有关，包含更多的曲线元素。相反，棱角和不对称的形状是令人讨厌的，因为它们对愤怒的表达和危险的物体（如刀）有关。

形状和温度在消费者认知中呈现跨通道对应关系。尖角形状对应较冷的温度，而曲边形状对应较暖的温度。曲边形状线索相对于尖角形状线索可以增强消费者对产品或组织的心理温暖感知，身体温暖感知在上述关系中具有显著的中介作用。此外，曲边形状线索相对于尖角形状线索可以通过激活身体温暖感知和心理温暖感知来提升消费者对产品或组织的信任度

（杨宇科，2018）。

Adeli 等人（2014）发现了形状与声音之间的联觉现象。他们通过实验，测试了相同音调但不同频率和音色的声音与形状的对应关系，发现尖锐的形状（如锐角或尖顶）与高音调和刺耳的声音（如击钹声）相对应，圆润的形状（如弧形或圆形）与低音调和轻柔的声音（如钢琴声）相对应。Walker（2012）的研究发现视觉形状与音高之间存在匹配关系，除了与听觉的联系，该研究还记录了形状与味觉、嗅觉和触觉属性特征之间的对应关系。

研究表明，匹配一致的刺激可提升被试的反应速度，可以让人们更快地识别、判断或执行相应的任务，减少认知负荷，提升辨别能力。当形状与颜色匹配一致时会增强人们对气味的辨别能力（Demattè et al.，2009），对图形与颜色的匹配时间也会更短（Chen，2015）。当不同感官通道的属性匹配一致时，可对消费者产生正向的影响，如更高的主观评价（愉悦度、熟悉度等）、更高的购买欲望等，实际消费金额也可能会提高（North et al.，2003）。在关于气味与形状符号跨通道对应的研究中发现，气味与形状符号的一致性对气味的愉悦感具有调节作用，并增加了人脑中嗅觉事件相关电位的幅度（Seo et al.，2010）。

总之，形状线索的特征涉及空间的布局、物体的形状、结构的设计等方面，会对人的行为、认知和情感产生影响，匹配一致的刺激在认知任务中可以提高认知效率、增强注意和记忆，这些优点有助于提高认知表现和任务执行的质量。空间形状的相容性考虑了人的身体特征、运动能力、认知和情感因素，以创造与人类需求和期望相适应的环境。通过合理的空间形状设计，可以提供更好的使用体验、促进情感体验和支持积极行为。

（三）空间场景

"场景"一词最早源于影视行业，指在特定时间和空间内发生的行动，或者由人物关系构成的具体画面，是通过人物行动来表现剧情的一个个特定过程（刘炜心、曾琦琪，2022）。2020 年吴声在《场景纪元》中认为"场景"不再是静止的，而是流动的（吴声，2020）。吴声提到的"context"的直接释义是"上下文"，一方面强调场景的流动性和连续性，另一方面在互联网大数据的广泛应用以及智能设备的高度普及化的今天，人们的社交活动从物理场所扩展到虚拟空间。场景让人们跨越时间、空间，是一种将现实和虚拟融合并进行沉浸式交互的工具。通过以上的分析可见，场景具有人本性、集成性、复杂性和虚实结合等特性，正引起不同领域研究人员的重视（李新颖，2022）。

场景理论在设计领域的应用最早由美国学者 Carroll 在 2000 年提出，他认为交互设计主要以人的体验为主，提倡将设计的重点从单纯地定义系统操作方式转变为对人和系统交互行为的描述；张义文提出了"动态思维""主次思维"以及"拆解思维"的基于场景理论的交互设计思维；王罡结合服务设计的相关理念，研究移动互联网环境下服务界面和接触点，并通过绘制个性场景的服务蓝图挖掘用户的潜在需求；鲁家亮通过探讨场景理论在产品交互设计中的应用，从用户体验五要素研究场景化交互设计方法（吴莹莹，2022）。

场景按照存在方式可以分为真实场景和虚拟场景。真实场景按照功能可以分为消费场景和使用场景。消费场景进一步可以细分为餐饮场景、娱乐场景、购物场景、旅游场景、支付场景等，使用场景可以分为（工业）生产场景、家居场景、办公场景、出行场景、健身场景等。虚拟场景原指小说、戏剧、电影、电视剧等文艺作品虚构的人文环境，现多指计算机通过数字通信技术勾勒出的数字化场景，例如各类游戏体验、直播打赏、线上购物、网络支付、社群互动等（李新颖，2022）。

场景知觉是指我们对场景信息——场景背景和前景客体的觉知。场景知觉主要研究人如何从复杂和真实的场景中加工背景和客体。在真实的世界中，客体总是和其他客体及特定的环境同时出现，为视觉系统提供丰富的背景信息（王敏洁，2013）。场景知觉中会存在场景图式（scene schema）。场景图式是指，我们会随着经验逐渐地积累到关于某一类物体出现的地点或场合的知识结构，形成先验知识。随着知识经验的积累，我们会在脑中形成一种图式，当看到某一客体的时候，我们知道这个物体一般出现在哪些地方，即此客体会出现在哪些背景中；当我们看到一个背景的时候，我们也能猜测出这个背景中一般会有哪些客体。比如，见到煤气灶，我们就会知道它一般出现在厨房里；看到厕所，我们会想到里边一般有马桶、浴缸、洗手台等。在真实的世界中，客体总是和其他客体以及特定的环境同时出现，为视觉系统提供丰富的背景信息，背景信息会影响搜索和客体识别的绩效。即客体出现在一致的或熟悉的背景中时，它们能够更快地被探测到，人们的加工过程也更快于那些出现在不一致场景中的客体。如采用颜色一致的局部区域，在提取搜索过程中的搜索效率要高于颜色混杂的场景。

空间场景的相容重构了人、物、环境三者之间的关系，更强调用户之间、用户与智能家居产品以及用户在家居环境中的活动的行为和表现的关系描述。由于用户在不同细分场景下的产品需求及任务目标不尽相同，因此系统需要提供不同的产品组合来匹配用户的场景需求，以达到使用过程中的相容，提高用户使用过程中的体验和感受。如智能睡眠场景，其中需要的智能设备一般包括空调、空气净化器、智能床垫、安眠枕、香薰机、助眠灯、助眠眼镜等。这类环境主要以卧室为主，智能设备及系统根据用户需求随时调节场景内容。例如，智能照明系统按照用户不同睡眠阶段的需求对室内照明亮度进行调控。该场景中人的睡眠可以分为睡前、浅睡、熟睡、睡醒四个阶段，用户在不同的睡眠阶段对照明、温湿、空气质量等的需求也存在差异，可以通过数据采集，记录和分析用户习惯并按照用户习惯对照明系统、空调设备等进行调控，为用户营造舒适、安心的睡眠氛围（李新颖，2022）。

（四）空间标识

在知觉过程中，人们不是孤立地反映刺激物的个别特性和属性，而是多个单一特性的有机综合，反映刺激物的整体和关系。这就是知觉的整体性。知觉的整体性主要表现在我们倾向于将感知对象或感知场景视为整体的、有意义的结构，而不是简单地将其视为独立的部分或组成元素的集合。通常人对某一事物的整体性认识能力要远远高于对物体的局部性认识。如标识设计旨在通过视觉元素来快速传达特定的身份和形象，以便被目标受众快速记忆并建立联系和认同。

空间标识是存在于公共建筑空间内的各种图示、指示、警示标志等图形符号的集合，其核心功能是借助优化、简单的形态，能够准确、及时地将导向信息传达给观者。尤其是当人们处在不熟悉的空间环境中，他们可以快速借助标识获取信息，以到达自己的目的地（唐晓勇等，2021）。公共空间相较于私人空间而言，具有更高的透明度和非限制性，由此极其容易导致空间的无序发展，而人在所处空间中就无法判断自己当前所处的位置，从而间接导致城市中的公共空间利用率低下。

所以空间标识系统是公共空间和安全设施中最重要的组成部分。标识可以利用有限的设计，如颜色、形状和大小，传达复杂的信息（Kusumarini et al.，2012）。一个设计良好的标识系统可以帮助引导、规范和警告用户。相比之下，设计糟糕的标志会提供误导性信息，导致潜在的安全问题，甚至降低出行和城市管理效率。然而，标识并不总是容易理解和识别。要想更好地利用城市公共空间并发掘其潜力，需要在人—环境—社会中建立起健全的沟通机制，而环境标识系统就是这样一条纽带（谢明月，2021）。

在观看标识时人们会存在观看的视野。所谓视野即人眼在固定注视某一点的情况下，眼睛正前方目光所及的空间范围。通常情况下，视野划分为三大分区：外视野、中视野、清晰视野。其中外视野区域指的是在水平或者垂直方向上40度—70度之间的视顶角范围，当此范围内出现较多较杂的信息时，便难以识别某一特定信息，除非是运动的物体。中视野区域则指的是1度—40度之间的视顶角范围，在此范围内能够隐约清晰地观察到物体。清晰视野顾名思义指的是在1度左右的视顶角范围内能清晰地观察细微的物体，这一视野范围通常是人的最佳视野范围。由此可见，视野的清晰度是随着中心点向下逐渐降低。有研究表明，最佳的视觉角度为正常人平视状态时的30度上下，故悬挂标识应尽可能地设置在相对清晰可见的视觉角度范围内，体现标识视角的相容性（滕思静，2021）。

此外，在空间标识设计的时候，人们还需要考虑标识色彩显眼性和色彩和谐性的一致。当标识的色彩鲜艳度得分较高时，色彩和谐度和信息可理解性得分较低。设计师更喜欢使用具有高显眼性的颜色作为消色差背景色上的高光色的标志。为了增加标识的能见度，需要使用一种高显眼性的颜色，这种颜色与周围环境的色调和亮度差异很大。但是，与其使用具有良好显眼性的颜色作为标识的整个背景，不如将其用作部分高光颜色将同时满足显眼性和偏好。这项研究的结果将有助于设计师设计一个可见和可用的标识（唐晓勇等，2021）。同时，设计师还需要注意到文化环境或者光环境在空间标识识别时的相容性的影响，以达到各方面的协调一致。

第二节　社会环境对相容性的影响

社会环境对相容性的影响中，人际环境和文化与组织环境有着尤其重要的影响。人际情境对空间相容性的影响我们在第七章已详细论述，此部分主要从文化与组织层面关注其对空间相容性的影响。人的本质是社会关系的总和，人总是在社会环境中生活。在这个过程中，我们受到来自文化背景和组织环境的影响。一方水土养一方人，个体在不同的文化背景下有着不一样的思维模式，进而形成不一样的行为习惯。除此之外，个体也存在于不同的组织环境中。人与组织匹配的现象是一种涉及心理和行为的现象，它在各种组织的管理实践中广泛存在，并对环境中的个体和组织产生潜在的影响。组织类型、组织目标和组织成员之间的相容性是社会组织中存在的一个重要问题。在此过程中，我们需要充分考虑组织环境对人的影响，以达到相容一致的状态，使得个体更好地适应社会环境和提高工作绩效。

一　文化背景

人们所居住的社会文化背景的不同特征塑造了他们的心理过程，而心理过程反过来又反映和再现了这些社会文化背景。因此，"社会的文化传承是相当持久的"。首先，东西方文化背景下的人们的心理特征存在着较大的差异。在西方文化框架中，独立性更具主导性，这一文化鼓励个人将自己和他人视为世界上独立的实体，因而更加关注每个人的个性。相比之下，相互依存关系在东方文化框架中得到强调和突出，因而这一文化更加鼓励个人融入群体和团体，更加强调合作与他人的和谐相处。从相容性的角度来讲，在独立性主导的社会，倡导个人工作绩效会更高，而在合作主导的社会，团体工作的绩效会更好。其次，同一个国家的不同民族、不同的地区也会产生不同的影响。傅金芝等（1999）发现大学生中汉族认知方式偏向场独立性，少数民族更偏向场依存性。王春雷（2000）指出被试中都市文化与乡村文化在认知方式发展速度和水平上存在显著差异。陈姝娟等（2006）运用测验法考察了藏、回、汉族小学的 1032 名儿童认知方式的特点，研究了不同认知方式与视错觉之间的关系。许思安等（2012）在对少数民族认知方式的研究中，将影响认知方式民族差异的原因归纳总结为环境的影响。所以在进行产品或者工业设计的时候，设计师需要考虑文化环境以及社会环境的影响，根据环境的不同设计出符合人们习惯的产品，不仅有利于用户体验感的提升，更有利于工作绩效的提高。

文化背景的不同还会影响人们的认知和思维方式。不同文化背景下的个体或者不同宗教信仰的人会对同一事物有不同的认知和理解。比如基督徒们往往认为右是好的，常常以右手宣誓来表达自己的虔诚之情。另外，在我们比较熟悉的英语语言体系中，"right"既有"右边的"的意思，也有"正确的"意思，比如"you are right!"，而"left"既有"左边的"意思，也常常与"愚笨"等消极情感联系在一起，如"two left feet"即"笨手笨脚"的意思。"左""右"空间方位与情感效价的联系在这些文化习俗中都可找到相关证据。在俄罗斯文化中普遍认为右是吉祥的，左是不吉祥的。但我国文化中却存在"左为上""男左女右"的文化特点。由于左右利手者的感觉运动和感觉体验不同，长期积累导致右利手者的"右好左坏"和左利手者的"右坏左好"的思维模式。也就是说，左右利手人群形成了相反的左右空间情感效价模式。对于不同的文化价值体系下的思维模式，我们需要考虑相容性的影响，在不同的文化体系下，提供与其思维认知方式相符的设计，以促进工作用户体验的最优化（于书亚，2018）。同时，一项基于空间数字的关联效应的研究表明，文化在很大程度上塑造了认知，更具体地说是思维的组织方式（李露、丁锦红，2019）。当西方成年人被要求记住一系列颜色时，他们会在心理上从左到右组织它们，而从右到左的阅读写作成人则将它们空间化为相反的方向。数字界面如果不符合用户认知方式特性与信息加工规律，可能会导致用户理解困难、操作误差以及认知速度慢等问题，将成为推广数字产品的重大障碍。

所以，在进行工业设计时，必须要考虑设计是否具备个体与文化的相容性。产品设计如果与人的认知方式不具备相容性，可能会导致用户认知困难甚至认知错误。尤其是，现在随着手势交互的研究与应用，手势作为一种输入通道，已在虚拟现实和人机交互等领域得到广泛应用。在手势交互过程中，手势的定义与匹配在手势交互中起着至关重要的作用。对于不同的手势，不同的地区有不同的意义。所以，手势设计必须考虑到文化的相容性，需要在保证手势的简单、直观、易用性的同时，必须保证该手势与当地的文化环境与思维方式相符，以得到较快的手势相应和较低的错误率，提高其易学性和精准识别性。

同时，各种设计加入文化因素，也会增强民族自信，提高民族文化的认同感。例如，一些设计将中国风元素融入其中可有效推进我国优秀传统文化的传播。但中国风界面设计创作应尊重历史，对中国文化进行深入学习，深挖元素内涵，找到传统元素与现代设计的共通点与连接点，有效借鉴、创新设计。设计者应对大众的审美趋势进行把控与指引，遵循界面设计的原则与特点，以用户体验为基础，借助优美的中国传统元素设计出具有显著民族特征的作品，让世界了解中国的优秀文化。

二 组织环境

（一）团队行动中的心理相容性

1. 心理相容性概述

心理相容性（psychological compatibility）是个体进行的持续的动态过程，团队中的心理相容性是指团队成员在心理上接纳、包容对方的程度。心理相容性和联合行动联系密切。一方面，二者都是在动态过程中，协调自身行为以满足环境和整体目标的需要，同时这个过程是交互的过程；另一方面，团队心理相容性中更加强调自身对其他成员的接纳，这种心理上的相容性可以是多方面的，可以是能力上的匹配、品德上的匹配，也可以是某一行为同过去经验的匹配。因此成功的联合行动与心理上的相容高度相关，不相容带来的负面影响不仅会破坏团队氛围，更会使得团队每一具体的联合行动效率受损。

2. 心理相容性的研究

心理相容性可以在很多情况下发挥作用。当运动员具有良好的心理相容性时，会对自己的运动技能充满信心，反过来也会激发运动员以最好的成绩完成任务的动力。这种思想反映了班杜拉（Bandura）关于信念作用的理论：人们的动机水平、情感状态和行为更多地基于他们所相信的。同时，这种信念与自我效能感相关，更好的心理相容水平下的个体更可能有更高的自我效能感。

一项关于大学生游泳技能的研究发现，心理相容性与个体的学业成绩呈正相关，中等的心理相容性对学业会有正向作用，并且这种能力会使得个体更好地控制自己的情绪，这种作用在一些持续动态任务中效果明显。另外，在这种状态下的个体与他人和周围环境匹配，个体会处于高度放松的状态，而这种状态下的个体任务绩效会更高，个人满意度提高进而使得动机水平适当（Al Dababseh et al.，2017）。这种相容性与团队成员的异质性呈负相关关系，也就是说团队成员间的性质越接近，其心理相容性就越高，这也与团队绩效呈正相关（李卓尔等，2018）。

心理相容性的作用同样体现在线上。心理相容性会影响线上社群团体之间的距离感，影响线上活动氛围（邹燕，2022），更好的心理相容性可以使得个体在线上活动中快速融入团体，减少团队前期压力。在一些社交媒体上，个体会花费大量时间在某些同质化的内容上，也就是所谓的信息茧房。这种效应正是利用了心理相容性的原理，个体基于某种信念、动机，对个别观点持有积极的态度，投放与其相容的媒体内容一方面加强个体对其观点的认同，另一方面则为投放者带来了大量流量。一项关于Facebook用户的研究发现，内容类型、社会资本关注以及个体内心激励的相容在社交媒体上有巨大作用。心理激励会影响个体的分享意愿，而内容与个体信念的相容会使得内容传播得更快（Fu et al.，2017）。

因此，在团队中要充分利用心理相容性带来的优势，提高团队竞争力以及团队内部的和谐，另外，某些投放者可以利用心理相容性提高自身效应，而个体则需要及时审视自身，思考面前呈现内容为自身带来的价值。

（二）社会组织的类型：自由式、集权式

社会组织存在不同的文化类型，按照大类可分为自由式、集权式两类。组织文化是一种精神力量，能够为组织的生产发展提供支持，是将组织战略落到实处的重要手段之一，从某种角度来说，它能够决定组织的发展。在进行组织管理的时候需要采取适当的方法使得其与组织文化相关联，并达到一定程度的相一致，从而促进组织绩效的提升和组织文化的巩固发展。

刺激—有机体—反应模型认为，外部环境的变化（刺激）经过有机体的感知和转化，最后形成行为的动力或行为本身的改变。环境的变化（刺激）会引起个体信念的改变，进而影响个体的态度和行为。个体行为的变化会进行整合，从而导致组织行为的改变。组织机构作为组织发挥职能的基础，直接影响着组织成员的行为，从而影响组织绩效。较好的组织文化能够营造较好的工作环境，并促进个体行为的改变。增强个体的文化底蕴，提高其思想道德修养，并且最终无数个体的改变能推动组织的健康发展，科学规划组织文化建设各个阶段内容，并将其和组织的经营管理工作相联系。这不但能够提升员工对组织的认可度，还能够增强组织应对外界突发事件的能力，使员工在正确价值观指引下进行工作，促进组织的长远发展（潘攀，2022）。

Farh（2007）认为，高权力距离和低权力距离会对员工心理产生不同的作用效果，低权力距离的员工更易受其影响。通过对相关文献的梳理发现，具有高权力距离倾向的个体更能敏锐感知组织架构中的权力象征物，并将其转化为谨慎的对上态度，他们总会采取尊敬服从的态度去应对这种不平衡的权力关系，以依循规程的办事风格来表达自己尊重体制等级和职权大小（Hofstede，2001），并认为应相信权威或者大多数人所坚持的观点和行为（Kirkman，2009），即较高的权力距离对员工主动表达行为具有显著负向影响（陈京水，2012）。如此一来，集权式的组织类型就可以和高权力距离的个体的心理达到相容，在这样的组织中，自己会感到工作舒适，提高工作绩效。如果是高权力距离的个体在自由式的组织类型中，他们可能感到自由散漫，无组织纪律，处于游离状态，不仅自己无法提高工作绩效，阻碍自身发展，同时也会影响组织的正常运行。所以在进行组织—个体匹配时，需要考虑到组织类型与个体的相容性，在需要集权类型的组织方式时，选拔高权力距离的个体。在自由的组织类型，比如需要进行创新的一些组织中，选取一些低心理距离的个体，以开放包容的组织文化和友好人性的管理导向催生出更多的创新性观点。

组织要想获得长远发展，必须要进行组织文化建设与创新，这对于管理人员而言，难度比较大。首先，管理人员必须认识到组织文化的重要性，并将其和现实生活相关联，选择相一致的文化结构模式。例如：在集权式的组织结构下，任务导向型的领导方式可能更具有一致性。任务导向型领导的行为同样得到了强调。市场文化任务型的领导方式重视竞争，要求成员有较高的能力和取得更好的成就，并且将组织成员作为提高组织效益和组织生产能力的手段之一，同时组织间阶级分明，等级观念较强。在这样的状态下，结构方式与领导方式的相一致，会更加有利于工作的开展。如果在集权式的组织结构下，使用关系型的领导方式，则会出现将高权力距离个体作为提高产品质量、生产率和单位盈利能力的手段（Cameron & Quinn，2011）。

分层一致性描述团队中权力层次结构和状态层次结构之间的对应程度。分层一致性可以缓和权力等级与团队绩效之间的关系。具体而言，当状态层次结构和权力等级保持一致时，权力等级将提高团队绩效。同时，当状态层次结构和权力层次结构未对应时，权力层次结构可能会降低团队绩效。此外，权力等级和等级一致性的相互作用可能会通过权力斗争的中介效应来影响团队绩效。

人与组织的匹配主要指个体与其所从事工作的组织之间的相容性和适应性。人与组织匹配的质量不仅影响个体的行为结果，而且对组织的绩效产生重要影响。在进行组织管理和成员选拔时，需要采取适当的方法，使员工与组织的文化类型相关联，并达到一定程度的契合，以促进组织绩效的提升和组织文化的巩固发展。

（三）社会组织的目标

社会组织中会存在正式群体和非正式群体，同时也会存在同质群体和异质群体。因此必然会存在群体和群体之间目标的不相容或者个人和群体的目标不相容的现象。同时，即使会存在个人和群体目标相容的可能性，群体成员也会以非常不同的理由来追求这些目标（成就目标）。那么个人的成就目标和组织的成就目标之间就会产生差异，即不相容的现象。如果不相容的现象处理得不好的话，它会极其影响个人对组织任务的贡献（Kristof-Brown & Stevens，2001）。

在组织变革的情境中，我们不能忽视个体与组织之间的目标匹配性。即使组织制定了美好的发展远景、合理的发展战略并进行结构调整，但如果个体发展目标与组织定位目标不一致或不匹配，那么组织变革和创新就只会成为一纸空谈。例如，中国学者时勘对中国科学院实施的"知识创新工程"进行了调查研究，重点关注了科研单位的组织结构调整。研究发现，在科研单位的"白领阶层"中，员工的岗位变动需要事先进行沟通、交流，采纳合理建议并进行适应性转换，以确保组织目标和个体目标的一致性。当组织的目标发生变革时，如果个体的目标和特征无法与组织协调一致，或者组织所提供的资源无法满足个体的发展需求，组织就会陷入无序和混乱的状态。因此，组织变革时需要关注个体与组织的目标匹配性，积极促进个体与组织之间的协调和适应，以确保变革的顺利进行和组织的稳定发展（潘攀，2022）。

根据人—群拟合理论，个体和群体特征之间的匹配将为个体带来有益的结果，个人和组织目标的匹配应该导致更高水平的参与度和更高水平的绩效。而且组织和个人的目标都很高时，个人和组织目标的匹配的积极影响应该大于两者都很低的情况下的目标。尽管对于成就目标，个人目标和组织目标的不匹配假设还非常缺乏相关文献研究的支持，但是组织和个人的成就目标不匹配的情况会产生很多的负面影响，却是显而易见的。当然，人与组织匹配和组织和谐是动态调整的过程。由于组织所处的环境是动态变化的，企业内部的组织也会随着环境和目标的变化而改变，即组织内部的员工不断流动，组织的管理者不断更替，组织的战略不断演变，因此，和谐不是静态的，而是一个动态的、漂移的过程（王萍，2007）。和谐状态是一种阶段性的平衡状态，随着组织内外环境的变化，原始的平衡状态会被打破。为了达到新的平衡状态，组织需要通过调整和谐主题以及和谐原则的方式来适应变化。

如何达到个体目标和组织目标的相容，是一个亟待解决的问题。首先，个体在做出工作选择前，要对自身与组织特征做出综合的匹配评价。在工作选择阶段，个体要面对大量的组织选择设计，很多是与确定个体与工作匹配相联系的。其次，个体进入组织后的个体社会化和学习策略是为了尽快适应组织，并提高与组织目标的匹配水平。

总之，任何组织都会存在组织目标和个体目标，要尽量使组织目标和个人目标协调一致。在组织管理过程中，个体通过学习和调整与组织的关系，以实现组织目标和个体目标的一致性和相容性。这有助于最终实现双方的各自目标，并促成协调一致的状态。

（四）社会组织的成员类型

人们并非将社会群体看作多个个体的简单组合，而是倾向于将其视为一个有机的整体（Malle，2004）。Morewedge 等人（2013）通过控制群体成员的物理特征相似性，揭示出当群体成员的形状和颜色相同时，群体被认为具有高度的实体性。此外，人们还可以根据群体行为的相似性来形成群体的实体性（Callahan et al.，2016）。如 Lakens（2010）通过控制火柴人的运动节律的同步性，发现当火柴人的运动节律相同时，人们对该群体的实体性评价明显高于运动节律不一致的条件。因此，在社会组织中，存在群体成员类型的相容性。人们将和自己类似的成员认作具有一致相容性，并和他们的思想观念保持一致（Lakens，2010）。

社会的组织成员在工作时会有一个参照群体。这个参照群体是用来比较和评估群体、集体或圈子的属性和特征的。在现实生活中，每个个体都有许多参照群体，一些个体希望成为其中的一员，而对其他参照群体表现出规避心理。参照群体常常被用作衡量成绩、评价表现、表达愿望和目标的参考框架。其对于个人的社会认同、态度和社会关系的决定十分重要。人们在群体中经常会受到所在群体的影响，即群体参照效应。群体参照效应可分解为三种形式，即内源性效应（由于行为模仿）、外源效应（由于群体特征）和相关效应（由于个体特征的群内相似性）（Manski，1993）。

首先，当个体的行为随着群体中行为的变化而变化时，可能会发生内源性改变效应；其次，当个体的行为随群体的外源性特征而变化时，可能会出现外源性/情境效应；最后，当同一组中的个体倾向于行为相似时，相关效应可能进一步存在（Manski，1993）。

　　根据社会认同理论，个体天生就有动机去寻求积极的社会认同，从而努力成为具有正面价值的团体成员。事实上，"群体成员身份的价值本质"是群体成员身份的一个重要方面，指导着个体对世界的看法和产生的行动（Cárdenas & Sablonnière，2020）。同时不同的群体有不同的需求，不同的群体也会有不一样的群体认同。类似于中国传统文化中的老一辈人和新一辈人，老一辈人节俭、思想观念守旧封闭，不愿意接受新的事物；新一辈人年轻、张扬、追求自我。两代不一样的人没有办法相互认同，对于这两代不同的人，就要有不同的对待彼此的方式方法，才能够达成一致性，以得到互相认同。

　　可见，社会组织成员类型各异，人员各异。在处理解决问题时，需要考虑到这方面的问题。以根据不同群体的不同偏好提供给他们不同的解决方式，以达到相容性，促进最终目标的实现。

本章小结

　　1. 物理环境对相容性的影响，包括广义的物理环境和狭义的物理环境。广义的物理环境主要从视觉、听觉和嗅觉进行描述。狭义的物理环境主要从空间位置、空间形状、空间场景和空间标识进行描述。

　　2. 听觉环境的相容性对我们的信息感知具有重要的作用，不仅仅是在语义上会存在相容性的影响，同时在音色等其他方面也会和其他的感官产生联觉，所以在此方面，需要注意听觉感知的相容性，以达到更好的工作绩效或用户体验感觉。

　　3. 光环境的相容性主要包括照度环境相容、光色环境相容和显色性环境相容。

　　4. 当嗅觉环境中的气味与产品气味保持一致时，气味将持续对消费者对产品的评价产生影响。此外，当气味显著性凸显或消费者有足够的动机来纠正外部影响时，气味同样会使消费者对产品的评价产生影响。

5. 对于狭义的物理环境，空间位置、空间形状、空间场景以及空间标识都会产生相容性的影响。

6. 人是社会组织中的个体，所以社会组织的类型、社会组织的目标以及社会组织中的成员类型都会对个体产生影响，因此个体在选择工作或企业、企业在选择员工时，必须考虑到社会组织的相容性的影响，使得企业和员工获得更好的匹配与发展。

7. 相容性相关研究具有非常重要的意义，涉及社会的各行各业和各个领域，所以相关的设计必须考虑相容性的影响及意义。

参考文献

陈京水、凌文辁：《组织情境中权力距离研究述评》，《中国人力资源开发》2012年第 11 期。

陈姝娟、周爱保：《认知方式、视错觉及其关系的跨文化研究》，《心理学探新》2006 年第 4 期。

傅金芝、周文、李鹏、冯涛：《云南大学生认知风格的比较研究》，《云南师范大学学报》（哲学社会科学版）1999 年第 4 期。

郝石盟、刘洁、徐跃家：《建筑室内环境对人精神压力影响研究综述》，《建筑创作》2020 年第 4 期。

李露、丁锦红：《物理位置对空间—数字联合反应编码效应的影响》，《第二十二届全国心理学学术会议摘要集》，2019 年。

李新颖：《基于场景的智能产品设计研究》，硕士学位论文，山东建筑大学，2022 年。

李卓尔、姜寒、吴茜婷、刘一娜：《团队价值观异质性与绩效——心理相容的中介作用》，《现代商业》2018 年第 6 期。

刘炜心、曾琦琪：《场景传播视域下会展经济的"场景化"适应性分析》，《采写编》2022 年第 5 期。

潘攀：《组织文化，为企业发展铸魂》，《人力资源》2022 年第 2 期。

唐晓勇、黄凤至、王昕、袁新村、桂笛、陶艳兵：《建筑内部空间的标识导向系统交互设计》，《工程建设与设计》2021 年第 22 期。

滕思静:《基于眼动实验的地下商业街导向标识视觉显著性研究》,硕士学位论文,中国矿业大学,2021年。

王春雷:《11—17岁汉族与哈尼族学生认知方式的发展及其与性格特质相互关系的跨文化研究》,硕士学位论文,云南师范大学,2000年。

王泓:《基于环境心理学的室内光环境需求与设计研究》,硕士学位论文,河南工业大学,2021年。

王敏洁:《客体间的一致性效应对场景识别的影响》,硕士学位论文,浙江理工大学,2013年。

王萍:《人与组织匹配的理论与方法的研究》,博士学位论文,武汉理工大学,2007年。

王子莹、巴剑波、王川:《工作环境色彩对人体心理、生理和作业绩效的影响》,《人类工效学》2021年第3期。

吴婧:《室内空气流速与人体舒适及生理应激关系研究》,硕士学位论文,重庆大学,2005年。

吴声:《场景纪元》,中信出版集团2020年版。

吴莹莹:《中国传统元素在界面设计中的应用》,《安徽商贸职业技术学院学报》2022年第1期。

谢明月:《公共空间标识系统融入地域文化元素研究》,《西部皮革》2021年第14期。

许思安、郑雪:《少数民族的认知方式》,《心理科学进展》2012年第8期。

杨宇科:《有温度的形状——视—触跨通道对应对消费者购买意愿的影响研究》,博士学位论文,西南财经大学,2018年。

于书亚:《情感效价的具身化:"左坏右好"还是"左好右坏"》,硕士学位论文,广州大学,2018年。

张宇,杜建刚:《物理环境明亮度对新产品采用的影响研究》,《管理评论》2022年第2期。

邹燕:《社会临场感对旅游在线社群价值共创行为的影响》,《安徽师范大学学报》(自然科学版)2022年第1期。

Adeli, M., Rouat, J., & Molotchnikoff, S., "Audiovisual correspondence between musical timbre and visual shapes", *Frontiers in Human Neuroscience*, Vol. 8, 2014, pp. 1–11.

Al Dababseh, M. F., Ay, K. M., Al-Taieb, M. H. A., Hammouri, W. Y., & Areeda, F. S. A. , "The relationshipbetween psychological compatibility and academic a-chievement in swimming", *Journal of Human Sport and Exercise*, Vol. 12, No. 2, 2017, pp. 396-404.

Bar, M. , & Neta, M. , "Humans prefer curved visual objects", *Psychological Science*, Vol. 17, No. 8, 2006, pp. 645-648.

Bosmans, A. , "Scents and sensibility: when do (in) congruent ambient scents influence product evaluations?" *Journal of Marketing*, Vol. 70, No. 3, 2006, pp. 32-43.

Buck, L. , Axel, R. , "A novel multigene family may encode odorant receptors: a molecular basis for odor recognition", *Cell*, Vol. 65, No. 1, 1991, pp. 175-187.

Cárdenas, D. , & de la Sablonnière, R. , "Participating in a new group and the identification processes: The quest for a positive social identity", *British Journal of Social Psychology*, Vol. 59, No. 1, 2020, pp. 189-208.

Cahill, L. , Babinsky, R. , Markowitsch, H. J. , & McGaugh, J. L. , "The amygdala and emotional memory", *Nature*, Vol. 377, No. 6547, 1995, pp. 295-296.

Callahan, S. P. , & Ledgerwood, A. , "On the psychological function of flags and logos: Group identity symbols increase perceived entitativity", *Journal of Personality & Social Psychology*, Vol. 110, No. 4, 2016, pp. 528-550.

Cameron, K. S. , & Quinn, R. E. , *Diagnosing and Changing Organizational Culture: Based on the Competing Values Framework* (3rd ed.), San Francisco, CA: Jossey-Bass, 2001.

Chen, N. , Tanaka, K. , & Watanabe, K. , "Color-shape associations revealed with implicit association tests", *PloS One*, Vol. 10, No. 1, 2015, p. e0116954.

Demattè, M. L. , Sanabria, D. , & Spence, C. , "Olfactory discrimination: when vision matters?" *Chemical Senses*, Vol. 34, No. 2, 2009, pp. 103-109.

Farh, J. L. , Hackett, R. D. , Liang, J. , "Individual-level cultural values as moderators of perceived organizational support-employee outcome relationships in China: comparing the effects of power distance and traditionality", *Academy of Management Journal*, Vol. 50, No. 3, 2007, pp. 715-729.

Friederike, Haberland & David Sprott, "The simple (and complex) effects of scent on retail shoppers: Processing flunecy and ambient olfactory stimuli", *Advance in Consumer Research-North American Conference Proceedings*, Vol. 37, 2010, pp. 638-639.

Fu, P. W. , Wu, C. C. , & Cho, Y. J. , "What makes users share content on Facebook? Compatibility among psychological incentive, social capital focus, and content type", *Computers in Human Behavior*, Vol. 67, 2017, pp. 23–32.

Herz, R. S. , & Engen, T. , "Odor memory: Review and analysis", *Psychonomic Bulletin & Review*, Vol. 3, No. 3, 1996, pp. 300–313.

Hofstede G. , *Culture's Consequences: Comparing Values, Behaviours, Institutions and Organisations Across Nations*, London, Sage Publications, 2001.

Kirkman, B. L. , Chen, G, Farh, J. L. , Chen, Z. X. , & Lowe, K. B. , "Individual power distance orientation and follower reactions to transformational leaders: A cross-level, cross-cultrual examination", *Academy of Management Journal*, Vol. 52, No. 4, 2009, pp. 744–764.

Krishna, A. , Lwin, M. O. , & Morrin, M. , "Product scent and memory", *Journal of Consumer Research*, Vol. 37, No. 1, 2010, pp. 57–67.

Kristof-Brown, A. L. , & Stevens, C. K. , "Goal congruence in project teams: Does the fit between members' personal mastery and performance goals matter?" *Journal of Applied Psychology*, Vol. 86, No. 6, 2001, pp. 1083–1095.

Kusumarini Y. , Sherly de Yong, Thamrin D. , "Entrance and Circulation Facilities of Malls in Surabaya: A Universal Interior Design Application", *Procedia-Social and Behavioral Sciences*, Vol. 68, No. 1, 2012, pp. 526–536.

Lakens, D. , "Movement synchrony and perceived entitativity", *Journal of Experimental Social Psychology*, Vol. 46, No. 5, 2010, pp. 701–708.

Malle, B. F. , "How the mind explains behavior: Folk explanations, meaning, and social interaction", *Journal of Social & Clinical Psychology*, Vol. 120, No. 2, 2004, pp. 334–338.

Manski C. F. , "Identification of endogenous social effects: the reflection problem", *Review of Economic Studies*, Vol. 60, No. 3, 1993, pp. 531–542.

Meier, B. P. , Sellbom, M. , & Wygant, D. B. , "Failing to take the moral high ground: Psychopathy and the vertical representation of morality", *Personality and Individual Differences*, Vol. 43, No. 4, 2007, pp. 757–767.

Meier, B. P. , & Robinson, M. D. , "Why the sunny side is up? Associations between affect and vertical position", *Psychological Science*, Vol. 15, No. 1, 2004, pp. 243–247.

Morewedge, C. K. , Chandler, J. J. , Smith, R. , Schwarz, N. , & Schooler, J. , "Lost in the crowd: Entitative group membership reduces mind attribution", *Consciousness and Cognition*, Vol. 22, No. 4, 2013, pp. 1195-1205.

North, A. C. , Shilcock, A. , & Hargreaves, D. J. , "The effect of musical style on restaurant customers'spending", *Environment & Behavior*, Vol. 35, No. 5, 2003, pp. 712-718.

Schafer, R. J. , & Moore, T. , "Selective attention from voluntary control of neurons in prefrontal cortex", *Science*, Vol. 332, No. 6037, 2011, pp. 1568-1571.

Seo, H. S. , Arshamian, A. , Schemmer, K. , Scheer, I. , Sander, T. , Ritter, G. , & Hummel, T. , "Cross-modal integration between odors and abstract symbols", *Neurosci Lett*, Vol. 478, No. 3, 2010, pp. 175-178.

Spangenberg. Eric R. , Ayn E. Crowley. & Pamela W. Henderson, "Improving the Store Environment: Do Olfactory Cues Affect Evaluations and Behavior?" *Journal of Marketing*, Vol. 60, No. April, 1996, pp. 67-80.

Walker, P. , "Cross-sensory correspondences and cross talk between dimensions of connotative meaning: visual angularity is hard, high-pitched, and bright", *Attention Percept & Psychophys*, Vol. 74, No. 8, 2012, pp. 1792-1809.

Vugt, M. V. , Cremer, D. D. , & Janssen, D. P. , "Gender differences in cooperation and competition: The male-warrior hypothesis", *Psychological Science*, Vol. 18, No. 1, 2007, pp. 19-23.

第四篇

相容性的应用研究 ———

第十一章 人机界面中的相容性

在 1979 年发生三里岛核电站泄漏事故后，美国核能管理委员会对事故原因进行反思。结果显示，三里岛机器系统的视觉信息显示存在严重缺陷。首先，近30%的系统标识被放置得过高，导致操作者无法清晰看到；其次，某些仪表盘上显示正常状态的颜色指示，在其他仪表盘上则显示故障状态。因此人机界面相容性问题会影响工作绩效及安全。

人—计算机界面（human computer interface）指人与计算机形成的人机系统间的用户界面，研究人机界面中的相容性目的是综合计算机科学、心理学、人机工程学等领域知识来优化人—计算机界面系统，使计算机用户操作更加方便、高效。本章内容首先论述人机界面显示相容性，包括常见的视觉显示界面和听觉显示界面及其应用性研究，其次讨论人机界面控制系统相容性，包括传统控制与自然交互相容性及其应用性研究，最后阐述人机界面与环境相容性。

第一节 人机界面显示相容性

人机界面的相容性是指界面的设计和用户的期望之间的匹配，即用户对界面的了解、认识和界面实际操作之间的一致性程度。良好的人机显示界面在很大程度上决定了操作者在人机系统中的工作效率和可靠性以及操作的安全性。

一 视觉显示界面相容性

人类主要依靠视觉通道输入外界信息，视觉显示界面是指所有向操作者传递视觉信息的显示界面，是人机界面中最重要的组成部分。视觉显示界面的设计需与个体视觉功能相容，以人为中心，满足一定的视觉显示相容性则能够提高人机系统中的工作效率、安全性与可靠性。从人机匹配的角度出发，视觉显示必须充分考虑可识别性、可辨读性、可理解性、布局合理性和可容性。

视觉显示界面常分为静态和动态两种。静态视觉显示界面（static visual display interface）是指视觉显示信息的状态或者显示内容不会随时间延续而发生变化的视觉显示方式，适用于显示长时间内不变的信息。动态视觉显示界面（dynamic visual display interface）是指视觉显示状态或显示内容随着时间推移而发生变化的显示方式，在各种人机系统中使用的信息显示器大多属于动态显示器。

（一）静态视觉显示界面相容性

静态视觉显示界面相容性设计通常包括文字显示、图表显示和符号与标志显示三个方面。

文字显示设计与个体偏好的相容性研究发现，对于英文字体，被试对 Arial 字体偏好更大，但绩效无显著差异（Bernardet al.，2003）。对中文字体，宋体显示刺激时被试的绩效更高（宫殿坤、郝春东、王殿春，2009）。研究表明，视觉文字显示与个体的偏好相容性越高，其完成任务时的绩效会越好。图表呈现的选择需要依据具体的信息呈现需求和数据特点来进行。在图表显示设计时，应当防止其中信息显示中的错觉问题。目前，根据显示维度的不同，浸入感更高的 3D 显示越来越广泛，这就涉及图表显示与信息需求的空间相容性问题。通常 2D 显示可以通过精确的信息表征，帮助我们理解数量关系、导航信息和距离测量等方面的内容；而 3D 显示在信息表征方面也扮演着重要的角色，3D 图表能够应用于三维空间搜索、理解三维形状以及接近性导航等方面。通过使用 3D 渲染技术，我们可以观察和分析物体的表面、体积、轮廓等特征，在导航领域可以提供更直观的导航指引和空间感知，与显示空间的具身感知更相容。研究发现当提供适当的线索（如阴影）时，3D 图表在接近性导航和相对位置判断任务上的绩效显著较高，采用 2D/3D 混合显示设计在大多数情况下均要优于单独

2D 或 3D 图表显示（Tory et al.，2006）。因此图表呈现应当与用户的信息需求相容。

符号标志在视觉加工中速度更快，效率更高，因为此时不需要额外对文本或字符进行加工。符号标志设计主要分道路标志设计以及安全标志设计两个方面。在道路交通标志设计方面主要需要考虑的因素是交通标志的外观尺寸、颜色相容以及图符标志布局等方面。安全标志是用以表达特定安全信息的标志，具有较强的可识别性。有研究表明被试对三角形、红颜色的标志物注意程度最大（张坤等，2014）。也有不同研究结果，认为红色最吸引人眼球，蓝色次之，最引人注目的背景形状是方形（李林娜等，2014）。这些研究结果与形状或颜色的物理或语义相容性相关，在符号标志设计时需要分别考虑不同文化背景下个体对于形状颜色等的理解内涵来设计，需要显示与认知保持更高程度的相容性。

（二）动态视觉显示界面相容性

动态视觉显示界面相容性研究与界面类型相关，动态视觉显示界面可以分成表盘仪表显示、灯光信号显示、电子信息显示、手持移动设备显示和大屏幕显示等五个不同的类型。

1. 表盘仪表显示相容性

表盘仪表显示通常是指由表盘与指针为显示构件，以指针相对于刻度盘的位置反映信息变化的视觉显示方式。表盘仪表显示的相容性问题在进行追踪或调节任务时尤为重要，推荐使用水平或垂直带式表盘，表盘呈现应与追踪或调节方向相容（朱祖祥，2003）。在复杂人机系统中，比如飞机驾驶座舱、大型电站监控台，往往都需要多个显示不同信息的仪表同时排列在仪表板上，仪表的重要性和使用频率、仪表间的顺序关系、人的视觉空间方位特点、仪表功能以及与相应控制器的排列关系，这些方面的显示设计都需要与视觉规律相容，根据以往研究得出以下设计原则。

表 11—1　表盘仪表排列设计原则

考虑因素	设计原则
仪表的重要性和使用频度	最重要的仪表或使用频次最高的仪表放置在视野中心（3°范围内）位置； 排列仪表时应把最重要的仪表放置在视野的中心； 把重要的或使用频次最高的仪表放置在 10°视野范围以内，把较重要的或使用较多的仪表放在 30°视野范围内； 较不重要或用得较少的仪表可安置在 40°—60°的视野范围内； 所有的仪表及其他视觉显示器都应安放在人不必转动头部或转动身体就能观察到的范围以内
仪表间的使用顺序关系	按实际观察顺序安置仪表以减少视线往返转换次数和缩短扫视路线； 把使用过程中联系次数多仪表靠近放置
人的视觉空间方位特点	人眼的水平视野范围大于垂直视野范围，所以仪表的空间排列左右方向宽于上下方向； 人的视觉一般习惯于从左往右、从上往下，以及按顺时针方向进行扫描，仪表排列也要尽可能顺应视觉运动的这种习惯； 位于左上象限内的目标其视觉效果较优于其他三个象限，其次按序为右上象限、左下象限和右下象限，安置仪表时应符合这一特点
仪表功能	功能上相同或相近的仪表应排在同一区域； 在不同区域间可用颜色或线条相区分； 同功能的仪表要采用统一的显示格式和显示标志
与相应控制器的排列关系	当仪表显示通过控制器操纵时，仪表与相应控制器的排列应互相对应

来源：朱祖祥，2003。

2. 灯光信号显示相容性

灯光信号的人因设计主要需要考虑灯光信号的亮度和颜色要求，以及影响灯光信号判读绩效的观察距离、呈现方式等因素。灯光信号因其传送距离较远、结构简单、成本较低等特点可用于铁路、航海等特殊领域。因此，灯光信号标志需考虑与环境的相容性，需采用不易混淆的颜色。

3. 电子信息显示相容性

电子显示器是目前最为重要和最常用的视觉显示界面方式，其信息显示内容灵活、可将信息综合显示并且可以实景图显示。电子显示器有较多的物理参数，在设计界面显示时，需要考虑与人体视觉特征的相容性，避免影响人们的视觉作业绩效。比如，显示器的亮度需要随着环境变化而自动调节，对比度需适中以免引起视疲劳。

4. 手持移动设备显示相容性

手持移动设备极其便携，但其显示需要考虑到与屏幕尺寸的显示相容以及交互相容性，包括移动设备与环境的相容性。手持式移动设备小屏幕的字体尺寸、文本行间距等对视觉工效有明显的影响（Darroch et al.，2005）。除此之外，由于手持移动设备的页面信息呈现相容性需求，小尺寸信息可视化技术近年来发展较快，例如鱼眼技术在执行网页导航任务时绩效更好（Gutwin & Fedak，2004），Minimap 的呈现方式可最大化地显示出原有页面的信息（Roto et al.，2006）。

5. 大屏幕显示相容性

大屏幕显示可提高观看大数据信息文档的绩效、增加沉浸感、增加空间定位和多用户合作能力等，但也存在对物理空间要求高、可能会丢失输入焦点等问题，因此优化大屏幕显示的操作时的相容性问题会帮助提高大屏幕显示的物理操作绩效。研究人员针对大屏幕显示的特点进行了研究，探究了在较大视域内注意的绩效表现。研究发现，在干扰刺激出现时，外周视野的加工受到了干扰，并且其绩效表现低于中央视野。当用户需要同时处理中央视野和外周视野的信息时，他们的正确率和处理速度都会下降（Feng & Spence，2008）。多数研究都指向一个设计优化方向，即减小外周视觉区域的分辨率，避免外周空间信息的干扰，提高与视觉需求的相容性（Khan et al.，2005；Baudisch et al.，2003）。此外，弯曲显示屏比平面显示屏完成绩效更好，因用户的身体导向、身体转动移动的效率更高，与空间的相容性更强（Shupp et al.，2009）。

利用大屏幕显示的优点能够提高界面定位，提高任务绩效（Ball，North & Bowman，2007）。在地理空间分析任务中，大屏幕显示能够充分发挥作用，使得用户更具有空间沉浸感，与现实空间的相容性更强，通过身体移动在四周可视化的信息中进行导向获得方位感，因此提高作业绩效

(Shupp et al., 2009)。根据观察者在导航和空间认知过程中的空间参考系的不同，我们可以将观察过程的空间参照分为自我中心参照和环境中心参照两类。自我中心观察是基于个体自身位置和方向的参考系，而环境中心观察则是以周围环境为参照的观察方式。这两种观察方式在空间感知和导航中起着重要的作用，帮助我们理解和交互于三维空间中的世界。根据研究者 Wickens（2003）的观点，自我中心—环境中心观察范式可以被看作一个连续的变化过程，其中包括观察视点、水平旋转、垂直视点旋转和地图比例尺等四个特征，通过调整这些特征的变化，观察者可以在观察和理解环境时采用不同的视角和参考系。这些变化的倾向性可以影响观察者在感知和导航过程中的注意力和认知策略。用户与大屏幕显示器进行交互，会导致四个特征发生变化，并且这些变化呈现自我中心的转移趋势。其中一个显著的变化体现在地图比例尺上。当地图比例尺较小时，观察者倾向于更关注自身周围的区域。在使用大屏幕显示器时，用户倾向于采用更高效的以自我为中心的策略。自我中心策略基于具身认知视角，与用户完成任务的空间认知相容，该类策略的旋转认知加工更快，能够有效提高工作绩效。另外，用户在使用大屏幕显示器时还体验到了更多的沉浸感，而沉浸感会直接带给用户存在感，可提高用户满意度。

二 听觉显示界面相容性

听觉显示可以提供反馈信息、辅助信息传递以及提供告警。听觉显示具有迫听性、全方位性、变化敏感性、绕射性及穿透性等优点，但也存在易受干扰、听觉容量低于视觉容量、声音信号不持久等局限。利用好听觉显示的优点能够弥补视觉界面的不足，通过提高听觉通道的空间相容性，优化人机系统设计，来提高操作绩效与安全性，可以为复杂人机系统交互提供新的设计思路。目前，在听觉界面中使用的声音主要有语音和非语音两种，因而可以将听觉界面分为语音界面和非语音界面两大类。

（一）语音界面相容性

语言作为人类交流最自然有效的方式，随着科技的发展，从人与人之间的交流扩展到人与机器的交流。语音用户界面目前已广泛应用于各个领

域，如智能手机的语音助手（如 Siri、Google Assistant）、智能音箱（如
Amazon Echo、Google Home）等；在汽车和交通领域可以用于控制车辆的
娱乐系统、导航系统和通信系统，让驾驶员能够专注于驾驶而不必分散注
意力；语音用户界面可与家庭自动化系统集成，允许用户通过语音指令来
控制家居设备，如智能灯光、智能家电、安防系统等；在客户服务和呼叫
中心中也广泛应用，通过自动语音应答（IVR）系统，用户可以通过语音
与系统进行互动，提出问题、获取帮助或执行自助服务操作，从而提供更
高效和个性化的客户体验；或者是医疗和健康领域，语音交互可以用于语
音识别医生的记录和报告，为残障人士提供医疗辅助和健康监测等。

　　语音界面相容性设计要考虑到用户使用场景，语音界面可用于用户已
经在从事其他操作的场景、视觉信息界面受限时、动作操作输入受限时或
针对特殊盲人等群体。这些设计一般将言语可懂度（speech intelligibility）
和言语自然度（speech naturalness）等作为评价指标。提高言语可懂度和
言语自然度可进一步提高语音界面的相容性。言语可懂度是指言语通信中
语音信号被人听懂的程度，言语可懂度受到多种因素的影响，为了提高语
音界面的相容性，需要注意噪声水平与语音信号的相容性设置，避免噪声
对信号的掩蔽作用。

　　语音界面中语音菜单的结构、呈现方式对空间交互相容性的影响较
大。结构设置上主要是广度和深度两方面，广度指的是同一个菜单层面上
选择项的个数，而菜单深度指的是组成一个菜单结构的选择项的层数。已
有研究表明，菜单广度较高、深度较浅被试的操作任务绩效要明显优于菜
单广度较窄、深度较大的条件（葛列众等，2008）。后续关于最大广度的
研究结果不一，有研究认为单层的最大广度是 5 个选择项（葛列众、王
璟，2012），也有认为是 6 个选择项（穆存远、郝爽，2014）。呈现方式
上，自适应设计有助于被试任务绩效的提高（胡凤培、滑娜、葛列众、王
哲，2010），自适应性强调根据用户的需求和环境自动调整设计元素，提
供一致和最佳的用户体验，在实际设计中，自适应性和相容性通常是相辅
相成的。通过合理结合自适应性和相容性的原则，产品可以实现用户友
好、灵活且与其他系统无缝集成的设计。自适应设计是一种不断逼近用户

目标行为特点的设计方式，因此，在自适应的调整下，这类设计与用户相容性不断提高从而提高绩效。

（二）非语音界面相容性

非言语听觉界面是运用日常声音或乐音作为信息表征方式的界面形式。音调信号常常作为非语音界面的呈现形式，如以铃声等特定的声音作为某个事件的代码向操作人员传递特定的信息等。非语音信号通常遵循特定的编码规则，使用者需要经过一定程度的训练才能理解声音信号的含义。否则，在紧急情况下人们可能会忘记声音信号所代表的意义。但非言语听觉界面也具有一定优点，如保密性、宽频性、快捷性、简洁性和抗干扰性。

在听觉界面中，常用的非语音界面表征形式主要包括听标（Auditory Icon）和耳标（Earcon）两类。听标是使用与日常生活中事件或属性相关的声音来表示特定事件或属性的形式。它是将计算机事件及其属性与自然事件及其属性之间建立映射关系的一种方法。耳标则是用来表征结构化信息的乐音，是特定的音序或音乐元素的组合，用来表示特定的操作、状态或信息，类似于音符的语言。它在计算机用户界面中用于向用户提供有关计算机对象、操作或交互信息的非语言听觉信号。非语音界面相容性设计主要关注听标和耳标的设计。

针对视力正常人群的听标与耳标设计需考虑属性差异与环境影响，研究显示噪声对听标与耳标的直觉性与易学性影响显著（李黎萍等，2011）。耳标更受环境影响且环境依赖性较强，选择使用时需充分考虑实际环境与适用条件。听标与耳标设计可提高操作绩效（Gaver，1989；Vargas & Anderson，2003），主要由于利用了声音与视觉图像的相容性。在使用听标与耳标设计时，通过使用特定的声音提示，设计者可以将操作反馈与视觉图像相结合，使用碎盘声作为表示文件删除的声音提示，增强操作的可感知性和可理解性。在绘图应用程序中，当用户绘制线条或形状时，系统可以播放类似铅笔在纸上划过的声音，以强调用户的操作并提供即时的反馈。

听觉界面与视觉界面的跨模态结合能够让个体产生声音与操作界面之间的相容对应关系，充分利用相容性特征能够有效地帮助操作者减轻视觉通道负荷，利用好注意力规律，提高绩效水平。Evans 和 Treisman（2010）比较了音调与视觉位置相容和不相容时的表现。相容性效应是在无意识中检测到的，因此是自动的。后续研究发现音高和空间位置的高相容性加速了对目标的分类和检索，尤其在音高和垂直位置之间观察到的相容效应，反映的是自动且独立于选择性注意的相容效应（Evans，2020）。将耳标技术用于不同听觉界面的信息导航显示出降低操作者心理负荷、提高任务绩效的效果（Brewster，1997）。需要注意的是，耳标技术利用自然声音作为呈现方式，因此在设计过程中需选择与提示信息相匹配的自然声音。耳标作为抽象化的非语音声音信息，通过改变其参数可构建不同的耳标单元，因此在使用过程中较为复杂。针对视力缺陷人群的听标与耳标设计不仅仅是提示作用，还包括指令、引导等其他功能。研究者验证了作为独立和替代特殊用户界面的盲人手机界面的听觉界面的可行性（方志刚，胡国兴，吴晓波，2003）。在盲人手机设计界面中，研究者将菜单项或抽象操作与特定乐音一一匹配，并对其有效性进行评估。结果显示，使用耳标信息能够提高盲人的操作绩效，并且用户满意度较高（王琳琳，2006）。

（三）听觉告警相容性

告警信号的主要目的是向相关人员传达危险信号、设备问题或其他需要引起注意的状态，以便操作人员能够及时采取纠正措施，以避免事故发生。在人机界面设计中，常常使用声音信号作为告警信号，以增强人们对危险情况的警觉性，并缩短对异常情况的反应时间。

常见的用于告警的听觉显示器和听觉告警信号有蜂鸣器、钟、铃、哨子、角笛、汽笛、警报器等。它们在声音强度、频率、音色和穿透噪声等方面具有不同特点，适用于不同的场合。

通过扩展告警信号的功能和设计，可以进一步提高其效果和可靠性。例如，一些系统采用多声道音效技术，通过不同声源的定位和声音的分布，增强人们对告警来源的感知和方向的判断。同时，结合视觉提示，如闪烁灯光或警示图标，可以提供更全面的告警信息，增加用户的警觉性。

听觉告警信号的设计一般需要满足以下基本原则（芦莎莎，2015）。（1）情境相容性。考虑情境因素，避免告警信息被其他声音信号干扰或掩盖。（2）通用信号惯例。避免使用一些具有公认特征的信号，如警车、消防车的信号。（3）与收听者的感受性相适应。避免使用感受性曲线中极端段的部分。（4）双重方式。可以增加视觉告警信号作为辅助手段。（5）可量化信号。对需要量化的音调信号，需要提供参照音调。（6）个人专用性。当声音信号只需提示特定个体时，考虑让该个体能明显接收信号，同时不干扰他人。（7）用简单重复的编码信号来对收听者进行提示。（8）避免使用极端的信号使收听者烦恼或惊吓。

这些原则有助于设计合适的听觉告警信号，以提供有效的警示和提示，使人们能够及时做出正确反应。选择简洁、与情景相容的呈现方式能够帮助告警系统发挥出最大的作用。不良的车载预警信息界面会导致驾驶员无法接收到准确、及时的信息，严重影响驾驶员的人身安全（Collins et al.，1999）。听觉告警信号的呈现设计涉及通道数量和信号呈现形式两个方面。通道数量方面，综合视听呈现被认为是较好的方式，特别是对于重要的告警信息。一项研究比较了纯视觉告警、纯听觉告警和综合视听告警在不同级别上的应用绩效，发现综合视听告警对于警告级别的信号呈现效果最佳，而对于注意与提示级别的信号，则以纯视觉告警方式为最佳选择（张彤、郑锡宁、朱祖祥，1995）。另外，一些研究表明，在危急时刻，采用视觉加语音告警方式可以缩短警告信号的反应时间，并在高度紧张和高视觉负荷的情况下减轻工作负荷（朱祖祥，2003）。在呈现形式方面，主要考虑的是当多个相同紧急级别的告警信号同时出现时的呈现方式，包括重叠呈现和分离呈现。在多重听觉信号呈现条件下，使用分离呈现方式相比于重叠呈现方式有助于对告警语音的语言理解（葛列众等，1996）。有研究使用基于驾驶模拟的技术，实验场景专门用于计算交叉路口的闯红灯事件，并招募驾驶员来测试不同的听觉告警时间设置。采用制动反应时间、警报到制动开始时间和减速度等多项措施来反映驾驶员在避撞过程中的表现，并通过混合效应模型将它们与多个因素联系起来。结果表明，碰撞预警系统实际上可以大大减少闯红灯碰撞的发生，更重要的是它揭示了预定义范围内预警时间的影响，4.0 秒或 4.5 秒可能是合适的预警时间（Yan et al.，2015）。

总之，告警信号在人机界面设计中起着重要的作用，需要提高与我们感知的相容性，通过采用适当的声音信号和辅助视觉提示，才能有效地提高人们对危险情况的感知和反应速度，从而保护人们的安全和避免潜在的风险。

三　人机显示界面相容性设计应用

人机界面的相容性设计需要考虑用户对界面的了解、认识和界面实际操作之间的一致性程度。具体来说，界面相容性包括用户相容性、产品相容性、任务相容性和操作流程相容性等四个方面的内容。

用户相容性指的是将人机界面设计与用户的认知、能力和偏好相匹配，以提供良好的用户体验。这包括考虑用户的专业背景、技能水平、年龄、文化背景等因素，以便设计出易于理解和操作的界面。比如，对于新手用户，适当的帮助信息可以减少其出错操作的次数，而对于已经很熟悉界面的用户，帮助信息可能成为影响其快速操作的干扰。

产品相容性指的是确保人机界面与所使用的硬件设备、软件平台和操作系统等产品相兼容。这意味着界面设计应该考虑到不同设备和平台的限制、规范和标准，以确保界面在各种环境下的一致性和稳定性。例如，针对不同操作系统的界面设计应符合各自的用户界面准则和设计原则。

任务相容性指的是人机界面设计与用户任务的性质和目标相适应。界面应该提供必要的功能和工具，以支持用户完成任务并实现预期的目标。这包括考虑用户在特定任务下所需的信息展示、交互流程和操作方式，以提供高效、准确和可靠的界面体验。

操作流程相容性指的是确保人机界面的操作流程和交互方式与用户的习惯和预期相匹配。界面应该符合用户在类似应用或类别中的一般操作模式，以减少学习成本和认知负荷。这包括使用一致的图标、术语和布局，以及遵循用户界面的一般约定和设计模式。

（一）视觉显示界面相容性应用

自然显示与技术显示的相容在相同的数值对比度下，降低了镜像光源反射的危险，降低了眼睛的适应需求。对人体感觉器官功能有基本了解的人体工程学专家，永远不会尝试在蓝色背景上以红色字符呈现信息，反之亦然。视觉界面的相容性设计应用对于人机系统中的设计尤为重要。

一些关于数字和模拟时钟的研究表明，与它们的数字等价物相比，表盘显示的信息的处理负载更大。然而，这一发现仅针对由模拟（钟面）速度计显示的目标速度和当前速度（AA）与数字速度表显示的目标速度和当前速度（DD）组合是明确的，但对于模拟速度计上的目标速度和数字速度计上的当前速度（AD）以及数字速度表上的目标速度和模拟速度表上的当前速度进行实验，结果发现，使用模拟速度计来展示当前速度似乎不会对处理时间产生负面影响，而用于呈现目标速度的相同钟面速度计显著增加了任务完成时间。这些结果表明，在比较任务中，显示目标值的方式对控制面板的操作效率至关重要（Michalski，2018）。

近年来有人进行了驾驶模拟器研究，以比较评估三个摄像头监控系统（CMS）显示布局和传统侧视镜布置对驾驶物理需求的影响，结果发现CMS显示布局可以显著降低驾驶的体力需求。通过将CMS显示器放置在靠近驾驶员观察前方道路时的正常视线位置并将每个CMS显示器放置在驾驶员的每一侧，即与驾驶员的位置相容，减少了物理需求期待（Beck et al.，2021）。

在技术进步的过程中，新的可视化技术变得越来越重要，例如增强现实或虚拟现实。但是如果界面设计不相容，个体处理基于AR或VR的信息显示，可能会导致绩效下降并增加身体和心理负荷，许多研究开始评估或开发增强现实及虚拟现实中的相容性问题（Abele & Kluth，2021；Wickens et al.，2018），以提高工作绩效和安全性。

（二）听觉显示界面相容性应用

听觉显示界面相容性应用是在设计和开发听觉界面时，考虑用户的认知特点、操作习惯以及界面使用环境，以提高界面与用户的相容性和可用性。随着计算机技术和语音界面的发展，听觉语音用户界面在与应用场景的相容性方面取得了显著进展，如智能家居、智能体开发和教育教学等领域。

听觉显示界面在智能家居和物联网应用中发挥着关键作用。通过语音控制和反馈，用户可以轻松操控家庭设备和连接的智能设备，实现智能家居的自动化和便利性。智能家居语音控制系统由移动终端控制软件和嵌入式便携语音控制器构成，实现了对智能家居设备的多样化、全方位的语音控制（付蔚等，2014）。移动机器人语音控制系统可以对移动机器人进行语音控制（张汝波等，2013）。通过基于语音识别技术的英语语音智能跟读系统，人们取得了良好的教学效果（林行，2014）。此外，研究者还开发了可完全通过语音交互的实施非受限领域的自动问答系统（胡国平，2007）。

通过使用声音、语音和音效等听觉元素，设计界面以满足盲人用户的需求。例如，语音反馈和导航功能可以帮助盲人用户在手机、电脑和其他设备上进行操作和导航，进一步改善听觉界面交互方式的相容性，改进语音界面的使用效率。例如，从交互设计的角度出发，通过使用听觉显示技术，分析盲人用户对听觉界面的需求，并明确定义使用场景，为盲人用户设计了盲人手机界面。他们通过分析用户需求，建立了原型，并进行了用户原型评估和比较，从而优化了盲人手机界面的设计（王琳琳，2006）。对人机语音交互中的反馈时间和语速的研究发现，反馈时间和语速对心理相容性产生影响，通过控制反馈时间可以引导用户的情感体验（李悦，2020）。

人机界面相容设计中常常将多模态的界面显示结合起来，用以提高操作绩效。在具有空间相容的混合显示条件下（视觉和听觉），驾驶员的绩效最佳，混合显示界面使驾驶员在刺激—反应和分散注意力任务中反应速度最快，准确率最高（Liu & Jhuang，2012）。在视觉或听觉不相容的情况下，反应时间显著增加，对视觉信号的反应通常比对听觉信号的反应快。在飞行模拟器实验中，使用视觉鸟瞰雷达显示和三维（3D）听觉显示的飞行员的搜索时间明显更快。此外，当同时显示两个附加显示器时，研究者发现反应时间进一步减少（Bronkhorst et al.，1996）。

在多模态驾驶告警界面中，被试对更紧急的警告反应更快，尤其是在汽车刹车的情况下。与单模信号相比，对多模信号的响应也更快。在出现警告且没有汽车制动的情况下，驾驶行为得到改善。这些结果突出了警告设计中紧急程度和方式数量的影响，并表明了非视觉警告在驾驶中的实用性（Politis et al.，2014）。

人机显示界面的类型多样，随着技术发展多模态显示界面应用更加广泛，因此除单一模态的界面显示外，我们还需将研究聚焦于多模态显示界面，探究不同模态的相容性对任务操作绩效的影响。

第二节　人机界面控制相容性

随着技术发展，工业控制中的显示、控制仪表逐渐智能化，人机界面的控制相容性问题日益凸显，提高人机界面控制器和人机界面的相容性有利于提高工作绩效。

控制器（controller）是系统操作者用来控制机器的装置，操作者通过控制器传递控制信息来实现对机器的功能执行和状态调整。人与控制器的交互构成了人机系统中的控制交互界面。传统的控制器通过按钮、杠杆、方向盘和操纵杆等机械方式实现控制。随着科技的进步，人与机器之间的控制交互趋向于更自然的方式，例如眼控交互和脑机交互。这些新兴技术使得控制交互更加直观、便捷，提升了用户体验和操作效率。

控制器并非仅仅是人四肢运动控制，还包括各种心理运动，因此控制器设计需要与用户的感知觉、心理运动能力和人体尺寸等方面相容。控制器的相容性设计合理与否直接影响人机系统的工作效率。许多控制操作的错误往往与控制器设计不合理有关，这些错误可能导致事故的发生。在设计和制造机器设备时，不仅要考虑其运转速度、生产能力、能耗、耐用性和外观等技术问题，还应该充分考虑与操作机器的人有关的因素，如操作动作、能力、习惯等生理和心理因素。在控制交互界面的设计中必须考虑操作相容性问题，才能使操作者准确、迅速、安全地进行操作，并且减少紧张和疲劳。

一　传统控制交互界面相容性

在传统控制交互过程中，操作人员需要识别不同的控制器，并使用控制器完成特定的交互操作。许多事实说明，不少差错是由于设计控制装置时没有充分考虑人的因素所造成的。赖维铁的《人机工程学》（1983）指出，操作人员可能出现以下几方面操作上的差错。

第一，置换错误（substitution errors）。当多个不同功能的控制器安装在一起，并且它们的相互关系不容易辨别时，这常常会导致操作人员本应该使用控制器 A，但实际上却误操作了控制器 B。这种情况的主要原因是控制器位置的安排与操作的不相容，或者缺乏能够通过触觉或其他感觉确认的标记符号。例如，在车辆挡风玻璃上，雨刷和前灯的操作都是通过扭动旋钮来实现的。然而，这两个旋钮的外观完全相同，并且它们被并排安装在驾驶杆的同一侧。尽管旋钮上有标记，但如果驾驶员不注意，就可能发生错误操作。因此，为了减少置换错误，界面设计需要明确的标签、易于区分的元素、合理的布局以及反馈机制，以帮助用户正确地选择和执行操作。

第二，调节错误（adjustment errors）。调节控制开关时，调错开关位置，以致机器运行太快或太慢，这就是调节错误。操作人员可能会施加过大或过小的力度或幅度来执行操作，导致不准确的控制结果。这可能是因为控制装置的灵敏度或力度反馈不合适。

第三，逆转错误（reversal errors）。操作控制器时，操作的方向与实际需要的方向相反，这就是逆转错误。这种错误的发生常常源于控制器的设计不够符合用户的操作习惯，或者控制器的转动方向与显示器或系统的运转方向不相容。此外，如果控制器缺乏明确的导向标志或指示，操作人员可能更容易发生逆转错误。

第四，无意的操作错误（unintentional activation）。在人机界面交互过程中，操作人员的手部动作、触摸或其他接触引发了意外的响应，导致错误的操作发生。引起错误的原因可能是：控制器本身缺乏固定装置或某种报警信号系统。旋钮阻力不够，手感不强，操作时无法感觉出操纵量的大小，从而容易产生碰移或凝滞；控制器的配置或操纵力超过了人的操作能力，使人无法触及或操作困难等。在界面设计中，减少无意的操作错误对于提高用户体验和界面的可用性至关重要。这可能涉及控件的大小、间距、位置、灵敏度等方面的设计。

当没有考虑人的因素时，操作人员容易出现以上错误。传统控制交互界面的相容性设计需要考虑到控制器的识别和操作设计两个方面。

（一）控制交互界面识别中的相容性

在控制交互过程中，操作人员主要通过不同的编码识别控制器并进行控制交互操作，一般根据感觉通道，将控制识别编码分为视觉编码与触觉编码。

1. 视觉编码

根据不同的视觉特征，一般通过颜色、标记、大小等进行编码。进行一般的视觉编码时，需注意概念相容性问题。概念相容性是指在设计和开发界面或系统时，确保所采用的概念与用户的认知和期望相一致的程度。概念相容性的重要性在于它能够提供一种连贯性和一致性的用户体验，减少用户在使用界面或系统时的认知负荷和学习成本。

颜色编码在信息表达中的应用需要考虑两个方面，颜色数量和颜色意义。研究表明，由于人的记忆负荷有限，颜色编码的数量最好不超过 5 种（Narborough，1985）。常见的编码颜色包括红色、橙色、黄色、绿色和蓝色等几种。这些颜色的选择应该与视觉通道和视觉生理习惯相一致。例如，红色通常被用来传递危险、停止或提示等信息，而绿色通常用于传递安全和可通行等信息。这是因为人们对红色和绿色具有强烈的视觉感知和反应，这种视觉生理习惯使得红色和绿色在信息传递中具有较高的辨识度和显著性。通过合理选择颜色数量和赋予其适当的意义，颜色编码可以有效地传达信息，提供视觉引导和识别。然而，为了确保相容性和有效性，设计者应当谨慎选择和使用颜色编码，并考虑不同用户群体的视觉特点和文化背景，以提供更广泛的识别和理解。

标记编码通过标注不同的文字或符号对控制器进行编码。概念相容性对于提高识别效率具有重要作用。若人们对于标识图案的感知较强，概念相容性越高，识别效率会更高；如果设计与存储的表象记忆信息相匹配，并增加开按钮与关按钮之间的差异性，也能提高识别效率（王海英、丁华、郑磊，2014）。在图标设计中，隐喻与图标可理解性之间存在一定关系。研究者认为，用户的联想思维能力以及图像、符号和它们所代表意义之间的关联性对于准确快速理解图标起着关键作用。因此，在设计图标时，常采用"隐喻现实世界"的方法，即将现实世界中的对象或动作作为图标的原型，来设计所代表的对象或动作的图标（滕兆烜、金颂文、甄永亮，2013）。这种设计手法可以在属性上与所要表达的对象或动作存在接近、相似、对比或因果关系。通过考虑概念相容性和图标设计的隐喻现实世界，可以提高用户对图标的识别效率和可理解性。这对于用户界面的设计非常重要，能够帮助用户快速准确地理解和操作界面中的图标，提高用户的工作效率和满意度。

大小编码是一种通过控制器尺寸的不同来进行编码的方法。这种编码方式通常可以通过视觉识别和触觉识别两种感官来实现。然而，为了确保控制器大小编码的有效性和可用性，需要与感觉控制系统具有适当的相容性。

2. 触觉编码

触觉编码是一种能够辅助视觉编码对控制器进行识别的方法。对于触觉感知，用户可以通过触摸控制器的特定位置、操作方式、形状和表纹等特征来获取关于控制器的编码信息，提供额外的感知通道和补充的信息，可以有效地提高控制器的识别性和操作相容性。

位置编码是一种根据控制面板上控制器的不同位置来进行编码的方法。在设计控制界面时，控制器的位置被视为一种重要的信息表达方式。通过将不同功能的控制器放置在相邻的位置上，可以在视觉上传达它们之间的关联性和相似性，从而帮助用户更好地理解和记忆控制器的功能和操作方式。

操作方式编码是通过使用不同的操作方式来分辨控制器的编码方式。每个控制器都有自己独特的驱动方法，如推、拉、旋转、滑动、按压等。例如，在拉控制器的时候，会产生拉的运动觉反馈，通过这种运动觉反馈，操作者可对控制器进行确认。在手控交会对接系统中，控制手柄的设计是保证航天员完成观察和操作任务的关键之一（王春慧、蒋婷，2011）。有研究让被试通过以两种方式移动安装在屏幕前面的手柄来移动计算机生成的杠杆的尖端。一种是与杠杆尖端的移动相同的方向移动手柄（或操作手柄的手），另一种是以相反的方向移动。结果发现，被试在做出相同的方向反应运动时反应更快（Kunde et al.，2007）。一般带有直线的滑动控件，即平移运动，以及水平刻度或旋钮和圆形刻度的旋转运动是清晰呈现的最明确的方式，因此这些组合提供最佳的安全操作，具有控制相容性。操作方法编码不能用于时间紧迫或准确性要求高的场合，也很少单独使用，而是作为与其他编码组合使用时的一种附属方式。

形状编码是通过不同形状对不同控制器进行的编码，通过为每个控制器设计独特的形状，可以实现对其进行识别和区分。被试对于圆形、矩形和三角形的识别速度明显快于多边形和星形（Ng & Chan，2014）。这表明，在形状编码中，简单的几何形状更容易被人们识别和记忆。此外，表纹编码可以视为形状编码的一种变体。表纹编码通过为不同的控制器设计不同的表面纹理来进行编码。通过触觉感知不同的表面纹理，可以区分和识别不同的控制器。这种编码方式可以增加人机界面的相容性，使用户更容易理解和使用控制器，从而提高操作的效率和用户体验。

（二）控制交互界面操作中的相容性

控制器操作的实际设计相容性主要需要考虑控制器形状大小、位置、操作阻力和反馈方式等几个方面。

控制器的大小与形状对操作绩效会产生显著影响，尤其在一些特殊场合的复杂人机系统中，比如在核泄漏事件中，Herring 等人（2011）发现，操作员佩戴防护手套使用中子探测器探测核辐射时，他们更喜欢使用直径约 3.5cm、长度为 11cm 的圆形和正方形设计（带有一个或两个平面），而不是三角形或长宽比超过 1 的四边形。这些形状和大小的设计考虑了人手的复杂结构，使得操作者在佩戴手套的情况下只需用较少的力量就能牢固握住探测器。

在工作空间内，控制器的位置布置应考虑到操作者能够触及的范围。操作者的肢体最大可触及范围是位置设置的首要考虑因素。研究表明，在坐姿控制时，腿部空间高度每增加一厘米，会对控制台上部区域的工作条件产生负面影响（Strasser，2022）。此外，控制器的位置设置还应考虑到操作者的舒适性，以降低工作疲劳（吕胜，2012）。一项研究使用软件模拟了飞行员和驾驶环境，研究了操纵杆位置（中央 vs 侧位）对飞行员躯干位移距离和手部惯性力大小的影响。研究结果显示，相较于中央操纵杆，侧位操纵杆引起的躯干位移更小，手部产生的惯性力也较少。因此，较小的躯体位移和手部惯性力可以避免飞行员误操作，从而提高飞行安全性（都承斐、王丽珍、柳松杨、樊瑜波，2014）。

操作阻力是为了防止控制器误触而设置的，同时也能够提供一定的本体反馈。控制器的反馈方式也是影响控制器操作的关键因素之一，分为触觉、听觉和视觉反馈三种。不同的反馈方式可以进行结合，提高多通道的空间相容性，有研究表明视听觉结合的反馈方式要优于视觉反馈方式（张孟乾，2017）。刘建军等（2017）基于人机交互背景下的触觉语音反馈机制，通过模拟实际车辆环境中的通信场景，发现触觉语音反馈可能为安全和社会交流提供支持。

二　自然控制交互界面相容性

技术的不断发展使得自然交互方式渐渐走入人们的生活工作，例如采用眼动、脑电等来实现人机交互，自然交互也需要注重空间交互的相容性，以提高工作绩效。

（一）眼控交互

随着眼动技术的发展支持，眼控交互可以代替鼠标键盘灯交互工具实现与机器交互的目的。眼控交互通过记录眼球运动特征如视线注视频率以及注视持续时长，并根据这些特征信息来分析用户的控制意图。眼动分析技术常常作为一种行为指标，辅助传统的心理学实证研究，而随着眼动、虚拟现实技术和增强现实技术不断发展，使得眼控交互成为一种新兴的人机交互方式，眼动交互能简化交互过程，增加人与计算机之间的通信带宽，大大降低人的认知负荷。

眼控交互相比于以往传统的指点设备交互更快速、智能和自然。一般可应用于代替基于传统接触式图形用户界面（graphical user interface，GUI）的交互设备来帮助用户更高效地完成选择、移动和控制等交互操作，例如，用视线代替遥控器控制无人机飞行（Pavan et al.，2020）。或应用在界面显示中以提高信息的传递效率，即眼控系统通过分析实时的眼动信息获取用户的兴趣和需求，进而适应性地改变信息的显示方式，如大小、颜色、布局等（葛列众、孙梦丹、王琦君，2015；Nirmalee & Ranathunga，2018）。

Jacob 早在1991 介绍了眼控交互系统，它能够基于视线完成选择、移动、菜单命令等交互任务。后来的研究者在该基础上优化和分类出纯视线交互、视线与动作结合的两种眼动控制技术提高眼动控制的鲁棒性。在眼动控制中最重要的就是制定触发策略，主要的触发策略有三种。（1）凝视时间。用户可以简单地通过"看"向操作对象、通过"凝视"来实现对操作对象的交互，如持续注视虚拟键盘中的"A"键表示输入"A"字母；（2）眼势。或者把视线当作"笔"写出操作指令，如自上朝下看表示向下翻页；（3）视线与动作结合。该眼动控制技术通常把交互过程分为"看—确认"两个阶段，如用眼睛注视需要交互的对象再用眨眼或手部运动等动作来触发交互，如用视线看向一个音乐图标，用眨眼表示下载音乐。

凝视不仅显示了我们当前的视觉注意力被指向哪里，而且它通常也先于行动，这意味着我们在采取行动之前先看事物。因此，无论是作为输入法还是作为主动界面的信息源，在人机界面中使用凝视都有很大的潜力（Majaranta & Bulling，2014）。但凝视控制也可能有不精确的问题，可以通过其他方法包括动态变焦和鱼眼镜头（Ashmore et al.，2005；Bates & Istance，2002）。也可以将凝视与其他方式相结合，例如，用户可以看着目标物品，并通过语音（Miniota et al.，2006）、触摸输入（Stellmach & Dachselt，2012）或头部运动来确认想要的物体（Špakov & Majaranta，2012）。

凝视控制作为一种自然交互控制方式，需遵循与人体动作或系统运转的相容性规律。有研究调查了眼控凝视感知对非模仿反应的动作控制的行为和神经相关性的影响，结果证明了凝视和动作控制过程的上下文相关功能整合，当参与者必须以空间不相容的方式对虚拟角色的注视转移做出反应时，正确率显著降低，而反应时更长（Hietanen et al.，2006；Schilbach et al.，2012）。此外，与相容实验相比，不相容实验在背侧额顶注意网络的关键区域脑激活增加，这可能反映了对自上而下控制的需求增加（Corbetta & Shulman，2002；Cieslik et al.，2015）。

　　除了凝视，眼势在眼控交互的应用中较广泛，2008 年 Wobbrock 等人设计出的 EyeWrite 让用户模仿像手写笔在电子设备上书写那样用视线的移动轨迹"写出"文字，通过计算机识别和解析视线姿势，可以实现文字输入。由视线姿势构成的字母形状与罗马字母相似，具有概念相容性；此外，输入模式是基于视线的横跨（crossing）而不是指向（pointing）。研究表明，使用 EyeWrite 进行文字输入时，平均输入速度较使用眼控软键盘时慢，但错误率更低。

　　近年来，研究人员开发了两种眼控高光显示技术，即块高光显示（block highlight display，BHD）和单高光显示（single highlight display，SHD），它们可以根据用户当前的注视位置来增强信息的呈现（Pan et al.，2021）。研究旨在探讨高信息密度的视觉环境下，这些技术如何促进用户视觉搜索的心理加工。结果发现 SHD 的搜索次数随图标数量的增加而显著增加，而 BHD 的搜索次数不随图标数量的增加而增加。与 SHD 相比，BHD 搜索时间更快，注视空间密度更低。这些结果表明，BHD 在突出显示区域支持并行处理，在较宽显示区域支持串行处理，因此，与主要支持串行处理的 SHD 相比，BHD 提高了搜索性能。

　　也有研究将视线控制与动作结合，介绍了应用于驾驶环境的眼动交互系统 EyeHUD（李婷，2012），在驾驶途中，驾驶员可以完全使用视线来控制车载系统上的功能键。胡炜等（2014）的研究比较了"眼动+键盘"、"眼动+眨眼"、凝视和键盘这 4 种输入方式。他们的研究结果发现，相比其他的交互方式，"眼动+键盘"这种视线与动作相结合的输入方式在输入速度、准确率以及用户疲劳度方面均优于其他眼控输入方式。当用户在文本编辑期间需要重新定位光标时，通常使用鼠标来完成。特别是对于有经验的打字员来说，键盘和鼠标之间的切换会大大减慢键盘编辑工作流程。为了解决这个问题，有研究提出 ReType，这是一种新的注视辅助定位技术，将键盘与注视输入相结合（Sindhwani et al.，2019）。ReType 允许用户在将手放在键盘上的同时执行一些常见的编辑操作，增强了文本编辑的用户体验。许多参与者都喜欢 ReType，无论他们的打字技巧如何。ReType

能够匹配甚至超过基于鼠标的小文本编辑交互的速度。因此，注视增强的用户界面可以使常见的交互更加流畅，尤其是对于专业键盘用户。综上，眼控这种自然交互方式根据任务操作场景，通过提高眼控与具身动作的相容性有助于操作绩效的提高。

眼动控制未来的一个诱人的应用领域就是虚拟现实、增强现实和混合现实，近年来为了带来更好的沉浸体验，研究者开始利用眼动追踪系统创造面对面互动系统，这种系统中的虚拟形象可以逼真地再现凝视和眼神接触（Andrist et al.，2017；Schwartz et al，2020）。此外，眼动追踪还被用作虚拟现实显示系统中的视线引导（Sidenmark & Gellersen，2019）。

（二）脑机接口交互

脑机接口（brain computer interface，BCI）是指通过在人脑神经与具有高生物相容性的外部设备间建立直接连接通路，允许个体通过脑电信号（EEG）、脑磁信号（MEG）、脑血氧水平（fNIRS）等生物信号，与计算机或外部设备进行交互，是一种新型的不依赖于外周神经和肌肉等常规输出通道的人机信息交流装置。本质上，脑机接口是一种基于大脑神经活动的信号转换和控制系统，其利用的脑电信号可分为以下几类。

P300 事件相关电位（event-related potential，ERP）。P300 ERP 是一种正电位成分，通常在刺激事件之后约 300 毫秒内出现，反映了与注意、意识和决策相关的脑活动。通过检测 P300 ERP 的出现和特征，脑机接口可以实现对特定刺激或指令的识别和控制。

视觉诱发电位（visual evoked potential，VEP）。VEP 是由视觉刺激引起的脑电活动，反映了视觉皮层对于外部视觉输入的处理过程。通过分析和解码 VEP 信号，脑机接口可以实现对视觉刺激的感知和识别。

稳态视觉诱发电位（steady state visual evoked potential，SSVEP）。SS-VEP 是由稳态视觉刺激引起的脑电活动，其频率与刺激频率相匹配。通过检测和分析 SSVEP 信号，脑机接口可以实现对特定频率的刺激的识别和选择。

自发脑电（Spontaneous EEG）。EEG 是在静息状态下记录的大脑神经活动。通过分析自发脑电信号，脑机接口可以了解大脑的基本状态、激活水平以及与认知和情绪相关的信息。

慢皮层电位（slow cortical potential，SCP）。SCP 是一种较低频的脑电活动，反映了大脑皮层的潜在电位变化。通过检测和解析 SCP 信号，脑机接口可以实现对特定意图或动作的识别和控制。

事件相关去同步（event-related desynchronization，ERD）和事件相关同步（event-related synchronization，ERS）。ERD 和 ERS 是与特定任务或事件相关的脑电活动。ERD 表示任务开始时大脑活动的抑制，而 ERS 表示任务进行过程中大脑活动的增强。通过分析 ERD 和 ERS 信号，脑机接口可以推测出用户的意图和动作执行状态。

脑—机接口主要包括非侵入式脑机接口和侵入式脑机接口两种。非侵入式脑机接口将检测电极安装在大脑头皮上，而侵入式脑机接口将检测电极植入大脑皮层中的特定区域，又称为植入式脑机接口。

脑机接口可以作为医疗辅助技术手段，也能够作为智能人机交互的技术。

1992 年，Sutter 尝试设计了一种基于视觉诱发电位的脑机接口系统，系统中安置了一个 8 毫米×8 毫米规格的拼写器，利用从大脑视觉皮层采集的视觉诱发电信号，识别用户眼睛的注视方向，再与拼写器的符号相匹配，最终实现拼写效果，可以为渐冻症患者提供约每分钟 10 个单词的通信能力。这一实验尝试将脑机接口技术用于文字表达，虽然本质上仍是对动作控制的解析，但还是引导人们发现了脑机接口在交流方面隐藏的巨大潜力。脑机接口在医疗领域中具有重要的应用，可作为辅助手段帮助运动功能障碍患者控制外部设备，并用于康复训练。李明芬等人（2012）使用基于运动想象的脑机接口来训练 7 名严重运动功能障碍患者的运动认知能力。研究结果显示，经过两个月的脑机接口康复训练，患者的运动认知时间缩短，认知程度增加，这意味着他们能够更快速、更准确地处理与运动相关的认知任务。更重要的是，这种改善在上肢运动功能的恢复方面起到了积极的促进作用。这项研究进一步证明了脑机接口在运动功能康复中的潜力和有效性。这些发现为运动功能障碍患者提供了一种创新的康复方法，并为脑机接口技术的应用开辟了新的可能性。

越来越多的研究者将脑机接口应用于办公、娱乐等领域，以实现更加智能的人机交互方式。Citi 等人（2008）提出一种基于 P300 的脑控 2D 鼠标。该系统的界面出现了 4 个随机闪烁的矩形，分别代表着不同的运动方向。当用户希望将鼠标移动到某个方向时，他们需要将注意力集中在该方向的矩形上，从而引发外源性的 EEG 成分。系统会分析用户的注意力，并相应地移动鼠标位置。实验结果显示，用户在使用这种脑控鼠标系统时表现出良好的任务执行能力。这种基于 P300 的脑控 2D 鼠标系统为人机交互领域带来了新的发展方向，为用户提供了一种更直观、更高效的操作方式。已有研究针对基于稳态视觉诱发电位（SSVEP）的脑机接口系统，开展了屏显刺激界面元素尺寸和间距对识别效率和用户体验影响的工效学实验研究（牛亚峰等，2022）。结果发现元素尺寸对识别效率有显著影响，边长尺寸为 200px 的刺激元素识别效率最高，元素间距对识别效率没有影响。但元素间距对用户满意度有显著影响，刺激元素的紧凑（200px/400px）或疏远（400px/800px）都会导致满意度的下降，300px/600px 间距水平的满意度最好，尺寸对用户满意度没有显著影响。研究结论对于规范脑机接口界面设计，提升脑机接口系统效率有重要的指导意义和借鉴价值。

（三）可穿戴设备交互

可穿戴设备是指能够佩戴在身体上的电子设备，具有各种传感器、处理器和通信功能，可以收集、分析和交互与用户相关的数据。它们通常以佩戴在身体上的形式，如手腕上的智能手表、戴在头部的智能眼镜、穿戴式健康监测器等。可穿戴设备的是"以人为中心，人机合一"的理念体现。可穿戴设备与人的交互方式有：传统物理输入（按键和触摸屏）、触摸和手势控制、肢体运动感应、身体信息感应、环境数据采集等。

传统物理输入。可穿戴设备通常具有物理按钮或触摸屏，用户可以通过按下按钮或触摸屏来输入指令或进行操作。

触摸和手势控制。一些可穿戴设备配备触摸屏或传感器，用户可以通过手指在屏幕上的触摸或使用手势来与设备进行交互，例如滑动、点击、捏合等手势操作。

肢体运动感应。可穿戴设备中的加速度计、陀螺仪等传感器可以感知用户的肢体运动，例如手臂的摆动或手腕的转动，从而实现与设备的交互，例如控制游戏角色的移动或浏览信息。

身体信息感应。一些可穿戴设备集成生物传感器，可以监测用户的生理数据，如心率、血压、睡眠状态等，通过这些数据进行健康管理或提供个性化的建议。

环境数据采集。某些可穿戴设备具备环境传感器，可以感知周围的温度、湿度、光照等环境信息，用于提供更智能化的环境适应和用户体验。

运动相容性和舒适的机械物理界面都是人机工程学的基本要求，如果这两个要求中只有一个不符合，可穿戴机器人将失去其有效性，并影响最终用户的可接受性。一方面，如果可穿戴设备的运动学设置与患者肢体不正确匹配，在设备运动过程中会产生不希望的相互作用力。这样的关节错位可能会对人体关节造成不期望的平移力，在最糟糕的情况下，可能会导致使用设备时不舒服甚至痛苦。另一方面，机械界面的具体选择反而会影响到与用户的物理交互。

基于人工智能（AI）的处理和控制系统逐步改进了用于上肢运动康复的移动机器人外骨骼。机器人技术和人工智能的快速发展正在从根本上改变患者的传统康复治疗。89%的研究表明，与单纯基于物理治疗的康复计划相比，在物理治疗过程中应用医疗技术可以加快或改善患者的康复过程（Zhao et al.，2020）。

三　人机控制相容性设计应用

一般人机界面设计中我们需要考虑显示与控制相容性，涉及空间位置相容和运动控制相容。无论控制器复杂程度如何，显示控制配置设计都应该根据用户群体的首选响应进行设计，以实现成功的人机交互，这些反应被称为群体定型反应或刻板印象。

针对中国人的控制显示刻板印象的研究发现（Courtney，1994），对于旋转控制，当 Warrick 原则和比例原则共同相容时，会发现强烈的刻板印象。当原则发生不相容时，刻板印象被削弱，但存在偏向顺时针方向旋转的趋势。对于推拉和杠杆控制，中国人预期的一些显示控制动作与西方人的预期相反，并表现出一些西方受试者所没有的向上/向下的动作预期。反应时间与刻板印象强度之间存在良好的线性关系。

显示器和控制器的空间关系与人们对这种关系预测的一致性，可以很大程度上提高工作效率，避免犯错，在界面设计时，可以注意显示器与控制器在外观上的相似性以及显示器与控制器在方位或布局方面的一致性来体现这种相容关系。有人通过反应时为指标考察了控制杠杆操作与离散的刺激显示之间不同的空间匹配关系时对操作绩效的影响。他们的实验结果也说明，被试的反应时间取决于显示和控制之间的空间匹配关系（Chua et al.，2001）。也有人研究了控制器功能可见性、视觉信息和控制的空间相容性对作业绩效的影响作用。实验结果表明，当手柄（控制器）的位置与反应的空间位置相容时，作业绩效更高，即空间位置信息的编码是产生基于客体空间相容性效应的主要原因（Song et al.，2014；宋晓蕾，2015）。

研究发现，视觉信息与运动控制的相容性不仅适用于视觉界面，而且同样适用于听觉控制界面。在实验中，观察者要求根据听到的声音在左耳或右耳进行相应的手部按键反应，结果显示出明显的刺激反应相容性效应。当左耳听到声音并要求使用左手按键反应时，符合空间相容性原则；反之，如果左耳听到声音但要求使用右手按键反应，则违反了空间相容性原则。实验结果显示，当刺激反应相容时，反应时间更短且正确率更高（Chan et al.，2005）。在听觉控制界面中，视觉和听觉信号的相容性对于提高操作效果和准确性具有重要意义。

研究人员进行了全面的实验，考察了信号类型（视觉信号、听觉信号）、双手位置关系（交叉或非交叉）以及头的朝向（正立、向右转90度、左转90度以及左后方）对操作绩效的影响。实验结果显示，这些因素对操作时间有显著影响，并且信号类型与头的朝向之间存在交互作用。研究还强调，在控制台设计中应特别注意保持信号显示—反应布局、刺激—双手位置和头的朝向之间的相容性（Tsang，Kang & Chan，2014）。

除了双手，双脚在操作中也常被用于控制机器。研究者对四种不同视觉显示与脚控制的空间刺激—反应匹配关系进行了研究。实验结果表明，视觉信号的位置与踏板反应位置之间存在显著交互效应。当显示刺激与反应键在同一横向或纵向方向上匹配时，与其他非对应的匹配关系相比，作业的反应时间更短。研究还发现，左右维度的空间兼容性比前后维度的空间相容性更强（Chan et al.，2009）。这些研究结果表明，在设计脚控制界面时，应考虑到视觉显示与踏板反应位置之间的相容性，以提高操作的效率。

车载系统常常需要驾驶者分心去注意该系统的信息并且操作控制它，因此，造成驾驶者忽略路况而导致交通意外的发生，有研究比较按键式操作控制类型与菜单结构的相容性，了解两者之间的互动关系对于驾驶者在注意路况的同时所造成分心的影响（Lin & Hsu，2004）。研究的结果发现，高相容性的菜单控制组合可以让驾驶者缩短作业完成时间，可以让驾驶者有更多的时间注意路况，也可以避免视觉过度偏移路况所导致的意外，而菜单结构浅而广的设计，可以让驾驶者较快地取得控制显示的资讯，提升驾驶者完成选单作业的效率，达成操控的目的。

对于显示控制，确定反应效应（R-E）相容性还是刺激反应（S-R）相容性对于非接触式手势响应更为关键。显示器上的内容可以与产生移动的非触摸手势在相同方向（S-R 不相容，但 R-E 相容）或相反方向（S-R 相容，但 R-E 不相容）移动。以前的研究表明，当它与 R-E 相容（和 S-R 不相容）时，更容易产生按钮按下响应。然而，这种 R-E 相容性效应是否也会出现在非接触式手势响应中是未知的。实验 1、实验 2 采用了 R-E 兼容性操作，其中参与者以向上或向下的非接触手势做出响应，导致显示内容沿相同（相容）或相反（不相容）方向移动。实验 3 采用了 S-R 相容性操作，其中刺激发生在屏幕的上方或下方。总体而言，仅观察到 R-E 相容性对执行非接触手势的影响可以忽略不计（与按钮按下响应相反），而 S-R 相容性严重影响手势响应。结果表明，在非接触式界面的设计中，独特的因素可能有助于确定哪些手势和显示运动的映射更受用户青睐（Janczyk et al.，2019）。

还有研究使用跟踪任务和离散响应任务的双任务范式研究了各种显示控制配置的空间相容性对绩效的影响（Tsang & Chan，2018）。实验观察到在视觉模态中两个任务的绩效下降，并认为最有可能是由于同时任务操作导致的资源竞争。结果表明，离散空间相容响应任务的映射越复杂，对跟踪任务的干扰越严重。尽管在跟踪和空间反应任务上的表现都受到了损害，但损害的程度并没有预期的那么大，这意味着跟踪任务和空间任务所需的焦点视觉和环境视觉可能会分别受到损害。

第三节　人机界面与环境相容性

一　环境空间相容性

作为"人机环"系统的重要组成部分，环境对人的工作绩效与心理行为有着重要的影响。环境空间相容性是设计或安排操作环境时考虑到人与环境之间的相互适应性和匹配程度。它涉及人在特定环境中的感知、认知和行为，以及环境的布局、组织和特征。在人机交互中，环境空间相容性的设计原则可以提高用户的操作效率，降低错误率，减少认知负荷和工作压力。

（一）光环境的相容性

照明水平直接影响到人的视敏度和对比灵敏度等视觉功能，进而影响视觉作业绩效。光环境的相容性是指光的特性与人的感知和工作需求之间的适配程度。一个具有良好相容性的光环境可以满足人的视觉需求，提供舒适的视觉体验，并有助于提高工作效率和减轻视觉疲劳。

在办公室环境中，使用自然光和人工照明相结合的设计。自然光可以提供柔和的照明，使人感到舒适和愉悦，同时有助于调节人的生物钟和提高注意力。人工照明则可以补充不足的自然光，并提供适当的亮度和色温，以满足工作任务的需求。通过合理布置灯光和使用可调节的照明设备，可以根据不同工作场景和个体需求来调整光环境，以达到最佳的相容性。

在医疗环境中，根据不同的手术类型和操作需求，采用适宜的照明设计。例如，在手术室中，需要足够的明亮照明以确保医生准确观察和操作。然而，在病房或护理站等区域，较柔和的照明可以提供更为舒适的环境，有助于患者的休息和恢复。通过针对不同用途的光环境设计，可以提高医疗工作的效率和质量，并提供更好的照顾和护理。

光环境的相容性考虑了光的亮度、色温、均匀性、光源的位置和反射等因素，以确保光能够适应人的感知和工作需求，提供舒适、有效的视觉环境。这种相容性的设计可以改善工作条件，提高工作效率和舒适度，并减轻因不适宜的光环境而导致的视觉疲劳和不适感。

（二）噪声环境的相容性

听觉是仅次于视觉的第二大感觉系统。在心理学上，干扰人的工作、学习和生活，使人产生烦恼的声音都是噪声，噪声是一种固有的不容忽视的环境因素。噪声除了对生理状态产生影响，在工作环境中可能还会对心理产生烦躁、焦虑等影响。

噪声环境的相容性在两个方面对工作绩效产生影响。首先，噪声可以直接影响听觉类作业，如语音识别、听力测试等。高噪声水平会降低听力敏感度，干扰声音信号的辨别和理解能力，从而影响工作表现。例如，在电话客服中，高噪声环境可能导致客服人员难以准确听清客户的需求或问题，影响服务质量和效率。其次，噪声环境也可以通过引起相应的生理和心理效应，影响操作者的知觉、注意力水平和信息传递，进而影响工作绩效。噪声会引起压力和疲劳感，干扰注意力集中和思维的清晰度，从而降低工作效率和决策准确性。例如，在办公环境中，噪声干扰可能导致员工注意力分散，难以集中精力完成任务，影响工作质量和生产效率。

通过降低噪声水平、提供适当的隔离和保护措施，以及创造舒适和宜人的工作环境，可以改善操作者的工作体验和工作效率。这种相容性的设计有助于降低噪声对工作的负面影响，提升工作环境的质量和员工的工作满意度。

（三）微气候环境的相容性

微气候环境的相容性指的是将工作环境中的温度、湿度、通风等因素与工作任务和操作者的需求相匹配，以提供一个舒适、适宜的工作环境，有利于操作者的工作绩效和舒适感。

温度是微气候环境中的一个重要因素。过高或过低的温度都会影响人体的舒适感和工作效率。过高的温度会导致人体感到燥热、出汗过多，影响注意力和思维能力；过低的温度则会让人感到寒冷，手指僵硬，影响手部灵活性和操作能力。因此，在设计工作环境时，应根据工作特性和操作者的需求来调节温度，提供适宜的工作温度范围，以确保操作者在工作中保持舒适和高效。

湿度也是微气候环境中需要考虑的因素之一。过高或过低的湿度都会对操作者的舒适感和工作表现产生影响。过高的湿度会导致人体感到闷热、不透气，汗液不易蒸发，影响体感舒适度和注意力；过低的湿度则会导致皮肤干燥、眼部不适，影响操作者的工作舒适性和注意力集中能力。因此，在设计工作环境时，需要控制室内湿度，提供适宜的湿度范围，以保持操作者的舒适感和工作表现。

通风是微气候环境中的另一个重要因素。良好的通风可以提供新鲜空气，排除有害气体和异味，保持空气流通。合适的通风系统可以帮助调节室内温度和湿度，减少空气污染物的浓度，提供舒适的工作环境。适当的通风还有助于减少操作者疲劳感和集中力下降，促进操作者的工作效率和舒适感。

综上所述，微气候环境的相容性对操作者的工作绩效和舒适感至关重要。通过调节温度、湿度和提供良好的通风系统，可以创造一个适宜的工作环境，提高操作者的工作效率和工作满意度。

（四）冷热环境的相容性

冷热环境与操作的相容性也会影响工作绩效。在冷热环境中，温度是一个关键的因素。过低或过高的温度都会对操作者产生不良影响。热环境对认知操作绩效的影响因认知任务而异，对注意水平要求越高的越易受影响，高温对认知绩效的影响效应的大小与核心温度变化有关（Hancock & Vasmatzidis, 2003），高温会导致人体出汗过多，引起脱水和疲劳，降低注意力和反应速度。因此，在设计工作环境时，需要根据工作特性和操作者的需求来调节室内温度，提供适宜的温度范围，以确保操作者在工作中保持舒适和高效。

低温对工作绩效的影响主要通过两种方式。首先，低温会直接影响肢体的功能，尤其是手部肌肉的敏感性和灵活性，进而影响操作绩效。在寒冷环境中，低温会导致手指变得冰冷，血液循环减慢，肌肉的灵活性和细微运动的准确性下降。这会对需要精细操作和协调动作的工作任务产生负面影响，如精密装配、细致操作和手工操作等。手指的灵敏性降低可能导致操作者难以感知和反应到小细节或微小力度的反馈信号，从而影响操作的准确性和速度。其次，低温通过影响核心温度来影响脑和躯体的生理机能，进而影响工作绩效。低温环境会导致身体的核心温度下降，这会影响脑部的功能和认知能力。研究表明，低温条件下，脑的信息处理速度和反应时间会减慢，工作记忆和注意力也会受到影响。最后，低温还可能导致身体感到不适、疲劳和困倦，这会进一步影响工作的专注力和持久性。

（五）特殊环境的相容性

科技的不断发展使得人类对外部世界探索的脚步加快，也逐步深入极端特殊环境中，例如载人航天、深海探测、极地科考、高原开发等。在航天、深潜、极地、高原等特殊极端环境中，除了照明、噪声、温湿度等一般环境对人的影响，还有失重、低压、低氧等特殊环境因素的影响。在特殊环境中如何提高工作绩效，就需要利用特殊环境中的不同特点，开发相容性高的操作界面或特殊的技术支持。

二 环境空间相容性的设计应用

在特殊环境下需要关注环境对于操作的影响，注意环境因素导致的空间相容性变化，以便更好地设计人机界面，为提高工作绩效做出贡献。

丰富的视觉信息是功能可见性的重要组成部分，刺激图像应该提供与自然环境中遇到的一样多的真实视觉信息，以使其产生功能可见效果。有研究表明（Pappas，2014）仅提供对象的外部形状不足以产生功能可见性效应，而是产生了 Simon 效应，当提供对象和环境信息的全部范围（外部形状、内部细节和环境深度线索）时，就会产生功能可见性效应。

根据对刺激—反应相容的解剖和环境维度的关系的研究（Klapp et al.，1979），当环境刺激点位置与解剖手的关系相反（如左光—右手）而不是直接（如左光—左手）时，即使手的环境位置（上或下）与刺激点位置（左或右）无关，反应时间也会更长。这种影响主要是由于决策过程，而不是半球间传输延迟。

　　交通标志的尺寸需求会受到环境等因素的影响。有实验结果表明，交通标志的可视距离随车速的提高而降低；同一实验车速，顺光条件下标志的视认性最佳，其次为夜间反光标志，逆光条件下的标志视认性较差（潘晓东等，2006），因此光环境与交通标志的相容性会影响标志的识别效率。

　　有研究对暴露在失重状态下的受试者的感觉运动适应的定量监测，概述了重力在运动和姿势组织中的功能作用（Baroni et al.，2001）。结果表明，失重状态下准静态身体定位的姿势策略是基于身体几何轴（头部和躯干）沿着外部参考对齐。正确的全身姿势似乎只有在微重力暴露数月后才能恢复。相比之下，在地面上运动和姿势之间的协调策略在失重环境中进行运动活动时迅速恢复和使用。即静态和动态姿势功能可能存在不同的感觉—运动整合过程，协调运动的组织可能稳定地依赖于自我中心参考和运动协同。

　　在飞机振动工作环境下，直升机座舱显示器周边按键大小对于操作绩效也会产生显著的影响（何荣光、郭定、杨俊超、史越，2010）。按键更大的操作绩效更高，因为振动环境会导致视觉清晰度下降，大按键能够让操作员更快地锁定目标。

本章小结

　　1. 人机界面的相容性是指界面的设计和用户的期望之间的匹配，即用户对界面的了解、认识和界面实际操作之间的一致性程度。

　　2. 视觉显示界面常分为静态和动态两种。静态视觉显示界面是指视觉显示信息的状态或者显示内容不会随时间延续而发生变化的视觉显示方式，动态视觉显示界面是指视觉显示状态或显示内容随着时间推移而发生变化的显示方式。

　　3. 听觉界面分为语音界面和非语音界面两大类。

　　4. 人机界面设计中经常采用声音信号作为告警信号，以提高人们对于危险情况的警觉性、缩短人们对于异常情况的反应时间。选择简洁、与情景相容的呈现方式能够帮助告警系统发挥出最大的作用。

5. 界面兼容性包括用户兼容性、产品兼容性、任务兼容性和操作流程兼容性等内容。

6. 控制器是系统操作者用来控制机器的装置，操作者通过控制器传递控制信息，从而达到执行功能，调整、改变机器运行状态的意图。

7. 传统控制交互界面的相容性设计主要涉及控制器的识别和操作设计两个方面。

8. 在控制交互过程中，操作人员主要通过不同的编码识别控制器并进行控制交互操作，一般根据感觉通道，将控制识别编码分为视觉编码与触觉编码。

9. 控制器操作的实际设计相容性主要需要考虑控制器形状大小、位置、操作阻力和反馈方式等几个方面。

10. 作为"人机环"系统的重要组成部分，环境对人的工作绩效与心理行为有着重要的影响。适宜的工作环境以及环境中的高相容性不仅可以提高操作者的工作绩效，而且可以使操作者保持良好的情绪，降低工作负荷。

参考文献

都承斐、王丽珍、柳松杨、樊瑜波：《机动飞行过载时操纵杆位置对飞行员操控影响的生物力学研究》，《航天医学与医学工程》2014 年第 4 期。

葛列众、孙梦丹、王琦君：《视觉显示技术的新视角：交互显示》，《心理科学进展》2015 年第 4 期。

何荣光、郭定、杨俊超、史越：《振动环境下直升机座舱显示器周边键的工效学实验》，《空军工程大学学报》（自然科学版）2010 年第 1 期。

胡凤培、滑娜、葛列众、王哲：《自适应设计对语音菜单系统操作绩效的影响》，《人类工效学》2010 年第 2 期。

胡炜、宋笑寒、冯桂焕、骆斌：《眼动和与键盘输入相结合的混合输入方法的分析研究与评测》，UXPA 中国第十一届用户体验行业年会论文，江苏无锡，2014 年 12 月。

赖维铁：《人机工程学》，华中工学院出版社 1983 年版。

李明芬、贾杰、刘烨：《基于运动想象的脑机接口康复训练对脑卒中患者上肢运动功能改善的认知机制研究》,《成都医学院学报》2012年第4期。

李婷:《眼动交互界面设计与实例开发》,硕士学位论文,浙江大学,2012年。

刘建军、宋明亮、孙元:《基于触觉语音反馈机制对汽车交互操控界面设计研究》,《艺术与设计(理论)》2017年第10期。

吕胜:《Sf35100型矿用自卸车驾驶室人机工程优化设计》,硕士学位论文,湖南大学,2012年。

穆存远、郝爽:《单层语音菜单与双层语音菜单的工效学研究》,《沈阳建筑大学学报》(社会科学版)2014年第4期。

牛亚峰、王佳浩、伍金春、薛澄岐、杨文骏:《基于稳态视觉诱发电位的脑机接口元素尺寸和间距工效学研究》,《电子与信息学报》2022年第2期。

王春慧、蒋婷:《手控交会对接任务中显示—控制系统的工效学研究》,《载人航天》2011年第2期。

王海英、丁华、郑磊:《电梯按钮识别效应的实验研究》,《工业工程与管理》2014年第2期。

王娅:《基于脑机接口技术的偏瘫辅助康复系统的研制》,硕士学位论文,天津大学,2005年。

张孟乾:《不同反馈条件下的眼控打字研究》,硕士学位论文,河北师范大学,2017年。

朱祖祥:《工程心理学教程》,人民教育出版社2003年版。

宫殿坤、郝春东、王殿春:《字体特征与搜索方式对视觉搜索反应时的影响》,《心理科学》2009年第5期。

李林娜、姜伟、张亚男:《安全标识背景形状及背景色试验研究》,《中国公共安全:学术版》2014年第1期。

张坤、崔彩彩、牛国庆、景国勋:《安全标志边框形状及颜色的视觉注意特征研究》,《安全与环境学报》2014年第6期。

葛列众、王璟:《手机菜单类型对用户操作绩效及满意度的影响》,《人类工效学》2012年第1期。

葛列众、滑娜、王哲:《不同菜单结构对语音菜单系统操作绩效的影响》,《人类工效学》2008年第4期。

李黎萍、张世琴、蒋明:《听标耳标学习:噪音干扰和环境依赖性的差异》,《增强心理学服务社会的意识和功能——中国心理学会成立90周年纪念大会暨第十四届全国心理学学术会议论文摘要集》,2011年。

方志刚、胡国兴、吴晓波：《基于非语音声音的听觉用户界面研究》，《浙江大学学报》（工学版）2003年第6期。

王琳琳：《盲人手机界面的交互设计和评估》，硕士学位论文，浙江大学，2006年。

芦莎莎：《告警信号设计的基本要求》，《山东工业技术》2015年第7期。

张彤、郑锡宁、朱祖祥：《飞机座舱视听告警方式的工效学研究》，《应用心理学》1995年第1期。

葛列众、郑锡宁、朱祖祥、张彤、毛云飞：《多重听觉告警信号呈现方法的工效学研究》，《人类工效学》1996年第1期。

付蔚、唐鹏光、李倩：《智能家居语音控制系统的设计》，《自动化仪表》2014年第1期。

张汝波、刘冠群、吴俊伟、吕西宝：《移动机器人语音控制技术研究与实现》，《华中科技大学学报》（自然科学版）2013年增刊第1期。

林行：《基于语音识别技术的智能跟读对高中生语音促进作用的实证研究》，硕士学位论文，福建师范大学，2014年。

胡国平：《基于超大规模问答对库和语音界面的非受限领域自动问答系统研究》，博士学位论文，中国科学技术大学，2007年。

李悦：《语音交互反馈体验中的时间心理研究与应用》，硕士学位论文，西南科技大学，2020年。

滕兆烜、金颂文、甄永亮：《论手机图形用户界面中图标设计可视性》，《包装工程》2013年第4期。

宋晓蕾：《基于客体的空间一致性效应：功能可见性或空间位置编码?》，《心理科学》2015年第5期。

潘晓东、林雨、郭雪斌、方守恩：《逆光条件下交通标志的可视距离研究》，《公路交通科技》2006年第5期。

Abele, N. D., & Kluth, K., "Interaction-ergonomic design and compatibility of AR-supported information displays using the example of a head-mounted display for industrial set-up processes", *Zeitschrift fur Arbeitswissenschaft*, 2021, pp. 1–15.

Andrist, S., Gleicher, M., & Mutlu, B., "Looking coordinated: Bidirectional gaze mechanisms for collaborative interaction with virtual characters", *Proceedings of the 2017 CHI conference on human factors in computing systems*, May 2017, pp. 2571–2582.

Ashmore, M., Duchowski, A. T., & Shoemaker, G., "Efficient eye pointing with a fisheye lens", *Proceedings of Graphics interface*, 2005, pp. 203–210.

Ball, R., North, C., & Bowman, D. A., "Move to improve: promoting physical navigation to increase user performance with large displays", *Proceedings of the SIG-CHI conference on Human factors in computing systems*, April 2007, pp. 191–200.

Baroni, G., Pedrocchi, A., Ferrigno, G., Massion, J., & Pedotti, A., "Motor coordination in weightless conditions revealed by long-term microgravity adaptation", *Acta Astronautica*, Vol. 49, No. 3–10, 2001, pp. 199–213,

Bates, R, Istance, H., "Zooming interfaces! Enhancing the performance of eye controlled pointing devices", *Proceedings of the 5th international ACM conference on assistive technologies*, New York, 2002, pp. 119–126.

Baudisch, P., DeCarlo, D., Duchowski, A. T., & Geisler, W. S., "Focusing on the essential: considering attention in display design", *Communications of the ACM*, Vol. 46, No. 3, 2003, pp. 60–66.

Beck, D., Jung, J., & Park, W., "Evaluating the effects of in-vehicle side-view display layout design on physical demands of driving", *Human Factors: The Journal of Human Factors and Ergonomics Society*, Vol. 63, No. 2, 2021, pp. 348–363.

Bernard M. L., Chaparro B. S., Mills M. M., et al., "Comparing the effects of text size and format on the readability of computer-displayed Times New Roman and Arial text", *International Journal of Human-Computer Studies*, Vol. 59, No. 6, 2003, pp. 823–835.

Brewster, S. A., "Using non-speech sound to overcome information overload", *Displays*, Vol. 17, No. 3–4, 1997, pp. 179–189.

Bronkhorst, A. W., Veltman, J. A., & Van Breda, L., "Application of a three-dimensional auditory display in a flight task", *Human Factors: The Journal of Human Factors and Ergonomics Society*, Vol. 38, No. 1, 1996, pp. 23–33.

Chan, K. W. L., & Chan, A. H. S., "Spatial S-R compatibility of visual and auditory signals: implications for human-machine interface design", *Displays*, Vol. 26, No. 3, 2005, pp. 109–119.

Chan, K. W. L., & Chan, A. H. S., "Spatial stimulus-response (s-r) compatibility for foot controls with visual displays", *International Journal of Industrial Ergonomics*, Vol. 39, No. 2, 2009, pp. 396–402.

Chan, L., Hsieh, C. H., Chen, Y. L., Yang, S., Huang, D. Y., Liang, R. H.,

& Chen, B. Y. , "Cyclops: Wearable and single-piece full-body gesture input devices", *Proceedings of the 33rd Annual ACM Conference on Human Factors in Computing Systems*, 2015, pp. 3001-3009.

Chua, R. , Weeks, D. J. , Ricker, K. L. , & Poon, P. , "Influence of operator orientation on relative organizational mapping and spatial compatibility", *Ergonomics*, Vol. 44, No. 8, 2001, pp. 751-765.

Cieslik, E. C. , Mueller, V. I. , Eickhoff, C. R. , et al. , "Three key regions for supervisory attentional control: evidence from neuroimaging meta-analyses", *Neuroscience and Biobehavioral Reviews*, Vol. 48, 2015, pp. 22-34.

Citi, L. , Poli, R. , Cinel, C. , & Sepulveda, F. , "P300-based BCI mouse with genetically-optimized analogue control", *Neural Systems & Rehabilitation Engineering IEEE Transactions on*, Vol. 16, No. 1, 2008, pp. 51-61.

Collins, D. J. , Biever, W. J. , Dingus, T. A. , Neale, V. L. , "Development of Human Factors Guidelines for Advanced Traveler Information Systems (ATIS) and Commercial Vehicle Operations (CVO): An Examination of Driver Performance under Reduced Visibility Conditions when Using an In-vehicle Signing and Information System (ISIS)", U. S. Department of Transportation Federal Highway Administration, No. FHWA-RD-99e130, December 1999.

Corbetta, M. , & Shulman, G. L. , "Control of goal-directed and stimulus-driven attention in the brain", *Nature Reviews Neuroscience*, Vol. 3, 2002, pp. 215-229.

Courtney, A. J. , "Chinese population stereotypes for controls to adjust cursors and linear scales", *IIE Transactions*, Vol. 26, No. 3, 1994, pp. 68-76.

Darroch, I. , Goodman, J. , Brewster, S. , & Gray, P. , "The effect of age and font size on reading text on handheld computers", *Proceedings 10 Human-Computer Interaction-INTERACT* 2005: *IFIP TC*13 *International Conference*, Springer Berlin Heidelberg. September 12-16, 2005, pp. 253-266.

Evans, K. K. , "The role of selective attention in cross-modal interactions between auditory and visual features", *Cognition*, Vol. 196, No. 2020, Article 104119.

Evans, K. K. , & Treisman, A. , "Natural cross-modal mappings between visual and auditory features", *Journal of Vision*, Vol. 10, No. 1, 2010, pp. 6-6.

Feng, J. , & Spence, I. , "Attending to large dynamic displays", *CHI'*08 *Extended Abstracts on Human Factors in Computing Systems*, 2008, pp. 2745-2750.

Gaver, W. W. , "The Sonic Finder: An interface that uses auditory icons", *Human-Computer Interaction*, Vol. 4, No. 1, 1989, pp. 67-94.

Hancock, P. A. , & Vasmatzidis, I. , "Effects of heat stress on cognitive performance: the current state of knowledge", *International Journal of Hyperthermia*, Vol. 19, No. 3, 2003, pp. 355-372.

Herring, S. R. , Castillejos, P. , & Hallbeck, M. S. , "User-centered evaluation of handle shape and size and input controls for a neutron detector", *Applied Ergonomics*, Vol. 42, No. 6, 2011, pp. 919-928.

Hietanen, J. K. , Nummenmaa, L. , Nyman, M. J. , et al. , "Automatic attention orienting by social and symbolic cues activates different neural networks: An fMRI study", *NeuroImage*, Vol. 33, 2006, pp. 406-413.

Jacob, R. J. K. , "The use of eye movements in human-computer interaction techniques: what you look at is what you get", *ACM Transactions on Information Systems*, Vol. 9, No. 2, 1991, pp. 152-169.

Janczyk, M. , Xiong, A. , & Proctor, R. W. , "Stimulus-response and response-effect compatibility with touchless gestures and moving action effects", *Human Factors: The Journal of Human Factors and Ergonomics Society*, Vol. 61, No. 8, 2019, pp. 1297-1314.

Khan, A. , Matejka, J. , Fitzmaurice, G. , & Kurtenbach, G. , "Spotlight: directing users' attention on large displays", *Proceedings of the SIGCHI Conference on Human Factors in Computing Systems*, 2005, April, pp. 791-798.

Klapp, S. T. , Greim, D. M. , Mendicino, C. M. , & Koenig, R. S. , "Anatomic and environmental dimensions of stimulus-response compatibility: Implications for theories of memory coding", *Acta Psychologica*, Vol. 43, No. 5, 1979, pp. 367-379.

Kunde, W. , Müsseler, J. , & Heuer, H. , "Spatial compatibility effects with tool use", *Human Factors: The Journal of Human Factors and Ergonomics Society*, Vol. 49, No. 4, 2007, pp. 661-670.

Lin Shih-Loan, & Hsu Shang-Hwa, "The Effect of Display and Controller Compatibility to Distracting Drivers on In-vehicle Computing System", *Doctoral Dissertation*, 2004.

Liu, Y. C. , & Jhuang, J. W. , "Effects of in-vehicle warning information displays with or without spatialcompatibility on driving behaviors and response performance", *Applied ergonomics*, Vol. 43, No. 4, 2012, pp. 679-686.

Majaranta, P., & Bulling, A., "Eye tracking and eye-based human-computer interaction", *Advances in Physiological Computing*, Springer, London, 2014, pp. 39-65.

Michalski, R., "Information presentation compatibility in a simple digital control panel design: eye-tracking study", *International Journal of Occupational Safety and Ergonomics*, Vol. 24, No. 3, 2018, pp. 395-405.

Miniotas, D., Špakov, O., Tugoy, I., et al., "Speech-augmented eye gaze interaction with small closely spaced targets", *Proceedings of the* 2006 *Symposium on Eye Tracking Research and Applications*, New York, 2006, pp. 67-72.

Narborough-Hall, C., "Recommendations for applying colour coding to air traffic control displays", *Displays*, Vol. 6, No. 3, 1985, pp. 131-137.

Ng, A. W., & Chan, A. H., "Tactile symbol matching of different shape patterns: Implications for shape coding of control devices", *Proceedings of the International Multiconference of Engineers and Computer Scientists*, Vol. 2, 2014, pp. 1110 - 1114.

Nikunen, H., Puolakka, M., Rantakallio, A., Korpela, K., & Halonen, L., "Perceived restorativeness and walkway lighting in near-home environments", *Lighting Research & Technology*, Vol. 46, No. 3, 2014, pp. 308-328.

Nirmalee, D., & Ranathunga, L., "Reader Text Highlighter based on Gaze Tracking and Finite State Machine", 18*th International Conference on Advances in ICT for Emerging Regions* (*ICTer*), Colombo, Sri Lanka, 2018, pp. 168-173.

Pan, Y., Ge, X., Ge, L., & Xu, J., "Using eye-controlled highlighting techniques to support both serial and parallel processing in visual search", *Applied Ergonomics*, Vol. 97, 2021, Article 103522.

Pappas, Z., "Dissociating Simon and affordance compatibility effects: Silhouettes and photographs", *Cognition*, Vol. 133, No. 3, 2014, pp. 716-728.

Pavan, K. B. N., Balasubramanyam, A., Patil, A. K., Chethana, B., & Chai, Y. H., "Gazeguide: an eye-gaze-guided active immersive UAV camera", *Applied Sciences*, Vol. 10, No. 5, 2020, Article 1668.

Politis, I., Brewster, S. A., & Pollick, F., "Evaluating multimodal driver displays under varying situational urgency", *Proceedings of the SIGCHI Conference on Human Factors in Computing Systems*, 2014, pp. 4067-4076.

Roto, V., Popescu, A., Koivisto, A., & Vartiainen, E., "Minimap: A web page visualization method for mobile phones", *Proceedings of the SIGCHI Conference on Human Factors in Computing Systems*, 2006, pp. 35–44.

Schilbach, L., Eickhoff, S. B., Cieslik, E. C., et al., "Shall we do this together? Social gaze influences action control in a comparison group, but not in individuals with high-functioning autism", *Autism*, Vol. 16, 2012, pp. 151–162.

Schwartz, G., Wei, S. E., Wang, T. L., Lombardi, S., & Sheikh, Y., "The eyes have it: an integrated eye and face model for photorealistic facial animation", *ACM Transactions on Graphics*, Vol. 39, No. 4, 2020.

Shupp, L., Andrews, C., Dickey-Kurdziolek, M., Yost, B., & North, C., "Shaping the display of the future: The effects of display size and curvature on user performance and insights", *Human-Computer Interaction*, Vol. 24, No. 1 – 2, 2009, pp. 230–272.

Sidenmark, L., & Gellersen, H., "Eye, head and torso coordination during gaze shifts in virtual reality", *ACM Transactions on Computer-Human Interaction (TOCHI)*, Vol. 27, No. 1, 2019, pp. 1–40.

Sindhwani, S., Lutteroth, C., & Weber, G., "ReType: Quick text editing with keyboard and gaze", *Proceedings of the 2019 CHI Conference on Human Factors in Computing Systems*, 2019, pp. 1–13.

Song, X., Chen, J., & Proctor, R. W., "Correspondence effects with torches: Grasping affordance or visual feature asymmetry?" *Quarterly Journal of Experimental Psychology*, 2014 Vol. 67, No. 4, pp. 665–675.

Špakov, O., Majaranta, P., "Enhanced gaze interaction using simple head gestures", *Proceedings of the 14th international conference on ubiquitous computing*, ACM Press, New York, 2012, pp. 705–710.

Stellmach, S., Dachselt, F., "Look and touch: Gaze-supported target acquisition", *Proceedings of the 2012 ACM Annual Conference on Human Factors in Computing Systems*, New York, 2012, pp. 2981–2990.

Strasser, H., "Compatibility as guiding principle for ergonomics work design and preventive occupational health and safety", *Zeitschrift für Arbeitswissenschaft*, Vol. 76, No. 3, 2022, pp. 243–277.

Sutter, E. E., "The brain response interface: communication through visually-induced electrical brain responses", *Journal of Microcomputer Applications*, Vol. 15, No. 1,

1992, pp. 31-45.

Tan, D. S. , Gergle, D. , Scupelli, P. , & Pausch, R. , "Physically large displays improve performance on spatial tasks", *ACM Transactions on Computer-Human Interaction (TOCHI)*, Vol. 13, No. 1, 2006, pp. 71-99.

Tory, M. , Kirkpatrick, A. E. , Atkins, M. S. , et al. , "Visualization task performance with 2D, 3D, and combination displays", *IEEE Transactions on Visualization and Computer Graphics*, Vol. 12, No. 1, 2005, pp. 2-13.

Tsang, S. N. H. , Kang, S. X. , & Chan, A. H. , "Spatial SR compatibility effect with head rotation", *Proceedings of the International Multiconference of Engineers and Computer Scientists*. Vol. 2, 2014, pp. 1115-1119.

Tsang, S. N. , & Chan, A. H. , "Tracking and discrete dual task performance for different visual spatial stimulus-response mappings with focal and ambient vision", *Applied Ergonomics*, Vol. 67, 2018, pp. 39-49.

Vargas, M. L. , & Anderson, S. , "Combining speech and earcons to assist menu navigation", *Proceedings of the 2003 International Conference on Auditory Display*, 2003, pp. 38-41.

Wickens, C. D. , "Aviation displays", *Principles and Practices of Aviation Psychology*, 2003, pp. 147-199.

Wickens, C. , Dempsey, G. , Pringle, A. , Kazansky, L. , & Hutka, S. , "Developing and evaluating an augmented reality interface to assist the joint tactical air controller by applying human performance models", *Proceedings of the Human Factors and Ergonomics Society Annual Meeting*, Sage CA: Los Angeles, CA: SAGE Publications. 2018, Vol. 62, No. 1, pp. 686-690

Wobbrock, J. O. , Rubinstein, J. , Sawyer, M. W. , & Duchowski, A. T. , "Longitudinal Evaluation of Discrete Consecutive Gaze Gestures for Text Entry", *Proceedings of the 2008 Symposium on Eye Tracking Research & Applications*, 2008, pp. 11-18.

Yan, X. , Zhang, Y. , & Ma, L. , "The influence of in-vehicle speech warning timing on drivers' collision avoidance performance at signalized intersections", *Transportation Research Part C: Emerging Technologies*, Vol. 51, 2015, pp. 231-242.

Zhao, L. , Yang, T. , Yu, P. , & Yang, Y. , "An exoskeleton-based master device for dual-arm robot teleoperation", *2020 Chinese Automation Congress (CAC)*, November 2020, pp. 5316-5319.

第十二章　人—环界面中的相容性

人类工效学强调如何设计工具或方法，使得操作更适合操作人员的要求，目的是提高整个系统的效能，以及让操作变得更加舒适和安全。人环界面中的相容性，就是将人与环境中的因素结合起来，通过相容性原理来进行设计，以达到对于行为效率的提升。本章讨论人环系统对于相容效应的应用，主要集中于对于各种空间知识的获取和应用，即关于寻路行为的发生。

第一节　环境空间方位显示设计

人环界面中的相容性，多发生于对于空间知识的获取以及运用的过程中。如何高效地获取空间知识，形成对周围环境的空间结构的构型，一直是人们所研究的重点。在寻路过程中，首先需要了解到自己所处的位置，之后再根据了解的空间知识进行路线的规划。所以本节内容就是关于在环境空间中显示人们所在位置的设计。

一　环境空间方位显示的内容

在讨论方位显示的内容之前，先要介绍一下寻路行为的发生。寻路（wayfinding）行为指的是人与周围环境在空间中的互动行为。在寻路过程中，人们首先需要从环境中获取信息并进行加工。寻路行为受到多种因素的影响，如空间复杂度、环境照度、标志系统设置、方向感和环境熟悉度等。寻路是一个综合性过程，因此影响因素可以分为外部和内部两部分。外部因素涉及空间和标识系统，而内部因素涉及用户行为和个人特征。相容性原则主要在设计外部因素时应用。

空间显示是指通过对各种因素的设计布局，让人们在环境中构建良好的空间认知，并清楚自己所在的位置。为了在环境中构建准确的空间认知并确定位置，人们需要获取空间知识。空间认知的构建受到建筑物与环境的可识别性、线索的形状、颜色、排列、显眼度、形象、背景关系等因素的影响。卡普曼将空间知识分为地标知识（显著参考点）、路径知识（地标按路径顺序排列）和构型知识（找到地标和路径的对应位置）。这三个层次相互关联，形成空间认知的网络结构（Sterling & Carmody，1993）。

环境信息以外部要素的形式提供了一些必要的信息，可以分为原始信息和附加信息两种。当环境缺乏这些必要的信息时，人们将无法充分建构出自身所在空间的概念，进而可能导致认知上的困难，影响到寻路决策，增加了寻路的复杂性。因此，环境标识系统等附加信息的主要功能在于为用户提供额外的辅助信息来源，有助于用户更好地建立空间概念（李睿，2010）。

（一）原始信息（空间信息等）

原始信息是指建筑物或环境的布置，包括建筑物平面图所传达的信息、设施的位置、形状、色彩和空间特征。韦斯曼的研究发现，首先是平面构型对建筑内寻路影响最大，其次是空间地标和空间差异，最后是标识和房间号码。帕西尼总结了四种基本平面布局形式，它们包括线形流线系统、中心形流线系统、复合型流线系统和网络形流线系统。不同的布局方式会引发不同的行为模式和寻路策略。流线系统与环境之间的关系可以分为反映组织原则和未反映组织原则。未反映组织原则的流线系统相对较为随机，类似鞋带形状的模式。反映空间组织原则的流线系统则分为几何形式组织方式和几何原则组织方式。此外，建筑的特征，如出入口、水平路径特征和垂直交通系统，也对寻路产生影响。在建筑设计中，必须通过组织各种原始信息来传达信息，即使可能存在信息的重复，但多种方式传达相同信息是确保使用者获得最佳信息的方式。

总结而言，原始信息是指建筑空间本身所包含的各种信息，例如空间形态等要素。这些信息在寻路方面具有重要的影响，因此建筑师应该认真考虑它们，并从原始信息中提炼出有助于解决寻路问题的设计模式，这被视为解决寻路难题的首要方法。

（二）附加信息（标识系统等）

附加信息是指附加于建筑的设备，如标识、广告牌和装饰物等，用于引导使用者辨认方向或选择路径。其中，标识最直接地影响着我们的寻路过程。标识是一种应用于认知环境的指示性标记，它提供了人们在寻路过程中所需的信息，帮助人们解决迷失方向和路径决策复杂的难题。根据其功能和信息性质，标识可分为识别性、引导性、方位性、说明性、管制性和装饰性标识。一个设计良好的标识应该能够快速清晰地传达信息。标识应该多在人们需要做决策的地方出现，比如岔路口，以提醒用户所处的空间位置以及如何到达目的地。一个完整有层次并且将固定和灵活元素结合的标识系统对空间定向和寻路大有帮助，因此标识的设计与安置应当引起充分的重视。

标识系统在寻路中具有重要作用，有时甚至是成功寻路的关键因素。尤其是在空间差异不明显或建筑没有显著空间特征的情况下，标识系统更加重要。因此，将相容性原则运用到标识的设计上，如让标识内容与标识外观相容，让标识位置与标识所处的空间环境相容等，都能对人们理解位置有很大的帮助。好的标识可以让人更快、更简单地掌握自己所处位置的信息，以及掌握整个空间布局的信息。而如何设计一个好的标识，就是我们接下来要探讨的内容。

二　环境空间方位显示中的标识系统

（一）标识的定义

标识系统是帮助使用者寻路的一个重要因素，它是除建筑空间本身特征外的一种重要后加信息。标识的设置有助于用户理解环境和信息，因此可以有效提高人们在建筑空间的寻路效率，提升寻路体验。除此之外，在地下公共空间等特殊的空间形态中，由于难以感知空间的外部轮廓和形态特征，明确有效的标识系统对寻路过程尤为必要（高英林，2007）。

标识的作用是传达寻路信息，并通过指示信息引导人们行动。标识的设置对应了寻路过程中的两个关键问题，即"where"（我在哪儿）和"how"（如何到达目的地）。标识可以是符号、信号、记号等多种形式。广义上，地域性标志的建筑物、树木等都属于标识。而且标识不局限于视觉，一些利用听觉、嗅觉、触觉等感官传达信息的标志也可被视为标识。然而，不同感官对于信息的敏感度以及准确度是不同的，并且在空间定位的过程中，视觉和听觉是主要的信息来源，其中，视觉更是占据主导地位。因此，基于视觉的标识也起主导作用。标识不仅是事物的内容和性质的代表，而且是容易被辨认的图像，是传达信息和情报、帮助人们理解和采取行动的媒介。它们最为显著的特点是具有形象化和符号化的特性（曹小曙、李强，2008）。

（二）标识的分类

为了满足不同的研究和设计需要，标识可根据不同的标准进行多种分类。通用的分类方法是根据标识系统所提供的功能和信息性质将其分为六种类型：识别性标识、引导性标识、方位性标识、说明性标识、管制性标识和装饰性标识。

（三）标识的发展

随着时代的不断发展，标识系统也在不断进化，新技术在寻路领域不断涌现。例如，随着电子计算机技术的不断更新，感应式的寻路机和导览设备也随之出现。这些新型的标识系统能够以较小的空间占用提供更加丰富的信息，包括地铁线路、周边建筑等。这些技术上的创新为标识系统带来了有益的改进。在传统标识领域，理论研究的进展推动了许多新方法在实际寻路中的应用。这包括色彩编码以及通过除视觉之外的方式（如听觉、触觉和动力学设计方法）提供冗余的寻路信息。这些探索的目标是创造出适应各种人群使用的空间环境，符合通用设计的理念（马玥，2008）。

在寻路设计领域，高新科技扮演越来越重要的角色。新一代计算机设施能够辅助人们确定最适合他们的路径，并将这些路径转化为地图，从而最终找到正确的目的地。通过电脑管理寻路的标识信息，管理者能够更迅速、全面地更新标识系统，这也代表着标识系统未来的一个可能的发展方向。

三 环境空间显示的设计原则

（一）空间相容原则

空间相容原则是指在设计和布置环境元素时，应使其与周围环境相符合，以实现信息的有效传递和使用者的良好体验。它强调了环境元素与使用者的认知和期望的一致性，使使用者能够轻松地理解和适应环境。空间相容原则包括：方向性相容、符号相容、语言相容和文化相容等。最初，空间相容原则并不用于空间领域，而是用于对地图的设计。研究发现，当人们的肢体坐标系、地图的坐标系和通常的南北坐标系相统一时，人们对地图的识图效率最高，他们也能够更轻松地认知周围的方位（Janet & Maron，2002）。但如果位置关系被错误地表述，例如旋转了地图的南北绘制，人们通常会旋转地图来修正偏差，以获得正确的空间关系。

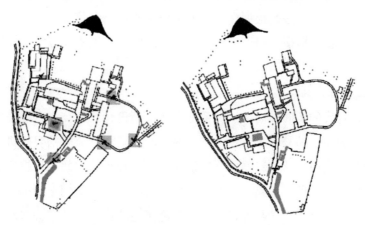

图 12-1 地图空间相容原则示例（Downs & Stea，1973）

这一原理通常应用于标识系统的地图制作，是地图制作的重要原则。一个符合空间相容性并经过方向调整的地图在寻路效率上远远优于未经方向偏差修正或指示方向与环境方向不符的地图。因此，在标识系统和地图研究中，可以借助空间相容性原则来评估现有地图设置的效率和合理性。随着时间的推移，空间相容原则逐渐应用于其他领域，如城市规划、建筑设计、导航系统等。它在这些领域中的应用旨在提高环境的可理解性、可用性和用户体验，使人们更轻松、高效地与环境进行交互和导航。

（二）标识的设置原则

标识系统设计涉及两个主要方面：标识自身的设计因素和标识系统在空间中的设置因素。标识自身的设计因素主要考虑形式设计，包括视觉距离、标识大小与视觉距离比、反差与颜色、标识色彩编码和形状以及标识色彩的应用规则（郭建，2003）。同时，良好的空间照度环境也是标识系统发挥作用的必要因素和前提。关于标识系统的设置因素，罗马迪·帕西尼（Romedi Passini）在其著作中提到了详细的阐述。标识应设置在人们需要做寻路决策的地方，通常是交叉路口和十字路口等地点。此外，根据观察实际寻路案例得出的结论是，在较长的距离段落中缺乏标识系统时，人们往往会产生停顿，对目的地的方向感不确定。因此，如果在较远的距离段落中没有标识，交通管理部门应考虑在中间每隔一定距离设置指向目的地的标识，以增强使用者在寻路过程中的自信心（廖彩凤、李英，2003）。

（三）色彩编码理论

色彩编码是通过不同的颜色来区分不同的物体，以帮助使用者快速找到目标。在寻路过程中，色彩编码应用旨在提供清晰、直观和易于理解的信息，帮助使用者快速准确地找到正确的路径和目的地。如在地铁领域，色彩编码已被广泛应用，通过不同的颜色表示不同的地铁线路，人们通常用颜色来代表地铁线路，称地铁线为红线或绿线等。

适度采用色彩编码可以帮助使用者区分不同的目的地。然而，色彩编码使用如果过于复杂，就会失去效果，因为大多数人难以记住许多色彩所代表的不同目的地，或者容易混淆。因此，设计中使用色彩编码需要具有明显的标识性，并遵循适度的原则。

第二节 环境空间标识指向性设计

了解了在空间中如何定位以后，接下来我们就要讨论如何确定路线。我们需要进一步获取更重要的空间知识，所以此时标识的指向就非常重要。

一 指向性设计的定义

标识系统中的指向性设计是指通过各种标识元素和视觉手段来引导人们朝特定方向前进或选择正确路径的设计。这种设计旨在提供明确而直观的导向信息，使使用者能够快速、准确地找到他们想要到达的地点或目的地。指向性设计可以包括各种视觉元素，例如箭头、方向指示、路线标示、地图图示等，以及其他非视觉元素，例如声音、振动、触觉等。这些设计元素通常与标识系统的整体布局和环境结合在一起，以便在空间中清晰地传达目标位置和路径信息（沈俊君，2016）。

在标识系统中，指向性设计需要考虑使用者的认知和感知能力，以确保设计元素能够被准确地理解和解读。因此，设计师需要考虑使用者的视觉识别能力、空间方向感、触觉反馈等因素，并结合环境特点和用户需求，选择合适的设计元素和布局方式来实现有效的指向性设计。标识导向的定义就是指通过图形、文字等方式对空间和信息环境进行编码，以实现导向功能。它通过提供编码信息来帮助陌生访客解读导向系统，并筛选出对自身有用的信息，从而最终到达目的地。在寻路过程中，标识导向作为编码信息的载体不仅提供用户空间信息，还起到参照导向的作用。此外，标识导向还具有重要的信息交互功能。设计师在进行标识导向设计时需要考虑标识导向布局与空间布局的相容性，并关注其作为信息载体的承载性。合理的标识导向承载的编码信息在信息交互过程中起着重要的作用。

标识导向设计的目的是使人们能更方便地解读环境和空间信息。其核心是建立符合人类对空间环境信息解读行为习惯的设计体系。因此，在标识导向设计中，与空间的相容性设计尤为重要，相容性设计更符合人脑的认知方式，使空间信息能准确地传达到大脑中形成相应的空间位置地图。

二 指向性设计方法研究

指向性设计方法研究的目标是建立符合大脑空间定位系统的标识导向设计，以帮助人们更好地理解和认知空间环境。当空间环境的设计与大脑的空间认知原理相符合时，标识导向设计可以提供准确的空间定位和导向，使人们在空间中能够清晰地理解自己的位置和方向。相反，如果空间环境设计与空间认知相矛盾，人们可能会感到迷失和困惑。

指向性设计方法的研究以大脑空间定位系统为基础，从点到区域再到面和三维概念，通过区分不同区域和建立准确的空间认知来解决认知混乱的问题。这种设计方法以人机交互为角度，提出了前瞻性的设计原则。通过理解大脑的空间定位系统，研究者可以提出以下设计理论和原则，用于指导标识导向设计的实践。

指向性设计方法研究的意义在于通过设计与人脑的空间认知相契合的标识导向系统，提供准确的信息传达和导向功能，帮助人们重新建立对空间环境的认知。这种研究方法的前瞻性和人机交互的角度可以为标识导向设计提供有益的指导，并为未来的设计提出新的理论和原则。

（一）基于认知基础的设计原则

1. 易识别的分区原则

基于生物特性的空间认知理论指出，空间是相对的，可以通过参照物、生物经验和感知来认识。出于这一特征，研究者们提出了设计原则一和设计原则二。这种空间认知以自我为中心，并涵盖了生物感觉和运动系统，因此可以由此引申出设计原则三：易识别的分区原则。

在标识导向设计中，基于生物对空间认知的相对特性，需要建立参照系统，包括横向参考系和纵向参考系。横向参考系用于等级相同区域的分级。在导向设计中解决导向空间范围广、复杂容易迷失方向的问题。可以通过数字、字母、文字划分空间区域，建立横向参考系，缩小导向空间范围。纵向参考系导向高等级区域到低等级区域的分级，并根据用户行为流程进行层级设计。高等级区域是指空间范围较大的区域，低等级区域是指空间范围较小的区域。当然，设计易识别的参考物需考虑受众经验背景和思维习惯。如国人更倾向于形象思维，对图像敏感性高于抽象概念，可使用图形划分横向参考系。又如针对用户教育背景，相较于受过高等教育用户，未受过高等教育的用户接受新概念较困难。因此在导向系统设计中，字母、文字和图形的选择需要充分论证。

2. 易记忆的地标原则

在设计中，可以借鉴脑部认知系统中的"位置细胞"作用，根据位置点的不同功能进行地标设计。地标设计可以分为综合功能地标和普通地标设计。通过在空间中设置综合功能地标和普通地标，可以最大限度地利用公共资源。综合功能地标可以帮助用户快速定位同伴或特定位置，而普通地标则用于在特定区域提供辅助导向。在空间区域规划中，通常会将建筑区域中的功能区域集中在一起，此时需要设计综合功能地标。如果某一区域功能单一，设计普通地标就可以满足需求。导向系统设计要充分结合建筑设计的特点，创造出符合认知中的"点群位置"，从而实现大脑中的认知系统的现实化。

3. 易体验的场景化原则

空间认知是建立在生物感觉和运动系统之上的以自我为中心的认知过程。当生物需要寻找目的地时，问题通常可以简化为两个方面：①确定当前位置，②规划到目的地的最短路径。现有的标识导向系统通常使用平面图和红点来表示用户在空间中的位置，并通过文字标识在图上展示各个方向的可能性，供用户查阅。

然而，标识导向的方位设计应与地图上的"上北下南"方位设计有所不同，应以认知者为中心，根据大脑空间定位系统的原理进行方位设计。地图具有可携带性，用户可以转动地图以找到与空间位置一致的方向。而导向系统固定在空间位置中，无法随身携带或旋转。因此，与地图不同，标识导向设计的方位需要符合认知者的视角，将导向中的"上方"视为认知者的"前方"，"下方"视为"后方"。这样的设计能够更符合人们的认知习惯，使空间信息准确传达到大脑中，形成相应的空间位置地图。

（二）基于寻路原理的设计原则

寻路过程是指个体通过感知空间信息、识别地标和参照物、利用空间记忆和进行路径规划与决策以达到在空间中找到目标地点或选择最佳路径的过程。而寻路原理是对导航和寻路能力的理论描述，用于理解和设计有效的导航系统和标识导向。它是大脑内部活动和外在信息交互的动态过程的理论表现。而这一信息交互过程也需要有相对应的设计原则。

1. 易整合的标准化原则

设计标识导向系统应考虑多种信息编码之间的相容性。设计的标识应考虑多种信息编码之间的相容性，包括听觉、视觉和语义编码。听觉编码应使用符合国家规定的语音信号，并在文字播报时遵循常用字规范中的读音。视觉编码是获取信息的主要方式，现有的标识导向设计通常基于视觉信息编码。视觉编码需要遵循使用标准。标识牌设计中的图标、尺寸应符合国际标准（如 ISO 7001：1993）和国家标准（如 GB/T 10001《标志用公共信息图形符号》）。标准中未涉及的图形图标，应参考现有图形元素进行设计。颜色在标识中的使用应符合情境语义，例如红色表示禁止，黄色表示警示，绿色表示允许。未涉及的图标可以借鉴现有元素进行设计。颜色应符合情境语义，而语义编码需要考虑使用环境的文化背景，以实现标识与语义的相容性。

2. 交互的信息化原则

考虑短时记忆的限制，导向系统设计应注重信息的完整性，以减轻短暂记忆存储的负担。整体的文字和方向信息应逻辑一致，创造一个整体性的标识导向系统。颜色、文字、牌型和功能分级等设计要完整且一致，以帮助短时记忆转化为长时记忆，提升用户的体验感。

三 指向性设计的现状与不足

以前的研究主要关注 GPS 对路径知识、调查知识和城市寻路行为的影响，对 GPS 对地标知识的影响研究较少。然而，地标知识在最基本的知识获取层面上非常重要，人们需要了解居住地点和地方的关键信息（Gale et al.，1990；Westerbeek & Maes，2013）。具备了地标知识，人们能够自信地确定物体的存在，并在它们进入感知领域时能够识别出来。地标知识在GPS 研究中被忽视，甚至在历史上对地标作为空间知识组成部分的重要性的研究也很有限（An et al.，2019；Allen，1981；Gale et al.，1990；Stern & Leiser，1988；Westerbeek & Maes，2013）。

我国正在逐步加深对标识导向设计系统的研究，相比于发达国家在 20世纪 80 年代对该领域的重视，我们的研究起步较晚。美国和日本已经出版了关于交通导向标识设计系统和标识导向系统的专业书籍。各国设计师正在努力统一标识导向系统中的常用符号，并致力于建立全球范围内的统一导向符号，这表明标识导向设计和研究在国际社会中具有重要的研究价值。我国通过改革开放逐渐意识到标识导向在城市公共环境设计中的重要性，并引进相关理论和方法。例如，张跃腾在2013年通过上海虹桥综合交通枢纽标识导向系统设计，将标识导向系统应用于大型停车场中。然而，现有的标识导向设计还未充分结合生理学基础研究理论和设计实践。约翰·欧基夫、迈-布里特·莫泽和爱德华·莫泽在2014年凭借发现大脑中定位细胞的研究获得了诺贝尔生理学或医学奖。他们的研究发现，海马体中的位置细胞和网格细胞共同形成了大脑的定位系统（brain positioning system，BPS），为人们理解记忆、思维和计划等大脑认知功能提供了新的视角。海马体在参与记忆的编码和提取方面起着重要作用，而新的神经细胞则加强了对空间定位记忆的加深和加强。记忆的形成被认为是一个缓慢的过程，但只要了解记忆的原理并掌握其规律，就有可能快速高效地形成记忆。因此，将设计与生理学基础相结合是未来研究的一个有潜力的方向。

第三节　环境空间相对位置的导航设计

一　导航设计的定义与作用

寻路是一项复杂的任务，特别是在陌生的环境中。它需要行人了解自己的位置，通过移动来维持正确的方向，识别目的地，并避免迷路（Farr et al.，2012）。为了完成这些任务，行人可以依赖外部导航工具，例如地图、标志物和语音指示。人们对更加高效的导航工具的需求在不断增长。然而，使用这些导航工具牵涉到不同的认知过程（Wiener et al.，2009），而这通常会增加用户在空间中的焦虑感。例如，阅读地图需要通过心理旋转将地图与周围环境进行匹配，以辨识地图上的平面对象（Lobben，2007）。在复杂的空间环境中，这一过程会变得更为复杂，从而影响到寻路的绩效。同样，标志牌是一种典型的静态寻路方法，但理解它们通常需要较长的时间。标志牌的可用性很大程度上取决于它们的位置、文字和设计的清晰度，以及图标的复杂程度（Lobben，1992）。

人类会通过各种方式来获得与自身环境相关的空间知识，并将其存储在大脑中，以便需要时使用（Ahmadpoor & Heath，2018）。因此，空间知识的获取和使用对人类的生活至关重要。寻路行为是获取空间知识的典型行为。它涉及连续的认知处理和路径选择，不断评估空间决策与外部环境之间的差异，最终导向目的地。寻路包括多个认知过程，包括感知环境信息，在记忆中建立和维持空间表征，以及利用这些表征进行导航（Coluccia et al.，2007）。

个体在导航的过程中，通过在环境中移动获得空间知识，而在新的环境中，这种空间知识会随着时间的推移而发展。理论和实证研究表明，空间知识的发展过程包括三个阶段：从地标性知识的初始阶段，到路线知识阶段，再到整体知识的最后阶段（Siegel & White，1975；Gale et al.，1990；Thorndyke & Hayes-Roth，1982；Ishikawa & Montello 2006；Spiers & Maguire，2008）。地标性知识是指对物理环境中突出的、可识别的物体的知识。路线知识涉及理解如何通过一系列地标和相关决策在两个地点之间移动。同时，整体知识的最后阶段是指环境的布局以及布局中突出元素之间的相互关系。

空间环境特征和标志物元素对寻路过程中的决策点起着重要的作用，并对导航结果产生影响（An et al.，2019）。这些决策点指的是行人在寻路过程中停下来确认方向、感知周围环境并选择通向目的地的路径的关键位置。这些决策点不仅可能出现在路径的交叉点或转折点，还可能在可能引起困惑的任何地方出现。通常情况下，决策点的增加会增加寻路的复杂性。Eaton（1991）指出，决策点的数量与环境信息的有效性、个体与环境的相互作用以及个体的导航能力密切相关。Montello 等人（2006）总结了影响寻路行为的四个主要因素，包括空间特征差异、视觉可达性、路径复杂性和导航标志。

纸质地图作为一种古老的导航工具，被用于获取空间知识、定位和导航到不同地点。尽管现代导航技术如 GPS 迅速普及，但许多研究强调地图仍然具有不可替代的重要性。此外，地图的展示方式一直是城市规划、景点设置、交通枢纽导向系统以及驾驶导航系统等领域研究的重点。即使在现代，纸质地图仍然在寻路方面具有许多优势。它允许使用者自定义路径、找到捷径和替代路线；在漫游时没有特定目的地的情况下，它还可以帮助保持方向。地图以抽象的形式呈现空间环境，与认知地图的形式非常相似，因此地图可以帮助个体对环境进行整体理解，形成概览知识（Ahmadpoor & Shahab，2019）。与电子地图所提供的具体路线指示相比，概览知识有助于个体更好地理解空间环境（Aslan，Schwalm & Baus，2006）。概览知识的重要性在于它具备容错性，使行人能够迅速从寻路错误中恢复并找到替代路径（Lawton，1994）。

地图显示方式分为两种：北向上（North-up）方式和前向上（Track-up）方式。北向上方式是地图的上方始终表示北方，而前向上方式则表示读者当前所朝向的方向。目前关于这两种显示方式的优劣的研究并没有得到统一的结论（An et al.，2019）。

在导航和寻路过程中，人们首先需要确定自己目前所处的位置，即将自身所在的物理空间与地图上的符号进行匹配。YAH（You Are Here）地图在这方面起到了重要作用，它标示了读者当前的位置从而降低了他们的认知负担。因此，YAH 地图被广泛应用于旅游景区，作为导游指示图和各类公共场所的导航图。然而，YAH 地图作为导航工具仍存在一些问题。在交叉路口处，YAH 地图容易使读者产生方向判断困难问题，因为当前位置标示在图上没有方向性，导致读者无法确定自己处于相交叉的两条路中的哪一条路旁边，也无法确定自己的朝向，必须通过复杂的地图对照或回忆周围环境来确定。因此，我们认为在 YAH 地图中增加读者当前朝向信息将会显著提高其导航性能。

阅读纸质地图并将概览知识应用于周围环境并不是一项容易的任务。其中主要的挑战在于地图上的空间信息必须与实际环境相匹配，才能被正确理解和应用，这被称为"第一人称视角匹配效应"。通常情况下，地图采用北朝上的方向以与学习者的心理表征保持一致，有助于更准确地提取空间信息（Levin，1982）。然而，研究表明，理解地图、周围环境和自身之间的关系并不简单，特别是对于儿童和老年人而言（Liben，2002）。使用地图涉及两种参照框架的一致性：自我中心和环境中心。自我中心对应前向视角，而环境中心涉及确认地图上的自身位置，心理旋转在实现这两个参照框架一致性的过程中起着关键作用。当地图的视角与前向视角不匹配时，心理旋转变得困难，导致地图理解困难（Aretz，1992）。成功的寻路关键在于个体是否能够高效获取空间知识，这涉及对空间信息的表征。在这方面，导航工具的使用在促进高效的寻路和学习空间知识方面发挥着重要作用。

随着全球导航卫星系统和各种移动设备的发展，电子地图也得到了相应的发展。如今，配备 GPS 接收器的设备已成为移动导航的有力工具。随着设备便携性的增加，用于定位和导航的移动应用程序越来越受欢迎。前向上的电子地图由于能够根据行人的朝向显示正确的导航方向而得到广泛应用（刘儒德、程铁刚、牟书，2007）。然而，大多数电子地图导航对行人并不适用，特别是在陌生的城市地区旅行时。其中一个主要原因是行人定位和导航活动的特殊性以及对信息的特殊需求难以得到满足（Reichenbacher，2004）。例如，研究发现电子地图的复杂背景会显著降低前向上地图的效果，即出现地标效应（Tamura et al.，2010）。研究还指出，北向上地图有助于路径规划、路径学习、空间交流和认知地图形成，而前向上地图有助于决策、导航和相对位置判断（Li，2006）。然而，Henriksen 等人（2015）的研究表明，北向上地图和前向上地图在寻路表现上没有显著差异。

总之，地图显示方式的选择对于导航和寻路过程具有重要影响。YAH 地图标示读者当前位置的特点，方便了使用，但在交叉路口处容易造成方向判断困难。阅读纸质地图并将概览知识应用于周围环境需要解决第一视角匹配效应的问题。电子地图的发展为移动导航提供了便利，但仍需解决行人定位和导航的特殊性以及信息需求的问题。对于最佳的地图显示方式，目前尚无定论，而 YAH 地图中当前位置标示的方向性也需要更多关注。进一步研究将有助于改进地图显示方式，提高导航和寻路的效果。

二 导航设计研究的现状

行为是导航模型的"外部"维度，可以被环境中的其他人观察到（如人们转向、停止、环顾四周等）。环境知识和调查知识是导航模型的"内部"维度，虽然不可观察，但却控制着导航行为。通过分析 GPS 用户在城市环境中的行为，不同的研究已经检验了基于 GPS 的导航系统的有效性。事实上，不同的研究项目已经分析了导航行为的各个方面，如旅行距离、旅行时间、停留的次数、成功达到预期目的地的次数、方向错误等（Reilly et al.，2006；Ishikawa et al.，2008；Field et al.，2011；Jung & Bell，2014；Ishikawa，2016；Hergan & Umek，2016）。

近年来，电子地图研究引入了虚拟现实和增强现实等新技术，受到了广泛关注。增强现实技术能够将虚拟信息与现实信息融合，提供更自然的人与环境、地图的交互方式（侯晓宁，2017）。虽然对于 AR 技术的改进研究较多，但从用户的视角探讨 AR 地图导航对空间知识获取的影响的研究相对较少。尤其是 AR 地图导航与传统的二维电子地图导航之间的差异，以及如何改进 AR 地图导航以帮助个体获取空间知识，目前还没有明确的结论。

随着移动增强现实（AR）应用程序的普及，研究人员发现 AR 导航工具在空间认知领域的实证研究变得越来越重要。因此，研究不同 AR 导航显示方式对个体寻路和空间知识获取的影响，以及如何优化设计 AR 导航显示方式，使个体能够更好地利用这一工具进行空间知识表征，并提高导航绩效等问题具有重要的研究价值。

三 导航设计的局限与不足

自从寻路问题被提出以来，关于影响寻路行为的外部和内部因素的研究一直在不断进行，特别是导航设备的发展对寻路行为的成功产生了重要影响，并影响了个体空间知识的获取。然而，一些研究发现使用移动导航设备与空间知识获取之间存在明显的负相关性（Speake，Axon，2012；Parush，Ahuvia & Erev，2007）。因此，"不同导航显示方式如何影响导航效率和空间知识的不同成分"以及"如何在不影响导航效率的前提下改进现有导航显示方式以帮助空间知识的获取"是需要进一步解决的问题。电子地图面临的另一个问题是移动设备屏幕尺寸的限制。移动设备的屏幕尺寸往往较小，而小屏幕显示地图往往会导致空间知识的碎片化，占用更多的认知资源（Burigat & Chittaro，2011）。对于北向上的地图，前面提到的调整效应仍然存在，这意味着将二维电子地图与当前环境匹配会增加较大的认知负荷。即使使用更逼真的三维地图，也没有带来明显的改进。此外，移动导航受到环境变化、用户多样性、用户偏好和空间能力的影响。许多研究关注使用导航工具进行寻路时的空间知识获取情况，特别是比较传统纸质地图和基于 GPS 的电子地图导航之间的差异，结果发现电子地图对空间表征的形成产生了负面影响，即电子地图导航不能有效帮助行人获取空间知识。

Münzer 等人（2006）进行了电子地图和纸质地图导航的两组受试者的空间知识比较研究。结果表明，使用电子地图导航的组表现出较差的概览知识，较好的路线知识；而使用纸质地图的组则表现出更好的概览知识和几乎完美的路线知识。他们指出，电子地图导航不需要用户编码、转化和记忆空间信息，因此导致他们的空间知识较差。Krüger 等人（2004）研究了移动电子导航系统对行人获取路线和概览知识的影响，结果发现使用移动电子地图导航的个体无法建立完整的概览知识。在另一项研究中，Krüger 等人（2004）采用草图绘制作为空间知识获取的测量方法，比较了基于 GPS 的电子地图、纸质地图和现场游览对空间知识获取的影响。通过计算每位受试者正确绘制所有转弯的数量，研究发现电子地图组的草图精度最低。Willis 等人（2009）指出，使用移动电子地图导航的受试者绘制的草图不够准确，且概览知识也较差。他们还发现，电子地图组很难准确估计走过的距离或所经过的地标的大致方向。Ahmadpoor 等人发现，与现场游览组相比，使用电子地图导航的组具有较差的地标知识。此外，他们还证明无论是否提供一系列顺序转弯指示，都改变了行人对环境的关注方式。这些转向指示使得行人被动跟随行动，几乎无须关注周围环境，从而妨碍了对周围环境的空间知识获取，最终导致了空间知识和位置定位的不佳（Raubal et al.，2002）。因此，研究者认为设计更好的导航显示方式是提高空间知识获取的关键。

综上所述，虽然电子地图和移动导航设备在寻路和导航方面带来了便利，但其使用也存在一些问题。研究发现使用移动导航设备与空间知识获取的损害之间存在相关性。此外，小屏幕尺寸、电子地图导航方式的局限性以及转向指示对环境关注的影响也限制了空间知识的获取。因此，进一步研究不同导航显示方式对导航效率和空间知识获取的影响，以及如何改进现有的导航显示方式以促进空间知识的获取具有重要的研究价值。

本章小结

1. 人环系统的相容性多用于对于空间知识的获取和应用方面，具体就是在寻路方面有重要的用处。细化下来，它可以在空间定位显示、标识指导以及导航三方面使得人们能更高效和舒服地了解和掌握空间的相关内容。

2. 在寻路过程中对于相容性的原理的使用，使得各种标识系统和导航系统有了更多可以遵循的设计原则。这在很大程度上提高了人们对于空间的认知效率，最后对于寻路和导航过程都有很大的帮助。

2. 空间显示指通过对各种因素的设计布局，让人们在环境中构建良好的空间认知，并清楚自己所在的位置。

3. 环境信息作为外部因素可以分为原始信息和后加信息。原始信息指建筑空间自身具备的信息，包括空间形态等要素。后加信息是附加在建筑上的设备，用于协助引导使用者辨认方向或选择路径，例如标识、广告、装饰物、临时展台等。其中，标识对于寻路具有直接影响。

4. 标识是应用于认知环境的指示性记号。根据其提供的功能和信息性质，标识可以分为识别性标识、引导性标识、方位性标识、说明性标识、管制性标识和装饰性标识六种类型。

5. 对于标识的设计，有以下原则需要考虑：（1）易识别的分区原则，确保标识在环境中容易被识别和辨认；（2）易记忆的地标原则，使标识具备易于记忆的特点；（3）易体验的场景化原则，将标识与环境场景相融合，使用户能够更好地理解和体验；（4）易整合的标准化原则，采用标准化的设计和统一的符号系统，提高标识的一致性和可理解性；（5）交互的信息化原则，利用交互技术和信息化手段，使标识能够更好地与用户进行沟通和交互。这些设计原则的使用是复杂的，并且需要根据不同的场景进行恰当的应用，以提高用户的体验感。

6. 广义的导航涉及任何关于位置和方向的确定和移动的过程。导航是一种高负荷的认知过程，所以人们经常会借助一些外部工具来辅助导航，比如从纸质地图到现在的电子地图，以及正在发展的 AR 地图等。

7. 关于相容性与人环系统的结合仍有待深入研究，比如对于生理学基础与相关寻路导航过程结合，探究人脑的认知方式等。

参考文献

曹小曙、林强：《世界城市地铁发展历程与规律》，《地理学报》2008 年第 12 期。

廖彩凤、李英：《轨道交通静安寺枢纽站换乘方案研究》，《地下工程与隧道》2003 年第 3 期。

马玥：《对上海地铁车站独立出入口形式的思考》，《地下工程与隧道》2008 年第 3 期。

郭建：《轨道交通高架车站的站厅形式初探》，《地下工程与隧道》2003 年第 2 期。

高英林：《世纪大道 4 线换乘站的结构设计》，《地下工程与隧道》2007 年第 1 期。

侯晓宁：《增强现实电子地图的表达研究》，硕士学位论文，解放军信息工程大学，2017 年。

刘儒德、程铁刚、牟书：《电子地图导航中用户空间定向认知过程机制的研究》，《心理与行为研究》2007 年第 3 期。

李睿：《上海地铁站空间的寻路研究》，硕士学位论文，上海交通大学，2010 年。

牟书、刘儒德、舒华、程铁刚：《可旋转地图和固定地图的定位效率研究》，《应用心理学》2005 年第 1 期。

彭超：《城市公园标识导向系统研究——以长沙市烈士公园为例》，硕士学位论文，湖南农业大学，2012 年。

沈俊君：《基于大脑空间定位系统的标识导向研究与优化设计》，硕士学位论文，东华大学，2016 年。

王丽华：《地铁车站建筑设计初探》，《北方交通》2008 年第 2 期。

张跃腾：《大型停车场标识导向系统设计研究》，硕士学位论文，东华大学，2014 年。

Ahmadpoor N. , &Shahab S. , "Spatial knowledge acquisition in the process of navigation: A review", *Current Urban Studies*, Vol. 7, 2019, pp. 1−19.

Ahmadpoor, N. , & Heath, T. , *Data, Architecture and the Experience of Place*, London: Routledge, 2018, pp. 1−25.

Allen, G. L. , "A developmental perspective on the effects of 'subdividing' icrospatial experience", *Journal of Experimental Psychology: Human Learning and Memory*, Vol. 7, No2, 1981, pp. 120−132.

Allen, G. L. , *Applied Spatial Cognition: From Research to Cognitive Technology*, London: Routledge, 2007.

An, D. , Ye, J. , & Ding, W. , *HCI in Mobility, Transport, and Automotive Systems*, New York: Springer International Publishing, 2007.

Aretz, A. J. , Wickens. C. D. , "The mental rotation of map displays", *Human Performance*, Vol. 5, No. 4, pp. 303−328.

Arthur, P. L. , & Passini, R. , *Wayfinding: People, Signs, and Architecture*, Ontario: Focus Strategic Communications, 1992.

Aslan, I. , Schwalm, M. , Baus, J. , Krüger, A. , Schwartz, T. , "Acquisition of spatial knowledge in location aware mobile pedestrian navigation systems", paper delivered to *Proceedings of the 8th conference on Human-computer interaction with mobile devices and services*, Helsinki, Finland, September 12−15, 2006, pp. 105−108.

Speake, J. , & Axon, S. , " 'I Never Use "Maps" Anymore': Engaging with Sat Nay Technologies and the Implications for Cartographic Literacy and Spatial Awareness", *The Cartographic Journal*, Vol. 49, No. 2, 2012, pp. 326−336.

Burigat, S. , Chittaro, L. , "Visualizing references to off-screen content on mobile devices: A comparison of Arrows, Wedge, and Overview+Detail", *Interacting with Computers*, Vol. 23, No. 2, 2011, pp. 156−166.

Carpman, J. R. , & Grant, M. A. , *Handbook of Environmental Psychology*, New Jersey: Wiley, 2002. pp. 427−442.

Coluccia, E. , Bosco, A. , & Brandimonte, M. A. , "The role of visuo-spatial working memory in map learning: New findings from a map drawing paradigm", *Psychological Research*, Vol. 71, No. 3, 2007, pp. 359−372.

Eaton, G. , "Wayfinding in the Library: Book Searches and Route Uncertainty", *RQ*,

Vol. 30, No. 4, 1991, pp. 519-527.

Farr, A. C., Kleinschmidt, T., Yarlagadda, P., & Mengersen, K., "Wayfinding: A simple concept, a complex process", *Transport Reviews*, Vol. 32, No. 6, 2012, pp. 715-749.

Gale, N., Golledge, R. G., Pellegrino, J. W., & Doherty, S., "The acquisition and integration of route knowledge in an unfamiliar neighborhood", *Journal of Environmental Psychology*, Vol. 10, No. 1, 1990, pp. 3-25.

Henriksen, S., & Midtbø, T., *Cartography-Maps Connecting the World*, Springer, Cham, 2015, pp. 75-88.

Krüger, A., Aslan, I., & Zimmer, H., *Mobile Human-Computer Interaction—Mobile HCI*, Springer, 2004, pp. 446-450.

Lawton, C. A., "Gender differences in way-finding strategies: Relationship to spatial ability and spatial anxiety", *Sex Roles*, Vol. 30, No. 11, 1994, pp. 765-779.

Levine, M., "You-are-here maps: Psychological considerations", *Environment and Behavior*, Vol. 14, No2, 1982, pp. 221-237.

Li, H., Zhang, Y., Wu, C., & Mei, D., "Effects of Field Dependence-Independence and Frame of Reference on Navigation Performance Using Multi-dimensional Electronic Maps", *Personality and Individual Differences*, Vol. 97, 2016, pp. 289-299.

Liben, L. S., Kastens, K. A., & Stevenson, L. M., "Real-World Knowledge through Real-World Maps: A Developmental Guide for Navigating the Educational Terrain", *Developmental Review*, Vol. 22, No. 2, pp. 267-322.

Lobben, A., "Tasks, Strategies, and Cognitive Processes Associated with Navigational Map Reading: A Review Perspective", *The Professional Geographer*, Vol. 56, 2004, pp. 270-281.

Montello, D., & Sas, C., *International Encyclopedia of Ergonomics and Human Factors-3 Volume Set*, Florida: CRC Press, 2006, pp. 2051-2056.

Münzer, S., Zimmer, H. D., Schwalm, M., Baus, J., & Aslan, I., "Computer-assisted navigation and the acquisition of route and survey knowledge", *Journal of Environmental Psychology*, Vol. 26, No. 4, 2006, pp. 300-308.

O'Keefe, J., & Nadel, L., *The Hippocampus as a Cognitive Map*, London, Oxford University Press, 1978.

Passini, R. , *Wayfinding in Architecture*, NewYork: Van Nostrand Reinhold, 1984.

Parush, A. , Ahuvia, S. , & Erev, I. , *Spatial Information Theory*, Springer, 2007, pp. 238–254.

Raubal, M. , & Winter, S. , *Geographic Information Science*, Springer, 2002, pp. 243–259.

Reichenbacher T. , *Mobile cartography: Adaptive visualisation of geographic information on mobile devices*, Technische Universität München, 2004.

Sterling, R. , & Carmody, J. , *Underground Space Design*, New York: Van Nostrand Reinhold, 1993.

Tamura, K. , Indurkhya, B. , Shinohara, K. , Tversky, B. , & Leeuwen, C. , "Minimizing Cognitive Load in Map-Based Navigation: The Role of Landmarks", *Advances in Cognitive Science*, Vol. 2, No. 2, 2008, pp. 24–42.

Weisman, J. , "Evaluating architectural legibility—Way-finding in the built environment", *Environment and Behavior*, Vol. 13, 1981, pp. 189–204.

Westerbeek, H. , & Maes, A. , "Route-external and Route-internal Landmarks in Route Descriptions: Effects of Route Length and Map Design", *Applied Cognitive Psychology*, Vol. 27, 2013, pp. 297–305.

Wiener, J. M. , Büchner, S. J. , & Hölscher, C. , "Taxonomy of Human Wayfinding Tasks: A Knowledge-Based Approach", *Spatial Cognition & Computation*, Vol. 9, No. 2, 2009, pp. 152–165.

第十三章　相容性与人因失误

1998 年 E. Hollnagel 做了一项统计，20 世纪 60—90 年代，所有工业事故（包含人因失误的事故）从 20% 扩大到 80% 以上。实际上许多重大事故的发生几乎离不开人的因素。事故的发生不仅会造成财产的损失，还会给人的生命带来伤害，甚至会给生存环境带来巨大的灾难，严重影响社会发展。因此，通过防失误设计等方法，使人与机器的位置关系合理、组合匹配良好、操作与应答形式科学，提高信息的有效性、易读性，是降低和减少人为失误引发的事故损失的关键一环。

第一节　相容性与本能性设计

产品的设计要以人为中心，产品的本能设计可以使产品符合人的天性、人类本能和产品界面、操作的相容，可以有效提升产品的使用效率，有效减少人因失误。本节内容将简要讨论相容性原理在工效学原则中的应用，以及本能设计和本能设计在交互设计中的应用。

一　相容性原理与工效学基本原则

工效学是以人—机—环境系统为对象，研究人的生理、物理和心理特征与工作效率的关系，最终使得系统设计符合人的特点，实现人、机、环境的最佳匹配，获得高效、安全和舒适的人—机—环系统。

根据以往的工效学研究，现已形成用于指导人—机系统设计的基本原则，涉及任务分配、工作流程、人机交互和工作环境设计等方面。这些基本原则和相容性原理之间有着密切的关系，有利于提高系统工作效率和使用者的舒适度及心理满意度。简单来说，系统设计要符合人的身心特征，便于人们获得系统提供的信息，有利于操作者轻松反应。这里我们引用学者刘艳芳、张侃（1999）列举的工效学基本原则和相容性原理之间的关系。

（一）易用性原则与空间刺激—反应相容性

工效学易用性原则讲究在设计产品或界面时，应考虑用户需求和目标，使用户能够轻松、高效地完成任务。当空间刺激与反应相容时，良好的视觉元素和操作方式设计，可以使用户能够直观地理解和准确地使用界面，包括控制器与显示器的位置关系以及控制器运动方向的设置等。功效学易用性原则和空间刺激反应相容性原则在设计中是相辅相成的。

（二）可懂性原则与语义刺激—反应相容性

可懂性原则中产品或界面的设计，应使用清晰简明的语言和符号，使用户能够容易理解和操作。语义刺激—反应相容性注重使用与任务相关的符号和语言，明确语言和行为反应的关系。

在设置页面中，我们使用与常见符号和词汇相协调的简洁明了的图标和标签，以便用户能够快速识别和操作设置选项。例如，对于手机静音设置选项，我们可以使用一个静音图标和"静音"文字标签表示；对于屏幕亮度设置选项，我们可以使用一个太阳图标和"亮度"文字标签表示。

（三）重要性、功能和使用原则与群体模板相容性

因为文化、习俗等原因，大多数人对同一刺激会呈现出相同或相似的反应模式，当产品设计与人们对动作结果的预期相一致时，效率就会大大提高。设计师参考用户群体的需求和习惯，设计出符合大多数用户期望的模板。它强调设计的通用性和适应性，让更多的用户能够轻松上手和使用产品。该原则强调当存在多个信息源、控制器时，它们的位置应考虑它们对实现系统目标的重要性、功能相近和关联性、使用频率和使用顺序。比如，群体模板根据重要程度，从视野或身体的可触及范围由中央向外扩散，将功能相近相关的摆放在一起，按照使用顺序前后或上下或左右排列等。

（四）信息冗余原则与刺激—刺激相容性、反应—反应相容性

刺激—刺激相容性是指刺激不同维度之间的相容性，这种相容性减少

了用户的认知负荷和错误操作的可能性，提高了工作效率，例如电梯按钮的布局与现实楼层的布局相对应。反应—反应相容性是指物理操作或行为的反应与预期的结果之间的关系。例如，车辆方向盘向左转动，车辆向左转弯；方向盘向右转动，车辆则向右转弯，这种相容性减少了误操作的可能性。

信息冗余原则一般在重要信息或重要控制器的设计中使用，考虑从多个维度进行设计，帮助操作者高效识别信号、完成任务。例如设计者对于电梯按钮按顺序排列并注明楼层号码，可以提高刺激—刺激相容性，使用户更容易理解按钮的功能和位置；再比如交通信号灯的编码同时使用颜色和空间位置两个维度等。使用冗余信息进行设计可以提高接收信息的效率，但它的使用设计需考虑刺激之间、反应之间和刺激与反应之间各个维度的相容性。

（五）告警信号与线索相容性

随着数字时代的到来，人机系统的组成日益复杂，人在系统中的角色从操作者转向监控者或监控后操作者。传统的系统告警信息仅仅传递应急事件出现这一单纯信息，忽视了告警信号与用户应对操作之间的一致性。刺激之前呈现线索有利于促进人们完成反应。当告警信号符合线索相容性，并与用户应该采取的行动或决策相匹配时，人机系统就可以减少用户对告警信号的解释负荷，提高用户对告警信号的理解和反应速度。

比如，在汽车驾驶中，当车辆距离前方车辆过近，存在危险时，车辆的碰撞预警系统会发出告警信号来提醒驾驶员。如果告警信号以蜂鸣声的形式发出，驾驶员可能会立即警觉并采取紧急刹车或转向等应对操作。这种告警信号与驾驶员应对操作相容性高，使其能够迅速理解信号的意义，做出有效的反应，比如左右位置或语言提示；相反，如果碰撞预警系统发出的告警信号是一个闪烁的红色灯光，这种告警信号与驾驶员应对操作相容性低，他可能需要额外的认知负荷来解释这个信号的意义，影响了反应速度和效果。

二　相容性与本能设计

Preece（2002）提出在交互设计中，使产品实现"可用性目标"和

"用户体验目标"是最终的目的。交互设计是伴随着产品使用过程中的认知摩擦的激化而产生的（费钎、李世国，2009），心理学家诺曼在他的《设计心理学：情感化设计》一书中提出了对设计3个水平（本能、行为、反思）的划分，认为本能层次的设计源于人类的天生本性；行为层次的设计关注的是功能和实现，包含功能性、易理解性、易用性、感受；反思层次的设计涵盖了更多的领域，与信息、文化以及产品的含义和用途都紧密相关。同一个产品对不同文化下的人的共鸣是存在文化差异的。

本能设计（Intuitive Design）则是利用用户已有的知识和经验，使设计尽可能符合用户的心理模型，使用户能够直观地理解和操作系统或产品的设计。本能设计的目标是降低用户学习和使用新系统时的认知负荷，提供一个直观、自然的用户体验，提高工作效率和用户满意度。例如，在一个软件应用程序中，设计师可以使用常见的图标、按钮和菜单结构，以及符合用户习惯的交互模式，使用户能够直观地理解和使用系统，不需要花费额外的认知努力来理解和学习新系统。本能设计还可以通过合理使用一致性和反馈机制来增强用户的直观感受。例如，设计师可以在系统中使用一致的颜色、字体和图标，以及统一的交互动效，从而使用户能够快速识别和理解界面元素的含义。设计要符合人的本能反应和行为习惯，这样才能避免很多不必要的失误。在我们生活中，依照人们下意识的行为反应进行设计的例子比比皆是。例如，一个非常成功的案例是飞机操作前俯后仰的操作杆，驾驶飞机需要消耗飞行员大量认知资源，最开始飞机操作杆不符合人体工学的设计，导致驾驶员很容易出现失误，改良之后驾驶员向前推操作杆，身体前倾，这时飞机俯冲，驾驶员的身体和飞机状态相互匹配，驾驶员不需要耗费过多认知资源，可以将注意分配在其他事务上，大大提高了飞行的安全性和效率。

从安全的角度来讲，遵循人的心理规律设计产品，可以尽可能地使我们避免不必要的失误，有利于减少我们在操作时的认知负荷，更好地完成任务；从易用性的角度出发，日常生活中的产品符合操作习惯、认知规律，使用起来会更加容易被掌握，易用性更强，更容易被大多数人选择。因此产品的设计通常需要遵循我们的行为本能，而这种本能并不受我们的有意控制，因为有意控制不仅会浪费我们大量的认知资源，造成疲劳和错误，还需要时间成本，大大降低任务的绩效。通常情况下我们的行为本能受到无意识的调节。

（一）无意识行为

生活中有一些深入人心的设计通常是利用了我们的无意识，比如安全通道的箭头指向，遥控器的开关是红色的，电子书模拟我们纸质书的翻页模式等。无意识可以是源于人的天生本能，也可以是后天养成的习惯。遵循无意识的设计通常都能够帮助我们降低思考负担，带来良好的使用体验，减少不必要的错误。

1. **无意识行为概念**

在交互设计中，无意识行为是一个重要的现象，它对于用户体验和设计效果有着深远的影响。在交互设计系统中，设计师非常关注 PACT ，即人、人的行为、产品使用时的场景和支持交互行为的技术（Benyon et al.，2005）。虽然传统意义上的交互行为通常是用户有意识地追求特定目标并进行的操作行为，但在实际使用产品的过程中，人们的很多行为是无意识的。

我们的大部分行为是隐含在我们潜意识中的，许多身体动作都是无意识的，比如被我们称为"小动作"的行为。无意识行为是我们在长期的生活经历中自然而然地流露出的不自觉的行为趋势，受到经验、心理作用、本能反应以及心理和情感的暗示等各种心态的影响（宋颖颖、陈虹，2015）。无意识行为可以分为先天无意识行为和后天无意识行为。如碰到火焰时人的手会迅速收回；遇到危险时，人本能地会身体蜷缩等，这属于先天的无意识行为，是与生俱来的。后天无意识行为则是经验和习惯等环境与互动造成的一些习惯行为、隐形行为等。例如人们在长期使用和接触手机的过程中，会形成一些习惯的行为模式，无须用户进行特别的意识和思考，就像在触摸屏上轻扫或缩放，会产生相应的屏幕内容变化。设计师可以利用无意识的情感，通过调整产品的界面和交互方式，来引发用户的情感驱动，从而增强用户的参与感和满意度。

2. **无意识行为在交互设计中的价值**

无意识行为符合人的本能，是与人们的心智模型高度契合的最自然的行为方式。无意识设计充分体现了以人为本，通过研究无意识行为，将无意识隐喻和行为合理运用到交互设计中，可以提升用户的交互体验（傅婕，2013）。

无意识行为与人们的注意相关，人们的注意力是有限的，在同一时间被注意到的地方是有意识的，其周围则是注意的边缘。因此在注意不到的地方，产品设计如果和人们的无意识行为习惯不相容，就很容易造成失误，严重时还会形成事故；如果相容则会大大提升产品的可用性、易用性，提高产品的安全性和可靠性。

此外，无意识行为与用户的潜在需求密切相关。费钎、李世国（2009）在文章中指出，人的需求有的很容易表达，有的则会隐藏下来不轻易表达，但是会直觉地首先自我解决。明显的需求容易被人们和设计师觉察并解决，比如天气寒冷，需要御寒，就建造房屋和设计衣物，下雨的时候需要挡雨，就做出了伞。但有些需求可以通过人自身来解决和平衡的往往被忽视，通过分析无意识行为，设计师可以识别和满足这些隐含的需求，提升产品的实用性和用户满意度。

无意识行为起源于人的本能，是意识之前的行为。本能水平的交互设计关注意识发生之前，包括了各种感官和心理及行为上的直觉反应和动机，也就是下意识行为背后隐含的需求，通过设计符合人的本能的产品，可以提供愉悦的感官体验，满足用户的基本需求。这种设计不仅关注外形美感，还需要重视直觉上的反应和动机。

3. 直觉化交互

直觉化交互是指具有如下内涵的交互方式：（1）符合直觉化认知特点；（2）符合人的概念模型、无须学习；（3）优化使用注意力；（4）出于自然能力；（5）易形成无意识操作；（6）信息沟通直观高效（费钎、李世国，2009）。

直觉化交互方式是一种注重用户直觉和自然理解的交互方式，以使用户能够直观、无须思考地进行操作和互动。这种交互方式使用户能够凭借自身的感知和经验，快速理解和使用界面，且高度符合人的心理模型。直觉化交互设计的灵感来自知觉心理和生活行为经验，并充分利用了无意识行为的本能属性。一方面，通过观察和研究用户在使用产品时的无意识行为，将其转化为直觉化交互设计的资源，为改进产品的可用性和行为水平提供了有益的参考。另一方面，直觉化交互设计通过回应无意识行为，满足用户的直觉动机，可以通过设计手段来提供无意识行为的愉悦体验。

（二）无意识认知

除了无意识行为会对产品设计产生影响，无意识认知也起着重要的作用，其中一个热门领域就是具身隐喻。

不少学者认为具身是一种隐喻的认知方式（何灿群、吕晨晨，2020）。Richards（1936）认为隐喻实质就是把两个认知上具有关联性的事物放在一起比较理解其相关性。Lakoff（1980）提出了"概念隐喻"的观点，认为具身是人们思维、行为、隐喻构建和理解的基础。它依赖于具身经验，并通过重复体验加深对行为和感觉的认知。这种重复的经验不仅加强了理解，还有助于建立更丰富和深刻的隐喻框架。Lakoff（2012）认为隐喻与身体经验紧密相关，隐喻的意象图式是具身认知结构的体现。研究表明，与隐喻相对应的动作能够提高语义判断准确性，语义与行为的匹配与重复实践的具身经验有关（Kacinik，2014）。隐喻不仅影响个体的行为模式，也促进对物理世界和抽象概念的理解。国外基于神经心理学的实证研究，为隐喻具有认知价值提供了依据，但理论与实践结合方面的研究仍较缺乏。

在国内，孟伟（2007）指出具身认知和隐喻提供了理解人类认知活动的新方案，即"体认世界"。范琪（2014）认为环境与身体的交互产生了意象图式和经验基础，在语义层面，由于身体体验，空间的上下左右和非空间的抽象概念相联系，形成了空间隐喻。隐喻在视觉和形态层面的应用也被郑林欣等（2016）注意到，如利用传统文化中的色彩和图纹的认知经验，红色代表喜庆，云纹代表吉祥，开展具有文化色彩的设计。总之，隐喻与具身紧密相关，利用身体的感知和经验实现具身、共情、感知和体验，从而帮助我们理解抽象概念。

三 本能设计应用实例

现实生活中，相容性本能设计的例子应用很多，例如前文中所说的飞机操作杆的例子。除此之外，现在许多设计也越来越关注相容性本能设计。例如电脑上滑动页面，材料呈现的方式也是由下到上，这和我们翻阅材料的习惯是相匹配的。当用户嫌手机闹铃太吵时，或者因为不想接电话，倾向于把手机用力反扣到桌上，这种焦躁的直觉反应和不愿手机继续响的直觉动机受到关注，这种下意识的本能反应成为在设计中被考虑的潜在需求，扣机熄屏就与之相适应。在玩家玩赛车游戏时，常常在过于激动或战况激烈的情况下，身体跟着操作手柄一起左摇右摆，这种急于要往左往右的愿望也是迫切需要满足的，这些需求本身并不被自己意识到，但往往又通过下意识行为表现出来。这种需求就被 iPhone 洞察到，推出了赛车游戏的直觉化交互方式，设计者将人们操作时不自觉出现的左摇右摆行为直接转化成了新的操作方式，给玩家带来了既新鲜又熟悉的交互体验。触屏交互中的编码价态、手部优势和横向运动影响情感图片的价态评估。

（一）视觉界面

界面相容性减少失误、提高功效的设计很多。比较常见的有由于对左边的刺激进行左边位置的反应效果最好，所以界面中常见左边按钮对应左侧反应。信号出现的空间位置即使是与反应任务无关的因素，也会影响反应的结果，比如在红绿灯的设置中，左拐指示灯在左侧，右拐在右侧。

相容性的应用在各个领域都有涉及。当用户接收到新的短信或通知时，手机界面可以使用醒目的颜色和动画效果来吸引用户的注意，以及使用直观的图标和标签来表示不同的操作和功能。电梯的按钮面板可以使用直观的图标和指示灯来表示各个楼层，以及使用声音提示和触摸反馈来确认用户的操作，提供更好的操作感和安全感。在游戏界面中，本能设计可以通过视觉效果和声音效果来提高用户的沉浸感和操作感，比如使用振动反馈、不同颜色的闪烁等来表示游戏中的警告、奖励等。家电控制面板上的按钮和指示灯可以使用直观的颜色和形状，使用户能够快速理解它们的功能和状态，比如使用绿色表示开启、红色表示关闭等。

善于利用本能设计也可以引导用户行为或改善体验。在电子书或阅读应用的界面中，将左侧页面位置留给目录或书签，而右侧页面位置用于显示正文内容，符合人们阅读的习惯和期望，同时仿真翻页设计也增加了逼真性，充分利用了人们的习惯行为。应用程序、网站或其他界面，通常会有一些主要的操作按钮或菜单项。本能设计可以将这些按钮或菜单项放置在界面的左侧，因为人们更容易用右手操作鼠标或触摸屏，并可以更迅速地找到和点击这些按钮。因为我们的大脑习惯从左到右阅读，所以在网页设计中，关注页面可以放在左侧，而辅助信息或次要功能可以放置在右侧或右上方。但不同文化下，重要内容在前或在后也有一定的影响。同样的情况也体现在广告设计中，如何使人们更容易地注意到引导性信息和空间位置密切相关。上述例子可以发现，左右空间位置在界面设计中可以应用本能设计原则，以更好地满足用户的直觉和期望。通过合理安排左右空间位置，本能设计可以更自然地引导用户的注意力和操作，提供更好的用户体验。

前文已举例说明，良好的维度相容可以提高整个信息加工的效率，简单易懂的语义刺激有利于提升反应，例如对视觉数字刺激而言最相容的反应是对数字的直接命名，其次是对数字的简单加减运算，最不相容的条件是对数字的随机命名。在汽车驾驶领域的界面中，所需要的是明确直白的语音提示或信号，不需要二次加工，更有利于驾驶员对信息的把握。

（二）告警信号

良好的线索可以促进反应的完成。Stoffels（1989）在多重选择任务中研究了刺激信号之前呈现的空间语音线索所产生的影响，发现与刺激的空间位置一致时，语音线索能显著地加快反应。同时线索与刺激或者反应在语义上的一致性，也能显著提高加工效率。因此，人机系统的设计中，告警信号的空间信息和语义特征可以通过一致的方位和内容提高系统效率。在汽车仪表盘中，本能设计可以通过明亮的指示灯和警告声音来提醒驾驶员注意事项，比如低油量、高速行驶等，并采用简单明了的图标和文字显示来帮助驾驶员进行操作。

（三）操作杆

汽车和飞机的操纵任务都具有方向性，汽车和飞机的操纵杆设计通常符合人类的方向性本能。在汽车中，方向盘通常向左转动将车辆转向左侧，向右转动将车辆转向右侧。这是因为人类在步行和日常生活中已经习惯于通过身体倾斜或使用手臂的方式来改变自己的方向是一种与转动门把手或转动物体的常见动作类似的行为本能。同样，在飞机中，飞行员的操纵杆也遵循该原则，在左右运动时改变飞机的滚转方向，飞行员在操纵杆上施加推、拉、倾斜等动作来控制飞机的姿态和飞行路径，这些动作也与人类在日常活动中的一些常见动作相似。

出于方向性和行为本能的考虑，汽车和飞机的操纵杆设计可以与人体自然的动作和直觉相契合，使驾驶员和飞行员更容易理解和控制车辆或飞机的运动。这种设计能够提供更好的人机交互体验，降低驾驶员和飞行员的操作难度，增加操控的舒适性和精确性。而在一项桥式行车操纵器的人机匹配研究中（杨小林，1991），研究者进行一些桥式起重作业方面的事故案例调查，发现除了因行车的安全装置失灵或操作工精力不集中引起的失误，有不少是行车驾驶室的操纵器由于电路接线方式和方向标记混乱，使得正常操作也使行车出现反向动作而造成的。在实际操作中，驾驶员必须通过对手势信号、吊运状态和起落环境进行识别、判断，经大脑思维并由大脑向手指发出动作指令，最后用手操纵控制器。如果控制器的转向标记时而以控制器的手柄胶球为凭，时而又按手柄指尖为准，势必造成操作思维的混乱。

由此我们可以看出产品的本能设计会对产品的使用产生很大的影响，良好的设计可以帮助我们提高产品可用性和用户体验感，减少错误的发生。符合本能的设计已经得到了关注，也需要我们在今后的生产和设计中进一步重视。

第二节　相容性与抑制控制

抑制控制的核心是认知控制，而认知控制主要由额叶和前额叶脑区控制，对人类的许多意志行为负责。因此，抑制控制是心理学的重要研究内容。一项设计如果未能有效遵循相容性原则，就容易导致各种冲突、造成失误甚至发生安全事故。因此我们的抑制控制功能如何发挥作用，避免其中的冲突对系统工效和人因安全产生影响，是系统设计中的一项重要任务。

一　反应抑制

之所以在系统设计中强调相容性原则，最终目的就是通过相容性，达到复杂人机系统的协调，提高任务绩效。那么我们就必须意识到当人们面对冲突和不相容情况时，会有哪些行为和生理神经机制。显而易见，当人们面对不相容的情况时，并不是一定会发生错误，我们的大脑和行为在某种程度上可以抑制冲突反应，这是人类的一种高级认知功能，也就是执行功能中的认知控制。执行功能（Executive function，EF）是指向目标行为的高级认知功能，主要包括抑制控制（抵抗反应的能力）、工作记忆（更新与维持信息的能力）以及认知灵活性（交替备选认知行为的能力）（Miyake et al.，2000；Zelazo，2015）。

认知控制过程的一个关键是抑制控制能力，抑制不必要或不正确的习惯化或优势行为反应。从这里我们可以看出，当我们遇到干扰或冲突时，大脑正是通过这样一种功能，使人们避免错误或者事故发生。抑制是一个较为宽泛的概念，这里的抑制主要是指"维持目标为导向的过程中对其他行为和思想过程的控制"，是认知神经科学中的重要认知功能（Bari & Robbins，2013）。研究者们倾向于将抑制分为两类，即"认知抑制"与"行为抑制"。抑制控制在认知层面表现为冲突抑制（interference inhibition/interference control），在行为层面表现为反应抑制（response inhibition/behavioral inhibition）。

在冲突抑制的相关研究中，较为常见的是 Simon 冲突、Flanker 冲突和 Stroop 冲突三种经典范式。研究反应抑制的常用工具是 Go/No Go 范式、Stop Signal 范式等（宋晓蕾、郭笑雨、葛列众等，2023）。

引发反应抑制的一个经典实验任务是 Go/No Go 任务（Donders，1969）。在这个任务中，给被试呈现一系列刺激，被试需要对特定的 Go 刺激进行反应，而对其他任何刺激停止反应（No Go）。关键的是，在任务中进行 Go 测试的比例应该比不进行 Go 测试的比例要大，这样才能建立起反应的优势倾向（Casey et al.，1997）。如果任务很简单，这种优势倾向就会增强，从而触发快速响应延迟。当 No Go 刺激出现时，反应偏差和快速反应时间的结合增加了抑制的需求。在某些情况下，这些具有挑战性的条件会产生错误的响应，称为委托错误（或假警报）。委托错误率通常被用作反应抑制熟练程度的行为/神经心理指标（低错误率表明高抑制能力）。通常实验设计 Go 试次占 25%，是 No Go 试次的 75%，被试容易因为注意力不集中、干扰等原因，没有及时反应或抑制"惯性"反应而发生错误。

停止信号范式（stop signal task，SST）包含了两种任务类型——反应任务（go task）和停止任务（stop task）。反应任务是指仅有反应信号出现的任务，要求被试快而准地进行按键反应，此任务占总试验次数的 75%；停止任务是指反应信号出现后，间隔一定时间，伴随出现了停止信号，这时实验要求被试抑制住想要按键的冲动，停止按键反应。停止任务在实验中随机出现，占总试验次数的 25%（冯坤，2022）。动作取消涉及一种认知停止机制，但也严重依赖于运动功能来取消已经启动的反应。因此，停止信号任务中的 SSRT 测量反映了认知和运动停止能力的结合。与此相反，动作约束的过程主要是认知过程，且约束任务中的运动挑战较小。

利用 Go/No Go 和 Stop-Signal 任务，研究者通过大量研究揭示了反应抑制的神经轨迹的成像，这些研究表明，广泛的大脑区域参与其中：外侧额叶皮层（包括额上回、中回和额下回）、脑岛、背侧内侧额叶皮层（包括补充和前补充运动区）、前扣带皮层、下顶叶皮层、楔前叶以及纹状体（Criaud & Boulinguez，2012；Swick et al.，2011）。然而，所有这些区域是否与反应抑制直接相关还存在疑问，人们已经尝试构建关于反应抑制的神经机制的更具体的假设。

在这两种范式中，我们可以看到，无论是 Go/No Go 任务中的 No Go 试次，还是 Stop Signal 任务中的停止试次，本质都是一种需要人抑制自己本能或一致相容的反应，而要执行的操作都是基于任务和控制的不相容反应。心理学通过这样的经典范式，在实验室条件下对人们的抑制控制功能进行研究。

二　冲突抑制

在人机系统中，冲突的情况时有发生，例如我们在之前提到过的仪表盘颜色显示、空间位置等。除了在人机环界面中进行改进，研究人员如何面对这种冲突也是十分必要的。在冲突抑制中，人们经常需要在认知层面抑制这种冲突，并在行为上对自己的行为做出改变，从而适应这种不相容。在实验室环境中，我们往往通过 Stroop 任务和 Flanker 任务等来对这种冲突抑制进行研究。

正如 Kornblum、Hasbroucq 和 Osman（1990）所指出的，Simon 效应也可以扩展到非空间维度，包括目标的不相关特征（如颜色或形状）与所需响应的相应特征之间的干扰。虽然 S-R 相容效应被认为是一种普遍现象，但大多数后续研究都集中在空间干扰效应上，对其内在机制的解释仍有不同看法。

（一）常见的冲突干扰效应范式

Simon 效应是一种与空间位置相关的冲突干扰效应，由理查德·西蒙提出（Simon & Small，1969；Simon & Rudell，1967）。在他们的实验中，研究人员给被试双耳呈现方位词"左"和"右"，要求被试根据词义所标记进行按键。尽管在任务要求中空间位置属于与任务无关的维度，但当刺激位置与反应位置对应时，反应会更快。最初，它被视为一种人类对刺激源做出反应的自然倾向，但后来，它不仅成为心理学理论本身的一个有价值的目标，而且成为研究注意操作、空间和身体表征、有意行为的认知表征和执行控制的便捷手段。

Stroop 效应也是一种冲突干扰效应，在颜色字刺激中，文字和颜色分为字色一致（如"红色"这个词以红色的字体呈现）、字色不一致（如"红色"这个词以蓝色的字体呈现）、字色无关。当人们用两个相关的、一致的或不一致的刺激特征对刺激做出反应时，就会产生 Stroop 效应。此范式还有诸多变式，如通过情绪词来测量被试的抗干扰能力。

Flanker Task 又称侧抑制任务，在目标刺激两侧是非目标刺激，非目标刺激有三种：与目标刺激一致、反应相同；与目标刺激不一致、反应相反；中性刺激与目标刺激的反应无关。如果人们对出现在干扰物之间的目标刺激做出反应，比如一个中心目标字母被无关的、一致的或不一致的字母干扰物包围，就会产生 Flanker 效应（Eriksen & Eriksen，1974）。Flanker

任务多年来演化出许多变式，如箭头刺激，经常用于测量被试的反应抑制能力。

　　许多研究人员倾向于把 Simon、Stroop 和 Flanker 效应等同看待，并在一些研究方向中混合选择这些任务。我们可以看到，三个任务都涉及不相关的刺激信息，以某种方式诱发反应冲突，同时，也都跟大脑的高级功能有关。在这三种效应中，Simon 效应是唯一能够完全控制被操纵的关系和认知表征之间可能的冲突的任务。因此，Simon 任务得到的结果，如 Simon 效应，更容易解释，也更容易与相容性理论预测联系起来。同时我们可以发现这三种任务其实都涉及相容性，比如 Simon 和 Flanker 效应，在某种程度上都归因于无效的过滤与目标呈现的不相干的性质。而注意网络测试（attention network test，ANT）的研究中普遍发现，这种过滤与注意存在一定关联，刺激—反应一致时反应更快的现象是稳固的，亦即无论我们对空间位置的编码是否有注意参与。当我们对空间位置的编码有注意参与时，亦即空间位置变成了相关维度，产生的效应就是前面所说的空间相容性效应；而当对空间位置的编码没有注意参与时，例如刺激与空间位置无关或与颜色等其他维度相关，仍然会出现 S-R 空间位置一致条件下的反应时间比不一致条件更快的现象，也就是 Simon 效应（Simon，1990）。注意并非空间相容性效应产生的必要条件，但注意会对该效应产生一定的影响。

　　（二）冲突干扰效应的注意特性

　　空间相容性本身有四个注意特性。第一，以往研究表明空间相容性会导致响应选择和响应执行机制的改变。第二，心理不应期指出反应选择需要注意的参与。第三，选择反应时间（RT）任务的空间不相容性的增加导致 RT 大幅和可靠地增长。第四，空间不相容增加了被试内部 RT 的变异性，甚至解释了平均 RT 的增加（Grosjean & Mordkoff，2001）。在某些选择反应时间的实验中，尽管没有特别的指示，被试仍会将空间分成左右两部分。

　　Mooshagian（2008）使用空间 S-R 相容性效应作为范式来研究注意在其中的作用。他们进行了一系列实验，旨在阐明空间注意对与感觉运动整合相关的环境影响以及这些效应的神经相关性。实验 1 结果表明双臂交叉对半球间转移时间没有影响。实验 2 表明，当被试的手臂的位置不同时，手臂交叉对半球间转移时间有显著的影响。实验 3 使用功能磁共振成像（fMRI）检查了空间相容性效应的神经相关性，揭示了背侧前运动皮层（dorsal premotor cortex）和顶叶后皮层（posterior parietal cortex）的双边激活 。实验 4 使用 TMS 显示了顶叶后皮层在介导空间相容性效应中的功能相关性。结果表明，左顶叶小叶选择性地参与了介导关联 S-R 相容性。最后，实验 5 使用事件相关的功能磁共振成像来考虑注意对感觉运动整合的另一种神经效应，即在简单反应时间内并行处理多余的感觉刺激（注意分散）时发生的神经共激活。结果表明，下顶叶是一个经典的注意区域，在双侧的情况下能够快速处理冗余的视觉目标。总的来说，Mooshagian 的一系列实验得出了三个重要结论：（1）空间注意的影响无处不在，即使在最简单的实验任务中也会发生这种情况；（2）相容和不相容的 S-R 映射的神经结构不同；（3）强调了顶叶上、下小叶在调节视觉空间和分散注意方面的不同作用。

这里以 Simon 效应以及注意在其中的作用研究为例。Simon 效应与其他空间相容性效应一样，也存在直接和间接两种反应选择过程（Kornblum et al.，1990）。直接的、自动的反应选择过程是长期的、过度习得的 S-R 映射（对右侧刺激的右反应）的表达，而间接的（或有意的）任务依赖过程是基于任务指令定义的短期 S-R 映射（Hommel & Prinz，1997）。在相容反应条件下，长期和短期的 S-R 映射是一致的，而在不相容反应条件下，短期 S-R 映射（左侧对右侧刺激的反应）与长期 S-R 映射（右侧对右侧刺激的反应）是相反的。当相容反应和不相容反应在同一区组中混合时，被试会在前一个试次的基础上被指示当前试次是相容反应还是不相容反应，相容反应会变慢，这样相容效应就会消失或大大降低。对于这一现象，一个被广泛接受的解释是，当相容试验和不相容试验混合时，基于长期 S-R 转换的自动直接反应选择过程会确定不相容试验的大量错误，从而被积极抑制。因此，只有短期的、任务依赖的 S-R 转换可用于反应选择。Simon 效应还存在反转现象，当相关刺激—反应匹配不相容时，颜色刺激在左、右位置出现，当明显标记反应键时，出现 Simon 效应的反转。当手指遮住反应键的标记时，没有反转。当颜色刺激在中心，声音在左、右耳发生时，没有反转。这些结果表明显示—控制排列对应性是引起 Simon 效应反转的最重要因素，逻辑再编码只起到次要的作用。同时增加特定刺激的显著性特征也很重要。

值得注意的是，在对 Simon 效应的解释过程中，Lubbe 等人（2012）提出了一个与 Simon（1969）最初的观点非常接近的解释，即人们会对刺激源产生自然反应。这也与我们在第一节中提到的本能设计有着千丝万缕的联系。对于空间线索的感知很多时候是一种无意识的加工，尊重本能设计就可以节省认知资源，不需要分配过多的注意在冲突事件上，更有利于任务的完成。

第三节 相容性与人因失误

在这一节中，我们主要阐述人与机器的相容性中与人因失误相关的部分。也就是说，如果系统的不相容已经导致错误甚至事故的发生，我们能做什么，又进行了哪些研究。我们先从错误着手，讨论人因失误及人因失误中相当重要的一部分研究——错误后反应，并在相容性的概念下陈述错误后反应的实际应用研究。

一 相容性与人因失误

人们在日常生活中经常会犯错，这种由人引发的人因失误在复杂人机系统中占据了相当大的比重。人因失误（human error）是指人的行为结果偏离了规定的目标，或超出了可接受的界限，而产生了不良影响（周刚等，2008）。在航空、航海、核电、航天等领域中，由于人的因素导致的安全事故超过 70%（Kandemir & Celik，2021）。在复杂人机系统中，仅靠装备（机器）技术的先进性和可靠性难以保证系统的安全性，人的因素在安全事故的发生、预防和处置中起着至关重要的作用，机器的设计必须考虑人的局限和优势。

那么，如何界定人因失误呢？我们知道，在不同的具体操作情境中，各种复杂的因素都可以对人因失误产生影响，因此研究者构建的模型也不尽相同，但我们依然可以从中提出一些共性。Leplat 和 Rasmussen（1984）认为人的可变性是适应和学习的重要组成部分，人可以适应系统和优化交互，因此把人因失误看成是人与机器或人与任务的不协调。人的这种可变性或者说与机器的协调，正是我们讲到的相容性原则。基于这种原因，Rusmussen 根据人的主观思维方式，将人的决策和操作行为的人因失误划分为技能基、规则基和知识 3 种类型，称为 SRK 分类法（Rasmussen，1990）。技能基的行为是一种自动化的行为，一般是在无意识状态下发生。规则基的行为是一种遵循程序的执行行为，操作者按照记忆中存储的规则进行操作，一般在熟悉的工作环境下发生。而知识基是一种判断决策行为，一般是在不熟悉的情景下发生。在实际的人因失误研究中，基于技能的错误占比 61%，自我发现率为 70%；基于规则的错误占比 27%，自我发现率为 50%；基于知识的错误占比 11%，自我发现率为 25%。机器硬件故障导致的失误或事故一般不属于心理学研究范围，而且此比率相比人因失误也较低。

综上所述，人因失误是如今复杂系统安全研究中相当重要的一部分，而在监控平台、操作面板日益复杂的今天，人与机器、环境如何相容已经成为一个重要的话题。下一部分我们将讲述一个具体的研究方向——错误后反应，希望能为读者们提供帮助。

二 相容性与错误后反应

在这一部分，我们将聚焦于错误后反应这一心理学和人因研究中非常重要的部分，并阐述其与相容性原则之间的关系。

在前面的章节中，我们已经阐述了相容性在人机界面、人环界面中的重要性及应用。但我们也会注意到，随着近些年来国家的发展和科技进步，复杂系统中人机交互的主要载体已经从人—机硬件界面逐渐演变为人机交互数字界面（左娟、李永健，2016），对其系统的安全问题评估以及错误和错误后反应原因的探究显得越发重要。随着复杂系统的进一步发展，其计算机数字界面中的信息量越来越大，信息结构关系日趋复杂，因此对整个人机交互系统的相容性要求也就越来越高。如果在系统不相容的情况下，人因系统导致了错误或者说发生了人因失误，那么我们可以做些什么来改进系统、避免事故发生呢？这就涉及本节的主要内容——错误后反应。

错误后反应强调的是操作者的异常操作行为（指在实际作业过程中，操作人员出现的异于系统要求的行为）已经导致人因失误发生了，失误发生后操作者会有哪些生理、心理及行为表现及其影响和干预。造成操作者的异常操作行为的原因有很多，在本书中，我们主要介绍的是相容性原则，因此我们在这里主要论述当人机界面不相容，或者说产生冲突时，造成的异常操作行为。之所以关注错误发生后的反应，是因为错误到事故的发生还有一段距离，及时关注错误后反应的特点及机制可以为系统预警和错误检测干预提供科学依据，从而避免一些重大的人因事故的发生，因此针对操作者异常操作行为导致的错误后反应进行系统研究是十分必要的。

以往关于人因失误的研究大都是针对错误展开的，因为我们的关注点在错误发生后，针对的是错误发生后操作者的生理、心理及行为表现以及其可能产生的及时纠错与调整，即错误后反应问题。因此，错误后反应是人因失误研究的一个非常重要的研究领域。对该问题的深入探讨一方面有助于更深入地探索人因失误产生后人类纠错的机制，以避免或降低事故发生和危险程度，另一方面有利于解释人类从错误中学习经验并适应新环境的行为规律。关注错误后反应及其影响和干预是提高复杂系统人机工效问题的关键。

同时，优化人—机系统设计的方式之一就是耐失误的设计。耐失误或防失误设计是指通过精心设计，使得操作人员不能或者不易发生失误。有学者提出可以通过设计使人与机器的位置关系合理、操作与应答形式科学，信息的有效性、易读性好，也可对控制器的形状和尺寸进行改进，采用不同形状和尺寸的控制器防止连接操作失误，或采取强制措施使操作人员不易发生失误，或使失误后果无害，降低和减少人为失误引发的事故损失（郭伏、郝金权、刘春海，2008）。

例如，机器界面的设计界面不直观和不友好，或者界面上的选项和按钮的标注不清晰，便不符合人类的习惯和直觉。这样的设计问题会导致人类在操作时产生迷惑，从而导致错误的操作或意外的结果。操作按钮、设备排布位置不合理，不符合人体手部的自然动作和舒适度，操作者也可能会出现误触、意外触发或错误的指令输入。控制杆或手柄设计不符合人体手部的握持和空间操作习惯，操作者容易出现指向错误或手部疲劳等问题。机器的显示屏布局位置不合理，与人们的惯性思维相悖，则会因为辨识困难、抑制控制困难而出现错误的信息读取或操作选择。此外，如果机器设计不考虑用户的文化背景和价值观，产生不相容的认知与设计，也可能导致用户难以理解和接受机器的操作方式，从而导致误解和行为错误。如果机器的设计不能提供足够的空间感觉，例如缺乏深度、距离等信息的反馈，操作者可能会在操作中产生误判和错误执行。

综上所述，机器设计不符合空间相容性可能导致的人因失误，包括操作困难、碰撞、空间感觉欠缺等情况。为避免这些失误，机器设计应考虑空间因素，提供合理的设备排布、充足的操作空间，保证清晰的视野和合适的反馈机制，确保用户能够舒适、方便地进行操作。

三 相容性与错误后反应未来研究展望

目前关于错误后反应的研究仍然存在着如下问题和局限：首先，这类研究基本上是在实验室开展的，难以在实际应用中推广；其次，与相容性的结合不足，实验中的单一冲突无法还原为现实中遇到的复杂情境；再次，由于复杂系统的重要性和庞杂性，一些研究无法科学控制变量；最后，实际场景的各个领域的差异性，使得很多研究难以找到核心同质性，从而归纳出跨领域的复杂一统的普世规律和理论。鉴于目前人因学研究的这些局限性，以及错误后反应作为不同因素耦合作用的结果这一特殊现象，我们需要与相容性原则相结合，进行多学科研究方法的融合设计。这些因素包括生理、情绪、行为等。首先，同一个实验平台需要对各种不同层面的因素采用不同学科的方法交叉融合进行研究，例如采用心理物理学的因果变量设计对分心等心理变量进行研究，采用眼动模型对生理疲劳进行研究。其次，不同学科的方法需要交叉融合，从不同侧面对同一影响因素进行研究，例如采用神经生理的 p300 指标、行为绩效指标对注意状态进行研究。最后，错误后反应研究一定要注意与相容性原则相结合，在界面设计、反应指标、反馈等方面，注意语义隐喻、物理层面的相容性，来控制发生冲突的大小可能性。对于这类设计，我们可以采取如下两种方式加以改进：一是控制个体发生错误后的反馈信号，对错误意识和冲突控制进行研究；二是采用多因素变量动态累积效应设计，复杂耦合系统的复杂性不仅表现在多变量耦合作用，而且表现在系统随时间变化的情况下多变量的动态变化。因此，对影响错误后反应的各种变量研究中，我们应加强对关键变量的实时检测，注重变量随时间变化的累积效应的研究，特别是重视对操作人员实时的生理、心理状态的实时监控和测量。

在错误后反应检测和干预的研究上，我们也可以使用相容性原则。目前这方面的研究比较少，这也与人因失误难以度量，因而缺乏量化的人因安全监测、预防和干预的技术手段有关。笔者认为，对异常操作行为和错误后反应的检测可以形成一个多阶段的检测框架，每一个阶段应通过对人机环界面的改进和设计，更有效地对人因安全进行预防和干预。此外，其他的相容性原则（如空间相容性等）也可以运用到个体对错误后反应的改善上。如上研究结果如何为解决航空、航天、航海、核电等国家重大经济领域中的人因安全隐患提供科学的理论和应用支持，则需更进一步地深入探讨和落地。

本章小结

1. 刘艳芳和张侃提出了相容性原理与工效学的基本原则：易用性原则与空间刺激—反应相容性，可懂性原则与语义刺激—反应相容性，重要性、功能和使用原则与群体模板相容性，信息冗余原则与刺激—刺激相容性、反应—反应相容性，告警信号与线索相容性。

2. 心理学家诺曼在他的《设计心理学：情感化设计》一书中提出对设计 3 个水平（本能、行为、反思）的划分：本能层次的设计源于人类的天生本性；行为层次的设计关注的是功能和实现；反思层次的设计涵盖了更多的领域，与信息、文化以及产品的含义和用途都紧密相关。设计要符合人的本能反应和行为习惯、反思，这样才能避免很多不必要的失误。

3. 无意识行为可以分为先天无意识行为和后天无意识行为，深泽直人最早在产品设计领域提出无意识设计，他主张去寻找意识的核心，追求直觉、自然的设计。无意识行为是最直接、最自然的行为方式，与人们的心智模型高度契合，遵循无意识的设计通常都能够帮助我们降低思考负担。直觉化交互是典型的一种无意识设计。

4. 无意识行为会对产品设计产生影响，无意识认知也起着重要的作用，其中一个重要的概念就是具身隐喻。

5. 认知控制过程中一个重要的核心内容是抑制控制能力，抑制不必要或不正确的习惯化或优势行为反应。抑制控制在认知层面表现为冲突抑制，在行为层面表现为反应抑制。

6. 了解了抑制控制相关的研究范式：在冲突抑制的相关研究中，较为常见的是 Simon 冲突、Flanker 冲突和 Stroop 冲突三种经典范式。研究反应抑制的常用工具是 Go/No Go 范式、Stop Signal 范式等。

7. 人因失误是指人的行为结果偏离了规定的目标，或超出了可接受的界限，而产生了不良影响。

8. 优化人—机系统设计的方式之一就是耐失误的设计。耐失误或防失误设计是指通过精心设计，使得操作人员不能或者不易发生失误。

参考文献

范琪、叶浩生：《具身认知与具身隐喻——认知的具身转向及隐喻认知功能探析》，《西北师大学报》（社会科学版）2014 年第 13 期。

费钎、李世国：《下意识行为在交互设计中的价值》，《包装工程》2009 年第 2 期。

冯坤：《多源冲突任务中错误后反应的行为特征及神经机制》，硕士学位论文，陕西师范大学，2022 年。

傅婕：《基于潜意识与行为习惯的交互设计启示性》，博士学位论文，湖南大学，2013 年。

郭伏、郝金权、刘春海：《铁路行车人因事故分析及对策》，《东北大学学报》（自然科学版）2008 年第 29 期。

何灿群、吕晨晨：《具身认知视角下的无意识设计》，《包装工程》2020 年第 8 期。

李世国、华梅立、费钎：《产品原型构建的创新及乐高头脑风暴套件之价值》，《包装工程》2008 年第 29 期。

刘艳芳、张侃：《工效学原则与刺激—反应相容性原理》，《人类工效学》1999 年第 5 期。

孟伟：《Embodiment 概念辨析》，《科学技术与辩证法》2007 年第 1 期。

宋晓蕾、郭笑雨、葛列众、陈善广：《错误后反应的影响与干预》，《应用心理学》2023 年第 29 期。

宋颖颖、陈虹：《"下意识"行为在交互领域内的研究与应用》，《设计》2015 年第 12 期。

［美］唐纳德·A. 诺曼：《情感化设计》，付秋芳、程进三译，电子工业出版社 2005 年版。

王继瑛、叶浩生、苏得权：《身体动作与语义加工：具身隐喻的视角》，《心理学探新》2018 年第 1 期。

王萍：《基于人因工程的核电厂防误碰分析与设计》，《自动化仪表》2021 年第 42 期。

王烁：《直觉化交互设计研究》，硕士学位论文，清华大学，2005 年。

杨小林：《桥式行车操纵器的人机匹配》，《工业安全与防尘》1991 年第 4 期。

郑林欣、卢艺舟：《产品设计中的动作隐喻》，《新美术》2016 年第 7 期。

朱祖祥：《工程心理学》，华东师范大学出版社 1989 年版。

左娟、李永建：《记忆负荷对警戒工效影响 ERP 研究》，《安全与环境学报》2016 年第 3 期。

Alistair Sutcliff. , "Designing interactive systems", *ACM SIGCHI Bulletin*, Vol. 28, No. 1, 1996, pp. 41–42.

Baddeley, A. , "Modularity, mass-action and memory", *The Quarterly Journal of Experimental Psychology A*, Vol. 38, No. 4, 1986, pp. 527–533.

Benyon, D. , Turner, P. , & Turner, S. , *Designing Interactive Systems：People, Activities, Contexts, Technologies*, Boston：Addison-Wesley Longman, 2005.

Burgess-Limerick, R. , Krupenia, V. , Wallis, G. , Pratim-Bannerjee, A. , & Steiner, L. , "Directional control-response relationships for mining equipment", *Ergonomics*, Vol. 53, No. 6, 2010, pp. 748–757.

Buzzell, G. A., Beatty, P. J., Paquette, N. A., Roberts, D. M., & Mcdonald, C. G, "Error-induced blindness: error detection leads to impaired sensory processing and lower accuracy at short response-stimulus intervals", *Journal of Neuroscience*, Vol. 37, No. 11, 2017, pp. 1202–1216.

Camille, K., Williams, Luc, Tremblay, & Heather, et al., "It pays to go off-track: practicing with error-augmenting haptic feedback facilitates learning of a curve-tracing task", *Frontiers in Psychology*, 2016, p. 7.

Campbell, G., & Bitzer, L. F., *The Philosophy of Rhetoric*, London: Oxford University Press, 1936.

Chan, K. W. L., Chan, A. H. S., "Spatial stimulus-response (S-R) compatibility for foot controls with visual displays", *Int. J. Ind. Ergon*, Vol. 39, No. 2, 2009, pp. 396–402.

Chevrier, A., Bhaijiwala, M., Lipszyc, J., Cheyne, D., Graham, S., & Schachar, R., "Disrupted reinforcement learning during post-error slowing in ADHD", *PLoS ONE*, Vol. 14, No. 2, 2019.

Coleman, J. R., Watson, J. M., & Strayer, D. L., "Working memory capacity and task goals modulate error-related ERPs", *Psychophysiology*, Vol. 55, No. 3, 2017.

Compton, R. J., Heaton, E., & Ozer, E., "Intertrial interval duration affects error monitoring", *Psychophysiology*, Vol. 55, No. 7, 2017, pp. 1151–1162.

Damaso, K., Williams, P., & Heathcote, A., "Evidence for different types of errors being associated with different types of post-error changes", *Psychonomic Bulletin & Review* Vol. 27, 2020, pp. 445–450.

Danielmeier, C., Eichele, T., Forstmann, B. U., Tittgemeyer, M., & Ullsperger, M., "Posterior medial frontal cortex activity predicts post-error adaptations in task-related visual and motor areas", *The Journal of Neuroscience: The Official Journal of the Society for Neuroscience*, Vol. 31, No. 5, 2011, pp. 1780–1789.

Dd, A., Ab, B., Ims, C., & Hvsc, D., "Temporal dynamics of error-related corrugator supercilii and zygomaticus major activity: evidence for implicit emotion regulation following errors", *International Journal of Psychophysiology*, Vol. 146, 2019, pp. 208–216.

Dutilh, G., Vandekerckhove, J., Forstmann, B. U., Keuleers, E., Brysbaert, M., & Wagenmakers, E. J., "Testing theories of post-error slowing", *Attention, Percep-*

tion & Psychophysics, Vol. 74, No. 2, 2012, pp. 454–465.

FAN Qi, YE Hao-sheng, "Embodied Cognition and Embodied Metaphor", *Journal of Northwest Normal University*, No. 3, 2014, pp. 117–122.

Feizpour, Azadeh, Gaillard, Alexandra, Rosa, Marcello G. P., et al., "Direct current stimulation of prefrontal cortex modulates error-induced behavioral adjustments", *The European Journal of Neuroscience*, Vol. 44, No. 4, 2016, pp. 2408–2415.

Fitts, P. M., & Seeger, C. M., "S-R compatibility: Spatial characteristics of stimulus and response codes", *Journal of Experimental Psychology*, Vol. 46, No. 3, 1953, pp. 199–210.

Fu, Z., Wu, D., Ross, I., Chung, J. M., Mamelak, A. N., & Adolphs, R., "Single-neuron correlates of error monitoring and post-error adjustments in human medial frontal cortex", *Neuron*. Vol. 101, No. 1, 2019, pp. 165–177.

Gehring, W. J., Gratton, G., Coles, M. G., & Donchin, E., "Probability effects on stimulus evaluation and response processes", *Journal of Experimental Psychology: Human Perception and Performance*, Vol. 18, No. 1, 1992, pp. 198–216.

Gehring, W. J., & Fencsik, D. E., "Functions of the medial frontal cortex in the processing of conflict and errors", *The Journal of Neuroscience: The Official Journal of the Society for Neuroscience*, Vol. 21, No. 23, 2002, pp. 9430–9437.

Gehring, W. J., Goss, B., Coles, M., Meyer, D. E., & Donchin, E., "A neural system for error detection and compensation", *Psychological Science*, Vol. 4, No. 6, 2010, pp. 385–390.

Grosjean, M., & Mordkoff, J. T., "Temporal stimulus-response compatibility", *Journal of Experimental Psychology: Human Perception and Performance*, Vol. 27, 2001, pp. 870–878.

Gupta, R., & Deák, G. O., "Disarming smiles: Irrelevant happy faces slow post-error responses", *Cognitive Processing*, Vol. 16, No. 4, 2015, pp. 427–434.

Hewig, J., Coles, M., Trippe, R. H., Hecht, H., & Miltner, W., "Dissociation of PE and ERN/Ne in the conscious recognition of an error", *Psychophysiology*, Vol. 48, No. 10, 2011, pp. 1390–1396.

Ide Jaime S., Zhornitsky Simon, Chao Herta H., & Li Chiang-Shan R., "Thalamic Cortical Error-Related Responses in Adult Social Drinkers: Sex Differences and Problem Alcohol Use", *Biological Psychiatry: Cognitive Neuroscience and Neuroim-*

aging, Vol. 10, No. 3, pp. 868-877.

Jentzsch, I. , & Dudschig, C. , "Why do we slow down after an error? Mechanisms underlying the effects of post error slowing", *The Quarterly Journal of Experimental Psychology*, Vol. 62, No. 2, 2009, pp. 209-218.

Lakoff, G. , & Johnson, *Metaphors We Live by*, Chicago: Chicago University Press, 1980.

Lakoff, G. , "Explaining embodied cognition results", *Topics in Cognitive Science*, Vol. 4, No. 4, 2012, pp. 773-785.

Li, Q. , Long, Q. , Hu, N. , Tang, Y. , & Chen, A. , "N-back task training helps to improve post-error performance", *Frontiers in Psychology*, Vol. 11, 2020, p. 370.

Liesbet, V. , Braem, S. , Stevens, M. , & Notebaert, W. , "Keep calm and be patient: the influence of anxiety and time on post-error adaptations", *Acta Psychologica*, Vol. 164, 2016, pp. 34-38.

Lutz, M. C. , & Chapanis, A. , "Expected locations of digits and letters on ten-button keysets", *Journal of Applied Psychology*, Vol. 39, No. 5, 1955, pp. 314-317.

Maeda, F. , Keenan, J. P. , Tormos, J. M. , Topka, H. , & Pascual-Leone, A. , "Modulation of corticospinal excitability by repetitive transcranial magnetic stimulation", *Clinical Neurophysiology*, Vol. 111, No. 5, 2000, pp. 800-805.

Marco-Pallares, J. , Camara, E. , Muente, T. F. , & Rodriguez-Fornells, A. , "Neural mechanisms underlying adaptive actions after slips", *Journal of Cognitive Neuroscience*, Vol. 20, No. 9, 2008, pp. 1595-1610.

McKinley, R. A. , Bridges, N. , Walters, C. M. , & Nelson, J. , "Modulating the brain at work using noninvasive transcranial stimulation", *NeuroImage*, Vol. 59, No. 1, 2012, pp. 129-137.

Morin, R. E. , & Grant, D. A. , "Learning and performance on a key-pressing task as function of the degree of spatial stimulus-response correspondence", *Journal of Experimental Psychology*, Vol. 49, 1955, pp. 39-47.

Natalie A Kacinik, "Sticking your neck out and burying the hatchet: What idioms reveal about embodied simulation", *Frontiers in Human Neuroscience*, Vol. 8, 2014, p. 689.

Notebaert, W. , Houtman, F. , Opstal, F. V. , Gevers, W. , Fias, W. , & Verguts, T. , "Post-error slowing: an orienting account", *Cognition*, Vol. 111, No. 2, 2009, pp. 275-279.

O'Connell, R. G., Dockree, P. M., Bellgrove, M. A., Kelly, S. P., & Foxe, J. J., "The role of cingulate cortex in the detection of errors with and without awareness: a high-density electrical mapping study", *European Journal of Neuroscience*, Vol. 25, No. 8, 2007, pp. 2571–2579.

Pabst, A., Proksch, S., Médé, B., Comstock, D., Ross, J. M., & Balasubra-maniam, R., "A systematic review of the efficacy of intermittent theta burst stimu-lation (iTBS) on cognitive enhancement", *Neurosci Biobehavior Rev.*, Vol. 135, 2022, pp. 104–587.

Preece, J., Rogers, Y., & Sharp, H., *Interaction Design: Beyond Human-Computer Interaction*, New Jersey: Wiley, 2002.

Proctor, R. W., Reeve, T. G. (Eds.), *Stimulus-response Compatibility: An Integrated Perspective*, North-Holland, Amsterdam., 1990.

Rabbitt, P., "Consciousness is slower than you think", *The Quarterly Journal of Exper-imental Psychology A*, Vol. 55, 2002, pp. 1081–1092.

Rabbitt, P. M. A., "Error correction time without external error signals", *Nature*, Vol. 212, 1966, p. 438.

Rigoni, D., Wilquin, H., Brass, M., & Burle, B., "When errors do not matter: weakening belief in intentional control impairs cognitive reaction to errors", *Cogni-tion*, Vol. 127, No. 2, 2013, pp. 264–269.

Rosenbaum, D. A., "Human movement initiation: specification of arm, direction, and extent", *Journal of Experimental Psychology: General*, Vol. 109, No. 4, 1980, pp. 444–474.

Sellaro, R., van Leusden, J. W., Tona, K. D., Verkuil, B., Nieuwenhuis, S., & Colzato, L. S., "Transcutaneous vagus nerve stimulation enhances post-error slo-wing", *Journal of Cognitive Neuroscience*, Vol. 27, No. 11, 2015, pp. 2126–2132.

Shappell, S. A., & Wiegmann, D. A., "Applying reason: The human factors analysis and classification system (HFACS)", *Gastroenterology Research*, 2001.

Simon, J. R., & Craft, J. L., "Effects of an irrelevant auditory stimulus on visual choice reaction time", *Journal of Experimental Psychology*, Vol. 86, No. 2, 1970, pp. 272–274.

Simon, J. R., "The effects of an irrelevant directional cue on human information processing", In Proctor, R. W. , Reeve, T. G. (Eds.), *Stimulus-response Compatibility: An Integrated Perspective*, North-Holland, Amsterdam, 1990, pp. 31-86.

Stoffels, Evert-Jan, Van Der Molen, Maurits W. , & Keuss, Paul J. G. , "An additive factors analysis of the effect (s) of location cues associated with auditory stimuli on stages of information processing", *Acta Psychologica*, Vol. 70, No. 2, 1989, pp. 161-197.

Kornblum, S. , Hasbroucq, T. , & Osman, A. , "Dimensional overlap: Cognitive basis for stimulus-response compatibility-a model and taxonomy", *Psychological Review*, Vol. 97, No. 2, 1990, pp. 253-270.

Ullsperger, M. , & Da Nielmeier, C. , "Reducing speed and sight: how adaptive is post-error slowing?" *Neuron*, Vol. 89, No. 3, 2016, pp. 430-432.

Valadez, E. A. , & Simons, R. F. , "The power of frontal midline theta and post-error slowing to predict performance recovery: evidence for compensatory mechanisms", *Psychophysiology*, Vol. 55, No. 4, 2018.

Veen, V. V. , Krug, M. K. , & Carter, C. S. , "The neural and computational basis of controlled speed-accuracy tradeoff during task performance", *Journal of cognitive neuroscience*, Vol. 20, No. 11, 2008, pp. 1952-1965.

Vidal, F. , Burle, B. , & Hasbroucq, T. , "Errors and action monitoring: errare humanum est sed corrigere possibile", *Frontiers in Human Neuroscience*, 2020. P. 13.

Vu, K. -P. L. , Proctor, R. W. , "Mixing compatible and incompatible mappings: elimination, reduction, and enhancement of spatial compatibility effects", *Q. J. Exp. Psychol.*, Vol. 57, No. 3, 2004, pp. 539-556.

Wessel, J. R. , "An adaptive orienting theory of error processing", *Psychophysiology*, Vol. 55, No. 3, 2018.

Zhang, Y. , & Risen, J. L. , "Embodied motivation: using a goal systems framework to understand the preference for social and physical warmth", *Journal of Personality and Social Psychology*, Vol. 107, No. 6, 2014, pp. 965-977.

Zhang, Y. , Ide, J. S. , Zhang, S. , Hu, S. , Valchev, N. S. , & Tang, X. , "Distinct neural processes support post-success and post-error slowing in the stop signal task", *Neuroscience*, 2017, pp. 273-284.

第十四章　相容性的未来研究展望

在科幻剧《西部世界》中，人类制造出高度发达的人工智能帮助人类完成各种各样的任务，同时满足人类的娱乐需求，而当情况失控时，接待员（Host）有了自主意识，不再满足于人类编写的故事，他们成了统治者。那么我们未来的人工智能会是什么样的？我们应该设计出什么样的人工智能？我们应该如何与他们完成协作？什么会影响我们完成协作？本章中我们对未来可能的人与智能体（人工智能）交互方式做了简要论述，并提出相关设计建议。

本章首先讨论多人单机协同作业和其中界面设计相容性，接着进一步论述人机交互界面的相容性研究进展以及未来的人—智能体交互界面中的相容性和发展方向，最后阐述未来多人多智能体组队中相容性的研究进展，对其影响因素以及需要考虑的问题进行展望，为未来人机组队中的相关设计提供建议。

第一节　多人协同作业

一　多人协同作业概述

在面对复杂而困难的任务时，团队协作成为最佳策略选择。团队是一个由成员组成的社会实体，他们之间存在着高度的任务相互依赖性，并共同追求着相同的目标（Dyer，1984）。团队通常以分层组织的形式存在，有时在地理位置上是分散而不集中的但必须集成、综合和共享信息，需要协调和合作，因为任务需求在整个绩效过程中发生变化。个人任务工作被定义为团队成员绩效的组成部分，不需要与其他团队成员进行相互依赖的交互，个人任务工作不涉及多人工作任务相容性问题。相比之下，团队工作被定义为一种相互依赖的绩效组成部分，它需要有效地协调多个人的表现。当任务复杂性超过个人能力时，当任务环境定义不清、模糊不清、压力重重时，当需要多个快速决策时，多人协同作业便是更好的选择，保证人际、人—智能体协同过程的相容性将提高多人协同作业绩效。而多人协同作业可应用于航空、军事、医疗保健、金融、工程、制造业以及无数其他领域，提高多人协同作业的绩效可解决这些领域的应用问题。

（一）多人协同作业定义

多人协同作业是指两个或两个以上的成员在特定环境下共同操作一台机器，以完成任务。这种情况要求操作者不仅要熟悉机器性能和具备良好的操作技能，还需要高度协同配合的意识。只有加强操作者之间的配合，才能从整体上提高作业绩效。多人协同作业的研究可以采用综合任务环境（synthetic task environment，STE）。STE 在现实世界的复杂性和实验控制之间达到了很好的折中，并且具有广泛的应用（Schiflett，Elliott，Salas & Co-overt，2004）。

（二）多人协同作业模型

多人协同作业中需要考虑多个方面的相容。比如团队成员能力与任务的相容（合理地分配各种任务），团队成员在练习期间和任务期间使用的器械、任务方式应相容，团队的目标应与团队的结构设置相容，团队成员的某一项任务应找到对应的上级人员或上级目标，团队成员之间应该有共同的目标，即个体目标与团队目标上的相容。基于此，研究人员提出多种多人协同作业模型。

一个重要的模型为 big five 模型，模型中团队合作的核心要素为团队领导力、绩效监控、后备行为、适应能力和团队导向，除此以外还有团队协作的 IMOI 模型（input-mediators-output-input，IMOI），团队输入因素会通过中间因素影响结果。输入因素包括团队、任务以及环境，比如团队的结构、团队的设置等。团队结果主要是团队成员间交互的结果，如团队的效率、团队的学习、氛围等。庞志兵等（2005）研究了操作者不同学习层次对协同作业绩效的影响，发现在同一教练员的组织下，不同学习层次的操作者的协同作业人机结合效率存在明显差异。唐承畅等（2011）引入多人单机作业绩效模型，通过实验研究发现操作人员的体能、技能对多人单机协同作业绩效均有显著影响。张鹏东等（2017）研究多人单机操作中性格与作业速率的关系，采用卡特尔 16 种人格因素量表对某军事院校随机抽取的 10 名学员的个性特征进行测试，得出人的怀疑性特征对多人单机作业速度有比较显著的影响。另外，如团队组成和结构、任务特征等一系列因素都会对团队的输出起到重要作用（Baranski et al., 2007；Urban, Weaver, Bowers & Rhodenizer, 1996；Waag & Halcomb, 1972）。肖等人（1996）探讨了给创伤团队带来困难的四个任务特征，包括同时处理多任务和并发任务、面对不确定性、适应计划变化以及应对高工作量。他们还深入探讨了通过团队协调训练和工作设计来克服这些障碍的方法。例如，面对多个并发任务时，团队的有效合作变得具有挑战性，因为成员之间需要协调相互冲突的目标和任务干扰。然而，通过明确的沟通技巧和策略培训，团队成员可以成功地克服这些障碍，同时也能应对其他协调方面的问题。此外，德里斯凯尔和萨拉斯（Driskell & Salas, 1992）强调了培养团队成员集体取向的重要性，这被视为团队构成的一个至关重要的要素。当团队成员具备高度的集体意识时，他们能够更加专注于团队成员的任务输入和需求。加强对团队成员的关注可以促进协调和沟通的进行，进而最终提升团队的绩效结果。

（三）多人协同作业的影响因素

多人协同作业的影响因素较多，尽管通过团队培训可以实现团队绩效的提高，但良好的设计也可以支持相关技术的开发与实施。比如显示器、团队工具的使用，可以使团队成员获得更好的团队情境意识，例如为团队成员提供有关个体成员行动和意图的表征，以及追踪和呈现复杂任务随时间的变化和执行情况。这种技术和工具的应用可以提高团队成员的沟通和协作，最终改善团队的绩效和成果。然而，仅仅使用技术并不能达到要求，显示器的设计、应用都应该符合最基本的设计要求。相容性在其中的作用是巨大的，相容性带来的使用体验会在团队中形成良好的氛围，从而促进团队的良性互动。

中间因素包括团队成员间的人际互动，以及认知、情感、心理相容等因素。已有研究（Mathieu，Heffner，Goodwin Salas & Cannon-Bowers，2000）让56名大学生在电脑上完成一系列飞行战斗模拟的联合任务，测试了队友共享认知对协同作业任务绩效的影响。结果表明，共享团队认知与随后的团队绩效呈正相关，团队共享心智（认知）在协同作业绩效中起非常重要的作用，并且主要依靠团队间的沟通，使得团队间与成员间的相容性提高从而进一步影响绩效。

心智模型的概念来自认知心理学，是人们内心中对外界事物和情境的认知表征，它们包含了个体对于自身、他人和环境的知觉、信念、期望和意图等方面的心理构建。国外心理学家认为心智模型指的是个体利用这种心理表征当前环境系统的信息以及系统的功能，并且可以对未来系统的状态进行预测（Rouse & Morris，1986）。共享心智模型是指团队成员之间共同拥有的组织理解和心理表征，涵盖了团队所涉及情境的关键要素。这些要素包括任务、设备、工作关系等方面的知识，共享心智模型帮助团队成员共同理解和认知团队所处的环境，促进协作和有效的团队工作。团队共享心智模型可以使团队成员在工作过程中的问题定义、情境应对以及未来预期方面呈现出相容性协调（武欣、吴志明，2005）。心智模型的核心正如人的认知过程，是描述、解释、预测。共享团队认知是团队成员知识共享的核心过程机制（team cognition）。团队认知模型如ACT-R（adaptive control of thought-rational），ACT-R认知理论包含三个主要组成部分：知识表达、决策执行和学习。在认知过程中，存在两种类型的知识，即陈述性知识和程序性知识。陈述性知识是指个体了解并能够表达的真实信息，比如在协同作业环境中，涉及协同作业任务的相关信息、团队成员构成、任务目标和任务流程等。同时，从实时工作中提取并存储在短时记忆中的信息也可以归类为陈述性知识。程序性知识是用来执行特定认知操作的产生式规则，根据特定问题解决条件来提取陈述性信息块。例如在协同作业下，任务的具体操作过程，达到什么条件进行什么操作。产生式规则通常采用"条件—反应"（if-then）的结构来进行表述。在学习的过程中，个体通过形成新的产生式规则或用新规则替代旧规则，从而更新或修正他们的知识，并持续地构建和积累与任务相适应的规则。Entin 和 Serfaty（1999）的研究指出，运用团队训练来构建共享心智模型，有助于塑造情境、任务环境以及团队成员之间的互动，进而提升团队的能力，使其在高压环境下有效地提升表现水平。另外，共享认知的崩溃会导致战场和其他高压作战环境下的错误（Wilson，Salas，Priest & Andrews，2007）。在沟通和协调行为方面的失败以及合作的缺乏、团队合作的动机的缺失扰乱了团队成员之间相互理解的过程，并导致更多错误的发生和表现的下降。

虽然多方面因素影响团队表现，但其中输入因素中如团队的任务、构成这些都是相对固定的因素，而团队的共享认知则随时会发生变化，对多人协同作业的影响更大，但同时也有不稳定特点。团队共享认知的测量一直都是亟待解决的问题，未来应该对多人协同中的共享认知多做探讨。

二 多人协同作业中的相容性

多人协同作业中需利用不同的协同工作系统，个体之间以及个体与协同工作系统界面之间的相容性，将对多人协同作业的绩效产生影响。为提高协同绩效，以下将探讨计算机支持的协同工作系统和协同虚拟环境工作系统等的相容性。

（一）计算机支持的协同工作系统

在多人协同作业中存在着协同工作界面，计算机支持的协同工作系统（computer supported cooperative work，CSCW），其基本含义是指在以计算机技术为基础的支持环境中，来自不同地域或个体之间存在一定差异性的群体，通过协同工作的方式，共同完成某种特定任务。

CSCW 涵盖了多个研究课题，其中包括研究不同群体用户之间的工作方式，探讨支持协同工作的相关技术，以及设计和开发适用于用户应用实践的协同系统等内容。协同工作的核心目标在于通过设计，创建能够支持跨组织和个人之间协同的系统，以建立用户工作的协同环境和群体之间的协同模式，最终做到协同系统、协同环境以及协同模式在各自相容的基础上与彼此相容，由此协助用户应对因空间或时间隔离而引发的需求，提升群体的工作效率，从而增强用户、项目和团队组织在市场上的竞争力，进而提高社会的工作效率和工作质量。

朱祖祥（2003）依据时间和空间两个维度，将 CSCW 划分为以下四种不同的工作模式。

面对面同步对话。在相同地点和时间内共同参与同一任务的合作方式，例如协同决策、面对面会议等。这种对话方式中最重要的要素是主题相容，讨论的内容应与主题高度相关。

同步分布式对话。在不同地点但同一时间内进行同一任务的合作方式，如在线会议，新冠疫情后各种在线会议软件的兴起，如腾讯会议、Zoom 等都属于此形式。在线会议上各个成员对会议的流程应该有相同的认知。而对于某些需要实时交互的任务如在线课程，教师当前的内容和学生接收的内容应实时同步相容，可利用如主动延迟等方法。

异步对话。在相同地点但不同时间内进行同一任务的合作方式，例如项目进度确认、工作协调等。同一地点不同时间下的相容较为困难，个体可能会对项目进度的更新存在延时，此时可利用实时通知的方式，让成员可以随时掌握项目的最新进展，利用携带式设备如手机、电子手表等快捷同步。

异步分布式对话。在不同地点不同时间进行同一任务的合作方式，如电子邮件、电子公告牌（BBS）等。这种方式下的协作非常容易出现信息差，因此可以利用版本管理系统管理每一次的项目变动，项目人员可以随时随地异地掌握每一次的修改，利用分布式的优点，成员可以实现信息和操作的实时相容。

CSCW 基于网络的环境，使得多个用户能够在任何时间、任何地点共享信息并协同完成相同任务，从而推动生产效率和协作创新能力的提升。如现在涌现的各种协作式笔记或者工程软件，Notion 笔记允许项目中存在多个成员，成员可以在不同的时间，在不同的工作电脑上对项目的进度进行修改。另外如 GitHub——全球最大代码托管平台，同样允许全世界的开发者对项目做出贡献，项目成员甚至不需要相互认识，只需要提交自己的代码给项目所有者，经审核后即可合并贡献代码。这种平台超越了时间和空间的限制，极大促进了生产工具的更新。

　　然而目前的研究还存在一些问题，首先是人际协同（interpersonal coordination）相容性的问题。根据 CSCW 的 3C 模型，成员通过沟通、协调、合作（communication, coordination and cooperation）完成任务目标。在这个过程中意识起到非常重要的作用，这个作用分为三个层次，表征（representation）、理解（understanding）、投射（projection），这三个层次需要与协作过程相容才会发挥作用（Mantau & Barreto Vavassori Benitti, 2022）。研究指出，在 CSCW 中，群体信息的共享受到多个因素的影响，包括协同感知、共享认知、信任和沟通网络畅通性（邵艳丽、黄奇，2014）。协同感知（collaborative awareness）是指在良好的多用户交互界面中，每个用户能够实时感知群组中最新的信息，同时不受其他用户活动的干扰。在单用户的人机界面中，用户可以解释屏幕上的任何变化，因为他们是唯一控制应用的用户。然而，在多用户交互界面中，用户往往无法预测其他用户何时会进行新的动作，因此对他人动作的理解、推测和预期变得至关重要。

　　在 CSCW 系统中，体态语言往往也会缺失或产生误解，这种体态语言传输的不相容性会降低协同工作绩效。举例来说，在日常会话中，我们可以通过直接的眼神接触获得对方对会话内容的兴趣、困惑或不感兴趣等重要线索。然而，在 CSCW 系统中，当摄像机放置在屏幕上方时，用户通过屏幕看到的对方眼神往往是向下看的，这很容易导致误解，让人以为对方对自己说话的内容不感兴趣或者对自己表示鄙视。此外，系统或网络响应速度过慢也会给人与人之间的沟通带来困难。考虑到目前计算机技术的发展，社会行为的复杂性使得 CSCW 界面在很多情况下不能很好地满足人际交流的需求。为了解决这一难题，研究人员创造了支持群体工作的界面，即人与人交互界面。相对于人机界面，人与人交互界面需要构建一个综合性操作环境，以满足多个用户共同利用计算机的需求。目前人与人的交互界面主要采用以下集中界面设计。

　　窗口或屏幕共享。这是目前广泛采用的一种支持人与人实时交互的界面方法，即共享窗口（或屏幕）上的内容可以在组内所有用户的特定窗口（或屏幕）上显示。为提高工作效率，这种设计可以针对不同用户的不同任务，并对个人的任务进行凸显设计。

并发控制。指当应用程序在界面上不再由单个用户独立操作，而是由多个用户共同使用时，就需要对应用程序的使用权限进行管理。这种情况可能出现远程操纵，因此需要确保对应用程序的并发访问进行适当的控制。这种设计中，不同用户之间的操纵也应该加以区分，每名用户的历史操作都应该得以溯源。若是左右相邻的个体协作完成任务，应该考虑空间上的相容性。

支持多媒体。人际互动通常以语音、文字、图像等媒介为基础进行。因此，一个高效的人与人交互界面的首要需求是一个多媒体界面，涵盖多媒体通信和多媒体信息的管理。这样的界面能够支持多种媒体形式的交流，提供更丰富的交互方式，从而促进有效的人际交流和信息共享。多媒体信息对每个个体的呈现需要充分考虑到如距离远近、视角等的差异，从呈现方式上提高个体的感知，避免不相容的效应影响信息获取。

因此，在人与人交互界面中，我们需要研究如何在不影响实时响应的前提下，自然地将一个用户的动作通知给其他用户。这样可以保持交互的连贯性，使得团队成员能够准确地了解其他成员的行动和意图，提高人际间的相容性，从而更好地协调和合作。在设计人与人交互界面时，需要考虑有效的通知机制和界面设计，以确保信息的及时传递和交流。目前已有研究将此类问题考虑其中，如苹果公司推出的拟我表情，可以将个人的状态实时更新在表情上，Meta 公司的 VR 办公会议，用户不仅仅可以感知到自己，同样可以在虚拟环境中感知到他人的表情和动作。未来的研究应该着眼于将现实生活中人与人交流的体态信息、面部信息加以融合。

（二）协同虚拟现实系统

虚拟现实系统（virtual reality system，VRS）是由虚拟世界（环境）和与之交互的操作者组成。与 VRS 相比，协同虚拟现实系统（collaborative virtual reality system，CVRS）突出多用户间的"协同"，强调多用户间的"相互感知"，在情境创设、协同工作、高交互性和实时性等方面具有明显优势。CVRS 的协同虚拟环境是多用户域的三维体现。人们互动的空间是物理空间的模拟，在这些空间中，人们可以感受到其他人在哪里以及在做什么。由于用户不仅要感知到自身与虚拟环境的相容，更要感知到多用户在虚拟空间中的协同相容，但实际中，在这样的空间建立相互意识或进行定位还存在一定的困难。

在 CVRS 中，CSCW 技术、虚拟现实技术、人工智能技术、多媒体技术和计算机网络技术等被结合在一起，用户在一组互联的虚拟空间中以替身的方式相互协作，实现协同工作。与 CSCW 结合后，CVRS 提供共享的极具真实感的虚拟空间，使人们能够更加自然、协调地与他人进行交互和协同，能打破时空限制，安全可靠，丰富了计算机作为交互和通信工具的职能和作用，已成为一种新型数字智慧环境。许爱军（2016）开发了一个"协同搬凳"虚拟现实测试用例。实例中的协同虚拟环境相对简单，包含一条长凳和两个用户替身。在校园网络环境中，两个学生分别在不同客户端登录系统，系统默认分配用户替身模型后，两个学生先后走向待搬动的长凳，到达适当位置时，用户替身的右手自动与长凳吸附，并随着替身一起向前移动。用户替身在运动过程中，其位移信息在不断发生变化。利用接近传感器（proximity sensor）节点可跟踪用户的移动和转动操作，获得用户的位置和方向值。然后这些信息通过协同通信环境被输出给另一个用户，并改变这个用户端的替身状态信息。"协同搬凳"实例测试表明，基于 VRML（虚拟现实建模语言）的协同虚拟现实系统能满足低带宽、实时性要求，文中提出的定时采集和发送数据的方法，满足了多用户协同虚拟现实的需要。

目前，CSCW 主要被应用于军事、智能制造、远程教育、医疗交通、科研和办公自动化以及管理信息系统等各个领域。但已有研究发现在虚拟现实中，操作者对空间距离的感知与现实场景有所差异，操作者通常会低估距离，而多感官如声音刺激可以缓解这种压缩（Finnegan，2017），因此未来的研究需要进一步控制空间上的差异，当现实的距离感知与虚拟环境的感知相匹配时，军事等领域的虚拟研究才可以进一步推进。另外，随着运动捕捉、便携式近红外光谱成像技术的快速发展，未来的研究应该将神经人因学的方法纳入其中。神经人因学是将认知神经科学的理论和技术应用于人因工效学，测量和分析人在工作中大脑的反应，客观、准确、实时了解工作绩效和心理状态（王桢、杨志、林思恩、李旭培、郭晶，2017）。

如研究通过脑电图超扫描发现夫妻之间的脑间同步性更高（Toppiet al.，2016），这可以为今后多人协同的测量提供新的思路，并且多脑之间的连通受到任务难度的影响（Sciaraffa et al.，2017），这也为任务特征下的多人协同提供了方向。未来的多人协同作业可针对不同时空下的个体在作业时的运动轨迹、脑力负荷变化进行监测，从而为进一步优化协同相容性系统界面提供更加有力的数据支持。

第二节　人—智能体交互

一　人机交互相容性研究进展

人机交互是指人机系统中，人与机器之间的信息交流和控制活动。随着个人电子设备的普及，人机交互也可指代人和计算机设备系统的交互。人机交互涉及电子设备内容的输出，这种输出作为一种信息传入人的感觉信息通道，输出过程存在多方面的相容性。

（一）人机交互阶段

在人机交互的框架中，计算机、用户、输入界面、输出界面形成了一个简答的交互过程。用户通过输入界面输入操作，计算机执行后通过输出界面反馈结果给用户，这个过程的相容性主要体现在输入方面和输出方面。用户的输入应该及时体现在输入界面上，用户在可感知到输入内容时，交互效率才能提高。输出的内容应该与输入的结果相容，当出现计算机输出用户并不想要的结果时，用户难以理解其中的过程，这种不相容的体验影响用户的交互意愿。这个过程经历了以下四个阶段（董士海，2004）。

1. 基于键盘和字符显示器的交互阶段

在这个阶段，用户主要使用键盘和字符显示器作为交互工具，而交互的内容主要包括字符、文本和命令。这些工具和内容形式的使用为人与计算机之间的交互提供了基础，用户通过键盘输入字符和命令，并在字符显示器上显示相关的文本信息。这种交互方式主要通过文本的输入、显示和处理来实现信息交流和操作执行。如传统的 Unix、Linux 系统，用户通过终端与系统进行交互，在终端输入相应的命令，终端将命令解析后传入系统内核从而得到输出结果。虽然这种交互方式下系统运行效率较高，交互直接，但交互过程显得呆板和单调。这一阶段的交互中，相容性主要体现在字符的颜色与表达的含义上，如红色的文本对应出错的信息，用户可以快速定位错误原因；成功则提示对应绿色信息，参与者不必费尽心思寻找命令是否成功运行。

2. 基于鼠标和图形显示器的交互阶段

在此时期，用户主要采用鼠标和图形显示器作为交互工具，而交互内容主要涵盖字符、图形和图像。鼠标的问世在 20 世纪 70 年代极大地改善了人机交互的方式，如今在广泛使用的窗口系统中，鼠标几乎是不可或缺的输入设备。用户可以通过鼠标在图形界面上进行操作，点击、拖拽、缩放等，以进行图像和图形的处理和操作。这种交互方式丰富了交互体验，使得用户可以更直观地与计算机进行交互。如 Windows 系统，基于图形用户界面（graphical user interface），用户可使用鼠标操纵显示界面上相应的指针，选取命令、打开文件或执行程序。图形用户界面相比终端界面有可视化、方便的优点，用户不需要记住繁杂的命令，而交互过程也显得更加智能。这个阶段中，程序图标所代表的含义与程序实际的运行应该相容，一些图标应该选择拟物化的设计，减少用户视觉搜索需要的时间，从而提高交互效率。

3. 基于多媒体技术的交互阶段

多媒体技术在 20 世纪 80 年代末的涌现，使用户得以通过声音、图像、图形以及文本等多样媒体信息与计算机进行交互。这一技术的引入使得计算机的应用更加便捷，并且扩展了计算机的应用领域。用户可以通过多媒体技术在计算机上进行丰富多样的信息交流，使得信息的传递更加生动、直观和有趣。这种多媒体交流方式为用户提供了更广阔的互动体验，推动了计算机技术在各个领域的应用和发展。多媒体技术可称为第三代人机交互技术。这个阶段出现了更加多样化的媒体形式，交互内容不限于文字，声音、视频等多种形式的内容涌现，如声音的输出方向应该多样化，单一的声音输出难以使用户捕捉到足够的信息。

4. 基于多模态技术的交互阶段

在第三代人机交互技术阶段，尽管多媒体技术为多媒体信息处理带来了发展，但从当前的发展状况来看，它仍然局限于独立媒体的获取、编辑以及媒体间的组合，尚未涵盖多媒体信息的综合处理。因此，多模态技术可称为第四代人机交互技术。在这个阶段中，各设备间协同工作，如现代办公系统中多显示器之间的相容，显示器物理位置与显示内容的相容。另外，随着人头部的移动，蓝牙耳机中的空间音频声音的强度会呈现不同的变化，利用空间位置和音源位置的相容可以提供更加沉浸式的体验。在各种写作软件中，输入内容和输出内容完全一致，"所见即所得"的设计使得写作者不再烦恼于文本格式，从而专注于内容。对于各种社交软件中的图标，点击的效果与图标状态的相容，如朋友圈点赞按钮，点击一下点赞、点击两下取消点赞，是否填充红心与点击的效果相容，使得用户得以区分自己的行为结果。

在多模态交互阶段，相容性的问题仍旧突出，比如随着汽车屏显 AR 技术的发展，驾驶员在行车过程中不需要低头寻找导航，系统可以将信息投射到面前，这样可以使得行车安全的要求和信息搜索的需求得以相容，行车安全得到大大提高。然而此类相容性设计依旧需要优化，如显示的信息如何才能不遮挡视线，显示信息如何呈现才可以使操作者快速获取关键信息。这种显示技术需要同基于键盘和字符的显示以及基于图形界面交互阶段的相容性相结合，如关键信息的图标选取，既要满足搜索需要，同时信息的颜色区分也需要和日常生活中的习惯相容。

（二）人机交互设计

界面相容是人机交互中最常见的问题。传统的人机交互界面以图形交互界面为主，图形交互中，图形传达的信息和操作者概念中的信息能否相容是界面是否有效的关键。图形界面体现了设计人员对信息搜索和层级划分等的理解，而使用者范围广大，各行各业的操作者基于不同的经验对不同界面的元素有不同的理解，因此图形界面应具有不易混淆的特点，至少要同大多数使用者的经验相容。

　　传统的人机交互主要有几种设计，第一种设计是传统的菜单式设计。菜单界面（menu interface）通过向用户提供多个选项来完成特定任务的人机交互界面。目前，Windows 系统的主要信息架构就是基于菜单构建的。菜单式设计具有易学易用、无须记忆和良好的纠错功能等特点。然而，它的效率相对较低，灵活性不够强，更适合那些对计算机操作不太熟悉、操作需求不太复杂以及不经常使用计算机的用户。菜单式设计下鼠标滚轮与菜单滑动之间应该保持相容，即处于同样的滑动方向。另外，传统菜单下功能设计应该与菜单的层级保持相容，重要的功能应该放在一级菜单下，相对使用较少的功能应该放在不常用的位置，这样可以提高交互的效率。另一种新型的菜单设计是鱼眼菜单（fisheye menu），它具有动态调整菜单条目尺寸的功能，可以根据鼠标所在区域进行放大（Bederson，2000）。鱼眼菜单可以在单个屏幕上展示整个菜单，并进行操作，无须传统的按钮、滚动条或分级浏览结构。这种设计方法既注重整体菜单的呈现，又聚焦于具体的菜单项，实现了整体与局部的完美统一。鱼眼菜单特别适用于菜单中包含大量条目需要浏览的情况，提供了更好的可视化和操作体验。这种菜单的设计体现了内容与显示的相容，当前信息的方法呈现使得用户的注意力得以高度聚集。然而这种菜单还应注意一种情况，即鼠标操纵灵敏度与菜单变化敏感的相容，当菜单变化的阈值过小时，用户可能难以把握住停止的时机，从而错过想要的内容。这种菜单下用户可以自定义灵敏度的设置，或者依据一定的自适应规则进行调整。

　　传统的人机交互界面中还有填空式界面（fill in forms interface），它要求用户按照预设的信息域填写适当的内容来完成交互任务。填空式界面的优点是能够充分利用屏幕空间来输入不同类型的信息内容，但同时也容易出现错误。在填空式界面中，用户的操作绩效会受到填空式界面的组织和设置、信息域的设计、提示和说明、引导和纠错等多个因素的影响。这些因素都会影响用户的交互体验和任务完成效率。填空式界面中，由于存在多种字符类型，如字母、数字、符号等，要求用户输入不同类型的字符难免出现错误，各种格式化字符串没有明显的区分方式使得用户轻松地检索出输入要求，因此这种设计的输入类型与显示上没有明显的不相容，反而使得用户难以辨别。目前密码输入中存在一种设计，即在输入界面下方显示密码的要求，当某一项满足后以绿色对钩显示，而不满足的项则以红色叉号显示，后附议文本，这样操作者可以很清楚地理解需要更改哪一项。

对话式界面（dialogue interface）是一种结合了菜单界面和填空式界面的特点的界面形式。对话式界面具有简单明了、易学易记的优点，用户每次输入操作都非常明确。然而，对话式界面的缺点是效率相对较低，灵活性较差，用户需要按照预先指定的顺序和内容来完成交互。在对话式界面中，用户的交互流程受到限制，需要遵循事先设定的对话逻辑和指令。尽管如此，对话式界面仍然是一种常见的人机交互界面形式，适用于那些需要明确和结构化的交互任务。目前对话式界面普遍应用于问题反馈、帮助和咨询等界面，然而这种交互方式并不能满足大部分用户的需求，一般用户遇到的问题具有特异性，对话式的反馈并不能很好地解决问题，使得用户不得不直接采用人工服务，降低了交互效率。这种界面同样需要注意，常用问题应放到更靠前的层级上，而问题层级也不应过多。

到了 21 世纪之后，电子设备显示技术发展迅速，诞生出新的人机互动方式——触屏式互动，这种互动融入了多种显示界面，但由传统的使用鼠标工具变为使用手指滑动。这种互动方式更加高效，也更加符合人的运动特点，如点击打开，滑动屏幕随之滚动。自 Android 10 更新后，用户返回上一层级的逻辑也更加优化，即屏幕边缘返回，除此之外，iPhone 的"小横条"下左右滑动切换应用，都体现了运动逻辑与应用逻辑的完美契合。另外，如华为最新的多设备协同工作，传输文件只需要在设备间做出相应的手势即可，隔空手势也是一大进步，用户只需在传感器前做出相应的动作，即可完成操作。这种手势也支持自定义，使得用户的操作习惯得以保留。而随着新的交互方式的出现，相容性的问题考虑不仅仅局限于当前的方向，除了左右、上下的相容外，前后、纵深也是一个重要的角度。另外，交互力度如触摸力度这种方式还处于较为初级的阶段，各种交互相容性设计仍存在很大的探索空间。

二　人—智能体交互及发展方向

早期的人机交互是较为静态的人机互动，用户输入刺激，机器返回结果。但是随着人工智能（artificial intelligence，AI）的发展，传统的机器逐渐退居二线，更加智能化的设备慢慢融入我们的生活。随着人工智能发展的又一次浪潮，深度学习技术在语音识别、数据挖掘、自然语言处理、模式识别等方面有了重大突破，人机交互向着更加以人为中心的方向发展，伦理化应用逐渐进入人们的视线。早在人工智能发展之初，研究者就提出了帮助我们完成目标的辅助系统的概念：复杂的动态系统可以自主感知环境信息并自主采取行动，实现一系列预定目标或任务的计算系统（Wooldridge & Jennings，1995），在人工智能领域称为 Agent，在工程心理学领域又称 Autonomy、Autonomous 或 Synthetic，国内将其翻译为代理，目前已趋向于翻译为"智能体"，而这种交互也可以称为人—智能体交互（蔡自兴、贺汉根，2002；许为、葛列众，2020）。

人—智能体交互的研究需要考虑多方面因素，宋晓蕾等人提出了人和人工智能交互的模型，也就是这里的人—智能体交互，见图 14-1。

环境（物理、技术、商业、文化、组织、社会、政策、法律、安全、伦理、政府、治理等）

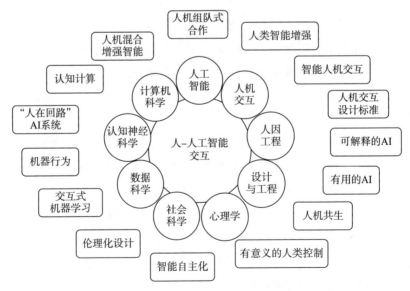

人的需求（生理、心理、情感、人格、隐私、公平、决策权、技能成长等）

图 14-1　人和人工智能交互框架模型

来源：葛列众、许为、宋晓蕾，《工程心理学》第二版，中国人民大学出版社 2022 年版。

在这个模型中，人和智能体的交互涉及多个学科，除了传统的心理学、人机交互、计算机科学，神经人因学等新型学科也息息相关。这个交互过程涉及的问题也更多，如人和智能体的控制权归属问题，智能体的伦理设计问题，以及在这个过程中可能出现的"脱环现象"（out of the loop, OOTL）。脱环现象是指交互过程就像一个"黑匣子"，人难以有效感知相关因素，从而出现游离于任务之外的状况。此外，人和智能体的交互需要遵循一定的规则，目前，这种规则的制定仍处于起步阶段。

虽然尚未有统一的交互框架，但是研究者已做出了部分研究，人—智能体的交互方式有了新的进展。人机交互形式的设备，通常按照人类感觉通道进行分类，即人类的三种感官：视觉、听觉和触觉。视觉输入设备是最常见的类型之一，通常基于开关或指向设备的原理。基于开关的设备使用按钮和开关，如键盘，指向设备的有鼠标、操纵杆、触摸屏、触控笔。以听觉为基础的设备属于更为先进的装置，通常需要某种形式的语音识别。这些设备的目标在于最大限度地促进交互，因此，涉及的技术层面要求较高，如我们的语音导航助手。但是听觉的输出设备相对容易，比如机器产生各种非语音信号和语音信号作为输出信号，如一些嘀嘀声、警报声，或人声的语音助手。传统交互中最困难、最昂贵的设备是触觉设备。触觉设备通常用于虚拟现实或残疾辅助应用，比如 Apple 公司的产品中触觉振动以及针对残疾人的辅助功能就做得非常出色。人—智能体交互将这三种感觉通道以及更多的通道融合，形成多模态多感觉通道的新型交互，导致人—智能体交互的新进展，这些新进展可以分为三个部分：可穿戴设备、无线设备和虚拟设备。

可穿戴设备如各种智能手表、手环，可以实时监控用户的心率等指标，记录用户的运动数据和睡眠数据，进而提供合适的锻炼方案。康柏公司（Compaq）提供了一种称为 Canesta 键盘的键盘输入解决方案。这是一个虚拟键盘，投影一个类似 QWERTY 的键盘布局在表面，然后用户穿戴传感器，设备跟踪用户的手指运动实现打字的效果。工业化量产的键盘布局已经确定，更改需要的成本巨大，而虚拟键盘可以突破这种限制，设计更加多样化的按键操作，同时可以优化不相容的布局，如将使用频次更高的按键放到更容易触摸的地方。无线设备如华为最新的万物互联技术，在同一局域网下，各个设备间传送文件只需要简单的拖动，或是简单的手势，又如智能家居设备根据用户使用习惯，建立起全智能化的空间。虚拟设备的发展主要有 VR 技术和 AR 技术，比如智能体提供导航的任务，通过 AR 技术主动形成视觉信息，为人类决策提供更多的决策信息，这对于部分搜索任务有极高的有效性。VR 技术具有很强的沉浸感，更多的非接触式的技术正在快速发展，如基于手势的技术（Gao，2022），通过手势传达意图是非常高效的方式，还如社交式场景的 VR 式在线会议，用户可以看到同时参会人员的虚拟形象，这些形象也会根据用户的表情、手势做出相应的动作，类似于拟我表情贴纸。这种设计下虚拟人物和现实任务动作的高度相容可以大幅提高场景的沉浸感和参与感。除此之外，脑机接口（brain-computer interface，BCI）也是一种非常有潜力的技术。脑机接口将大脑连接到一个系统，该系统允许大脑信号在缺乏相关周围神经元和肌肉的情况下执行外部任务。脑机接口目前主要用于严重的运动障碍，但是未来可以将其应用于多个场景，如智能家居系统，通过与眼动等技术结合实现家居系统的全智能化，用户无须手动操纵，只需通过注视相关区域，即可实现对应的操纵，甚至无须注视即可实现（Zhao et al.，2022）。

虽然人—智能体交互已经取得了不错的进展，但目前还存在着一些问题。首先是多学科之间的壁垒。人—智能体交互需要工程心理学、设计学、神经人因学、用户体验、医疗等学科的共同助力，但目前大部分研究领域还较为单一，主要集中于军事、医疗方面，未来的研究工作应该向民生领域倾斜，军事和民生一体化发展是助推智能交互的重要途径。

其次，智能体的输出随系统的学习和机器行为演变呈现出动态和不确定的输出结果，需要最大限度地减少这种不确定性带来的困扰。毕竟人同智能体合作是为了更加高效地完成任务，如果这种合作还增加了人类的不确定性，那么将其引入就缺乏必要性。因此，未来人—智能体的研究需要进一步在现实社会环境中落地实施。

最后，人—智能体交互给未来的生活带来新的可能，但同时也带来潜在的风险。伦理化问题是人工智能绕不开的话题。智能体的智能化给未来带来了不容忽视的风险，任务中收集的各项用户数据如何处理是各个互联网公司需要慎重考虑的。在根据同名小说改编的科幻作品《西部世界》中，巨头公司掌握了每个人的所有信息，通过人工智能预测了每个人最终的结局，也预测了未来世界的走向，当预测中出现不符合自身利益的因素时，就将其抹杀，到后来甚至可以根据用户的信息制造出拥有自我意识的复制体。在电影《少数派报告》中，人工智能可以预测犯罪的发生。那么在犯罪发生前人们应不应该采取措施，若不阻止，犯罪真的发生了，本可以保护受害者的机会是不是就放弃掉了？若采取阻止措施，对个体是不是公平？毕竟人工智能所提供的只是对行为的预测。我们该以何种态度、何种身份对待智能体？在电影《银翼杀手2049》中，当人工智能发现自己只是别人的复制品时，他对自己的身份认同产生了迷惑。在科幻电影《机械姬》中，当人类发现自己爱上人工智能仅仅是其欺骗的结果时，人类是否对其应该有感情？从第一只克隆羊诞生之际，这类问题就一直存在，因此，未来人—智能体交互中的伦理问题需要慎重讨论。

第三节　人—机组队

一　人—机组队概述

（一）人—机组队概念

随着技术不断进步，人机交互的对象也在不断发展，单纯的人机交互已不能适应一些任务需求，在一些任务中需要多人同多个智能体协作参与。人机组队（human-autonomy/agent teaming，HAT）是由人和智能体组成的团队，团队成员为实现共同的目标而互相依赖，团队中至少有一个人类和智能体，其中每个人或智能体都被视为独一无二的团队成员，发挥独特的作用（O'Neill，McNeese，Barron & Schelble，2020）。

面向未来，水下作业、太空作业是人类的必经之路。在这些特因环境下，个体在生理或心理上会呈现出不同的状态，如个体的眼跳行为同正常环境相比是不同的（André-Deshayset al.，1993）。在此基础上的人机界面设计就需要考虑到更多的因素，失重状态会影响个体的执行功能（Lipnicki, Gunga, Belavy & Felsenberg, 2009）下降；空间、位置学习能力下降（杨佳佳、梁蓉、万柏坤、王玲、明东，2019）；个体的脑血流变化也会呈现不同的模式（Ivanisevic & Lumelsky, 2000）；面临的诸多心理问题，如航天员可能存在人际关系冲突、与地面通信延迟造成的自主性冲突（Kanas et al., 2010）、长时间的压力状态（Johannes, Salnitski, Polyakov & Kirsch, 2003）以及孤独感，会对任务产生巨大影响（Kanas, 2014）。另外，太空中的个体面临更多方位，空间角度更加丰富，那么这种情况下相容性是否会有所不同？有研究发现一定程度上以人为中心的基于配置空间的系统要比基于工作空间的系统在 2D 和 3D 层面都有更好的表现（Ivanisevic & Lumelsky, 2000）。另外一项虚拟现实技术的研究发现虚拟现实提供了卫星控制任务中改变视角的可能性，并且还可能提高太空中的任务性能（Stoll, Jaekel, Katz, Saenz-Otero & Varatharajoo, 2012），减少载人航天任务成本，对任务中诸多因素做出可行性判断（Osterlund & Lawrence, 2012）。这种机器视角与自身视角的相容会减少任务的心理需求，可见这样的背景下由于不恰当的设计造成巨大损失无疑非常不明智。因此应对未来迫切的需求，探究多人多智能体关系下的相容性对未来重大领域作业有非常重要的现实意义。

自"二战"以来，人与智能体的关系发展经历了三次变化，目前处于第四个阶段：从人适应机器到机器适应人，再到计算机时代的人机交互或者说人—智能体交互（human-computer interaction）。目前及今后的多人多智能体的发展方向是智能时代的人机交互，在此衍生出新的人机组队关系：人机协作或人机组队（human-machine teaming, HMT 或 human-autonomy/agent teaming, HAT）并逐渐成为研究的热点（许为、葛列众，2020）。

人机组队的研究目前还较为新颖，但是其像心理学一样，虽然历史较短，却有着漫长的过去。人机组队的研究得益于过去自动化的研究（Endsley, 2017），人机组队中一个重要的研究问题也是针对 automation 和 autonomy 两个概念，目前大部分文献对这两个概念的区分较为模糊，但是越来越多的文献采用 autonomy 的概念。自动化是指由机器代理人类完成过去人类完成的任务，代理会随着时间的变化而变化，今天的自动化在明天可能就是普通的机器（Parasuraman & Riley，1997），Parasuraman 等人（2000）又进一步将自动化阐释为一种设备或系统，它可以执行部分或全部以前由人类操作者完成或部分完成的任务。Parasuraman 等人（2000）总结出的四种类型的自动化系统包括：信息获取（information acquisition）、信息分析（information analysis）、决策和行动选择（decision and action selection）、行动完成（action implementation）。在他们的模型中，自动化水平分为 10 个等级，较低等级的自动化系统仅仅是执行预定代码的任务，通常比较脆弱，任务环境稍加变化就难以执行，中间层次的系统可以在人类授权的情况下做出一些决策，或者首先做出决策，再给予人类反馈，而最高级别的自动化系统可以忽视人类而做出所有的决策，此时的自动化系统具有很高的自主性。这种自主性是指具有一定的自适应，根据周围环境的变化合理调整立即的行为，同时可以基于已有的信息做出预测。人机组队中的智能体是这四种自动化系统的综合，反映出人类处理任务的完整认知，同时还应该包括对任务过程中的预期外故障、错误状况的获取、分析、决策、行动，从而实现完整的闭环。

人机组队研究可以采用真实的应用场景，如与智能体协作搭建虚拟环境（Harbers et al.，2011）；也可以基于一定的任务场景编写出具体的程序，如合成任务环境（synthetic task environment，STE）（Cooke，Rivera，Shope & Caukwell，1999）。比如 UAV-STE（uninhabited air vehicle）任务要求三个人员完成拍摄任务，一名成员负责拍照，一名成员负责飞机的航行，一名成员负责指挥飞机，三名成员中可以有一名成员由受训的主试扮演智能体，即绿野仙踪范式。另外，The Mixed Initiative Experimental（MIX）系统也较为常见，此任务中操作者需完成路线规划任务，智能体可以帮助操作者规划出路线，但操作者需要基于一定的优劣做出合适的决策（Demir et al.，2015；McNeese，Demir，Cooke & Myers，2018；Wright，Chen & Barnes，2018），另外还可采用成熟商业游戏，如还原军事作战场景的枪战类游戏（Goetz，Keebler，Phillips，Jentsch & Hudson，2012）以及协作类游戏（Bishop et al.，2020）。

（二）人机组队与以往人机关系的异同

人机组队的发展同样得益于之前众多的研究，作为新兴的人机关系，人机组队与以往人机交互（人—智能体交互）以及多人协同作业存在一定的共同之处。首先三者都是服务于工程心理学作业任务的完成，其中机器都扮演一定的角色，对任务的完成有重要作用，其次三者都需要成员间持续的交互和配合。但三者之间仍存在很多差异。首先在成员组成上，多人协同作业通常是多个人类成员完成一定的任务，其中机器只是起到辅助的作用。人机交互中通常是一个人操作多个机器，其中机器是完成任务的主力，人通过与机器的交互完成任务。人机组队中，存在多人以及多个智能体，每个人和智能体都是完成任务的重要角色。从机器在其中的角色来看，人机交互和多人协同作业中机器都是辅助角色，而人机组队中智能体也是主要角色。从机器的特点看，人机交互和多人协同作业中机器都是被动地完成任务，无法根据环境变化做出应对，而人机组队中的机器具有自适应性以及自主性，可以在多通道下，基于当前信息做出预测，对环境的改变做出适当措施。从人类需要的认知努力看，人机交互需要很高的认知资源，而多人协同作业下每个个体之间配合，认知资源需求较少。在人机组队中，个体只需要很少的认知努力。从团体合作的角度来看，人机交互下团队合作的机会较少，大多数情况由人工完成一些监控任务，多人协同作业下对于人类团队的协作需求较高，同时还需要考虑机器辅助的作用。人机组队同样需要更多的团队协作，但这个过程就像人类间团队协作一样，交互更加流畅（见表 14-1）。

表 14-1　人机交互（人—智能体交互）、多人协同作业以及人机组队的差异

特征	人机交互 （人—智能体交互）	多人协同作业	人机组队
成员构成	一人多机	多人一机	多人多机
机器扮演的角色	辅助	辅助	主要
机器特点	脆弱	脆弱	自适应性、自主性、可预测性

特征	人机交互 （人—智能体交互）	多人协同作业	人机组队
人类所需认知资源	高	低	低
团队协作需求	低	高	高

二　人—机组队中的相容性研究

人机组队及相容性问题近几年发展迅速，但存在一定的限制。首先，最大的问题就是缺乏统一的人机组队框架。针对人机组队最终的绩效，现有的理论未能确定人机组队导致的各种现象。其次，现有的理论缺乏动态化。如根据人机环理论，人、机、环境会对最终结果产生影响，但这个过程中的交互未能完全覆盖，基于此，研究者将团队合作中的 IMOI 模型（input-mediators-output-input）应用于人机组队中（Sangseok & Lionel，2017）。输入结构（input）会影响人机组队中与智能体的相容性关系（mediators），最终影响输出结果（output）。

（一）输入变量的影响

输入因素代表团队的资源，其中包括个人层面的因素（人格、个体倾向）以及团队的特征和智能体的特征（能力、可靠性、透明度等）。操作者的固有特质包括个体的倾向性、人格差异（汤梦晗，2019；Alarcon，Capiola & Pfahler，2021），操作者的状态，如操作者对环境知觉感知的影响（施彦玮 等，2019），信心与个体的信任水平的关联（Vries，Midden & Bouwhuis，2003）。首先，更多的先验知识会提高对智能体的信任，从而更轻松地完成任务（Kraus，Scholz，Stiegemeier & Baumann，2020；Lee，Abe，Sato & Itoh，2021）。其次，团队的构成也会在其中起到不同的作用，当团队成员认为智能体有与其他团队成员相同的属性时，团队的效率可能会更高（Makatchev，Simmons，Sakr & Ziadee，2013）。当个体与同性别的智能体交互时，他可能会有更高的评价，这种性别特征上的相容性对于今后的研究设计有重要意义。另外，纯人类团队中个体间的评价会更高（Walliser，Mead & Shaw，2017），同时团队组成涉及团队的沟通问题，人类更喜欢与人类操作者进行沟通（Demir, McNeese & Cooke, 2018），但应该考虑其中的从众问题（Hertz, Shaw, de Visser, & Wiese, 2019）。

另外一个重要的因素是智能体的能力，个体的交互意愿一定程度上基于智能体的特征。已有的研究发现智能体的自主水平往往会对团队绩效产生不同的影响。当智能体的自主水平较低时，人类协作者需承担大部分任务，因此需要消耗更多的资源适应任务，协调和智能体的关系。自主化较高的智能体会降低个体的工作负荷，使协作者更好地理解任务，更加信任智能体（Azhar & Sklar, 2017），同时会提高沟通的效率（Wright, Chen, Quinn & Barnes, 2013），提高最终任务表现。如在与无人机的协作中，由于人类对部分任务存在主观效能感，过分自信的个体会花费更多的时间操控机器执行任务，而这往往会造成不必要的损失，减少无人机操作者的操控会大幅降低无人机失事的概率（Li, Cummings & Welton, 2022）。另外，过高的自主性可能给任务结果带来不利影响。随着自主性的提高，智能体可靠性和稳定性随之提高，但是操作者的态势感知（situation awareness, SA）能力会降低，必要时的接管能力也会下降。过低的态势感知能力会使个体失去对任务的控制，产生脱环现象，从而影响紧急状态下的任务处理（Endsley, 2017）。一项研究证实了高自主性的智能体对协作者的影响，更高的自主化虽然减少了协作者的信息压力，但同时也降低了协作者使用它们的意图，并且感到更高的技术压力（Ulfert, Antoni & Ellwart, 2022）。另一项研究发现智能体给操作者提供任务信息时，会使操作者的信息过载，反而降低任务绩效（Fan, McNeese & Yen, 2010）。因此对于自主系统的自主化程度，人们应谨慎选择。共享控制理论提出，人机组队的终点应该是共享控制，这种控制包括控制层面，也包括战略层面和战术层面的共享（Flemisch, Abbink, Itoh, Pacaux-Lemoine & Weßel, 2019, 2016），Ruff 等人（2002）的研究发现，中等程度水平的自主化决策可感知程度更高，因此智能体的自主水平与任务所需的自主化程度相容会更加有利于人机组队。个体的任务负荷更高的情况会限制个体认知资源的有效分配，从而影响任务绩效（Mehler, Reimer, Coughlin & Dusek, 2009）。当任务难度较低时，人机组队中智能体会很好地完成任务；当任务难度较高时，任务绩效会降低（Fan et al.，2010）。此时个体处于不确定的状态，若与智能体共同完成任务，个体会倾向于依赖智能体提供的建议（Herse，Vitale，Johnston & Williams，2021）。在不同任务难度下，个体的交互状态以及使用智能体的意愿是不同的，即输入对中间变量会产生重要的影响。

（二）中间变量的影响

中间变量如个体的认知、情感因素会对结果产生作用。如通过虚拟现实技术，提高任务浸入感（如 EPIC 平台的游戏 Unreal Tournament），基于游戏评估的参与者在任务中具有更高的唤醒度，以及更好的情境意识对智能代理的情绪和认知负荷的检测持有更积极的态度（Smets，Abbing，Neerincx，Lindenberg & van，2008）。信任是中间变量中的重要因素，人机信任领域是人机组队中研究众多的分支。人机信任是人机关系中更加社会化的关系，若个体不信任，智能体会导致废用（disuse），若过度信任智能体则可能会产生误用（misuse），甚至造成严重的后果（Lee & See，2004）。

1. 人机信任的理论模型

Lee 和 See（2004）通过总结人际信任中的相关模型与理论，总结出人机信任的概念：信任是指个体在不确定或脆弱环境中相信代理帮助个体实现目标的态度。学术界目前存在两种关于人机信任的假说，一种是拟人化理论（media-equation hypothesis），认为人类会将自己的心理状态投射给智能体，将智能体视为人类伙伴（Nass，Steuer & Tauber，1994），并且在部分研究中得到了支持（Reuten，Dam & Naber，2018）。另一种理论认为是 Visser 等人总结的独特主体假说（unique-agent hypothesis），此理论认为人类对自动化系统存在特殊的信任特征，人类与自动化系统的交互还受某些偏见、启动的影响，个体对系统的校准较差（Hoff，& Bashir，2015；Lee J. D. & See，2004；Visseret al.，2016）。大部分研究者认为信任的发展是动态的，信任是根据先验经验，在与智能体的交互中实时发展，并且会影响之后的交互。研究者提出了多种人机信任动态模型，如三层模型：倾向性信任（dispositional trust）、情境信任（situational trust）、习得信任（learned trust），四层模型：倾向性信任、初始信任、实时信任和事后信任。

2. 人机信任的测量

人机信任的测量主要有三种方式，主观报告、行为测量以及生理数据。主观报告是采用最多的方式，通过一系列自评问卷衡量个体的信任水平，可在任务的不同阶段多次测量，了解大概的变化趋势。如 Jian 等人（2000）研制的对自动化系统的信任问卷，Chien 等人（2014）的跨文化自动化问卷。行为数据主要依据操作者对自动化系统的依赖行为以及遵从行为。依赖行为即操作者将系统的控制权交给自动化系统，遵从行为代表操作者接受系统提出的建议或行为（Chancey，Bliss，Yamani & Handley，2017）。如自动驾驶汽车中操作者接管系统的时间差，手动操作的时间比率等。若操作者信任系统，会更加依赖、遵从系统，反之亦然。生理指标主要关注操作者的心率、皮肤电、脑电（Jung，Dong & Lee，2019），若操作者较为信任系统，则心率较为平缓、皮肤电水平较低（Morris，Erno & Pilcher，2017）。除此之外，通过监控操作者的眼动行为，如自动化系统区域的监视时长、次数可以有效地反映操作者对系统的依赖行为和信任水平（Hergeth，Lorenz，Vilimek & Krems，2016）。功能性近红外光谱（fNIRS）是近年来使用较为广泛的技术（Ferrari & Quaresima，2012），是一种通过测量大脑氧合血红蛋白浓度以及脱氧血红蛋白浓度指标来探测不同脑区的激活程度的技术，可以有效反映操作者的认知状态（Fishburn，Norr，Medvedev & Vaidya，2014），同时相比脑电等技术更加便携，成本也较低，有研究者将此技术应用于人机组队研究中（J. Li，Dong，Chiou & Xu，2020），但目前在人机信任领域使用较少。

3. 人机信任的影响因素

根据 Hancock（2011）等人提出的三因素模型，人机信任的影响因素中智能体能力因素占最高的比重，操作者方面因素和环境因素较低。智能体的可靠性水平与操作者的信任有密切的关联，当系统可靠性水平较高，操作者对应的信任会更高（Chancey et al.，2017）。通过采用更优的算法建立的智能体会对协作绩效产生积极影响（Gutzwiller & Reeder，2021），当系统出现故障时，操作者的信任水平会降低，而当操作者经历完美（无故障）的自动化经验后，会修复一部分信任（Kraus et al.，2020；J. Lee et al.，2021）。此外，系统的透明度（Kraus et al.，2020；Kunze，Summerskill，Marshall & Filtness，2019；Wang，Lin & Wang，2021）、系统不确定信息的展示（Beller, Heesen & Vollrath, 2013; Helldin, Falkman, Riveiro & Davidsson, 2013; Kunze et al., 2019; Vries et al., 2003）都会影响操作者的信任。然而并不是智能体的能力越高就会产生越好的绩效，研究发现高可预测性的智能体可提高信任水平，但使用相对自然的语言交流效果更好（Daronnat, Azzopardi, Halvey & Dubiel, 2021; Demir et al., 2015），这反映出人的因素在其中的重要作用。随着智能体的智能化程度提高，拟人化程度成为人机信任的研究热点，个体会对更高拟人化的智能体产生更高的信任，如自动化系统的承诺、拟人化的语音会影响个体对其评价（Cominelli et al., 2021; Torre, Goslin & White, 2020），从而影响任务绩效（Visser et al., 2016）。

一味设计高复杂性的智能体并不能有效提高人机协作的绩效（Luo, Tong, Fang & Qu, 2019），人们更应关注人机协作过程中的交互，以及在交互过程中协作者自身的因素对整个过程的影响（Chiou & Lee, 2021）。智能体的能力水平应该与个体对其的信任水平相容，这种相容应该体现在交互的动态过程中。

在人机组队的交互过程中，各种因素会影响操作者对智能体的信任。这个信任过程是实时变化的，操作者会根据周边环境以及整个任务场景的变化做出决策。这个信任过程还涉及操作者的情境感知，当操作者的情境感知与智能体的行为契合时，操作者也会更加信任智能体，如当操作者有较高的环境知觉时，整个驾驶接管会更加顺畅，对自动驾驶系统的信任也更高（施彦玮，2019）。情境意识（situation awareness）是指在人机操作环境中人类操作者采用实时更新的一种心理结构，来表征对人机系统和环境状态的感知、理解和预测，从而支持人类操作者瞬间的决策和人机绩效。在人机组队中，人与机器都需要感知、理解和预测对方的状态，所以这种情境意识是双向的。基钦和巴伯（Kitchin & Baber, 2016）的初步研究表明，分布式情境意识在团队合作中的绩效高于共享式情境意识，这是因为分布式情境意识注重人、智能系统中智能体各自所需的操作情境和信息，这种能力与任务分配的匹配会提高人机组队的效率，进一步的研究可以深入探讨其中的效果。在实际应用中智能体的情境意识可能与人类操作者的情境意识不同，因此人类操作者与智能体之间还需要建立情境意识模型的有效双向沟通。虽然人机组队已在众多领域开展研究，但未来的研究应该考虑伦理问题，如恐怖谷效应应该以何种面容存在，在一些任务中，若出现事故或意外，最终该如何定责？相关法律法规如何制定？《黑客帝国》的场景是不是杞人忧天？智能体是否会欺骗人类？这些问题有待我们在未来进一步挖掘探究。

本章小结

1. 多人协同作业，是指由两个或两个以上的成员共同操作一台机器，并在特定的环境中完成作业任务。

2. 心智模型的概念来自认知心理学，指的是个体对环境及其所期望的行为的心理表征。心智模型的核心正如人的认知过程，是描述、解释、预测。

3. 共享心智模型是指团队成员对共享的关于团队相关情境中关键要素的知识（包括有关任务、设备、工作关系和情境等的知识）有组织的理解和心理表征。

4. 在人机交互的框架中，计算机、用户、输入界面、输出界面形成一个简单的交互过程。输出的内容应该与输入的结果相容，当计算机输出用户并不想要的结果时，用户难以理解其中的过程，这种不相容的体验影响用户的交互意愿。此进程分为四个时期：首先是基于键盘和字符显示器的交互阶段，其次是基于鼠标和图形显示器的交互阶段，再次是基于多媒体技术的交互阶段，最后是基于多模态技术的交互阶段。

5. 随着技术的不断进步，人机交互的对象也在不断发展，单纯的人机交互已不能适应一些任务需求，在一些任务中需要多人同多个智能体协作参与。人机组队的输入结构会影响人与人机组队中与智能体的关系，最终影响输出结果。

6. 人机组队是由人和智能体组成的团队，团队成员为实现共同的目标而互相依赖，团队中至少有一个人类和智能体，其中每个人或智能体都被视为独一无二的团队成员，发挥独特的作用。

7. 人机信任是指个体在不确定或脆弱环境中相信代理帮助个体实现目标的态度。

参考文献

蔡自兴、贺汉根:《智能科学发展的若干问题》,《自动化学报》2002 年第 28 期。

董士海:《人机交互的进展及面临的挑战》,《计算机辅助设计与图形学学报》
　　2004 年第 1 期。

庞志兵、齐根华、侯润峰、易华辉:《人机结合效率的实验研究》,《人类工效学》
　　2005 年第 2 期。

邵艳丽、黄奇:《计算机支持协同工作群体信息共享意愿影响因素研究——社会心
　　理学视角》,《情报理论与实践》2014 年第 8 期。

施彦玮、高在峰、沈模卫:《环境知觉对 L2 自动驾驶人机信任的影响》,硕士学位
　　论文,浙江大学,2019 年。

汤梦晗:《不同自动化程度对人机信任的影响:人格特征的调节作用》,硕士学位
　　论文,陕西师范大学,2019 年。

唐承畅、庞志兵、赵海涛、慕帅、李涛、吴江:《体能对多人单机作业绩效的影响
　　研究》,《人—机—环境系统工程创立 30 周年纪念大会暨第十一届人—机—环
　　境系统工程大会论文集》,2011 年。

王桢、杨志、林思恩、李旭培、郭晶:《神经人因学:培训效果评估新方法》,《中
　　国人力资源开发》2017 年第 8 期。

武欣、吴志明:《团队共享心智模型的影响因素与效果》,《心理学报》2005 年
　　第 4 期。

许爱军:《VRML 协同虚拟现实系统的研究与应用》,《计算机技术与发展》2016
　　年第 6 期。

许为、葛列众:《智能时代的工程心理学》,《心理科学进展》2020 年第 9 期。

杨佳佳、梁蓉、万柏坤、王玲、明东:《微重力环境对脑认知功能的影响及机制研
　　究进展》,《中华航空航天医学杂志》2019 年第 1 期。

张鹏东、庞志兵、赵海涛、金城、纪传胤、门楠:《多人单机操作性格与作业速率
　　关系研究》,《技术与创新管理》2017 年第 1 期。

Alarcon, G. M., Capiola, A. & Pfahler, M. D., "Chapter 7—The role of human personality on trust in human-robot interaction. In Nam, C. S. & Lyons, J. B. (ed.) ", *Trust in Human-Robot Interaction*, 2021, pp. 159-178.

André-Deshays, C., Israël, I., Charade, O., Berthoz, A., Popov, K. & Lipshits, M., "Gaze Control in Microgravity: 1. Saccades, Pursuit, Eye-Head Coordination", *Journal of Vestibular Research*, Vol. 3, No. 3, 1993, pp. 331-343.

Azhar, M. Q. & Sklar, E. I., "A study measuring the impact of shared decision making in a human-robot team", *The International Journal of Robotics Research*, Vol. 36, No. 5-7, 2017, pp. 461-482.

Baranski, J. V., Thompson, M. M., Lichacz, F. M. J., McCann, C., Gil, V., Pastò, L. & Pigeau, R. A., "Effects of Sleep Loss on Team Decision Making: Motivational Loss or Motivational Gain?" *Human Factors: The Journal of Human Factors and Ergonomics Society*, Vol. 49, No. 4, 2007, pp. 646-660.

Bederson, B. B., "Fisheye menus", *Proceedings of the 13th Annual ACM Symposium on User Interface Software and Technology*, 2020, pp. 217-225.

Beller, J., Heesen, M. & Vollrath, M., "Improving the Driver-Automation Interaction: An Approach Using Automation Uncertainty", *Human Factors: The Journal of Human Factors and Ergonomics Society*, Vol. 55, No. 6, 2013, pp. 1130-1141.

Chancey, E. T., Bliss, J. P., Yamani, Y. & Handley, H. A. H., "Trust and the Compliance-Reliance Paradigm: The Effects of Risk, Error Bias, and Reliability on Trust and Dependence", *Human Factors: The Journal of Human Factors and Ergonomics Society*, Vol. 59, No. 3, 2017, pp. 333-345.

Chien, S.-Y., Semnani-Azad, Z., Lewis, M. & Sycara, K., "Towards the development of an inter-cultural scale to measure trust in automation", *International Conference on Cross-Cultural Design*, Vol. 8528, 2014, pp. 35-46.

Chiou, E. K. & Lee, J. D., "Trusting Automation: Designing for Responsivity and Resilience", *Human Factors: The Journal of the Human Factors and Ergonomics Society*, 2021, Vol. 65, No. 1, 2023, pp. 137-165.

Cominelli, L., Feri, F., Garofalo, R., Giannetti, C., Meléndez-Jiménez, M. A., Greco, A., Kirchkamp, O., "Promises and trust in human-robot interaction", *Scientific Reports*, Vol. 11, No. 1, 2021.

Cooke, N. J., Rivera, K., Shope, S. M. & Caukwell, S., "A Synthetic Task Environment for Team Cognition Research", *Proceedings of the Human Factors and Ergo-

nomics Society Annual Meeting, Vol. 43, No. 3, 1999, pp. 303-308.

Daronnat, S., Azzopardi, L., Halvey, M. & Dubiel, M., "Inferring Trust from Users' Behaviours: Agents' Predictability Positively Affects Trust, Task Performance and Cognitive Load in Human-Agent Real-Time Collaboration", *Frontiers in Robotics and AI*, Vol. 8, 2021.

Demir, M., McNeese, N. J. & Cooke, N. J., "The Impact of Perceived Autonomous Agents on Dynamic Team Behaviors", *IEEE Transactions on Emerging Topics in Computational Intelligence*, Vol. 2, No. 4, 1999, pp. 258-267.

Demir, M., McNeese, N. J., Cooke, N. J., Ball, J. T., Myers, C. & Frieman, M., "Synthetic Teammate Communication and Coordination with Humans", *Proceedings of the Human Factors and Ergonomics Society Annual Meeting*, Vol. 59, No. 1, 2015, pp. 951-955.

Driskell, J. E. & Salas, E., "Collective Behavior and Team Performance", *Human Factors: The Journal of Human Factors and Ergonomics Society*, Vol. 34, No. 3, 1992, pp. 277-288.

Dyer, L., "Studying Human Resource Strategy: An Approach and an Agenda", *Industrial Relations: A Journal of Economy and Society*, Vol. 23, No. 2, 1984, pp. 156-169.

Endsley, M. R., "From Here to Autonomy: Lessons Learned from Human-Automation Research", *Human Factors: The Journal of Human Factors and Ergonomics Society*, Vol. 59, No. 1, 2017, pp. 5-27.

Entin, E. E. & Serfaty, D., "Adaptive Team Coordination", *Human Factors: The Journal of Human Factors and Ergonomics Society*, Vol. 41, No. 2, 1999, pp. 312-325.

Fan, X., McNeese, M. & Yen, J., "NDM-Based Cognitive Agents for Supporting Decision-Making Teams", *Human-Computer Interaction*, Vol. 25, No. 3, 2010, pp. 195-234.

Ferrari, M. & Quaresima, V., "A brief review on the history of human functional near-infrared spectroscopy (fNIRS) development and fields of application", *Neuroimage*, Vol. 63, No. 2, 2012, pp. 921-935.

Finnegan, D. J., *Compensating for Distance Compression in Virtual Audiovisual Environments* (PhD Thesis), University of Bath, 2012, pp. 200-212.

Fishburn, F. A., Norr, M. E., Medvedev, A. V. & Vaidya, C. J., "Sensitivity of fNIRS to cognitive state and load", *Frontiers in Human Neuroscience*, No. 8, 2014, p. 76.

Flemisch, F., Abbink, D. A., Itoh, M., Pacaux-Lemoine, M. -P. & Weßel, G., "Joining the blunt and the pointy end of the spear: Towards a common framework of joint action, human-machine cooperation, cooperative guidance and control, shared, traded and supervisory control", *Cognition, Technology & Work*, Vol. 21, No. 4, 2019, pp. 555–568.

Flemisch, F., Abbink, D., Itoh, M., Pacaux-Lemoine, M. -P. & Weßel, G., "Shared control is the sharp end of cooperation: Towards a common framework of joint action, shared control and human machine cooperation", *IFAC-PapersOnLine*, Vol. 49, No. 19, 2016, pp. 72–77.

Gao, Z., Li, W., Liang, J., Pan, H., Xu, W., & Shen, M., "Trust in automated vehicles", *Advances in Psychological Science*, Vol. 29, No. 12, 2021, pp. 21–72.

Goetz, A., Keebler, J. R., Phillips, E., Jentsch, F., & Hudson, I., "Evaluation of COTS Simulations for Future HRITeams", *Proceedings of the Human Factors and Ergonomics Society Annual Meeting*, Vol. 56, No. 1, 2012, pp. 2547–2551.

Gutzwiller, R. S., & Reeder, J., "Dancing with Algorithms: Interaction Creates Greater Preference and Trust in Machine-Learned Behavior", *Human Factors: The Journal of Human Factors and Ergonomics Society*, Vol. 63, No. 5, 2021, pp. 854–867.

Hancock, P. A., Billings, D. R., Schaefer, K. E., Chen, J. Y. C., Visser, E. J. de, & Parasuraman, R., "A Meta-Analysis of Factors Affecting Trust in Human-Robot Interaction", *Human Factors: The Journal of Human Factors and Ergonomics Society*, Vol. 53, No. 5, 2011, pp. 517–527.

Harbers, M., Bradshaw, J. M., Johnson, M., Feltovich, P., van den Bosch, K. & Meyer, J. J., "Explanation and Coordination in Human-Agent Teams: A Study in the BW4T Testbed", *IEEE/WIC/ACM International Conferences on Web Intelligence and Intelligent Agent Technology*, Vol. 58, No. 4, 2016, pp. 595–610.

Helldin, T., Falkman, G., Riveiro, M. & Davidsson, S., "Presenting system uncertainty in automotive UIs for supporting trust calibration in autonomous driving", *Proceedings of the 5th International Conference on Automotive User Interfaces and In-*

teractive Vehicular Applications-Automotive UI, 2013, pp. 210–217.

Hergeth, S., Lorenz, L., Vilimek, R., & Krems, J. F., "Keep Your Scanners Peeled: Gaze Behavior as a Measure of Automation Trust During Highly Automated Driving", *Human Factors: The Journal of Human Factors and Ergonomics Society*, Vol. 58, No. 3, 2016, pp. 509–519.

Herse, S., Vitale, J., Johnston, B. & Williams, M. A., "Using Trust to Determine User Decision Making & Task Outcome During a Human-Agent Collaborative Task", *Proceedings of the* 2021 *ACM/IEEE International Conference on Human-Robot Interaction*, 2021, pp. 73–82.

Hertz, N., Shaw, T., de Visser, E. J., & Wiese, E., "Mixing It Up: How Mixed Groups of Humans and Machines Modulate Conformity", *Journal of Cognitive Engineering and Decision Making*, Vol. 13, No. 4, 2019, pp. 242–257.

Hoff, K. A., & Bashir, M., "Trust in Automation: Integrating Empirical Evidence on Factors That Influence Trust", *Human Factors: The Journal of Human Factors and Ergonomics Society*, Vol. 57, No. 3, 2015, pp. 407–434.

Ivanisevic, I., & Lumelsky, V. J., "Configuration space as a means for augmenting human performance in teleoperation tasks", *IEEE Transactions on Systems, Man and Cybernetics, Part B (Cybernetics)*, Vol. 30, No. 3, 2000, pp. 471–484.

Jian, J. Y., Bisantz, A. M., & Drury, C. G., "Foundations for an Empirically Determined Scale of Trust in Automated Systems", *International Journal of Cognitive Ergonomics*, Vol. 4, No. 1, 2000, pp. 53–71.

Johannes, B., Salnitski, V. P., Polyakov, V. V., & Kirsch, K. A., "Changes in the autonomic reactivity pattern to psychological load under long-term microgravity—Twelve men during 6-month spaceflights", *Aviakosmicheskaiai Ekologicheskaia Meditsina = Aerospace and Environmental Medicine*, Vol. 37, No. 3, 2003, pp. 6–16.

Jung, E. S., Dong, S. Y., & Lee, S. Y., "Neural Correlates of Variations in Human Trust in Human-like Machines during Non-reciprocal Interactions", *Scientific Reports*, Vol. 9, No. 1, 2019, pp. 75–99.

Kanas, N., "Psychosocial Issues during an Expedition to Mars", *The New Martians: A Scientific Novel*, Vol. 103, 2014, pp. 73–80.

Kanas, N., Saylor, S., Harris, M., Neylan, T., Boyd, J., Weiss, D. S., Marmar, C., "High versus low crewmember autonomy in space simulation environments",

Acta Astronautica, Vol. 67, No. 7, 2010, pp. 731-738.

Kitchin, J., & Baber, C., "A comparison of shared and distributed situation aware-ness in teams through the use of agent-based modelling", *Theoretical Issues in Ergonomics Science*, Vol. 17, No. 1, 2016, pp. 8-41.

Kraus, J., Scholz, D., Stiegemeier, D., & Baumann, M., "The More You Know: Trust Dynamics and Calibration in Highly Automated Driving and the Effects of Take-Overs, System Malfunction, and System Transparency", *Human Factors: The Journal of the Human Factors and Ergonomics Society*, Vol. 62, No. 5, 2020, pp. 718-736.

Kunze, A., Summerskill, S. J., Marshall, R., & Filtness, A. J., "Automation trans-parency: Implications of uncertainty communication for human-automation interaction and interfaces", *Ergonomics*, Vol. 62, No. 3, 2019, pp. 345-360.

Lee, J., Abe, G., Sato, K. & Itoh, M., "Developing human-machine trust: Impacts of prior instruction and automation failure on driver trust in partially automated vehicles", *Transportation Research Part F: Traffic Psychology and Behaviour*, Vol. 62, 2021, pp. 384-395.

Lee, J. D., & See, K. A., "Trust in Automation: Designing for Appropriate Reliance", *Human Factors: The Journal of Human Factors and Ergonomics Society*, Vol. 46, No. 1, 2004, pp. 50-80.

Li, J., Dong, S., Chiou, E. K., & Xu, J., "Reciprocity and Its Neurological Cor-relates in Human-Agent Cooperation", *IEEE Transactions on Human-Machine Systems*, Vol. 50, No. 5, 2020, pp. 384-394.

Li, S., Cummings, M. L. & Welton, B., "Assessing the impact of autonomy and over-confidence in UAV first-person view training", *Applied Ergonomics*, Vol. 98, 2022.

Lipnicki, D. M., Gunga, H. C., Belavy, D. L. & Felsenberg, D., "Decision making after 50 days of simulated weightlessness", *Brain Research*, 2009, pp. 84-89.

Luo, X., Tong, S., Fang, Z., & Qu, Z., "Frontiers: Machines vs. Humans: The Impact of Artificial Intelligence Chatbot Disclosure on Customer Purchases", *Marketing Science*, Vol. 38, No. 6, 2019, pp. 937-947.

Makatchev, M., Simmons, R., Sakr, M. & Ziadee, M., "Expressing ethnicity through behaviors of a robot character", *Proceedings of the 8th ACM/IEEE international con-ference on Human-robot interaction*, 2013, pp. 357-364.

Mantau, M. J. & Barreto Vavassori Benitti, F. , "Awareness Support in Collaborative System: Reviewing Last 10 Years of CSCW Research", 2022 *IEEE 25th International Conference on Computer Supported Cooperative Work in Design* (*CSCWD*), 2022, pp. 564-569.

Mathieu, J. E. , Heffner, T. S. , Goodwin, G. F. , Salas, E. , & Cannon-Bowers, J. A. , "The influence of shared mental models on team process and performance", *Journal of Applied Psychology*, Vol. 85, No. 2, 2000, pp. 273-283.

McNeese, N. J. , Demir, M. , Cooke, N. J. , & Myers, C. , "Teaming with a Synthetic Teammate: Insights into Human-Autonomy Teaming", *Human Factors: The Journal of the Human Factors and Ergonomics Society*, Vol. 60, No. 2, 2018, pp. 262-273.

Mehler, B. , Reimer, B. , Coughlin, J. F. , & Dusek, J. A. , "Impact of Incremental Increases in Cognitive Workload on Physiological Arousal and Performance in Young Adult Drivers", *Transportation Research Record*, Vol. 2138, No. 1, 2009, pp. 6-12.

Morris, D. M. , Erno, J. M. , & Pilcher, J. J. , "Electrodermal response and automation trust during simulated self-driving car use", *Proceedings of the Human Factors and Ergonomics Society Annual Meeting*, Vol. 61, No. 1, 2017, pp. 1759-1762.

Nass, C. , Steuer, J. & Tauber, E. R. , "Computers are social actors", *Proceedings of the SIGCHI Conference on Human Factors in Computing Systems*, 1994, pp. 72-78.

O'Neill, T. , McNeese, N. , Barron, A. & Schelble, B. , "Human-Autonomy Teaming: A Review and Analysis of the Empirical Literature", *Human Factors: The Journal of Human Factors and Ergonomics Society*, Vol. 64, No. 5, 2020, pp. 904-938.

Osterlund, J. & Lawrence, B. , "Virtual reality: Avatars in human spaceflight training", *Acta Astronautica*, Vol. 71, 2012, pp. 139-150.

Parasuraman, R. , Sheridan, T. B. , & Wickens, C. D. , "A model for types and levels of human interaction with automation", *IEEE Transactions on Systems, Man, and Cybernetics-Part A: Systems and Humans*, Vol. 30, No. 3, 2000, pp. 286-297.

Parasuraman, R. , & Riley, V. , "Humans and Automation: Use, Misuse, Disuse, Abuse", *Human Factors: The Journal of the Human Factors and Ergonomics Society*, Vol. 39, No. 2, 1997, pp. 230-253.

Reuten, A. , Dam, M. van & Naber, M. , "Pupillary Responses to Robotic and Human Emotions: The Uncanny Valley and Media Equation Confirmed", *Frontiers in*

Psychology, Vol. 9, 2018.

Rouse, W. B. & Morris, N. M., "On looking into the black box: Prospects and limits in the search for mental models", *Psychological Bulletin*, 100 (3), Vol. 100, No. 3, 1986, pp. 349−363.

Ruff, H. A., Narayanan, S., & Draper, M. H., "Human Interaction with Levels of Automation and Decision-Aid Fidelity in the Supervisory Control of Multiple Simulated Unmanned Air Vehicles", *Presence: Teleoperators and Virtual Environments*, Vol. 11, No. 4, 2002, pp. 335−351.

Salas, E. & Fiore, S. M., *Team Cognition: Understanding the Factors that Drive Process and Performance*, 2004.

Salas, E., Sims, D. E., & Burke, C. S., "Is there a 'Big Five' in Teamwork?" *Small Group Research*, Vol. 36, No. 5, 2005, pp. 555−599.

Sangseok, Y., & Lionel, R., "Teaming up with Robots: An IMOI (Inputs-Mediators-Outputs-Inputs) Framework of Human-Robot Teamwork", *International Journal of Robotic Engineering*, Vol. 2, No. 1, 2017.

Sciaraffa, N., Borghini, G., Aricò, P., Di Flumeri, G., Colosimo, A., Bezerianos, A., Babiloni, F., "Brain Interaction during Cooperation: Evaluating Local Properties of Multiple-Brain", *Network Brain Sciences*, Vol. 7, No. 7, 2017, p. 90.

Stoll, E., Jaekel, S., Katz, J., Saenz-Otero, A., & Varatharajoo, R., "SPHERES interact—Human-machine interaction aboard the International Space Station", *Journal of Field Robotics*, Vol. 29, No. 4, 2012, pp. 554−575.

Stout, R. J., Cannon-Bowers, J. A., Salas, E., & Milanovich, D. M., "Planning, Shared Mental Models, and Coordinated Performance: An Empirical Link Is Established", *Human Factors: The Journal of Human Factors and Ergonomics Society*, Vol. 41, No. 1, 1999, pp. 61−71.

Toppi, J., Borghini, G., Petti, M., He, E. J., Giusti, V. D., He, B., Babiloni, F., "Investigating Cooperative Behavior in Ecological Settings: An EEG Hyperscanning Study", *PLoS ONE*, Vol. 11, No. 4, 2016.

Torre, I., Goslin, J. & White, L., "If your device could smile: People trust happy-sounding artificial agents more", *Computers in Human Behavior*, Vol. 11, 2020.

Ulfert, A. -S., Antoni, C. H. & Ellwart, T., "The role of agent autonomy in using decision support systems at work", *Computers in Human Behavior*, Vol. 11, 2022,

p. 13.

Urban, J. M. , Weaver, J. L. , Bowers, C. A. , & Rhodenizer, L. , "Effects of Workload and Structure on Team Processes and Performance: Implications for Complex Team Decision Making", *Human Factors: The Journal of Human Factors and Ergonomics Society*, Vol. 38, No. 2, 1996, pp. 300−310.

Visser, E. J. de, Monfort, S. S. , McKendrick, R. , Smith, M. A. B. , McKnight, P. E. , Krueger, F. , & Parasuraman, R. , "Almost human: Anthropomorphism increases trust resilience in cognitive agents", *Journal of Experimental Psychology: Applied*, Vol. 22, No. 3, 2016, pp. 331−349.

Vries, P. de, Midden, C. , & Bouwhuis, D. , "The effects of errors on system trust, self-confidence, and the allocation of control in route planning", *International Journal of Human-Computer Studies*, Vol. 58, No. 6, 2003, pp. 719−735.

Waag, W. L. , & Halcomb, C. G. , "Team Size and Decision Rule in the Performance of Simulated Monitoring Teams", *Human Factors: The Journal of Human Factors and Ergonomics Society*, Vol. 14, No. 4, 1972, pp. 309−314.

Walliser, J. C. , Mead, P. R. , & Shaw, T. H. , "The Perception of Teamwork With an Autonomous Agent Enhances Affect and Performance Outcomes", *Proceedings of the Human Factors and Ergonomics Society Annual Meeting*, Vol. 61, No. 1, 2017, pp. 231−235.

Wang, J. , Lin, Z. & Wang, W. , *Influence of Spatio-Temporal Distribution of Human-Machine Interface Elements on Drivers' Trust in Adaptive Cruise Control Cut-in Scenario*, 2021, pp. 1−7.

Wilson, K. A. , Salas, E. , Priest, H. A. , & Andrews, D. , "Errors in the Heat of Battle: Taking a Closer Look at Shared Cognition Breakdowns Through Teamwork", *Human Factors: The Journal of Human Factors and Ergonomics Society*, Vol. 49, No. 2, 2007, pp. 243−256.

Wooldridge, M. , & Jennings, N. R. , "Intelligent agents: Theory and practice", *The Knowledge Engineering Review*, Vol. 10, No. 2, 1995, pp. 115−152.

Wright, J. L. , Chen, J. Y. C. , & Barnes, M. J. , "Human-automation interaction for multiple robot control: The effect of varying automation assistance and individual differences on operator performance", *Ergonomics*, Vol. 61, No. 8, 2018, pp. 1033−1045.

Wright, J. L. , Chen, J. Y. C. , Quinn, S. A. , & Barnes, M. J. , *The Effects of Level of Autonomy on Human-Agent Teaming for Multi-Robot Control and Local Security Maintenance*, Vol. 60, No. 1, 2013, pp. 243–253.

Xiao, Y. , Hunter, W. A. , Mackenzie, C. F. , Jefferies, N. J. , Horst, R. L. , & Group, L. , "SPECIAL SECTION: Task Complexity in Emergency Medical Care and Its Implications for Team Coordination", *Human Factors: The Journal of Human Factors and Ergonomics Society*, Vol. 38, No. 4, 1996, pp. 636–645.

Zhao, J. , Li, D. , Pu, J. , Meng, Y. , Sbeih, A. , & Hamad, A. A. , "Human-computer interaction for augmentative communication using a visual feedback system", *Computers and Electrical Engineering*, Vol. 10, No. 3, 2017, pp. 520–522.

后　记

相容性研究是认知心理学和工程心理学共同关注的热点话题，近年来受到国内外学术界和实际工程领域越来越广泛的重视。相容性原则也是人机系统设计中必须遵循的基本原则，对该问题的研究对复杂人机系统设计工效的提高和避免安全事故的发生具有重要的指导作用。笔者从 2001 年开始一直在该领域深耕 20 多年，其间有幸于 2012—2013 年在美国普渡大学就此主题与合作导师 Robert W. Proctor 教授开展了为期一年多的深入交流和合作，并受到导师关于此主题 *Stimulus-Response Compatibility*：*An Integrated Perspective* 的赠书，专著扉页上寄语了希望笔者在此领域继续深耕并取得更大研究突破和创新的心愿。这些研究经历和所接触的大量外文材料对于深化本书的研究工作提供了不少帮助，也是笔者用近三年时间撰写这本专著最大的初衷和动力。尤其是有了合作导师 Robert W. Proctor 的悉心指导和紧密合作，笔者对相容性主题的理论研究、实验设计和应用落地有了更深入的认识，视野得以开阔，思想得到深化。

一年多访学回国之后分别于 2016 年和 2020 年主持了两个与此主题相关的国家自然科学基金面上项目，以及近五年在工程心理学领域围绕此主题开展的载人航天、173 等国防军工项目研究均是推进该领域研究的几个主要节点。正是这些原创性的研究工作和应用落地实践项目的推进，保证了本书的学术水平以及前沿性和创新性，同时也具有了面向实际人因工程系统工效设计的应用性和针对性。在此感谢国家自然科学基金委、航天医学项目等给予本研究的长期支持和资助。

本书力图站在国际前沿，系统梳理和分析笔者及其研究团队在此领域的系列研究成果，如基于空间相容性视角构建的团队协同作业中人际协同的多重表征模型，以及人机环系统中基于该视角的人—智能体组队协同的相容性理论模型等，为最终实现人机交互设计中自然人机交互模式提供科学基础。此外，本书还引用了不少国内外有关空间相容性问题的重要实验证据，形成阐述问题的证据链以澄清空间相容性的机理问题。本书力图将理论、实验和工程设计实践结合起来，比较全面地反映认知和工程心理学领域关于空间相容性的机理和应用问题。当然，难以避免的是，有些地方详细一些，有些地方却不得不较为简略，希望本书的研究成果能为该领域的理论研究和实际应用带来一定的启示。

在本书即将付梓与读者见面之际，作为著者本人真诚地感谢对于本书给予诸多帮助的老师和同人。感谢陕西师范大学校长游旭群教授、美国普渡大学心理科学系 Robert W. Proctor 教授、浙江大学工程心理学大家葛列众教授、中国航天员科研训练中心前副总师、全国人因工程重点实验室主任陈善广研究员、国际知名 IT 企业资深研究员、IT 人因工程技术委员会主席许为教授、第四军医大学朱霞教授等知名专家和学者为本书的编写工作所提供的大量支持和非常宝贵的指导意见；感谢我的博士研究生田珍珍、董梅梅、李宜倩，硕士研究生曹陈、汪嘉维和林小莉等同学在文献检索、修订补充、统稿校对方面所做的繁杂而又仔细的工作；感谢书中部分内容援引的相关领域研究成果的专家和学者；同时，尤其要感谢本书责任编辑、中国社会科学出版社哲学宗教与社会学出版中心主任朱华彬编审为本书提出的十分珍贵的修订意见和耐心细致的辛勤劳作。

虽然本书在体系框架、具体内容选择及撰写风格上竭尽全力，笔者也力图就相容性的理论与实践问题进行全面、深入的探讨，但是由于该问题的艰深宏大和前沿变动，更由于笔者的水平和时间所限，仍难免有诸多疏漏与不妥之处，敬请专家和读者不吝赐教并给予斧正，以便我们今后做好进一步的修正工作。

宋晓蕾

2023 年 9 月于古城西安